二氧化碳封存及利用
研究进展丛书

CO_2 Hydrogenation Catalysts:
Structural Design and Reaction Mechanism

二氧化碳加氢催化剂
——结构设计与反应机制研究

陈鑫　杨火海　著

化学工业出版社
·北京·

内容简介

本书主要围绕二氧化碳加氢催化剂的结构设计与反应机制展开，在阐述二氧化碳能源利用技术、二氧化碳转化方法以及二氧化碳加氢催化剂的研究现状的基础上，详细介绍了钯基和铑基催化剂用于二氧化碳加氢制甲醇的研究、镍基催化剂用于二氧化碳加氢制甲烷的研究、锡基催化剂用于二氧化碳加氢制甲酸的研究以及铜基催化剂用于二氧化碳加氢制多碳产物的研究，旨在发展高效、高稳定性和低成本的催化剂，以推进二氧化碳加氢催化剂的发展，为新型催化剂的开发提供新的思路和策略。

本书具有较强的针对性、学术性和前瞻性，可供从事催化剂设计、能源转化等领域的科研人员和工程技术人员参考，也可供高等学校化学类、材料类、环境类等专业的师生参阅。

图书在版编目（CIP）数据

二氧化碳加氢催化剂：结构设计与反应机制研究 / 陈鑫，杨火海著. -- 北京：化学工业出版社，2025. 4.
（二氧化碳封存及利用研究进展丛书）. -- ISBN 978-7-122-47329-5

Ⅰ. O613.71；O643.36

中国国家版本馆 CIP 数据核字第 2025XS4885 号

责任编辑：杜 熠 刘兴春 刘 婧　　文字编辑：李 静
责任校对：宋 夏　　装帧设计：韩 飞

出版发行：化学工业出版社
（北京市东城区青年湖南街 13 号 邮政编码 100011）
印　　装：中煤（北京）印务有限公司
787mm×1092mm 1/16 印张 14½ 彩插 22 字数 289 千字
2025 年 5 月北京第 1 版第 1 次印刷

购书咨询：010-64518888　　售后服务：010-64518899
网　　址：http：//www.cip.com.cn
凡购买本书，如有缺损质量问题，本社销售中心负责调换。

定　　价：158.00 元

前言

随着全球经济的持续增长，能源需求不断攀升，传统化石燃料的大规模使用导致大量的二氧化碳气体被释放到大气中。二氧化碳的过量排放引起了全球变暖、海洋酸化等环境问题。因此，如何处理工业制造过程中排放的二氧化碳已成为一个迫切需要关注的问题。二氧化碳加氢技术作为一种潜在的解决方案，不仅能够有效减少大气中的二氧化碳含量，还能提供一种新的能源获取途径，具有重要的环保和经济价值。然而，在二氧化碳加氢反应过程中，催化剂可能会面临烧结、失活或中毒等问题。因此，开发低成本、高效率、高稳定性的新型催化剂对于推动二氧化碳加氢技术的工业化进程具有重要意义。

在催化剂的设计和开发中，理解催化作用的本质至关重要。材料的催化性能主要取决于其化学成分、结构和表面特性。化学成分决定了材料的催化活性和选择性，结构影响了催化剂的稳定性和反应速率，而表面特性则影响了催化剂与反应物之间的相互作用。通过理论计算和模拟，可以在原子水平上设计催化剂的结构，优化其电子特性，从而提高催化效率。量子力学的不断发展和计算能力的飞速提升，为催化剂的理论设计和性能预测提供了强有力的工具。利用这些先进的理论计算方法，可以详细地描述催化剂表面的催化反应过程，深入理解影响催化活性的关键因素，建立起催化剂的结构与性能之间的内在联系。

本书紧密围绕当前二氧化碳加氢催化剂的研究前沿展开，详细介绍了低成本、高活性的二氧化碳加氢催化剂的结构设计和反应机制，并且结合理论研究和实验技术，全面分析二氧化碳加氢催化剂的性能。通过综合研究，本书可为新型催化剂设计、产物选择性提高以及催化机理揭示提供理论指导，这些内容将推动二氧化碳加氢催化剂领域的研究，为实现碳资源转化提供重要参考。本书既适合研究方向为理论与计算化学、催化化学、表面科学、材料科学等学科的研究生参考，也适合从事二氧化碳催化转化及相关领域科学研究和技术研发的科研工作者参阅。

本书主要由陈鑫、杨火海著，其中第 1 章由陈鑫、张益臻和李亚辉完成，第 2 章由刘江山和陈勤完成，第 3 章由康黎明和陈麒岗完成，第 4 章由梁晓涛、朱海叶和刘启芳完成，第 5 章由杨火海完成；全书最后由陈鑫、杨火海统稿并定稿。在本书出版之际，感谢化学工业出版社的支持，感谢课题组成员为保证本书的质量和顺利出版所付出的艰辛劳动。

鉴于著者水平和编写时间有限，书中难免会有疏漏和不足之处，敬请读者提出修改建议，不胜感激。

著 者

2024 年 7 月

目录

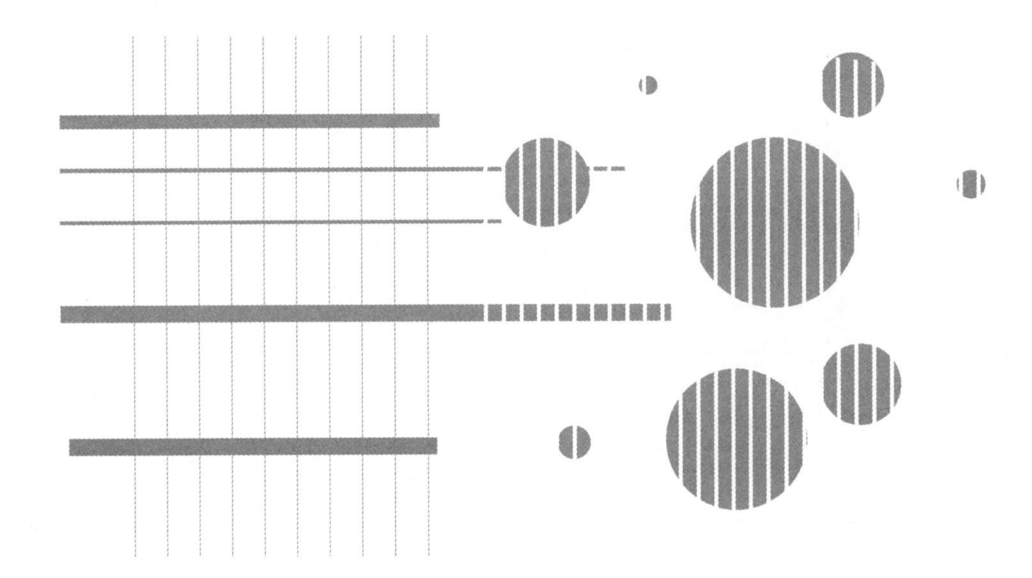

第1章 绪论

1.1 二氧化碳化工利用技术研究背景

能源是经济发展和社会进步的重要物质基础，也是影响人类生存环境的重要因素。自工业革命以来，全球人口持续增长，一次能源需求不断增加，预计到2040年将达到200亿吨石油当量，其中70%以上来自化石燃料[1]。而我国的能源发展经历了几个阶段。改革开放初期到20世纪80年代，能源供应严重短缺，主要矛盾是日益增长的能源需求和严重不足的能源生产力之间的矛盾。而后，随着能源生产工业的快速发展，我国能源产量尤其是煤炭的产量大幅提升，能源供应不足的问题得到缓解。与此同时，随着社会经济的发展和电器的普及，我国又面临着电力供应短缺的问题。自20世纪末到21世纪初，我国形成了以电力建设为核心的能源发展路线，大量火电厂的投入使用使电力供需逐渐平衡，结束了能源供应不足的阶段，迈入了能源发展新时期。然而，过去的粗放式发展提高了能源供应能力，形成了以煤炭为主的能源消费结构，由此也带来了一系列的问题。例如石油进口量不断攀高，环境污染日益严重，这些问题严重限制了社会经济的发展。建立在传统化石能源之上的能源发展方式难以支撑我国经济的高速发展。在科学发展观的指导下，我国调整能源政策，以电为核心、清洁化为特征的能源发展道路逐渐确立，我国能源发展步入了能源结构转型的阶段。在这个背景下，解决燃烧化石燃料排放的CO_2所引起的环境问题变得至关重要，如全球变暖[2]、冰川融化[3]、海洋酸化[4]和极端天气[5]。因此，我国的能源供需结构将迎来深刻变革，天然气作为清洁高效的低碳化石能源将承担能源消费结构向低碳绿色过渡的重要使命。2020年9月，习近平总书记郑重提出中国2030年前碳达峰、2060年前碳中和的目标，这是我国首次向外界明确实现碳中和的时间节点，表明我国政府履行《巴黎协定》的坚决意志，传递了未来绿色发展的决心。2021年，各部委及省市相继发布“双碳”目标行动方案，出台产业结构和能源结构优化等具体政策。碳中和战略在我国各地迅速推进，意味着中国的能源结构将积极转向绿色低碳化，能源系统将迎来历史性的转型和跨越式的发展。

实现碳达峰碳中和的目标，关键是减少化石燃料的使用。一是要通过技术进步，减少能源消耗；二是要开发利用清洁能源以替代化石燃料。其中，全球电动汽车数量的增加以及东京奥运会和北京冬奥会火炬采用氢气作为燃料等都是针对这一挑战的有效措施。同时还需要以各种方式减少化石燃料燃烧产生的CO_2。如何降低大气中CO_2含量成为人类亟须解决的重大问题之一。总体来说，主要通过以下4种途径实现：

① 提高能源效率；

② 使用非碳或低碳能源；

③ 碳捕集与封存（CCS）[6]；

④ 碳捕集与利用（CCU）[7]。

一般来说，CO_2 封存包括 4 种选择，即地质、海洋、矿化和工业用途，但考虑到经济性、环境影响、社会接受度、商业挑战 [3] 等问题以及存在封存监测等技术难题，CCS 仍存在较大的发展障碍。CO_2 转化利用的几种典型策略包括光催化、热催化、电催化等 [8-10]。近年来，可再生电力（如潮汐能、风能和太阳能等清洁能源）主导地位不断提升（26%），价格持续下跌［0.06 美元 /（kW・h）］[11]，以及电化学反应条件本身具有温和性（一般在常温常压下便可以驱动反应进行），反应过程具有可控性（通过改变相关参数便可设置），为电化学二氧化碳还原反应（CO_2RR）和完成人工碳循环实现可持续的碳中和能源转换提供了发展基础。这些策略可以将 CO_2 转化为有价值的含碳化合物，解决过度排放问题并实现能量的有效利用，对于实现碳平衡和优化能源结构具有重要意义。

1.2 二氧化碳转化方法概述

在能源领域仍然依赖化石燃料的同时，我们逐渐意识到将 CO_2 转化为有价值的化学品和燃料是减少 CO_2 排放的一个实用途径。近年来，研究人员越来越多地关注热催化法、电催化法和光催化法等高效转化合成气的方法。这些方法可以将 CO_2 转化为一氧化碳（CO）、甲烷（CH_4）、甲醇（CH_3OH）、甲酸（HCOOH）等有用的化学品和燃料。因此，研究催化剂的设计原则和方法以及工业化应用的相关理论和知识变得越来越重要 [12]。然而，大规模工业化 CO_2 转化为高附加值产品的过程面临着一些挑战。其中，催化剂设计是一个重要的技术难题。目前，各种技术普遍存在反应机理不清晰、催化剂成本高以及缺乏大规模合成等问题。因此，未来的关键是开发出高效、高活性、低成本且稳定的催化剂，这将推动各种技术的广泛应用。

1.2.1 热催化二氧化碳加氢反应

CO_2 热催化加氢被广泛认为是生产高附加值化学品和燃料的最实用途径之一。然而，由于 CO_2 的化学惰性、C—C 键偶联过程的高能垒以及多种竞争反应的存在，开发高效的催化剂来促进 CO_2 的活化并转化为多样化工产品变得至关重要。迄今为止，如图 1-1 所示，大多数研究都集中于通过 CO_2 加氢合成短链产物，如 CO、

CH_4、CH_3OH、HCOOH 和低碳烯烃等[13-15]，而对长链烃的研究相对较少[16, 17]。在各种 CO_2 加氢反应路线中 CH_3OH 被认为是其他化学品的起始原料，处于 CO_2 加氢的核心位置。然而，CO_2 加氢制 CH_3OH 是放热反应，相对较低的温度有利于反应进行，逆水煤气反应（RWGS）作为副反应则需在较高温度下进行。因此，CO_2 加氢制 CH_3OH 受到了高温的限制。理想情况下，需要设计一种能够在适宜温度下有效运行的催化剂，既有利于 CO_2 的活化又能促进中间体向目标产物的转化。传统的 Cu 基催化剂上 CH_3OH 选择性低，活性相当的水诱导烧结导致其稳定性不足[18]。相比之下，贵金属催化剂由于其高稳定性、抗烧结和抗中毒能力，已经成为 Cu 基催化剂的替代品。因此，近年来 CO_2 热催化加氢反应在贵金属催化剂上得到广泛研究。

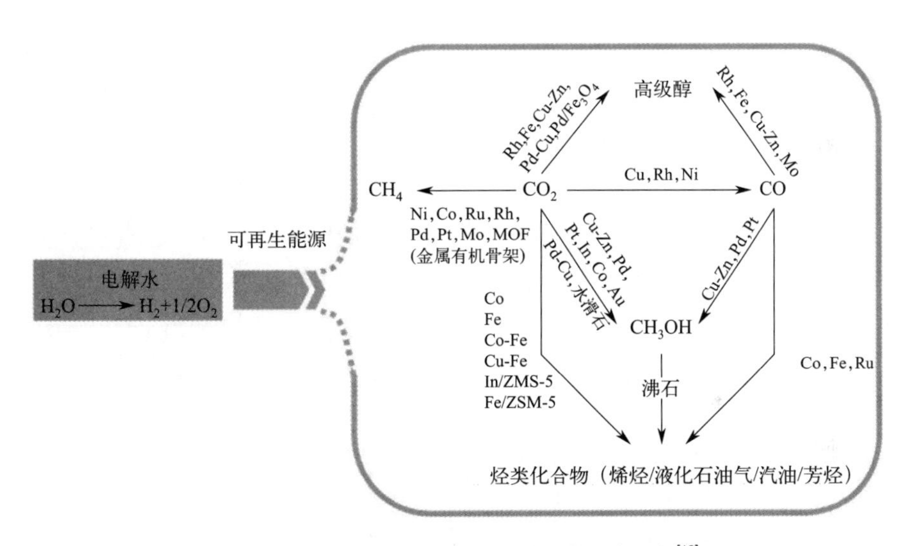

图 1-1 CO_2 加氢制高附加值化学品的反应示意[19]

1.2.2 电催化二氧化碳加氢反应

与热催化转化 CO_2 相比，电催化 CO_2 还原的方法具有许多优点，如催化效率高、操作条件简单和反应条件温和。目前已报道的大部分电催化剂主要集中于将 CO_2 选择性地催化转化为 CO。相对于热催化过程，电催化还原 CO_2 可以在常温常压下进行，为低能耗且绿色的合成气生产提供了可行的技术路线。CO_2 电催化还原为 CO 的反应机理主要包括 3 个步骤：

① CO_2 经过活化生成 CO_2^-；

② 经过质子 - 电子转移（PET）先生成 $COOH^*$ 中间体，再进一步生成 CO 和 H_2O；

③ 吸附在催化剂表面的 CO 脱附。

由于析氢反应的电位较低，溶液体系中 CO_2 电催化还原不可避免地会产生副反应。根据反应机理的分析，高效的电催化剂需要满足以下要求：

① 对 CO_2 具有强吸附活性和良好的还原能力；

② 对关键中间体（$COOH^*$）具有适当的吸附强度；

③ CO 的吸附能适中，还原能力较弱。

因此，开发性能优异、制备方法简单、来源丰富且低成本的 CO_2 电还原催化剂至关重要。

目前，高效的 CO_2 电催化剂主要包括纳米单金属催化剂、纳米合金催化剂和过渡金属单原子催化剂等[20]。研究人员致力于建立电催化剂微观几何结构与电子分布之间的调控方法，以探索微观结构与催化性能之间的关系。金属单原子电催化剂展现出与众不同的活性，具有原子利用率极高、催化位点明确和催化反应路径易于解析等优势，同时金属与载体之间的相互作用也更加显著。例如，Qin 等[21]通过 DFT（密度泛函理论）计算发现石墨烯上的 $Fe-N_4$ 位点对 CO 的吸附能过强而易中毒，而富缺陷的石墨烯则能够促进 $Fe-N_4$ 位点上 CO 的脱附从而提高 CO 的法拉第效率。此外，优选双（多）金属掺杂的组成和精确调控催化活性位点的 d 带电子结构策略，也广泛应用于提高 CO_2 电催化效率和调控合成气的碳氢比[22, 23]。结合金属单原子催化效率和双金属催化的调控性，研究人员对金属双原子电催化剂协同促进催化反应现象进行了研究。例如，Ren 等[24]制备了含有丰富 Ni-Fe 双原子对位点的电催化剂，在很宽的电势范围（−1.0 ～ −0.4 V）内均能高效产出比例为 8∶1 的合成气，其 CO 的最优法拉第效率高达 98%。DFT 计算进一步揭示了这种独特 Ni-Fe 双原子对可以使 CO_2 在两个金属位点交替协同促进转化为 CO（图 1-2，书后另见彩图）。

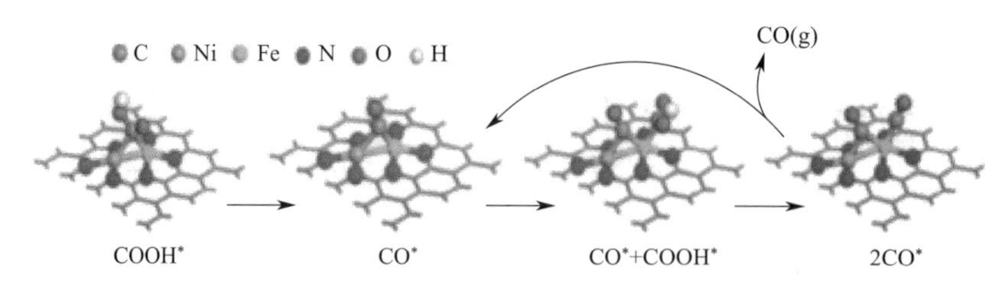

图 1-2 Fe-Ni 双原子对位点上 CO_2 电催化还原的机理[24]

1.2.3 光催化二氧化碳加氢反应

光催化技术将清洁可再生的太阳能转化为化学能，同时满足能源、环境和经济要求，是最具前景的绿色转化技术。光催化 CO_2 转化为 CO 是一个典型的多电子转移过程，如图 1-3（a）所示，包括 3 个步骤：

① 光催化剂对光的吸收；

② 光生载流子的产生、分离和传输；

③ 光生载流子与反应物之间的化学过程[25]。

为了寻找高效的 CO_2 还原光催化剂，研究人员对常见的半导体光催化剂的带隙能与 CO_2 不同还原产物的电极电位进行了分析对比[26]，如图 1-3（b）所示，光催化剂的导带需要高于 −0.52 eV，才能将 CO_2 还原为 CO。同时，由于析氢反应的还原电位略低于 CO_2/CO 电位，因此在 CO_2 转化制合成气的过程中，析氢反应是无法避免的。当前，科研人员致力于寻找能够实现高效 CO_2 还原的光催化剂，并根据常见半导体光催化剂的带隙能与 CO_2 不同还原产物的电极电位进行对比分析，调控出适合的光催化剂结构，以提高 CO_2 的光催化效率。

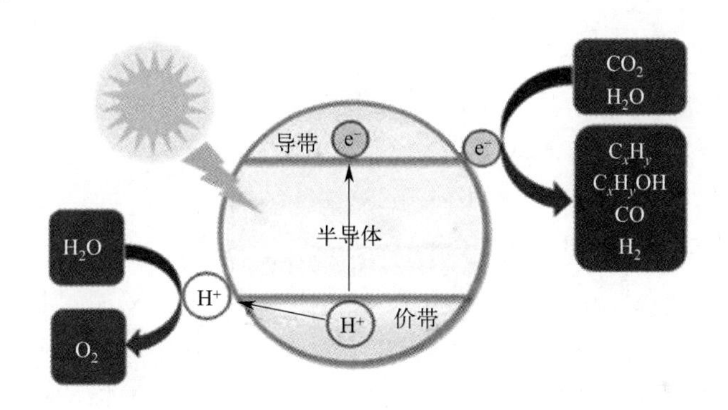

(a) 光催化CO_2转化的过程和不同物质的氧化还原电位

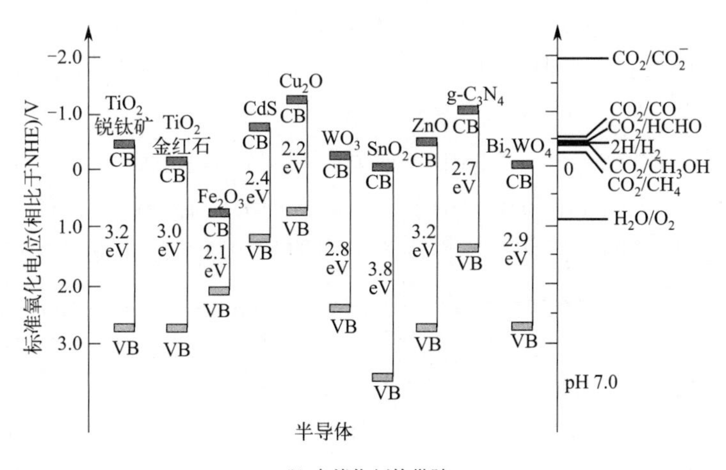

(b) 光催化剂的带隙

图 1-3 光催化 CO_2 转化的过程和不同物质的氧化还原电位和光催化剂的带隙[25, 26]

VB—价带；CB—导带；NHE—一般氢电极

1.3　二氧化碳加氢催化剂研究进展及趋势分析

1.3.1　二氧化碳加氢制甲醇催化剂

为了达成“双碳”目标，减少 CO_2 排放的同时促进 CO_2 的转化利用是当前研究的热门。CH_3OH 作为 CO_2 加氢反应常见的产物之一，是生产甲醛、二甲醚、C_2 ~ C_4 烯烃的重要原料[27-29]。在工业过程中，通过合成 CH_3OH 消耗氢气被认为是仅次于氨生产过程的第二大过程[30]。面对气候变化的威胁，欧拉[31]提出了甲醇经济，从而捕获了从各种来源（大气、运输和工业过程）分离并氢化成的 CH_3OH，这为 CO_2 的转化利用提供了一条有效的发展策略。

以 CO_2 加氢制 CH_3OH 为主题的文章数量在过去十年中，增加了 3 倍以上，这些文章评估了各种非均相催化剂在 CO_2 和 H_2 直接转化变成 CH_3OH 中的应用。一般而言，非均相甲醇催化剂主要可分为 3 类：

① 金属基催化剂，主要是以 Cu 物种为主要活性组分的催化剂和以 Au、Ag、Pd 和 Pt 等贵金属为活性组分的催化剂；

② 氧空位材料；

③ 其他催化结构新颖的催化体系。

此外，许多研究人员经深入研究发现 CO_2 可通过间接加氢反应生成 CH_3OH，可以使用容易获得的 CO_2 衍生物，如有机碳酸盐、氨基甲酸酯、甲酸盐、环状碳酸酯、尿素衍生物和二甲基甲酰胺，作为底物[32-34]。CO_2 衍生物可以在相对温和的反应条件下利用合适的催化剂有效地转化为 CH_3OH。

以 Cu 基催化剂为例，许多研究者通过实验和 DFT 理论计算提出了 Cu 基催化剂上 CO_2 加氢合成机理，具体如图 1-4 所示[35]。Cu 基催化剂对 CH_3OH 的选择性、催化活性和稳定性较低，单独使用 Cu 基催化剂用于 CO_2 合成 CH_3OH 效率并不高。适当的载体不仅影响催化剂活性相的形成和稳定，而且还能够调节活性组分和反应物种的相互作用。Cu/ZnO 和进一步改性的催化剂仍然是当前研究的重点。ZnO 可以改善 Cu 基催化剂的分散和稳定性，ZnO 中的晶格氧空位和电子对对甲醇合成具有活性[36]。然而，$Cu/ZnO/Al_2O_3$ 催化剂在反应过程中容易失活[37, 38]。失活机理通常被认为是其具有亲水特性，吸附氧化铝上的副产物水，导致 Cu 和 ZnO 在反应过程中烧结和团聚[39]。近期，Likozar 团队[40]认为失活的主要原因为 H_2O 导致 Al_2O_3 表面积减小和 Cu 颗粒的生长。相反，Liang 等[41]将失活解释为 720 h 内 Cu 氧化和 ZnO 物种团聚，而不是 Cu 颗粒的生长。此外，Sun 等[42]的 DFT 揭示了 H_2O 几乎没有影响 CO_2 加氢成 CH_3OH，但 H_2O 的初始分压过高会热力学抑制 CO_2 转换。为了提高贵金属的催化活性和利用率，实验开发了如 Ga-Cu、Ni-Cu、Co-Cu 和 Pd-Cu 等许多双金属材料以提高 CO_2 的转化效率和 CH_3OH 的选择性[43]。在这些材料中，Pd-Cu 催化剂是甲醇合成中最活跃的双金属候选材料之一。Jiang 等[43]研究

表明在 CH_3OH 生成过程中 Pd-Cu 双金属催化剂相较于纯 Cu 材料表现出较强的协同效应。

甲酸
O=C=O
二氧化碳
+H
C=O
一氧化碳
+OH
甲酸盐
双齿配位
单齿配位
复杂的共吸附
羧基
反式(双齿)COOH
顺式(双齿)COOH
R?
I?
甲醇
R?

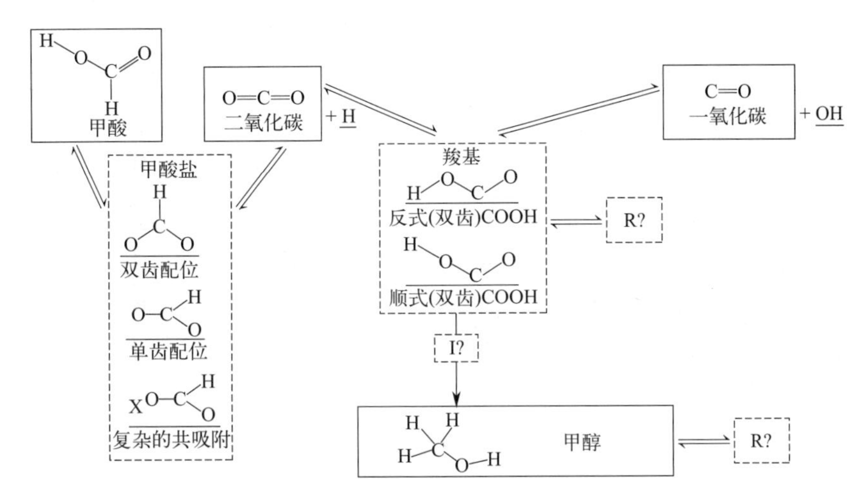

图 1-4　Cu 基催化剂表征的反应路径 [35]

R—某些反应产物如氢气；I—某些特定中间体

1.3.2　二氧化碳加氢制甲烷催化剂

CO_2 催化氢化为甲烷（也称为 CO_2 甲烷化）在二氧化碳利用策略中获得了极大的关注。CO_2 甲烷化在 1902 年首次被 Sabatier（萨巴蒂尔）提出 [44]，因此又被称为 Sabatier 反应。目前关于甲烷化催化剂的研究越来越多，研究最多的催化剂是负载型金属催化剂，包括过渡金属或贵金属催化剂。Younas 等 [45] 研究了多种金属在 CO_2 甲烷化中的作用（图 1-5），发现它们在 CO_2 甲烷化中具有催化活性，不同金属的催化活性顺序如下：Ru ＞ Rh ＞ Ni ＞ Fe ＞ Co ＞ Pt ＞ Pd。

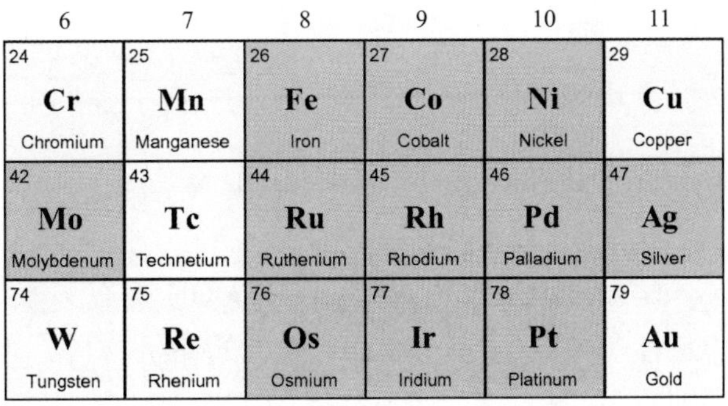

6
7
8
9
10
11
24 Cr Chromium
25 Mn Manganese
26 Fe Iron
27 Co Cobalt
28 Ni Nickel
29 Cu Copper
42 Mo Molybdenum
43 Tc Technetium
44 Ru Ruthenium
45 Rh Rhodium
46 Pd Palladium
47 Ag Silver
74 W Tungsten
75 Re Rhenium
76 Os Osmium
77 Ir Iridium
78 Pt Platinum
79 Au Gold

图 1-5　部分元素周期表（元素周期表的阴影部分为用于甲烷化的活性金属 [46]）

由于贵金属储量较少且成本较高，Ni 基催化剂得到了广泛的研究。最早出现的有代表意义的是美国工程师 Raney（雷尼）制成的催化剂 [47]，这种催化剂被后人称为 Raney Ni，常用于不饱和化合物的加氢反应中，主要产物是 CH_4 和 CO。通常，Raney Ni 中 Ni/Al 的原子比为 1，对 Ni/Al 的原子比例进行调控发现，随着 Ni 含量的上升，催化剂的催化活性和 CH_4 选择性同时提高，可将其归结为 Ni 比 Al 具有更好的一氧化碳解离性能 [48]。氧化铝负载的 Ni 基催化剂——Ni/Al_2O_3 目前被用作商用甲烷化催化剂。Rahmani 等 [49] 采用浸渍法制备了负载量为 20% 的 $Ni/\gamma\text{-}Al_2O_3$ 催化剂，电镜照片显示活性组分 Ni 均匀分布在载体表面及孔道结构中。在空速 9000 mL/（g_{cat}・h）和 H_2/CO_2 条件下对催化剂进行性能评价，10 h 后二氧化碳转化率和 CH_4 选择性分别为 75.5% 和 97.2%。SiO_2 具有丰富的孔道结构及良好的稳定性，因此也被用作二氧化碳甲烷化 Ni 基催化剂的载体。

除 Ni 基催化剂外，以贵金属 Ru、Rh、Pt 和 Pd 等为活性组分的催化剂在二氧化碳甲烷化反应中均表现出良好的催化性能。Leitenburg 等 [50] 将 Rh 分别负载于 TiO_2、CeO_2、Nb_2O_5 和 Ta_2O_5 上获得负载型催化剂，并研究活性组分 - 载体相互作用对二氧化碳甲烷化反应性能的影响。结果显示，Rh 与 CeO_2 之间存在适当的相互作用，即 Rh/CeO_2 催化剂可以促进二氧化碳甲烷化反应的进行；反之，以 TiO_2、Nb_2O_5 和 Ta_2O_5 为载体的催化剂会抑制二氧化碳加氢活性。Yu 等 [51] 使用比表面积为 187 m^2/g 的 TiO_2 多壁纳米管材料（TNT）作为载体，制备了负载型 Pt/TNT 催化剂。程序升温还原和 X 射线光电子能谱结果显示，活性组分 Pt 同时存在不同价态且均匀分散在 TNT 载体上。由于高的比表面积，Pt/TNT 催化剂表面可以吸附更多的 CO_2，因此在低温下催化剂即表现出良好的催化性能。Park 等 [52] 分别采用浸渍法和反相微乳法制备了负载型 Pd/SiO_2 催化剂，并在 450 ℃下进行了二氧化碳甲烷化评价。在稳态下，这两种方法制备的催化剂表现出相似的 CO_2 加氢活性，然而使用反相微乳法制备的 Pd/SiO_2 催化剂表现出更高的 CH_4 选择性与产率。复合氧化物载体或催化剂是催化剂研究的重要方向之一，在新型催化材料的研究中占有重要地位。开发综合性能优异的复合氧化物载体及其负载的 Ni 基催化剂，应该是二氧化碳甲烷化催化剂的发展方向。

1.3.3 二氧化碳加氢制甲酸 / 甲酸盐催化剂

HCOOH 是 CO_2 加氢最直接的产物，同时 HCOOH 因其无毒、廉价、稳定、不易燃、易于储存的特性，被认为是一种很有潜力的储氢材料。对于 CO_2 加氢制甲酸 / 甲酸盐反应，均相催化剂备受广大研究者的关注，在广大科研工作者的共同努力下，在这一领域有了很大的进展，也取得了优异的研究成果。均相催化剂主要是以 Ru、Rh、Ir 等过渡金属为中心形成的配合物，通过水、离子液体、弱碱性金属盐、有机溶剂等的添加，打破反应平衡，提高甲酸/甲酸盐的生成效率。Munshi等[53]对于均相催化剂催化CO_2加氢制甲酸反应体系进行了深入的研究，取得了丰硕的研究成果，经过科学的筛选和评价，找到了活性最好的催化剂——Ru（Ⅱ）三甲基膦络合物，在反应温度为50 ℃、CO_2和H_2压力均为5 MPa的实验条件下，其CO_2加氢制甲酸的TOF（转换频率）可以达到95000 h^{-1}。

目前，负载型非均相催化剂主要由Ni、Cu、Au、Ru、Rh、Pd等[54-62]活性组分制备得到。金属Pd具有极强的解离H_2的能力，加氢性能十分优异，广泛应用于各类加氢反应。Pd基催化剂是催化CO_2加氢制甲酸/甲酸盐反应最具前景的催化剂，其催化CO_2加氢制甲酸/甲酸盐反应的催化活性比其他金属基催化剂高1～2个数量级[60, 63]。但其解离H_2的能力受其几何结构、电子结构以及配位环境的影响。研究发现，金属态Pd物种更有利于H_2的吸附与活化，从而可以促进甲酸的生成。在Pd/ZrO_2和Pd/CeO_2催化剂中，当金属Pd颗粒粒径尺寸逐渐减小时，催化剂中逐渐出现正价态$Pd^{\delta+}$物种，然而正价态$Pd^{\delta+}$物种不利于H_2的吸附与活化，因此对CO_2加氢制甲酸/甲酸盐反应的催化性能也是不利的。在$PdAg/TiO_2$[64]和PdMn/S-1[65]研究体系中也得到了相似的实验结论，即另一种金属Mn或Ag的添加，使得金属Pd上的电子增多从而富集，有助于H_2的吸附与活化，从而可以促进甲酸的生成。

1.3.4 二氧化碳加氢制多碳产物催化剂

不同种类的催化剂、不同的反应条件以及中心金属的价态和形貌等使二氧化碳氢化得到不同种类的产物，除了有C_1产物外，还有乙烯（C_2H_4）、乙醇（C_2H_5OH）等高附加值的二碳产物。

CO_2氢化生成低碳烯烃和C_2H_5OH反应中涉及的催化剂种类比较多，主要有贵金属类（Rh、Pt和Ru）和非贵金属类（Cu基催化剂、Fe基催化剂等）。Fe是高碳产物合成中最重要的催化剂之一，在费-托过程中展示出优良的链增长性能，但Fe在费-托过程中的活性未有统一认定，经过大量的研究，大家还是普遍认同氧化铁（α-Fe_2O_3、Fe_3O_4）是逆水煤气变换的主要活性组分，而X-$FeSC_2$是费-托过程碳链增长的主要活性相[66]。在此基础上，许多研究都将改良的Fe基催化剂（MFTS）用以氢化CO_2生成烯烃[67]。Cu的负载量较大达到金属负载总量的17%时，Fe/Al_2O_3这一体系的二氧化碳转化率最高[68]。且当Cu/（Cu + Fe）原子比为0.17时，Fe-Cu双金属催化剂对C_{2+}烃的合成有较强的协同促进作用。与单金属Fe催化剂相比，Fe-Cu双金属催化剂显著促进了C_2～C_7烃的生成，抑制了不需要的CH_4的生成。Fe-Cu双金属催化剂中K的加入抑制了甲烷化反应，促进了C_{2+}烃的生成。且反应中XRD（X射线衍射）谱图上有一处铁铜合金峰。研究发现铜的加入不会大幅改变产物的分布，但是会提高CO_2转化率，从而提高活性。Kusama课题组[69]报道

的 $RhSiO_2$ 催化剂，尝试了 30 种催化助剂，其中 Li 最有利于 C_2H_5OH 的形成。在优化条件下，C_2H_5OH 的选择性达到 15.5%，CO_2 转化率为 7.0%。同时通过原位 FTIR（傅里叶变换红外光谱）验证了 CO 中间体的转化路线。此外，他们还研究了 Fe-Rh/SiO_2 催化剂 [70]，证实了 Fe 的引入改变了 Rh 的电子态，对二碳产物的选择性产生了一定的影响。

CO_2 电催化与 H_2O 还原生成多碳化合物，特别是 C_{2+} 烯烃和含氧酸盐，这在减轻化石能源的消耗和碳排放方面具有巨大潜力。CO_2RR 碳链长度（从 C_1 化合物到 C_3 化合物）取决于所使用的催化剂。迄今为止，Cu 是唯一一种以可观的总法拉第效率（FE）被证明是有效驱动 CO_2RR 中间体 C—C 偶联形成 C_2 和 C_3 烃类和氧化物的主要催化剂。Cu 电极与大多数含碳反应中间体的结合能适中，使生产各种还原产物成为可能。CO_2RR 对 Cu 基催化剂的结构也很敏感，例如原子排列和电极纳米结构 [71-74]。这种几何效应提供了一种控制可接近的催化活性位点和周围局部 pH 值的方法，从而控制了整体催化性能。这是优化某些中间体吸附和解吸能、打破结构关系约束的最可行方法之一。在电化学系统中，CO_2 分子比高度还原的 C_{2+} 产物更容易还原为 C_1 产物，例如 CO 是还原 CO_2 的中间体。CO_2RR 发生在电极 - 电解质界面上，其催化活性和产物与金属表面吸附的中间体结合能强度密切相关，强结合能导致生成的产物解吸困难，从而导致催化剂表面中毒，相反结合能强度太弱，反应中间体不容易被活性位点捕捉 [75, 76]。

另外，CO_2 加氢还可以合成二甲醚、低碳烯烃和正丙醇等高价值的产品，这种工艺不仅为 CO_2 实现有效利用提供了新的方式，同时也减少了 CO_2 在大气中的浓度，解决了一定的环境问题。金属 Cu 催化剂本身就具有深度还原 CO_2 的活性。Kim 等 [77] 发现 Cu 纳米束可以在较低的超电势下将 CO_2 选择性地还原成 C_2 ～ C_3 产物，主要的 C_2 ～ C_3 产物是乙烯、乙醇和正丙醇，在电位为 −0.75 V（相比于 Ag/AgCl）时，电流效率达到 50%，Cu 纳米束的催化活性较高，电解 10 h 后，C_2 ～ C_3 产物的电流密度还可以保持在 10 mA/cm^2。Bansode 等 [78] 研究了经过物理混合的 Cu/ZnO/Al_2O_3 和 HZSM-5 催化剂上 CO_2 一步法合成二甲醚的反应。研究表明，合成甲醇的反应条件也适用于一步法合成二甲醚的过程，在 200 ℃的低温时二甲醚的选择性已经达到 80%，在 300 ℃时二甲醚的选择性最高为 89%。Gao 等 [79] 研究了一系列不同 La 含量的 CuOZnO-Al_2O_3-La_2O_3/HZSM-5 双功能催化剂用于 CO_2 加氢直接合成二甲醚的反应，发现添加适量的 La 能够减小 CuO 晶粒的尺寸，提高催化剂表面上 Cu 的分散性，促进 CO_2 的转化，随着温度升高，二甲醚可以作为乙酸甲酯、硫酸二甲酯和低碳烯烃等有机高价值产品生成的过渡物，在发生燃烧反应时没有颗粒物和有毒气体的排放，被称为理想清洁能源。因此，设计和制备二氧化碳加氢制其他产物的催化剂也拥有着潜在的社会利用价值。

总的来说，二氧化碳加氢催化剂研究呈现以下几个明显的趋势：

① 多元化催化剂体系的开发。传统的 Cu 基催化剂因其对产物合成的较高选择

性而受到广泛关注，但单独使用时存在活性和稳定性不足的问题。因此，研究者开始探索将 Cu 与其他金属（如 Zn、Pd、Ni 等）结合形成双金属或多金属催化剂，以提升催化性能。这种多元化催化剂体系不仅提高了催化活性和选择性，还增强了催化剂的稳定性，为工业化应用提供了更多可能性。

② 载体效应的深度研究。载体在催化剂中扮演着至关重要的角色，它不仅影响活性组分的分散和稳定性，还能调节活性组分与反应物种之间的相互作用。因此，研究者对载体的选择和优化进行了深入研究。例如，ZnO 作为 Cu 基催化剂的常用载体，其晶格氧空位和电子对产物合成具有活性；而氧化铝（Al_2O_3）虽然常用，但易因吸附水分导致催化剂失活。因此，开发新型载体或改性现有载体，以提高催化剂的整体性能，成为当前研究的重要方向。

③ 理论计算与实验验证的紧密结合。随着计算化学和计算机技术的飞速发展，密度泛函理论等理论计算方法在催化剂研究中得到了广泛应用。通过理论计算，研究者可以深入了解催化剂的活性位点、反应机理和能量路径等信息，为实验设计提供有力指导。同时，实验验证又能够检验理论预测的准确性，并发现新的实验现象和问题。这种理论与实验相结合的研究模式，极大地推动了催化剂研究的深入发展。

④ 环境友好型催化剂的研发。在催化剂研发过程中，环境友好性成为一个重要的考量因素。研究者致力于开发低毒、易回收、可再生的催化剂材料，以减少对环境的污染和资源的浪费。例如，利用纳米技术制备高比表面积、高活性的催化剂，开发可生物降解的载体材料，以及研究催化剂的再生和循环利用技术等。

综上所述，二氧化碳加氢催化剂的研究正朝着多元化、高效化、环境友好化的方向发展。未来，随着研究的不断深入和技术的不断进步，我们有理由相信二氧化碳的转化利用将为实现“双碳”目标、推动可持续发展作出更大贡献。

参考文献

[1] Ojelade O A，Zaman S F. A review on Pd based catalysts for CO_2 hydrogenation to methanol：In-depth activity and drifts mechanistic study [J]. Catalysis Surveys from Asia，2020，24（1）：11-37.

[2] Wang L，Chen W，Zhang D，et al. Surface strategies for catalytic CO_2 reduction：From two-dimensional materials to nanoclusters to single atoms [J]. Chemical Society Reviews，2019，48（21）：5310-5349.

[3] Masson-Delmotte V，Kageyama M，Braconnot P，et al. Past and future polar amplification of climate change：Climate model intercomparisons and ice-core constraints [J]. Climate Dynamics，2006，26（5）：513-529.

[4] Caldeira K, Wickett M E. Anthropogenic carbon and ocean pH [J] . Nature, 2003, 425: 365.

[5] Qiu M, Tao H, Li Y, et al. Insight into the mechanism of CO_2 and CO methanation over Cu (100) and Co-modified Cu (100) surfaces : A DFT study [J] . Applied Surface Science, 2019, 495: 143457.

[6] Bui M, Adjiman C S, Bardow A, et al. Carbon capture and storage (CCS): The way forward [J]. Energy & Environmental Science, 2018, 11 (5): 1062-1176.

[7] Ho H J, Iizuka A, Shibata E. Carbon capture and utilization technology without carbon dioxide purification and pressurization : A review on its necessity and available technologies [J] . Industrial &Engineering Chemistry Research, 2019, 58 (21): 8941-8954.

[8] Wang L, Yi Y, Wu C, et al. One-step reforming of CO_2 and CH_4 into high-value liquid chemicals and fuels at room temperature by plasma-driven catalysis [J] . Angewandte Chemie International Edition, 2017, 56 (34): 13679-13683.

[9] Stroud T, Smith T J, Le Saché E, et al. Chemical CO_2 recycling via dry and fireforming of methane using Ni-Sn/Al_2O_3 and Ni-Sn/CeO_2-Al_2O_3 catalysts [J] . Applied Catalysis B : Environmental, 2018, 224: 125-135.

[10] Sun S, Watanabe M, Wu J, et al. Ultrathin $WO_2 \cdot 0.33H_2O$ nanotubes for CO_2 photoreduction to acetate with high selectivity [J] . Journal of the American Chemical Society, 2019, 141 (20): 6474-6482.

[11] Li L, Li X, Sun Y, et al. Rational design of electrocatalytic carbon dioxide reduction for a zero-carbon network [J] . Chemical Society Reviews, 2022, 51 (4): 1234-1252.

[12] 邵斌，孙哲毅，章云，等. 二氧化碳转化为合成气及高附加值产品的研究进展 [J]. 化工进展，2022，41 (3): 1136-1151.

[13] Moret S, Dyson P J, Laurenczy G. Direct synthesis of formic acid from carbon dioxide by hydrogenation in acidic media [J] . Nature Communications, 2014, 5 (1): 1-7.

[14] Meng C, Zhao G F, Shi X R, et al. Oxygen-deficient metal oxides supported nano-intermetallic $InNi_3C_{0.5}$ toward efficient CO_2 hydrogenation to methanol [J] . Science Advances, 2021, 7 (32): eabi6012.

[15] Zhang W N, Wei Y X. Regulation of product distribution in CO_2 hydrogenation to light olefins [J]. Chem, 2022, 8 (5): 1170-1173.

[16] Wang X X, Yang G H, Zhang J F, et al. Synthesis of isoalkanes over a core (Fe-Zn-Zr) -shell (zeolite) catalyst by CO_2 hydrogenation [J] . Chemical Communications, 2016, 52 (46): 7352-7355.

[17] Choi Y H, Jang Y J, Park H, et al. Carbon dioxide fischer-tropsch synthesis : A new path to carbon neutral fuels [J] . Applied Catalysis B : Environmental, 2017, 202: 605-610.

[18] Wang J Y, Zhang G H, Zhu J, et al. CO_2 hydrogenation to methanol over In_2O_3-based catalysts : From mechanism to catalyst development [J] . ACS Catalysis, 2021, 11 (3): 1406-1423.

[19] Nie X W，Li W H，Jiang X，et al. Recent advances in catalytic CO_2 hydrogenation to alcohols and hydrocarbons [J]. Advances in Catalysis，2019，65：121-233.

[20] Cheng Y，Zhao S Y，Johannessen B，et al. Atomically dispersed transition metals on carbon nanotubes with ultrahigh loading for selective electrochemical carbon dioxide reduction [J]. Advanced Materials，2018，30（13）：1706287.

[21] Qin X P，Zhu S Q，Xiao F，et al. Active sites on heterogeneous single-iron-atom electrocatalysts in CO_2 reduction reaction [J]. ACS Energy Letters，2019，4（7）：1778-1783.

[22] Guo W W，Bi J H，Zhu Q G，et al. Highly selective CO_2 electroreduction to CO on Cu-Co bimetallic catalysts [J]. ACS Sustainable Chemistry & Engineering，2020，8（33）：12561-12567.

[23] He Q，Liu D B，Lee J H，et al. Electrochemical conversion of CO_2 to syngas with controllable CO/H_2 ratios over Co and Ni single-atom catalysts [J]. Angewandte Chemie International Edition，2020，59（8）：3033-3037.

[24] Ren W H，Tan X，Yang W F，et al. Isolated diatomic Ni-Fe metal nitrogen sites for synergistic electroreduction of CO_2 [J]. Angewandte Chemie International Edition，2019，58（21）：6972-6976.

[25] Bai S，Jiang J，Zhang Q，et al. Steering charge kinetics in photocatalysis：Intersection of materials syntheses，characterization techniques and theoretical simulations [J]. Chemical Society Reviews，2015，44（10）：2893-2939.

[26] Habisreutinger S N，Schmidt-Mende L，Stolarczyk J K. Photocatalytic reduction of CO_2 on TiO_2 and other semiconductors [J]. Angewandte Chemie International Edition，2013，52（29）：7372-7408.

[27] Ortelli E E，Wambach J，Wokaun A. Methanol synthesis reactions over a CuZr based catalyst investigated using periodic variations of reactant concentrations [J]. Applied Catalysis A：General，2001，216（1-2）：227-241.

[28] Palo D R，Dagle R A，Holladay J D. Methanol steam reforming for hydrogen production [J]. Chemical Reviews，2007，107（10）：3992-4021.

[29] Olah G A. Beyond oil and gas：The methanol economy [J]. Angewandte Chemie International Edition，2005，44（18）：2636-2639.

[30] Yang R，Yu X，Zhang Y I，et al. A new method of low-temperature methanol synthesis on $Cu/ZnO/Al_2O_3$ catalysts from $CO/CO_2/H_2$ [J]. Fuel，2008，87（4-5）：443-450.

[31] Olah G A. Beyond oil and gas：The methanol economy [J]. Angewandte Chemie International Edition，2005，44（18）：2636-2639.

[32] Han Z，Rong L，Wu J，et al. Catalytic hydrogenation of cyclic carbonates：a practical approach from CO_2 and epoxides to methanol and diols [J]. Angewandte Chemie，2012，124（52）：13218-13222.

[33] Du X L，Jiang Z，Su D S，et al. Research progress on the indirect hydrogenation of carbon dioxide to methanol [J]. Chem Sus Chem，2016，9：322-332.

[34] Cokoja M，Bruckmeier C，Rieger B，et al. Transformation of carbon dioxide with homogeneous transition-metal catalysts：A molecular solution to a global challenge? [J]. Angewandte Chemie International Edition，2011，50（37）：8510-8537.

[35] Yang Y，Mims C A，Disselkamp R S，et al.（Non）formation of methanol by direct hydrogenation of formate on copper catalysts [J]. The Journal of Physical Chemistry C，2010，114（40）：17205-17211.

[36] Ra E C，Kim K Y，Kim E H，et al. Recycling carbon dioxide through catalytic hydrogenation：Recent key developments and perspectives [J]. ACS Catalysis，2020，10（19）：11318-11345.

[37] Fichtl M B，Schlereth D，Jacobsen N，et al. Kinetics of deactivation on $Cu/ZnO/Al_2O_3$ methanol synthesis catalysts [J]. Applied Catalysis A：General，2015，502：262-270.

[38] Martin O，Perez-Ramirez J. New and revisited insights into the promotion of methanol synthesis catalysts by CO_2 [J]. Catalysis Science & Technology，2013，3（12）：3343-3352.

[39] Arena F，Barbera K，Italiano G，et al. Synthesis，characterization and activity pattern of Cu–ZnO/ZrO_2 catalysts in the hydrogenation of carbon dioxide to methanol [J]. Journal of Catalysis，2007，249（2）：185-194.

[40] Prasnikar A，Pavlisic A，Ruiz-Zepeda F，et al. Mechanisms of copper-based catalyst deactivation during CO_2 reduction to methanol [J]. Industrial & Engineering Chemistry Research，2019，58（29）：13021-13029.

[41] Liang B，Ma J，Su X，et al. Investigation on deactivation of $Cu/ZnO/Al_2O_3$ catalyst for CO_2 hydrogenation to methanol [J]. Industrial & Engineering Chemistry Research，2019，58（21）：9030-9037.

[42] Sun X，Wang P，Shao Z，et al. A first-principles microkinetic study on the hydrogenation of carbon dioxide over Cu（211）in the presence of water [J]. Science China Chemistry，2019，62：1686-1697.

[43] Jiang X，Koizumi N，Guo X W，et al. Bimetallic Pd-Cu catalysts for selective CO_2 hydrogenation to methanol [J]. Applied Catalysis B：Environmental，2015，170：173-185.

[44] Sabatier P，Senderens J B，Acad C R. New synthesis of methane [J]. Science Paris，1902，134：514-516.

[45] Younas M，Kong L L，Bashir M J，et al. Recent advancements，fundamental challenges，and opportunities in catalytic methanation of CO_2 [J]. Energy Fuels，2016，30（11）：8815-8831.

[46] Rönsch S，Schneider J，Matthischke S，et al. Review on methanation—From fundamentals to current projects [J]. Fuel，2016，166：276-296.

[47] Lee G D，Moon M J，Park J H，et al. Raney Ni catalysts derived from different alloy precursors Part Ⅱ. CO and CO_2 methanation activity [J]. Korean Journal of Chemical Engineering，2005，

22（4）：541-546.

［48］Rostrup-Nielsen J R，Pedersen K，Sehested J. High temperature methanation：Sintering and structure sensitivity［J］. Applied Catalysis A：General，2017，330：134-138.

［49］Rahmani S，Rezaei M，Meshkani F. Preparation of highly active nickel catalysts supported on mesoporous nanocrystalline γ-Al_2O_3 for CO_2 methanation［J］. Journal of Industrial and Engineering Chemistry，2014，20：1346-1352.

［50］Leitenburg C，Trovarelli A. Metal-support interaction in Rh/CeO_2，Rh/TiO_2，and Rh/Nb_2O_5 catalysts as inferred from CO_2 methanation activity［J］. Journal of Catalysis，1995，156（1）：171-174.

［51］Yu K P，Yu W Y，Kuo M C，et al. Pt/titania-nanotube：A potential catalyst for CO_2 adsorption and hydrogenation［J］. Applied Catalysis B：Environmental，2008，84：112-118.

［52］Park J N，Mcfarland E W. A highly dispersed Pd-Mg/SiO_2 catalyst active for methanation of CO_2［J］. Journal of Catalysis，2009，266（1）：92-97.

［53］Munshi P，Main A D，Linehan J C，et al. Hydrogenation of carbon dioxide catalyzed by ruthenium trimethylphosphine complexes：The accelerating effect of certain alcohols and amines［J］. Journal of the American Chemical Society，2002，124（27）：7963-7971.

［54］Amao Y，Ikeyama S. Discovery of the reduced form of methylviologen activating formate dehydrogenase in the catalytic conversion of carbon dioxide to formic acid［J］. Chemistry Letters，2015，44（9）：1182-1184.

［55］Farlow M W，Adkins H. The hydrogenation of carbon dioxide and a correction of the reported synthesis of urethans［J］. Journal of the American Chemical Society，1935，57（11）：2222-2223.

［56］Maihom T，Wannakao S，Boekfa B，et al. Production of formic acid via hydrogenation of CO_2 over a copper-alkoxide-functionalized MOF：A mechanistic study［J］. The Journal of Physical Chemistry C，2013，117（34）：17650-17658.

［57］Sirijaraensre J，Limtrakul J. Hydrogenation of CO_2 to formic acid over a Cu-embedded graphene：A DFT study［J］. Applied Surface Science，2016，364：241-248.

［58］Preti D，Resta C，Squarcialupi S，et al. Carbon dioxide hydrogenation to formic acid by using a heterogeneous gold catalyst［J］. Angewandte Chemie，2011，123（52）：12759-12762.

［59］Filonenko G A，Vrijburg W L，Hensen E J，et al. On the activity of supported Au catalysts in the liquid phase hydrogenation of CO_2 to formates［J］. Journal of Catalysis，2016，343：97-105.

［60］Lee J H，Ryu J，Kim J Y，et al. Carbon dioxide mediated，reversible chemical hydrogen storage using a Pd nanocatalyst supported on mesoporous graphitic carbon nitride［J］. Journal of Materials Chemistry A，2014，2（25）：9490-9495.

［61］Su J，Lu M，Lin H. High yield production of formate by hydrogenating CO_2 derived ammonium carbamate/carbonate at room temperature［J］. Green Chemistry，2015，17（5）：2769-2773.

[62] Hao C, Wang S P, Li M S, et al. Hydrogenation of CO_2 to formic acid on supported ruthenium catalysts [J]. Catalysis Today, 2011, 160 (1): 184-190.

[63] Pandey P H, Pawar H S. Cu dispersed TiO_2 catalyst for direct hydrogenation of carbon dioxide into formic acid [J]. Journal of CO_2 Utilization, 2020, 41: 101267.

[64] Mori K, Sano T, Kobayashi H, et al. Surface engineering of a supported PdAg catalyst for hydrogenation of CO_2 to formic acid: Elucidating the active Pd atoms in alloy nanoparticles [J]. Journal of the American Chemical Society, 2018, 140 (28): 8902-8909.

[65] Sun Q M, Chen B W J, Wang N, et al. Zeolite-encaged Pd-Mn nanocatalysts for CO_2: Hydrogenation and formic acid dehydrogenation [J]. Angewandte Chemie International Edition, 2020, 59 (45): 20183-20191.

[66] Zhu M, Wachs I E. Iron-based catalysts for the high-temperature water-gas shift (HT-WGS) reaction: A review [J]. ACS Catalysis, 2016, 6 (2): 722-732.

[67] Albrecht M, Rodemerck U, Schneider M, et al. Unexpectedly efficient CO_2 hydrogenation to higher hydrocarbons over non-doped Fe_2O_3 [J]. Applied Catalysis B: Environmental, 2017, 204: 119-126.

[68] Wang W, Jiang X, Wang X, et al. Fe-Cu bimetallic catalysts for selective CO_2 hydrogenation to Olefin-Rich C_{2+} hydrocarbons [J]. Industrial Engineering Chemistry Research, 2018, 57 (13): 4535-4542.

[69] Kusama H, Okabe K, Sayama K, et al. CO_2 hydrogenation to ethanol over promoted Rh/SiO_2 catalysts [J]. Catalysis Today, 1996, 28 (3): 261-266.

[70] Kusama H, Okabe K, Sayama K, et al. Ethanol synthesis by catalytic hydrogenation of CO_2 over Rh $FeSiO_2$ catalysts [J]. Energy, 1997, 22 (2): 343-348.

[71] Navarro R M, Sánchez-Sánchez M C, Alvarez-Galvan M C, et al. Hydrogen production from renewable sources: Biomass and photocatalytic opportunities [J]. Energy & Environmental Science, 2009, 2 (1): 35-54.

[72] Chang X, Wang T, Gong J. CO_2 photo-reduction: Insights into CO_2 activation and reaction on surfaces of photocatalysts [J]. Energy & Environmental Science, 2016, 9 (7): 2177-2196.

[73] Wang X, Xu A, Li F, et al. Efficient methane electrosynthesis enabled by tuning local CO_2 availability [J]. Journal of the American Chemical Society, 2020, 142 (7): 3525-3531.

[74] Wang L, Nitopi S, Wong A B, et al. Electrochemically converting carbon monoxide to liquid fuels by directing selectivity with electrode surface area [J]. Nature Catalysis, 2019, 2 (8): 702-708.

[75] Xie S, Ma W, Wu X, et al. Photocatalytic and electrocatalytic transformations of C_1 molecules involving C—C coupling [J]. Energy & Environmental Science, 2021, 14 (1): 37-89.

[76] He J, Dettelbach K E, Salvatore D A, et al. High-throughput synthesis of mixed-metal electrocatalysts for CO_2 reduction [J]. Angewandte Chemie, 2017, 129 (22): 6164-6168.

[77] Kim D, Kley C S, Li Y, et al. Copper nanoparticle ensembles for selective electroreduction of CO_2 to C_2 ~ C_3 products[J]. Proceedings of the National Academy of Sciences, 2017, 114(10): 10560-10565.

[78] Bansode A, Urakawa A. Towards full one-pass conversion of carbon dioxide to methanol and methanol-derived products [J] . Journal of Catalysis, 2014, 309: 66-70.

[79] Gao W G, Wang H, Wang Y H, et al. Dimethyl ether synthesis from CO_2 hydrogenation on La-modified CuO-ZnOAl_2O_3/HZSM-5 bifunctional catalysts [J] . Journal of Rare Earth, 2013, 31 (5): 470-476.

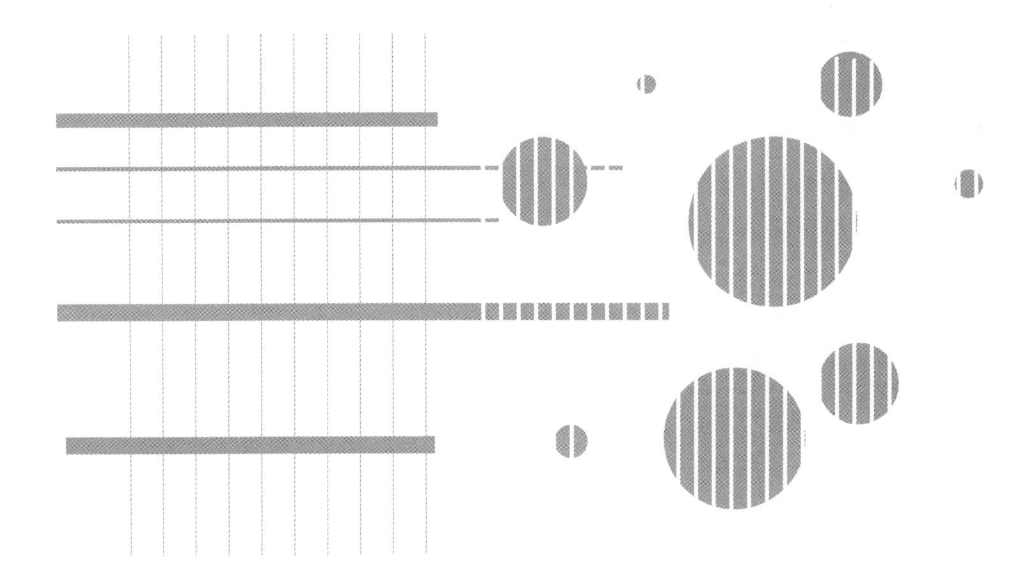

第2章

二氧化碳加氢制甲醇催化剂

2.1　概述

自工业革命以来，全球人口不断增长。相应地，一次能源的需求量不断增加，预计到 2040 年将达到 200 亿吨石油当量，其中 70% 以上将由化石燃料（煤、天然气和石油）提供，如图 2-1（a）所示（书后另见彩图）。传统化石燃料的过度燃烧大大增加了大气中 CO_2 的排放量（＞414×10^{-6}，截至 2019 年 5 月）。二氧化碳排放量在 2020 年时约为 330 亿吨［图 2-1（b）（书后另见彩图）］，且每年的排放量将持续升高，这将导致全球气温升高（温室效应）和严重的自然灾害（洪水、干旱和海平面上升）[1]。在此大背景下，实现碳中和已经成为全人类共同追求的目标。特别地，减少二氧化碳排放的同时促进二氧化碳的回收利用是当前研究人员所关注的热门话题之一 [2-4]。

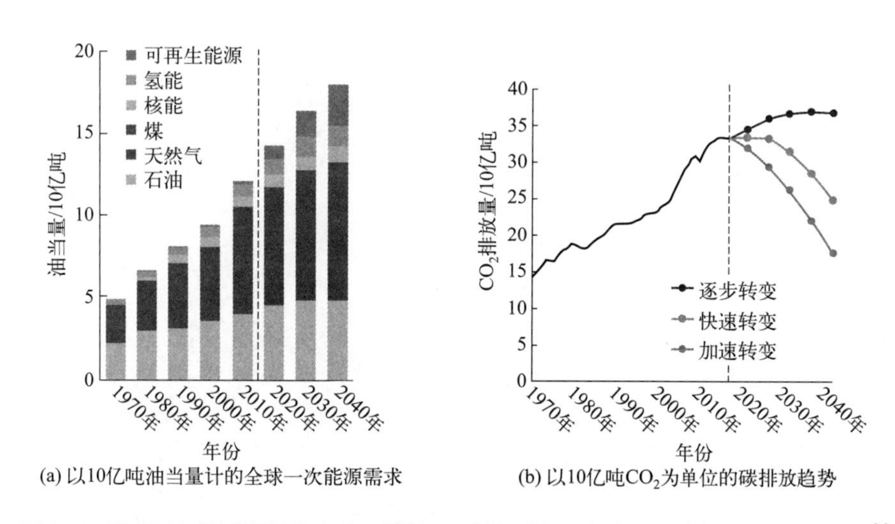

(a) 以10亿吨油当量计的全球一次能源需求　(b) 以10亿吨CO_2为单位的碳排放趋势

图 2-1　以 10 亿吨油当量计的全球一次能源需求以及以 10 亿吨 CO_2 为单位的碳排放趋势 [1]

目前的研究主要集中在碳捕集与封存（CCS）技术 [5, 6]，或将 CO_2 转化为有价值的燃料和化学品（即甲醇、甲酸、低碳烯烃和烃类化合物等）[7]。两种方式的二氧化碳减排策略都为减少大气碳的积累提供了可能。然而，有报道称仅有的 CCS 技术存在捕获效率低，捕获、分离和存储成本高等方面的局限性 [8, 9]。因此，将二氧化碳的有效捕获和化学转化相结合的方法将是解决上述温室气体问题的最佳方案。二氧化碳因其储量丰富、无毒、廉价、不易燃、无腐蚀性等特点，成为生产增值产品的有吸引力的 C_1 原料 [10]。因此，将二氧化碳转化为高工业附加值产品相比于 CCS 是一种更高效且可取的方法 [11]。特别地，通过多相催化剂催化 CO_2 加氢的热催化技术受到了越来越多的关注。CO_2 与 H_2 之间的反应不仅可以捕获过量的 CO_2，从而减少大气中的温室气体；而且 H_2 作为典型的清洁能源，可以以高质量和高密度的形式安全储存。

甲醇（CH_3OH）作为 CO_2 加氢常见的产物之一，是生产甲醛、二甲醚 [12]、C_2 ～ C_4 烯烃的重要原料，可直接用作燃料电池 [13] 的液体燃料和汽油添加剂 [14]。甲醇（主要由合成气生产）日益增长的需求和全球温室气体排放的减缓，为研究人员提供了一个具有挑战性的机会：通过利用多相催化剂将储量丰富的二氧化碳进一步催化转化为可持续燃料甲醇。然而，CO_2 分子中的 C═O 双键相对稳定，其活化通常需要消耗能量，因此开发高效多相催化剂成为了 CO_2 催化加氢研究的重要组成部分。图 2-2 展示了 CO_2 加氢制甲醇所涉及的常见的催化剂和工艺。在多相催化的领域中，目前合成甲醇的催化剂主要是 Cu-Zn-Al 催化剂，该催化剂仍存在低温下活性与选择性低和易烧结失活等缺陷。因此，寻找高活性、高选择性和高性能的 CO_2 加氢催化剂成为非常重要的一个研究课题，受到了当前科研工作者的广泛关注。

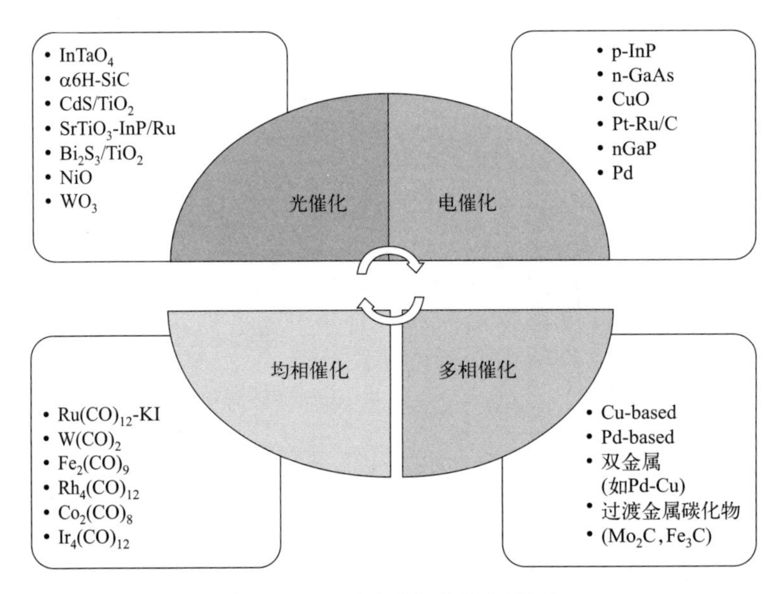

图 2-2　CO_2 加氢制甲醇催化剂示意

2.1.1　过渡金属掺杂 Pd 团簇材料

将 CO_2 化学转化为有价值的产品是利用二氧化碳的有效途径之一。在众多的 CO_2 催化转化为有益产物的策略中，CO_2 热催化加氢制甲醇的方法越来越受到人们的关注 [15, 16]。特别是甲醇作为重要的有机化工原料，可以直接作为甲醇燃料电池的液体燃料 [17]。上述 CO_2 利用方案不仅可以缓解由温室气体排放浓度升高而引起的全球变暖问题，而且可以为减少对化石燃料的依赖提供可行性解决方案 [18, 19]。

工业上通常在高压和高温条件下利用 Cu 基催化剂催化 CO_2 加氢合成甲醇 [20]。主要原因之一是 Cu 表面在正常条件下不能很好地与 CO_2 分子相互作用，因此需要高压条件来促进CO_2的吸附和转化[21-23]。同时，为了加快反应速度，促进CO_2活化，反应被要求在高温条件下执行。但即使在这样的条件下，这些 Cu 基催化剂仍然展现出相当低的甲醇产率和选择性。这是由于作为副反应的逆水煤气反应（RWGS）是吸热的，而高温会使CO_2加氢反应朝着 RWGS 方向进行[24]。为了克服这些问题，迫切需要寻找能够在较低温度和压力下工作的新型催化剂，这将对上述CO_2利用方案的发展起到至关重要的作用。

Pd 基催化剂由于其化学稳定性[25]、抗烧结性能[26, 27]和在较低温度下生产甲醇的优异活性[28-30]而受到了广泛关注。Saputro 等[31]发现，与具有催化惰性的块体钯相比，亚纳米钯团簇可以很好地与CO_2分子相互作用。特别地，计算出的亚纳米钯团簇上CO_2转化为甲醇的转换频率与 Cu 基催化剂相当。近年来，由有限数量的原子组成的具有独特物理化学性质的亚纳米金属团簇在多相催化领域受到了广泛的关注[32-35]。与块体类似物相比[36]，亚纳米团簇的电子和磁性能发生了很大的变化。此外，过渡金属原子的加入也被证明能够提高金属表面CO_2氢化的性能[37-41]。受此启发，在亚纳米钯团簇中加入 3d 和 4d 过渡金属原子能否提高团簇对CO_2还原的催化活性是一个值得思考的问题。

本小节通过利用不同的过渡金属取代Pd_{13}团簇体心原子，构建了一系列二十面体$Pd_{12}M$（M = Fe、Co、Ni、Cu、Zn、Ru、Rh、Pd、Ag 和 Cd）团簇。探索了一系列$P_{12}M$团簇上CO_2初始转化的性能和机理，以期筛选出对Pd_{13}团簇最合适的掺杂过渡金属。然后，将较大尺寸的钯团簇与最佳辅助金属相结合，同样揭示了其上CO_2加氢和解离对尺寸的依赖关系。该研究有助于进一步理解过渡金属掺杂Pd_{13}团簇对CO_2加氢和解离的影响，而 PdCu 双金属团簇的尺寸活性关系为设计高效的CO_2转化催化剂提供了可能。

2.1.2 Cu@Pd 核壳材料

一方面，随着社会发展，传统的化石能源已不足以满足现实的需求。因此开发高效的清洁能源如太阳能[42]、氢能[43-45]和页岩气[46]等是迫在眉睫的可行性策略。另一方面，传统化石能源排放的二氧化碳会导致极地冰雪融化和沿海洪灾等一系列环境问题[47-50]。在此大背景下，CO_2的控制和转化引起了全世界研究人员的关注[18, 51]。从资源和能源发展战略的角度出发，通过高效催化CO_2来合成化工原料和燃料具有长远意义。在CO_2的转化过程中，高度稳定的CO_2如果与比其吉布斯自由能更高的物质——氢（H_2）反应，在热力学上会更容易发生[19]。与此同时，通过催化转化将CO_2与可再生能源驱动的电解水产生的H_2相结合来生产可持续的化学原料甲醇（CH_3OH），是实现生态文明和可持续碳循环的前瞻性途径。然而，CO_2在动力学和热力学上是一个非常稳定的分子。因此，在正常条件下其与H_2发生反应需要有一种能够高效活化其 C—O 键断裂的催化剂[20, 52]。

Cu 基材料（特别是 $Cu/ZnO/Al_2O_3$）是目前工业上催化 CO_2 加氢合成 CH_3OH 应用最广泛的催化剂[53-59]。贵金属 Pd 同样作为一种很有前途的催化剂和促进剂被应用于 CO/CO_2 加氢反应被广泛报道[60, 61]。为了提高贵金属的催化活性和利用率，实验开发了如 Ga-Cu、Ni-Cu、Co-Cu 和 Pd-Cu[62] 等许多双金属材料以提高 CO_2 的转化效率和 CH_3OH 的选择性。在这些材料中，Pd-Cu 催化剂是甲醇合成中最活跃的双金属候选材料之一。Jiang 等[62] 研究表明在甲醇生成过程中 Pd-Cu 双金属催化剂相较于纯 Cu 材料表现出较强的协同效应。此外，Cu@Pd 核壳催化剂被认为是一种具有广泛应用前景的先进材料[63-65]，它可以通过多种方法合成，如在有机溶剂介质中将 Pd 壳修饰在 Cu 纳米线模板上[66]。

本小节主要研究了以非贵金属组分 Cu 为核，贵金属组分 Pd 为壳的 Cu@Pd 核壳催化剂表面上 CO_2 加氢的反应机理。目前还没有关于此类核壳型催化剂催化 CO_2 加氢机理的报道。基于密度泛函理论，从反应热力学和动力学的角度研究了 CO_2 加氢所涉及中间体的吸附和各基元步骤的活化能与反应能。此外，提出了 3 条主要的反应路径来阐明反应机理，如图 2-3 所示。反应路径包括甲酸盐（HCOO）路径、羧基盐（COOH）路径、逆水煤气反应随后通过 CO 加氢的路径（RWGS + CO-hydro）。通过比较各反应路径基元步骤的活化能得到最有利的二氧化碳加氢生成甲醇的路径。

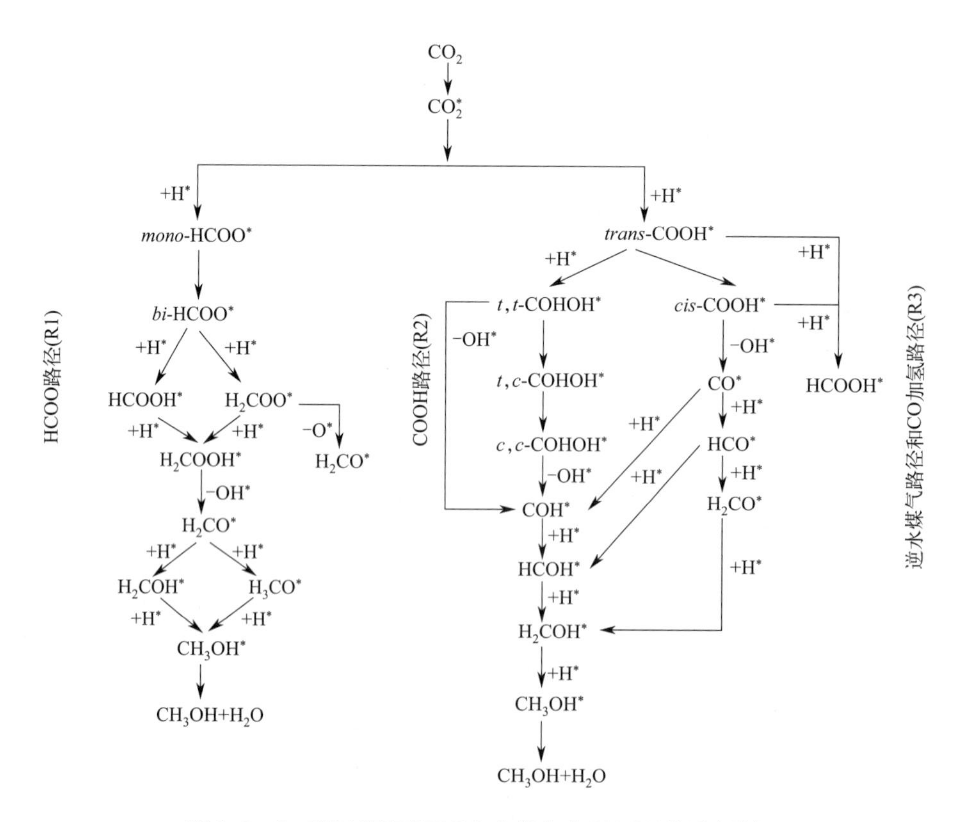

图 2-3　Cu@Pd 核壳表面 CO_2 加氢生成 CH_3OH 的反应路径

2.1.3　PdZn 双金属材料

一方面，碳捕集与封存可以有效减少二氧化碳（CO_2）的排放[5]。另一方面，将二氧化碳进一步转化为有价值的燃料和化学品，为二氧化碳的可持续利用提供了有效的解决方案[10]。甲醇（CH_3OH）作为一种用于解决未来能源危机的重要化工原料和替代品，受到了广泛的关注[14]。在目前的工业中，典型的 $Cu/ZnO/Al_2O_3$ 催化剂已被应用于催化合成气（$CO/CO_2/H_2$）生产 CH_3OH[67, 68]。由于常规 Cu 基催化剂易烧结且对逆水煤气反应表现出活性，即使在高温高压条件下反应速率和选择性也相对较低[69]。因此，寻找更高效的催化剂对提高甲醇合成的活性和选择性至关重要。

钯（Pd）基催化剂因其抗烧结性强和低温下优越的加氢活性引起了人们的广泛关注[28, 30, 70]。为了调节甲醇的产量和选择性，同时最大限度地减少副产物的产量，各种各样的 Pd 基催化剂被相继开发，它们被稳定地负载到锌、铈、锆、镓、铟和钛等的金属氧化物上。其产物产率高、选择性高的主要原因是双金属合金相的形成，例如已被证明为主要活性相的 PdZn 双金属相[1]。Friedrich 等[71]指出 PdZn 中的杂原子键的形成导致了 Zn 向 Pd 的电子转移。此外，Brix 等[72]研究表明，相较于 Pd（111），PdZn（111）表面上碳结合物种的吸附被减弱，氧结合物质的吸附被增强，这将有利于 CO_2 加氢生成 CH_3OH 过程通过甲酸盐（HCOO）路径进行加氢反应。

上述结论表明，PdZn 双金属催化剂可作为一种有效的催化甲醇合成的高性能催化剂。因此，本小节对 PdZn 双金属纳米颗粒催化 CO_2 加氢制甲醇的性能及机理进行了可行性探究。由于金属纳米颗粒独特的表面原子排列和电子特性，其催化性能与特定的晶面有显著差异[73, 74]。研究重点突出了两种不同的 PdZn 纳米颗粒：一种是 $Pd_{32}Zn_6$ 合金；另一种是 $Pd_{32}Zn_6$ 壳 / 核结构。通过对 CO_2 加氢过程的 HCOO 路径的详细计算，达到了对催化活性和机理进行定量分析的目标。最后通过比较各反应步骤的活化能，得到了此类催化剂上二氧化碳加氢反应最有利的反应路线。

2.2　过渡金属掺杂 Pd 团簇催化剂催化二氧化碳加氢制甲醇

首先利用不同的过渡金属取代 Pd_{13} 团簇的体心原子，构建一系列 $Pd_{12}M$（M = Fe、Co、Ni、Cu、Zn、Ru、Rh、Pd、Ag 和 Cd）二十面体团簇。通过探索一系列 $P_{12}M$ 团簇上 CO_2 初始转化的性能和机理，致力于为 Pd_{13} 团簇筛选出合适的掺杂金属。然后，构建更大尺寸的 Pd 与最佳辅助金属相结合的团簇，揭示 CO_2 初始加氢活性对尺寸大小的依赖关系。

2.2.1　$Pd_{12}M$ 团簇催化剂模型及其稳定性

对 3 种不同尺寸的团簇（Pd_{13}、Pd_{38} 和 Pd_{55}）进行了构造，优化后的结构如图 2-4 所示。二十面体的 Pd_{13} 团簇的外层具有 12 个原子，中心仅有 1 个原子，主要暴露（111）晶面。其上 3 种可能的吸附位点分别包括顶位（T）、桥位（B）和洞位（H）。特别地，考虑了用不同的 3d 和 4d 过渡金属（M = Fe、Co、Ni、Cu、Zn、Ru、Rh、Pd、Ag 和 Cd）取代 Pd_{13} 团簇的体心原子，从而达到构建一系列双金属 $Pd_{12}M$ 团簇的目的。对于八面体的 Pd_{38} 团簇，其核是由 6 个原子组成。Pd_{38} 团簇上考虑了 8 个可能的吸附位点，即 2 个顶位（T1 和 T2）、3 个桥位（B1、B2 和 B3）、2 个三重穴位［fcc（面心立方结构）和 hcp（密堆积六方结构）］和 1 个四重穴位（H）。Pd_{55} 团簇外层包含了 20 个三角形的 Pd（111）晶面，其核是由 13 个原子的小团簇构成。Pd_{55} 团簇具有 6 个可能的吸附位点，即 2 个顶位（T1 和 T2）、2 个桥位（B1 和 B2），以及 2 个不同的三重穴位（fcc 和 hcp）。值得注意的是，后文所涉及的大尺寸的双金属团簇的构建也是通过取代这些纯团簇的体心原子来实现的。

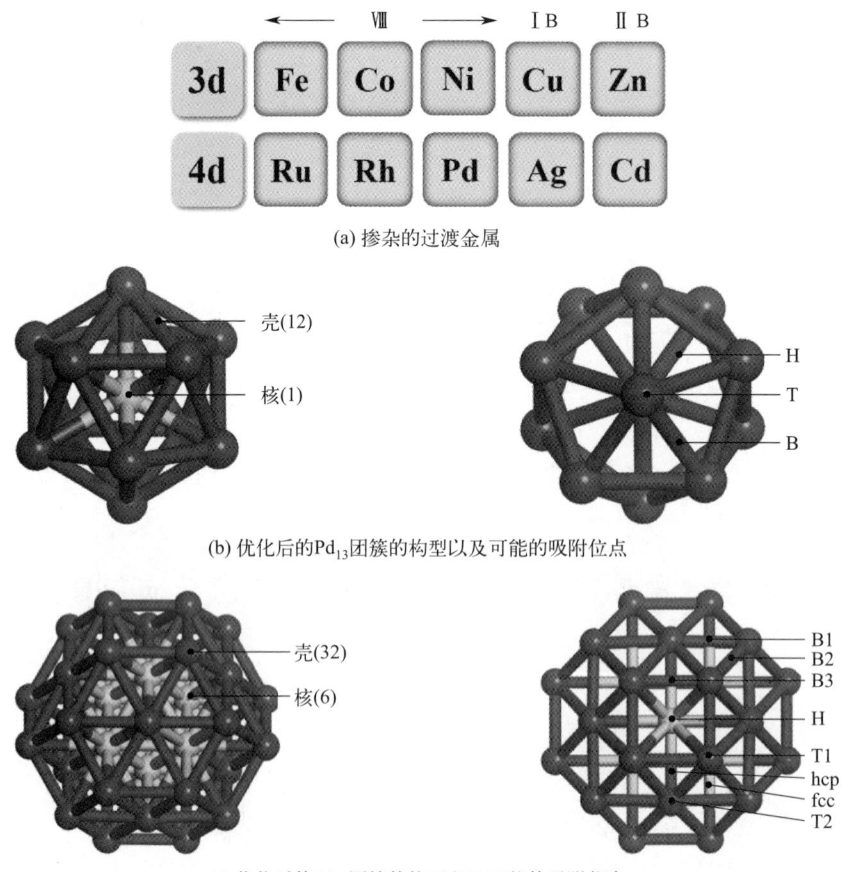

(a) 掺杂的过渡金属

(b) 优化后的Pd_{13}团簇的构型以及可能的吸附位点

(c) 优化后的Pd_{38}团簇的构型以及可能的吸附位点

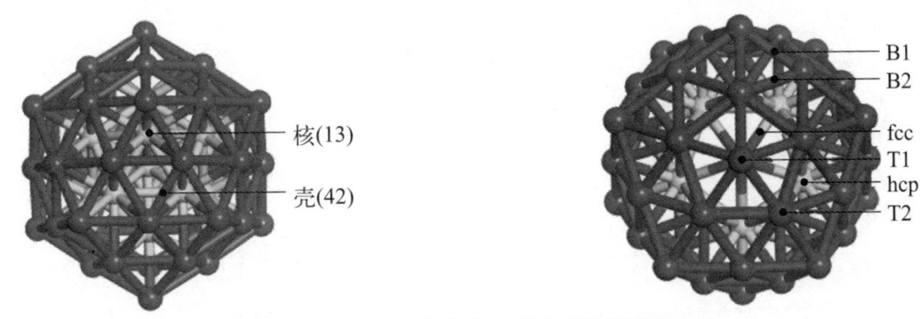

(d) 优化后的Pd_{55}团簇的构型以及可能的吸附位点

图 2-4　掺杂的过渡金属以及优化后的 Pd_{13}、Pd_{38} 和 Pd_{55} 团簇的构型以及可能的吸附位点（图中浅灰色的球分别表示团簇的核心原子）

为了分析 $Pd_{12}M$ 团簇的稳定性，我们计算了其上平均结合能和核壳相互作用能，并将得到的值绘制到了图 2-5 中。特别地，E_b 和 E_{cs} 值越负，催化剂越稳定。显然，$Pd_{12}M$ 团簇的稳定性遵循 $Pd_{12}Ru > Pd_{12}Fe > Pd_{12}Co > Pd_{12}Rh > Pd_{12}Ni > Pd_{12}Cu > Pd_{13} > Pd_{12}Zn > Pd_{12}Ag > Pd_{12}Cd$ 这一规律。先前我们的研究已经表明，具有较高表面能的元素更倾向于占据核壳结构的核心层 [75]。Pd（1.92 J/m^2）的表面能均高于 Zn（0.99 J/m^2）、Ag（1.17 J/m^2）和 Cd（0.59 J/m^2）[76]，这解释了 $Pd_{12}Zn$、$Pd_{12}Ag$ 和 $Pd_{12}Cd$ 团簇的结构稳定性比 Pd_{13} 团簇差的原因。总体而言，与 Pd_{13} 团簇相比，$Pd_{12}M$（M = Ru、Fe、Co、Rh、Ni 和 Cu）双金属团簇具有更好的结构稳定性。

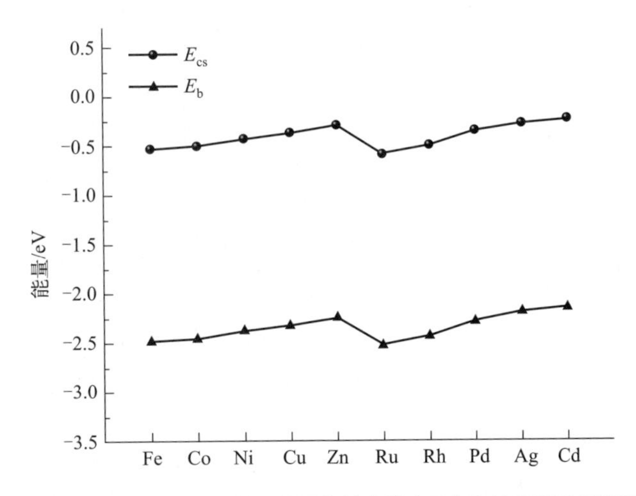

图 2-5　过渡金属掺杂 Pd_{13} 团簇上的平均结合能（E_b）和核壳相互作用能（E_{cs}）

2.2.2　$Pd_{12}M$ 团簇催化剂上二氧化碳的活化

本小节首先对 CO_2 在各个 $Pd_{12}M$ 团簇的 3 个可能吸附位点上的吸附进行了详

细的计算。CO_2 的活化程度是 CO_2 还原过程中重要的活性描述符之一[77, 78]。先前的研究已证明，电荷从催化剂表面转移到 CO_2 分子的反键轨道会导致 CO_2 的高度活化[79, 80]。因此，为了更好地理解 CO_2 分子吸附到金属团簇上后的活化程度，我们首先确定了电荷是否是从团簇转移到 CO_2 分子上。图 2-6（a）展示出了 $Pd_{12}M$ 团簇与孤立 CO_2 分子的最高占据分子轨道（HOMO）和最低未占据分子轨道（LUMO）的能级状态。从图中可以看出，所有团簇的 LUMO 和 CO_2 的 HOMO 之间的能差均小于团簇的 HOMO 和 CO_2 的 LUMO 之间的能差。因此，电荷从 $Pd_{12}M$ 团簇向 CO_2 分子转移更容易，吸附态的 CO_2 将得到净负电荷，变成阴离子态 $CO_2^{\delta-}$。

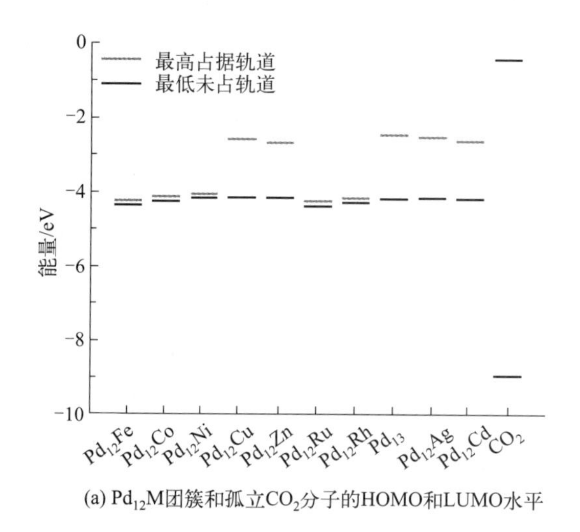

(a) $Pd_{12}M$团簇和孤立CO_2分子的HOMO和LUMO水平

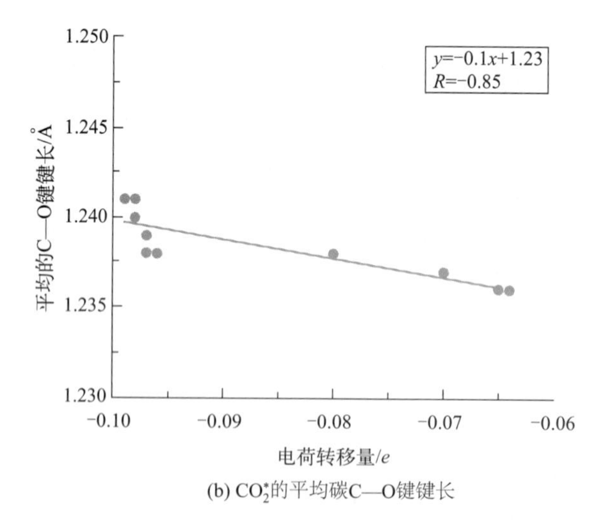

(b) CO_2^*的平均碳C—O键键长

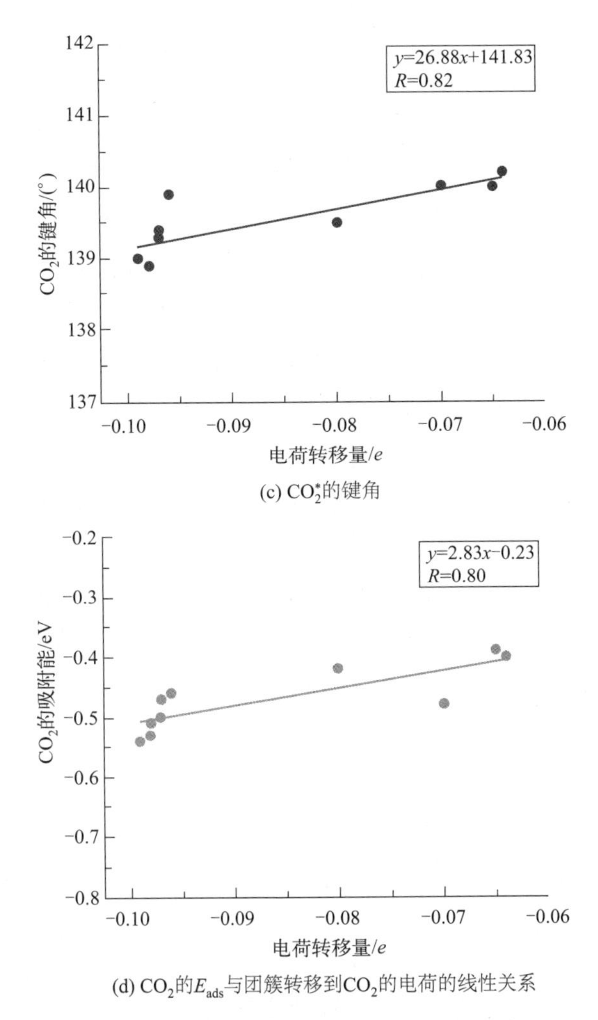

(c) CO_2^*的键角

(d) CO_2的E_{ads}与团簇转移到CO_2的电荷的线性关系

图 2-6　$Pd_{12}M$ 团簇和孤立 CO_2 分子的 HOMO 和 LUMO 水平、CO_2^* 的平均碳 C—O 键键长、CO_2^* 的键角以及 CO_2 的 E_{ads} 与团簇转移到 CO_2 的电荷的线性关系

为了精确地评估 CO_2 分子吸附在团簇上时发生的电荷转移量，对团簇与分子复合物进行了马利肯（Mulliken）电荷分析。此外，建立了所有 $Pd_{12}M$ 团簇上吸附态 CO_2 的平均键长、键角和吸附能与电荷转移的线性关系，分别如图 2-6（b）～（d）所示。计算结果表明，CO_2 在所有团簇上的吸附都伴随着净电荷向 CO_2 分子上的转移。吸附态 CO_2 的电荷转移与结构参数之间存在显著的线性关系。电荷转移量与吸附态 CO_2 的平均键长和键角的线性关系的 Pearson（皮尔逊）相关系数（R）绝对值分别高达 0.85 和 0.82。换句话说，CO_2 的活化可以反映到其结构形变的程度上，这与之前的报道相一致 [81, 82]。此外，对电荷转移量与 E_{ads} 值的相关性也进行了计算，其 R 绝对值为 0.80，这表明电荷转移量与 E_{ads} 值的相关性低于与吸附 CO_2^* 的键角和平均键长的相关性。因此，与 E_{ads} 值相比，结构参数可能是反映 CO_2 活化程度更好的描述符。

2.2.3　$Pd_{12}M$ 团簇催化剂上的二氧化碳加氢和解离

对于 CO_2 的初始转化，吸附态的 CO_2 可以发生进一步解离或加氢。CO_2 的加氢反应有两种路线：一种是 H^* 与 CO_2^* 的 C 原子反应生成甲酸盐（$HCOO^*$）；另一种是 H^* 与 CO_2^* 的 O 原子反应生成羧基盐（$COOH^*$）。为了弄清楚过渡金属的掺杂对 CO_2 转化路径的影响，对所有 $Pd_{12}M$ 团簇上 CO_2 初始转化所涉及的基元反应的活化能进行了计算。图 2-7 为所有 $Pd_{12}M$ 团簇上 $CO_2^* \longrightarrow HCOO^*$、$CO_2^* \longrightarrow COOH^*$ 和 $CO_2^* \longrightarrow CO^*$ 这 3 步基元反应的 E_a 值。从图中可以看出，除 $Pd_{12}Ru$ 和 $Pd_{12}Zn$ 团簇外，所有 $Pd_{12}M$ 团簇上 CO_2 加氢更倾向于生成 HCOO 中间体。而 $Pd_{12}Ru$ 团簇上 CO_2 初始加氢更倾向于生成 COOH 中间体。此外，CO_2 在 $Pd_{12}Zn$ 团簇上加氢生成 HCOO 和 COOH 中间体的 E_a 值仅相差 0.11 eV。总而言之，吸附态的 CO_2 在这些催化剂上均不倾向于直接解离，这可以归因于较大的活化能阻碍了该反应发生的动力学可能性。特别地，与纯 Pd_{13} 团簇相比（$E_a = 0.81$ eV），$Pd_{12}Cu$ 和 $Pd_{12}Cd$ 团簇上以 HCOO 为最优中间体的 CO_2 加氢活化能分别降低到了 0.69 eV 和 0.61 eV。同时 CO_2 加氢反应生成 HCOO 和 COOH 的活化能在 $Pd_{12}Cu$ 和 $Pd_{12}Cd$ 团簇上存在较大差值（0.91 eV 和 0.83 eV），表明这些催化剂对 HCOO 的生成具有较高的选择性。最后，结合上一节的结构稳定性分析，可以得出 $Pd_{12}Cu$ 团簇是 CO_2 初始加氢的最佳候选材料，可能具有良好的甲醇合成催化活性。

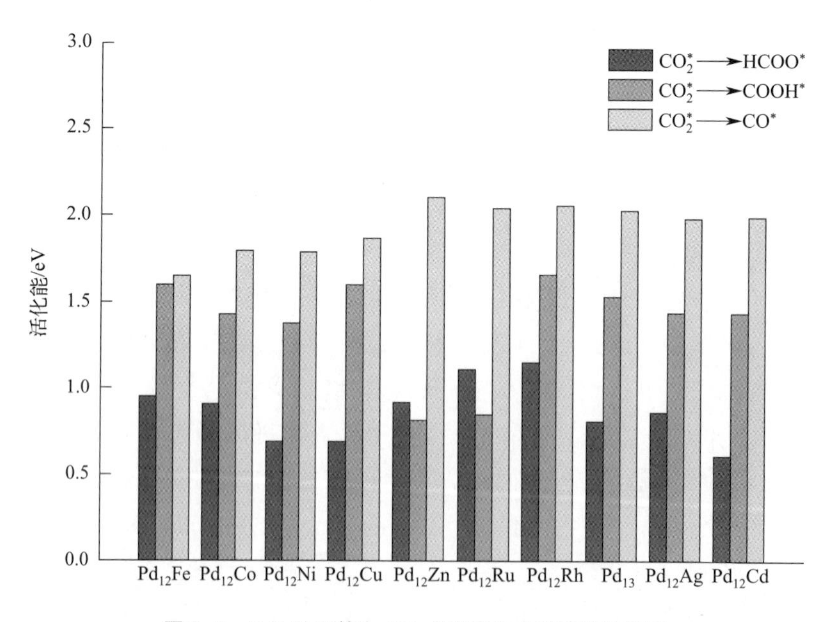

图 2-7　$Pd_{12}M$ 团簇上 CO_2 初始加氢和解离的活化能

先前的研究表明，钯基催化剂上 CO_2 加氢反应的活性与钯原子的富电子程度密切相关[83]。因此，计算了 Pd_{13} 和 $Pd_{12}Cu$ 团簇的 HOMO 能级以及其上吸附态的 H 和 CO_2 的 C 原子的 Mulliken 电荷，结果如图 2-8（a）和（b）所示（书后另见彩图）。计算结果表明当 Cu 原子掺杂到 Pd_{13} 团簇上时，催化剂的 HOMO 能级从 −4.19 eV 提高到 −4.17 eV。更高的 HOMO 能级意味着催化剂更容易给出电子，这也被 $Pd_{12}Cu$ 团簇上吸附态的 H 和 CO_2 的 C 原子减少的正电荷所证实。因此，与 Pd_{13} 团簇上的 H 与 CO_2 反应生成 HCOO 中间体相比，$Pd_{12}Cu$ 团簇上吸附态的 H 与 C 原子之间的电子斥力更小，会导致更低的活化能。结果表明，Cu 原子的掺杂导致的 HOMO 的升高是 HCOO 形成活性增强的主要原因。此外，计算了 HCOO 和 COOH 吸附在 $Pd_{12}Cu$ 团簇上的偏态密度（PDOS），如图 2-8（c）和（d）所示（书后另见彩图）。可以发现，与 COOH 在 $Pd_{12}Cu$ 团簇上的吸附相比，HCOO 吸附时，Pd-d 轨道与 O-p 轨道的重叠峰更大，表明催化剂与吸附物种之间存在强烈的杂化现象。这也被 Pd-d 轨道劈裂成多个峰所证实。PDOS 分析表明，强杂化导致 HCOO 中间体在 $Pd_{12}Cu$ 团簇上表现出显著的放热特性，这不仅有助于降低 CO_2 转化生成 HCOO 反应的活化能，而且稳定了该基元反应的过渡态结构。

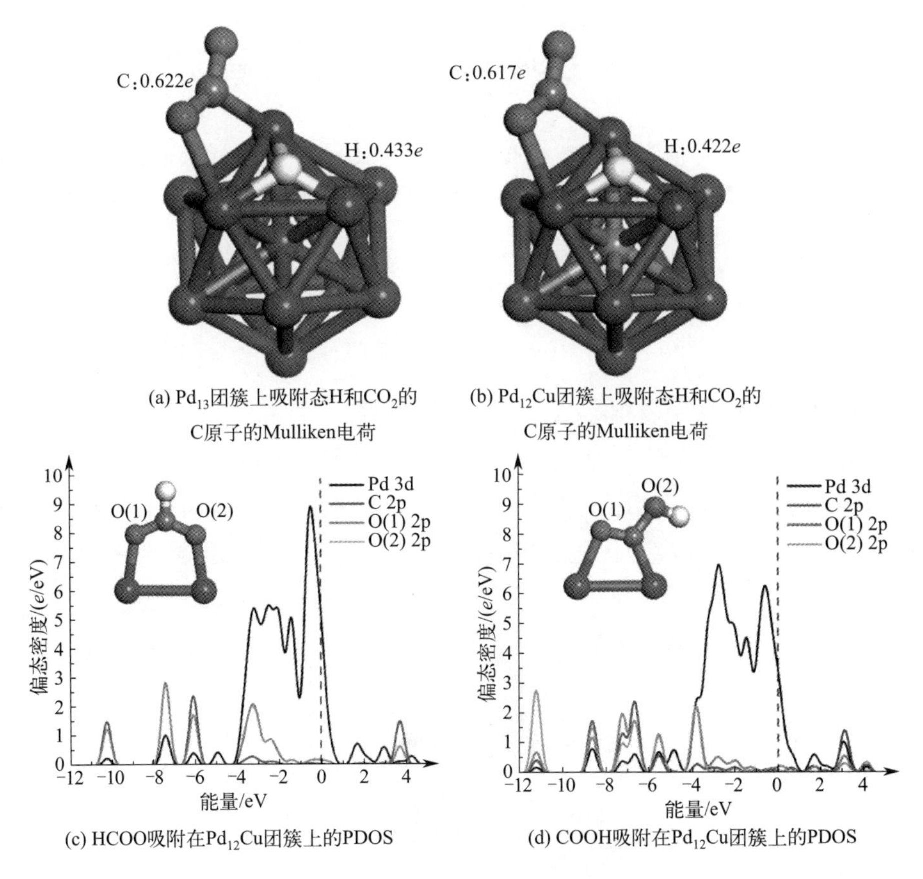

(a) Pd_{13}团簇上吸附态H和CO_2的C原子的Mulliken电荷
(b) $Pd_{12}Cu$团簇上吸附态H和CO_2的C原子的Mulliken电荷
(c) HCOO吸附在$Pd_{12}Cu$团簇上的PDOS
(d) COOH吸附在$Pd_{12}Cu$团簇上的PDOS

图 2-8　Pd_{13} 和 $Pd_{12}Cu$ 团簇上吸附态 H 和 CO_2 的 C 原子的 Mulliken 电荷以及 HCOO 和 COOH 吸附在 $Pd_{12}Cu$ 团簇上的 PDOS

2.2.4 PdCu 双金属团簇催化剂上二氧化碳加氢与解离

在本节中，我们构建了更大尺寸的团簇来降低 PdCu 双金属团簇中 Pd 的相对含量，同时探讨了其上 CO_2 初始转化的催化活性。众所周知，金属团簇的稳定性是评价催化剂性能的关键因素之一。Pd 团簇中，Pd_{13}、Pd_{38} 和 Pd_{55} 作为幻数团簇具有良好的稳定性，在理论研究中已得到了广泛的研究。因此，我们计算了 $Pd_{12}Cu$、$Pd_{32}Cu_6$ 和 $Pd_{42}Cu_{13}$ 3 种双金属团簇上涉及 CO_2 初始转化的基本反应的活化能。结果表明，CO_2 在所有的 PdCu 双金属团簇上都倾向于加氢反应，较大的活化能降低了其直接解离的可能性。随着团簇尺寸的逐渐增大，CO_2 加氢生成 HCOO 中间体的活化能逐渐增大，而生成 COOH 中间体的活化能呈现相反的趋势。与 $Pd_{12}Cu$ 和 $Pd_{32}Cu_6$ 双金属团簇相比，$Pd_{42}Cu_{13}$ 双金属团簇表现出更高的 CO_2 初始加氢活性（$E_a = 0.50$ eV），且加氢的首选中间体为 COOH，这与之前的研究报道相一致[84]。这意味着 Pd∶Cu 比例最小的 $Pd_{42}Cu_{13}$ 双金属团簇不仅显著降低了贵金属钯的组成比例，而且具有更高的 CO_2 加氢活性，成为 CO_2 初始加氢的良好双金属候选材料。

2.3 Cu@Pd 核壳催化剂催化二氧化碳加氢制甲醇

探索以非贵金属 Cu 为核，贵金属 Pd 为壳的 Cu@Pd 核壳表面 CO_2 加氢反应机理。从反应热力学和动力学的角度，计算 CO_2 加氢各基元步骤活化能和反应能。最后，通过对提出的 3 种主要反应路线所涉及的各基元反应活化能的比较，得出最有利的反应途径。

2.3.1 Cu@Pd 核壳表面反应物种的吸附

Cu@Pd 核壳结构催化剂是由 6 个 Cu 原子组成的小八面体的核与 38 个 Pd 原子组成的壳层相结合所构成。优化后的催化剂模型及可能的吸附位点［top（顶位）、bridge（桥位）、fcc 和 hcp］如图 2-9 所示。

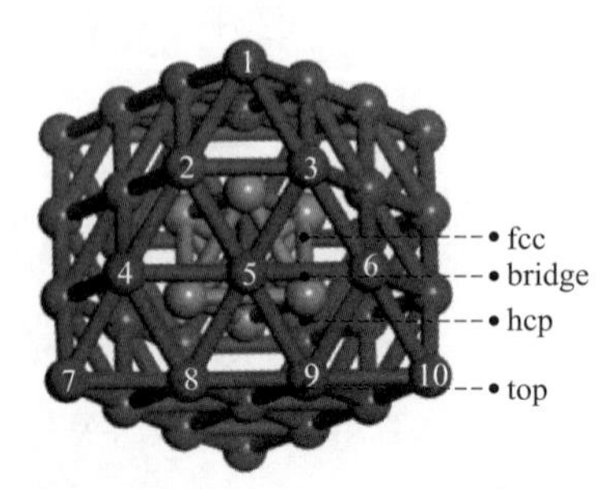

图 2-9　Cu@Pd 核壳表面结构以及可能的活性位点（Pd：深灰色；Cu：浅灰色）

我们考虑了各个反应中间体在这些可能的吸附位点上的吸附，且吸附能最负的构型被认为是最稳定的吸附结构，相应的吸附能数据和吸附构型分别见表 2-1 和图 2-10（书后另见彩图）。

表 2-1　所涉及反应物种的稳定吸附位点、几何参数和吸附能

反应物种	位点	键长	d/Å	E_{ads}/eV
CO_2^*	bridge	Pd^3—C/Pd^6—O	2.044/2.201	−0.28
H^*	fcc	Pd^3—H/Pd^5—H/Pd^6—H	1.857/1.772/1.772	−2.97
OH^*	bridge	Pd^2—O/Pd^3—O	2.182/2.185	−2.61
CO^*	hcp	Pd^2—C/Pd^3—C/Pd^5—C	2.096/2.065/2.065	−2.01
mono-$HCOO^*$	top	Pd^6—O	2.114	−2.25
bi-$HCOO^*$	bridge	Pd^3—O/Pd^6—O	2.152/2.153	−2.86
$HCOOH^*$	top	Pd^5—O	2.708	−0.44
H_2COO^*	bridge bridge	Pd^2—O^1/Pd^5—O^1 Pd^3—O^2/Pd^6—O^2	2.235/2.226 2.089/2.218	−3.53
H_2COOH^*	top-top	Pd^2—O^1/Pd^3—O^2	2.052/2.381	−2.22
trans-$COOH^*$	bridge	Pd^3—C/Pd^6—O	1.960/2.296	−2.76
cis-$COOH^*$	bridge	Pd^3—C/Pd^6—O	1.961/2.314	−2.65
HCO^*	bridge	Pd^3—C/Pd^5—C	2.108/2.041	−2.42
H_2CO^*	top	Pd^5—C	2.119	−0.77
H_3CO^*	bridge	Pd^2—O/Pd^4—O	2.129/2.125	−2.28
t, *t*-$COHOH^*$	bridge	Pd^3—C/Pd^5—C	2.133/2.081	−2.39
t, *c*-$COHOH^*$	bridge	Pd^3—C/Pd^5—C	2.124/2.047	−2.27
c, *c*-$COHOH^*$	bridge	Pd^3—C/Pd^5—C	2.031/2.054	−1.81
COH^*	hcp	Pd^2—C/Pd^3—C/Pd^5—C	1.981/1.971/1.977	−4.47
$HCOH^*$	bridge	Pd^3—C/Pd^5—C	2.060/2.029	−3.25
H_2COH^*	top	Pd^5—C	2.071	−1.80
CH_3OH^*	top	Pd^2—O	2.419	−0.48
O^*	hcp	Pd^2—O/Pd^3—O/Pd^5—O	2.052/2.034/2.034	−4.13
H_2O^*	top	Pd^3–O	2.462	−0.50

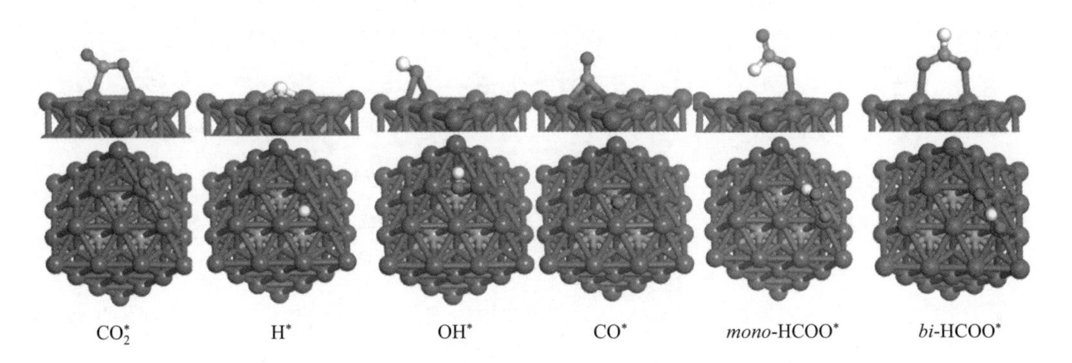

图 2-10

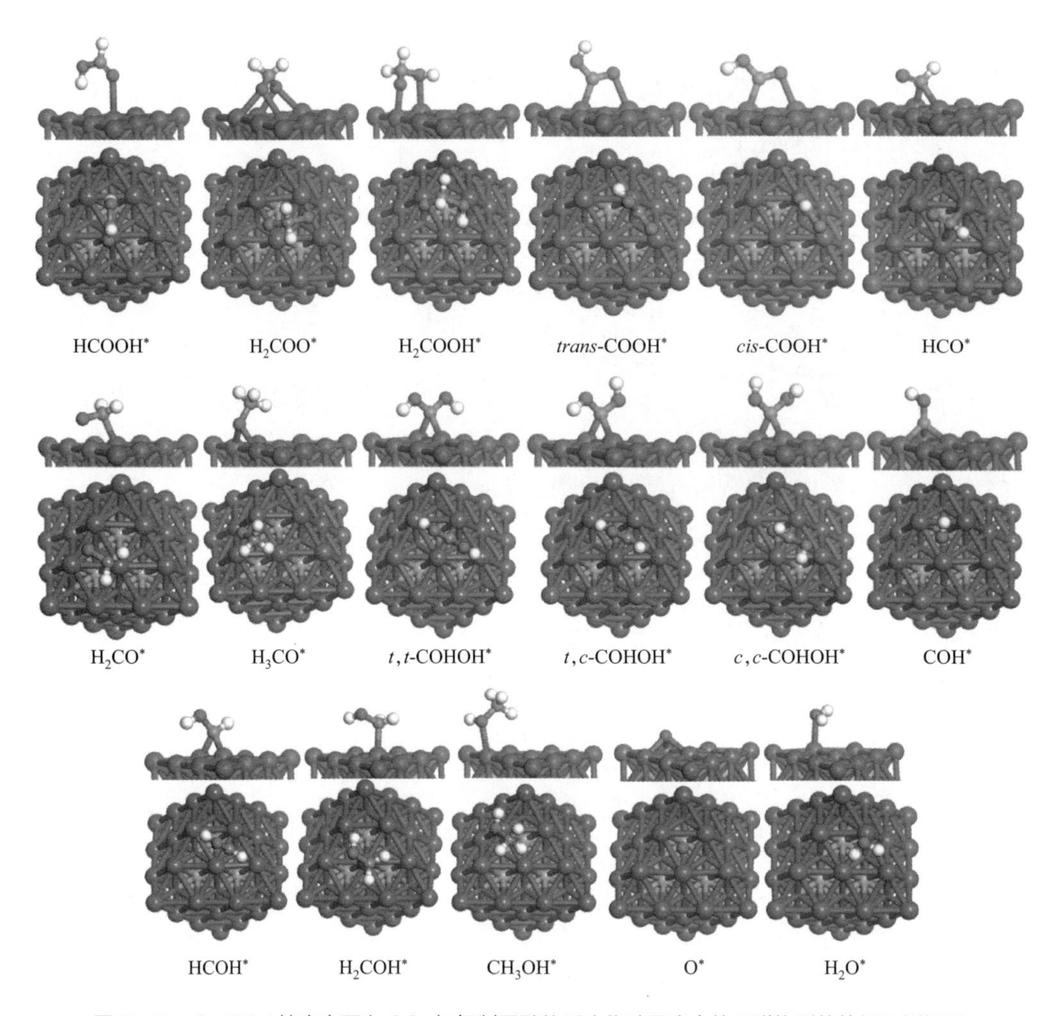

图 2-10 Cu@Pd 核壳表面上 CO_2 加氢制甲醇的反应物种最稳定的吸附构型的俯视和侧视图

橙色、蓝色、灰色、红色和白色的球分别代表 Cu、Pd、C、O 和 H 原子

① 二氧化碳（CO_2^*）。CO_2^* 通过双齿碳酸盐构型 [85] 吸附在由 Pd^3 和 Pd^6 原子构成的 bridge 位点上，Pd—C 键为 2.044 Å（1 Å=10^{-10} m，下同），Pd—O 键为 2.201 Å。计算得到 CO_2 的吸附能为 −0.28 eV，强于 $PdCu_3$（111）表面（−0.10 eV）[85]、Cu（111）表面（−0.05 eV）[86] 和 Ni（111）表面（−0.06 eV）[87] 所报道的值。此外，优化后吸附态 CO_2^* 的 C—O 键长（1.219 Å 和 1.252 Å）高于气相 CO_2^* 分子的 C—O 键长（1.175 Å）。上述计算结果表明，原本稳定的 CO_2^* 分子在催化剂表面被高度活化，这意味着 Cu@Pd 核壳可能具有较高的 CO_2^* 加氢催化活性。

② 一氧化碳（CO^*）。CO^* 稳定地吸附在 hcp 位点上，其吸附能值为 −2.01 eV，强于 $PdCu_3$（111）表面（−1.51 eV）[85] 和 Cu（111）表面（−1.06 eV）[86] 所报道的值。与 CO^* 的吸附情况不同，吸附态 H 是通过键长分别为 1.857 Å、1.772 Å 和 1.772 Å 的 Pd—H 键吸附在 fcc 位点上。其吸附能为 −2.97 eV，强于 Pd（111）表面

（−2.72 eV）[60] 所报道的值。H_2O 通过 2.462 Å 的 Pd—O 键稳定地吸附在 Pd^3 原子的 top 位点上，具有 −0.50 eV 的吸附能。此外，计算得到的 OH^* 的吸附能（−2.61 eV）比 H 的吸附能更负。

③ 甲酸盐（$HCOO^*$）。已有研究表明，$HCOO^*$ 是 CO_2 加氢制甲醇的关键中间体 [88]。它有两种同分异构体结构：单齿构型（*mono*-$HCOO^*$）和双齿构型（*bi*-$HCOO^*$）（如图 2-10 所示）。其同分异构体结构的区别在于与催化剂表面相互作用的氧原子的数量。对于 *mono*-$HCOO^*$ 而言，仅通过单个氧原子吸附在由 Pd^6 原子构成的 top 位点上，形成了一个 2.114 Å 的 Pd—O 键，其吸附能为 −2.25 eV。然而，*bi*-$HCOO^*$ 是通过 2 个 O 原子结合在由 Pd^3 和 Pd^6 原子组成的 bridge 位点上，吸附能为 −2.86 eV。形成的 Pd—O 键长分别为 2.152 Å 和 2.153 Å。从热力学的角度来看，*bi*-$HCOO^*$ 中间体在 Cu@Pd 核壳表面的结合比 *mono*-$HCOO^*$ 更稳定。

H_2COO^* 物种倾向于在 bridge-bridge 位点吸附，即每个氧原子分别作用在由 Pd—Pd 键构成的 bridge 位点上，如图 2-10 所示。这种特别的吸附行为会导致较强的吸附能，其值为 −3.53 eV。这一数值与之前的研究结果相近，即在 $PdCu_3$（111）表面为 −3.58 eV[85]，Cu（111）表面 [86] 为 −3.76 eV。

④ 甲酸（$HCOOH^*$）。作为 *bi*-$HCOO^*$ 和 *trans*-$COOH^*$ 氢化的产物，$HCOOH^*$ 更倾向于通过 O 原子结合在 Pd^5 原子的 top 位点，其吸附能的数值为 −0.44 eV。相较于 $PdCu_3$（111）表面 [85] 的值提高了 −0.12 eV，与 Cu（111）表面 [86] 相比高了 −0.20 eV。总而言之，$HCOOH^*$ 物种在 Cu@Pd 核壳表面上的结合是一种典型的化学吸附行为。

H_2COOH^* 已被报道为 Cu 基催化剂上 CO_2 加氢合成甲醇可能的中间体之一 [89, 90]。与 H_2COO^* 相比，H_2COOH^* 的吸附构型发生了巨大变化，其通过两个 Pd—O 键吸附在 top-top 位点上，Pd—O 键的长度分别为 2.052 Å 和 2.381 Å，计算得到 H_2COOH^* 的吸附能为 −2.22 eV。

$COHOH^*$ 在 Cu@Pd 核壳表面的吸附构型有 3 种同分异构体，分别命名为 *t*, *t*-$COHOH^*$、*t*, *c*-$COHOH^*$ 和 *c*, *c*-$COHOH^*$（如图 2-10 所示）。它们都是通过 Pd—C 键稳定吸附在催化剂表面。与其他同分异构体结构相比，*t*, *t*-$COHOH^*$ 具有最负的吸附能，其值为 −2.39 eV（*t*, *c*-$COHOH^*$：−2.27 eV；*c*, *c*-$COHOH^*$：−1.81 eV）。这可能是表面 Pd 原子（Pd^2 和 Pd^6 原子）与 *t*, *t*-$COHOH^*$ 的 H 原子之间额外的相互作用所导致的。这一结果也与之前的研究报道相一致 [85]。

$HCOH^*$ 作为 HCO^* 和 COH^* 氢化的产物，优先通过 C 原子吸附在 Pd^3 和 Pd^5 原子组成的 bridge 位点上。这一吸附构型伴随着 −3.25 eV 的吸附能，其值与 Cu（111）（−1.85 eV）[21] 和 Pd（111）表面（−3.14 eV）[60] 上的值相比更负。

⑤ 甲醇（CH_3OH^*）。CH_3OH^* 通过 O 原子吸附在 Pd^2 原子的 top 位点上，这与以往的研究结果一致，即极性分子 CH_3OH^* 上氧原子的负电荷聚集，导致 CH_3OH^* 物种更倾向于通过含有孤对电子的 O^* 与催化剂表面相结合。

2.3.2 Cu@Pd 核壳表面甲醇合成的反应路径

本小节系统地研究了 CO_2 加氢生成 CH_3OH 的反应机理。计算了各反应路径各基元反应的活化能和反应能，如表 2-2 所列。计算化学是当前预测过渡态的有效方法之一。根据最优吸附构型选择了 IS（初态）和 FS（过渡态）。并对各基元反应的 TS（末态）进行了搜索。

表 2-2 Cu@Pd 核壳表面上所涉及基元反应的活化能（E_a）和反应能（ΔE）

序号	反应	E_a/eV	ΔE/eV
R1-1	$CO_2^* + H^* \longrightarrow$ *mono*-$HCOO^* + {}^*$	1.05	0.68
R1-2	*mono*-$HCOO^* \longrightarrow$ *bi*-$HCOO^*$	0.32	−0.62
R1-3	*bi*-$HCOO^* + H^* \longrightarrow H_2COO^* + {}^*$	1.84	1.48
R1-4	*bi*-$HCOO^* + H^* \longrightarrow HCOOH^* + {}^*$	1.27	0.33
R1-5	$H_2COO^* + {}^* \longrightarrow H_2CO^* + O^*$	0.94	0.34
R1-6	$H_2COO^* + H^* \longrightarrow H_2COOH^* + {}^*$	0.61	−0.68
R1-7	$HCOOH^* + H^* \longrightarrow H_2COOH^* + {}^*$	1.01	0.73
R1-8	$H_2COOH^* + {}^* \longrightarrow H_2CO^* + OH^*$	0.98	0.21
R1-9	$H_2CO^* + H^* \longrightarrow H_3CO^* + {}^*$	0.82	0.01
R1-10	$H_2CO^* + H^* \longrightarrow H_2COH^* + {}^*$	1.14	0.31
R1-11	$H_3CO^* + H^* \longrightarrow CH_3OH^* + {}^*$	0.80	0.01
R1-12	$O^* + H^* \longrightarrow OH^* + {}^*$	1.47	−0.39
R1-13	$H^* + OH^* \longrightarrow H_2O^* + {}^*$	0.93	−0.47
R2-1	$CO_2^* + H^* \longrightarrow$ *trans*-$COOH^* + {}^*$	0.83	0.12
R2-2	*trans*-$COOH^* + H^* \longrightarrow$ *t*, *t*-$COHOH^* + {}^*$	1.16	0.47
R2-3	*t*, *t*-$COHOH^* + {}^* \longrightarrow COH^* + OH^*$	1.61	0.35
R2-4	*t*, *t*-$COHOH^* \longrightarrow$ *t*, *c*-$COHOH^*$	0.46	0.12
R2-5	*t*, *c*-$COHOH^* \longrightarrow$ *c*, *c*-$COHOH^*$	0.59	0.46
R2-6	*c*, *c*-$COHOH^* + {}^* \longrightarrow COH^* + OH^*$	1.25	−0.27
R2-7	$COH^* + H^* \longrightarrow HCOH^* + {}^*$	1.45	0.34
R2-8	$HCOH^* + H^* \longrightarrow H_2COH^* + {}^*$	0.82	0.02
R2-9	$H_2COH^* + H^* \longrightarrow CH_3OH^* + {}^*$	1.03	−0.51
R3-1	*trans*-$COOH^* + H^* \longrightarrow HCOOH^* + {}^*$	0.69	0.44
R3-2	*trans*-$COOH^* \longrightarrow$ *cis*-$COOH^*$	0.55	0.09
R3-3	*cis*-$COOH^* + H^* \longrightarrow HCOOH^* + {}^*$	0.52	0.38
R3-4	*cis*-$COOH^* + {}^* \longrightarrow CO^* + OH^*$	0.88	0.03
R3-5	$CO^* + H^* \longrightarrow HCO^* + {}^*$	1.17	1.13
R3-6	$CO^* + H^* \longrightarrow COH^* + {}^*$	2.00	1.14
R3-7	$HCO^* + H^* \longrightarrow H_2CO^* + {}^*$	0.99	0.14
R3-8	$HCO^* + H^* \longrightarrow HCOH^* + {}^*$	0.88	0.20

（1）甲酸盐路径

① $HCOO^*$ 的形成。CO_2^*/H^* 的稳定共吸附构型被选作基元反应的初始状态。在

TS1-1 中（图 2-11，书后另见彩图），与 H* 相比，CO_2^* 更接近催化剂表面，C 原子与 H* 的距离为 1.820 Å。最终碳氢键的形成促使了 *mono*-HCOO* 的生成。这一基元反应的活化能和反应能分别为 1.05 eV 和 0.68 eV，与 $PdCu_3$（111）表面上的情况相比，在能量上更有利（E_a = 1.34 eV 和 ΔE = 1.25 eV）[85]。此外，*mono*-HCOO* 更倾向于转化为 *bi*-HCOO*（E_a = 0.32 eV）而不是进一步加氢。

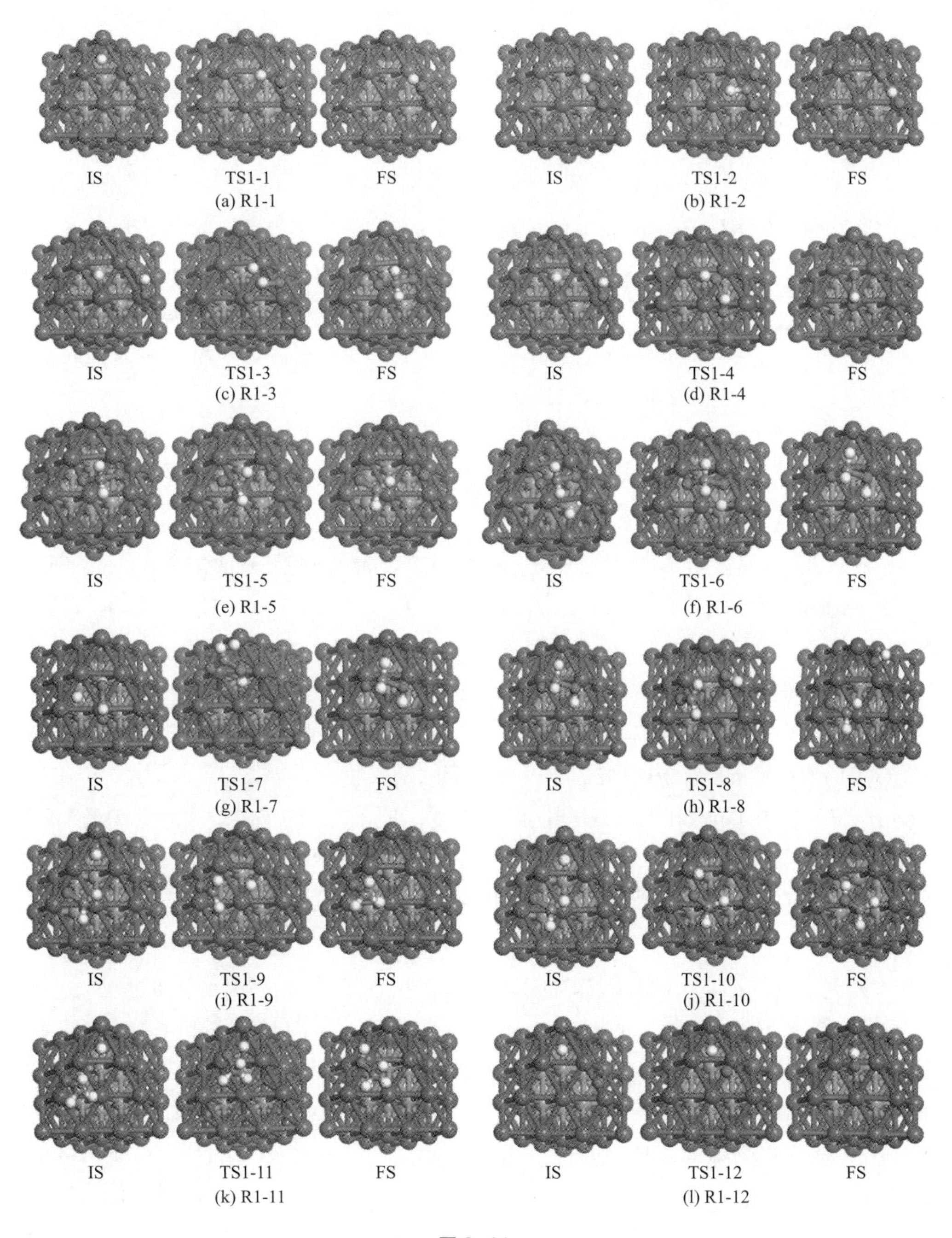

图 2-11

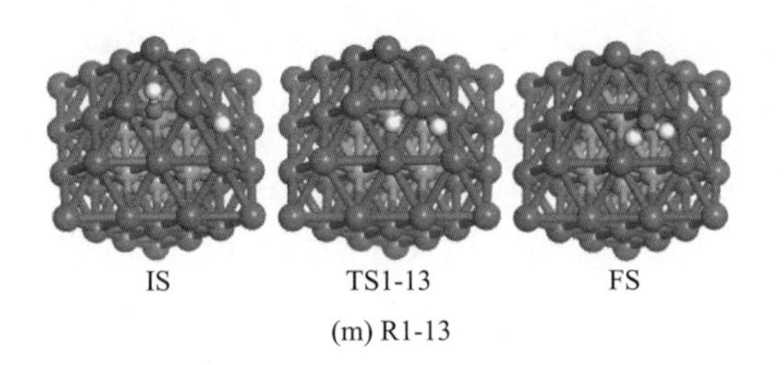

(m) R1-13

图 2-11　甲酸盐路径所涉及各个基元反应的初态（IS）、过渡态（TS）和末态（FS）的结构构型

② *bi*-$HCOO^*$ 加氢。*bi*-$HCOO^*$ 的加氢产物有两种可能：H_2COO^* 和 $HCOOH^*$。这取决于共吸附的 H^* 是与二氧化碳的 O 原子还是 C 原子结合。*bi*-$HCOO^*$ ⟶ H_2COO^* 这一步骤是吸热的，ΔE 值为 1.48 eV，且具有极高的活化能（1.84 eV）。相比较而言，$HCOOH^*$ 的生成不仅具有较低的活化能（1.27 eV），而且在热力学上更容易发生（$\Delta E = 0.33$ eV）。以上的结果表明，*bi*-$HCOO^*$ 加氢生成 $HCOOH^*$ 在能量和动力学上都更有利。此外，先前的结果表明 $HCOOH^*$ 中间体在 Cu@Pd 核壳表面上吸附较弱（$E_{ads} = -0.44$ eV）。因此，形成的 $HCOOH^*$ 更容易从催化剂表面脱附而不是进一步加氢，这与之前报道的结果一致 [85, 86]。

③ H_2COOH^* 的形成。H_2COOH^* 可以通过 H_2COO^* 或 $HCOOH^*$ 的氢化形成。在 H_2COO^* 的加氢过程中（R1-6），H^* 在初始状态下进攻邻近的 O 原子，二者之间的间距为 2.851 Å。然而，在 TS1-6 中缩短到了 1.726 Å。该过程放出 0.68 eV 的热量，活化能为 0.61 eV。对于 $HCOOH^*$ ⟶ H_2COOH^* 的初始状态而言（R1-7），H^* 吸附在 hcp 位，$HCOOH^*$ 位于 Pd^5 原子的 top 位点。在 TS1-7 中，$HCOOH^*$ 的 C 原子与 H^* 的距离为 1.544 Å。R1-7 的活化能为 1.01 eV，高于 R1-6 的值。这可能归因于 $HCOOH^*$ 中间体在 Cu@Pd 核壳表面吸附能力较弱，进一步的氢化反应较难发生。

④ H_2CO^* 的形成。生成 H_2COOH^* 可进一步分解为 H_2CO^* 和 OH^*。首先，H_2COOH^* 最稳定的吸附构型被选作基元反应的初始状态，如图 2-11 所示。在 TS1-8 中，H_2CO^* 基团的 C 原子与 OH^* 基团的 O 原子之间的距离由 1.485 Å 延长至 2.855 Å。这一反应过程是吸热的（$\Delta E = 0.21$ eV），且活化能为 0.98 eV。此外，H_2COO^* 也可以通过碳氧键的断裂而分解成 H_2CO^*（R1-5）。这一基元反应吸收 0.34 eV 的热，活化能为 0.94 eV。

⑤ H_2CO^* 加氢。H_2CO^* 的加氢方式有两种，一种是 H^* 与 H_2CO^* 的 C 原子相结合，另一种是 H^* 与 H_2CO^* 的 O 原子相结合，产物分别为 H_3CO^* 和 H_2COH^*。计算得到的 H_2CO^* ⟶ H_3CO^* 和 H_2CO^* ⟶ H_2COH^* 基元反应的活化能分别为 0.82 eV 和 1.14 eV。因此，相较于 H_2COH^*，H_3CO^* 被认为是 H_2CO^* 可能的加氢产物。

⑥ CH_3OH^* 的形成。H_3CO^* 可以进一步通过与共吸附 H^* 结合氢化为 CH_3OH^*。在 TS1-11 中，H_3CO^* 的 O 原子与 H^* 的距离由 3.293 Å 缩短到 1.664 Å。R1-11 的活化能为 0.80 eV，其值与 $PdCu_3$（111）表面相接近（0.77 eV）[85]，且低于 Cu（111）

表面的活化能（1.01 eV）[86]。

⑦ OH^* 和 H_2O^* 的形成。在初始状态下，O^* 和 H^* 分别位于 Pd^3 和 Pd^6 原子的 bridge 位点和 fcc 位点。在 TS1-12 中，O^* 和 H^* 逐渐接近，距离为 1.709 Å。$O^* \longrightarrow OH^*$ 这一过程放出 0.39 eV 的热，需要克服 1.47 eV 的高能垒。生成的 OH^* 可以进一步与 H^* 反应生成 H_2O^*。这一步骤的反应能为 −0.47 eV，活化能为 0.93 eV。

（2）羧酸盐路径

① *trans*-$COOH^*$ 的形成。与甲酸盐路径中 CO_2 的首步加氢情况不同，羧酸盐路径中共吸附的 H^* 首先与 CO_2^* 的 O 原子结合形成 *trans*-$COOH^*$。在 TS2-1 中，H^* 与 O 原子之间的距离从初始的 2.863 Å 缩短到 1.558 Å（图 2-12，书后另见彩图）。最终，末态的 *trans*-$COOH^*$ 的 O—H 键键长为 0.983 Å。这一反应的活化能较低，其值为 0.83 eV。与 $PdCu_3$（111）催化剂相比 [85]，Cu@Pd 核壳表面更有利于催化这一基元反应。

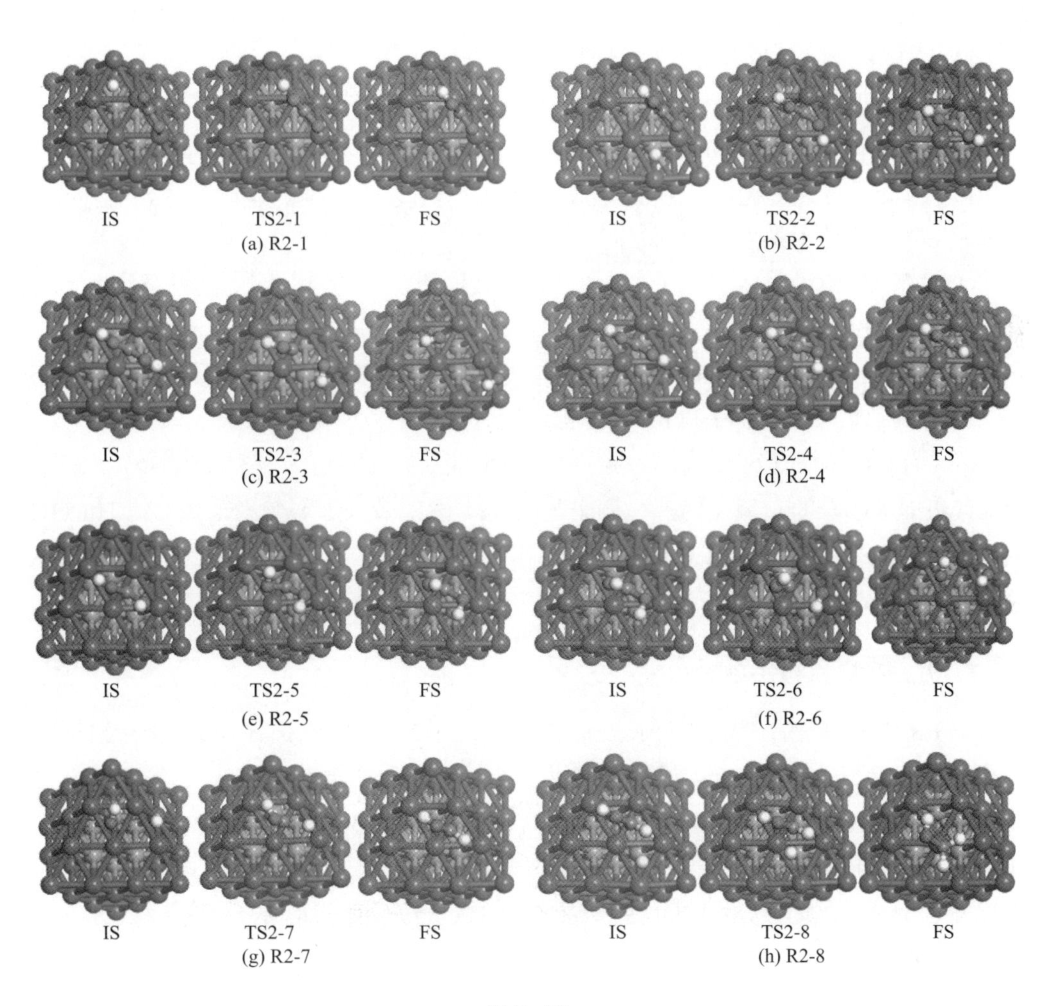

图 2-12

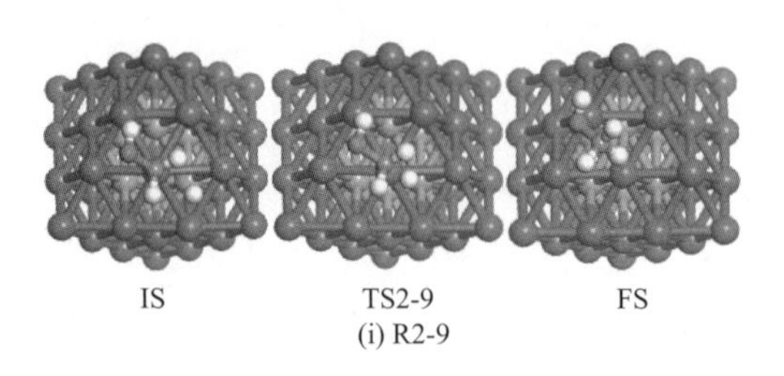

(i) R2-9

图 2-12 羧酸盐路径所涉及的每个基元反应的 IS、TS 和 FS 的结构构型

② $COHOH^*$ 的形成和分解。*trans*-$COOH^*$ 可以通过直接加氢生成 *t*, *t*-$COHOH^*$。这一步骤需要克服 1.16 eV 的活化能，反应能为 0.47 eV。*t*, *t*-$COHOH^*$ 的进一步分解有两条竞争路线：一条路线是直接脱掉一个羟基基团分解形成 COH^*（R2-3）；另一条路线是首先转化为 *t*, *c*-$COHOH^*$，然后进一步转化成的 *c*, *c*-$COHOH^*$ 并脱掉一个羟基基团（R2-4 ⟶ R2-5 ⟶ R2-6）。R2-3 反应需要克服 1.61 eV 的高能垒。而 R2-4、R2-5 和 R2-6 的活化能分别为 0.46 eV、0.59 eV 和 1.25 eV。因此，计算结果表明 *t*, *t*-$COHOH^*$ 直接分解成 COH^* 在竞争路线中是不利的。

③ COH^* 加氢。$HCOH^*$ 是 COH^* 通过碳氢成键过程氢化得到的产物。在 TS2-7 中，COH^* 从初始状态的 hcp 位点移动到 Pd^3 和 Pd^5 原子的 bridge 位点上。C 原子和 H^* 的距离为 1.561 Å。终态下，$HCOH^*$ 强吸附在催化剂表面，C—H 键键长为 1.108 Å。结果表明，该过程是吸热的（0.34 eV），且活化能相对较高（1.45 eV）。

④ $HCOH^*$ 加氢。H_2COH^* 是 $HCOH^*$ 加氢的唯一产物。在反应初态下，位于 hcp 位点 H^* 进攻 $HCOH^*$ 的 C 原子，最终形成的 H_2COH^* 稳定地作用在 Pd^5 原子的 top 位点上。在 TS2-8 中，H^* 与 C 原子的距离为 1.610 Å。计算得到反应的活化能为 0.82 eV，其值低于 $PdCu_3$（111）表面的情况（1.46 eV）[85]。

⑤ CH_3OH^* 的形成。通过 H_2COH^* 加氢也能生成 CH_3OH^*。在 TS2-9 中，当 H^* 逐渐接近 H_2COH^* 的 C 原子时，C 原子与 H^* 的距离由 2.635 Å 变为 1.708 Å。H_2COH^* 加氢生成的 CH_3OH^* 与 H_3CO^* 的加氢产物结构相同。这一反应过程放出 0.51 eV 的热，活化能为 1.03 eV。

（3）逆水煤气转化路径

① *cis*-$COOH^*$ 的形成和分解。*cis*-$COOH^*$ 可由其同分异构体反式 *trans*-$COOH^*$ 转化而来，反应的活化能较低，其值为 0.55 eV，反应能为 0.09 eV。紧接着，生成的 *cis*-$COOH^*$ 可进一步分解为 CO^* 和 OH^*（图 2-13，书后另见彩图）。进而 *cis*-$COOH^*$ 的最佳吸附构型被选作 R3-4 这一基元反应的初态。在 TS3-4 中，OH^* 基团逐渐远离 *cis*-$COOH^*$，C—OH 距离为 2.408 Å。该反应过程的活化能为 0.88 eV，反应能量的值为 0.03 eV。

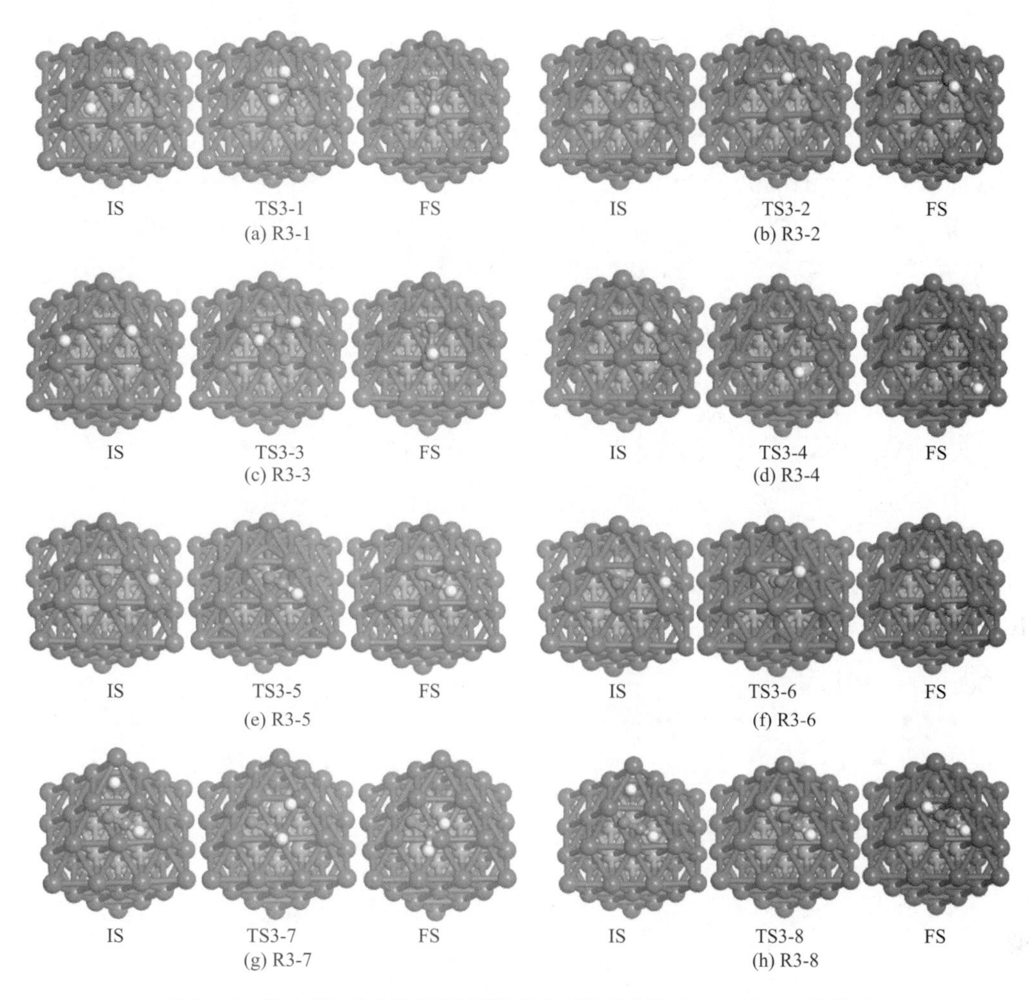

图 2-13　逆水煤气转化路径所涉及的每个基元反应的 IS、TS 和 FS 的构型

② $HCOOH^*$ 的形成。$HCOOH^*$ 也可以由 *trans*-$COOH^*$ 或 *cis*-$COOH^*$ 加氢反应生成。对于 *trans*-$COOH^*$ 加氢反应，计算得到的活化能为 0.69 eV，且需吸收 0.44 eV 的热。对于 *cis*-$COOH^*$ 加氢反应，计算结果表明该步骤需吸收 0.38 eV 的热，且反应活化能为 0.52 eV。总的来说，与甲酸盐路径类似，反应动力学表明逆水煤气转化路径也更容易生成 HCOOH 中间体，随后从催化剂表面脱附。

③ CO 加氢。CO^* 有两种可能的加氢产物，即 COH^* 和 HCO^*。在 TS3-5 中，CO^* 的 C 原子与 H^* 非常接近，C—H 距离为 1.129 Å。而在 TS3-6 中，H^* 逐渐接近 CO^* 的 O 原子，O—H 距离为 1.649 Å。计算得到 R3-5 的活化能为 1.17 eV，比 R3-6 低了 0.83 eV。因此 CO 加氢的竞争反应中 HCO^* 的生成在动力学上更有利。

④ HCO^* 加氢。H_2CO^* 和 $HCOH^*$ 都是 HCO^* 可能的加氢反应产物。H_2CO^* 是 H^* 去进攻 HCO^* 的 C 原子生成的（R3-7），而 $HCOH^*$ 是 H^* 进攻 HCO^* 的 O 原子生成的（R3-8）。计算得到的 R3-7 和 R3-8 的活化能分别为 0.99 eV 和 0.88 eV。因此，

从反应动力学的角度来看，$HCOH^*$ 的生成更有利。接下来的 $HCOH^*$ 加氢的所有步骤与甲酸盐路径的相应步骤完全相同，不再进行赘述。

系统地计算了 Cu@Pd 核壳表面上 CO_2 加氢制甲醇所涉及基元反应的活化能与反应能，3 种路径的势能分布如图 2-14 所示。从图中可以清晰看出甲酸盐路径是通过 $CO_2^* \longrightarrow$ *mono*-$HCOO^* \longrightarrow$ *bi*-$HCOO^* \longrightarrow H_2COO^* \longrightarrow H_2COOH^* \longrightarrow H_2CO^* \longrightarrow H_3CO^* \longrightarrow CH_3OH^*$ 这一路线进行的。在这一路径中，*bi*-$HCOO^*$ 的加氢产物被认为是 H_2COO^* 而不是 $HCOOH^*$，这是由于后者更倾向于从 Cu@Pd 核壳表面脱附。计算结果表明，*bi*-$HCOO^* \longrightarrow H_2COO^*$ 是甲酸盐路径的限速步骤（RDS），伴随着 1.84 eV 的活化能。对于羧酸盐路径，整个过程是通过 $CO_2^* \longrightarrow$ *trans*-$COOH^* \longrightarrow$ *t*，*t*-$COHOH^* \longrightarrow$ *t*，*c*-$COHOH^* \longrightarrow$ *c*，*c*-$COHOH^* \longrightarrow COH^* \longrightarrow HCOH^* \longrightarrow H_2COH^* \longrightarrow CH_3OH^*$ 这一路线完成的。其 RDS 为 $COH^* \longrightarrow HCOH^*$ 这一反应步骤，伴随着 1.45 eV 的活化能，相较于甲酸盐路径的限速步骤的活化能低了 0.39 eV。逆水煤气转化路径最有利的加氢路线为：

$CO_2^* \longrightarrow$ *trans*-$COOH^* \longrightarrow$ *cis*-$COOH^* \longrightarrow CO^* \longrightarrow HCO^* \longrightarrow HCOH^* \longrightarrow H_2COH^* \longrightarrow CH_3OH^*$。

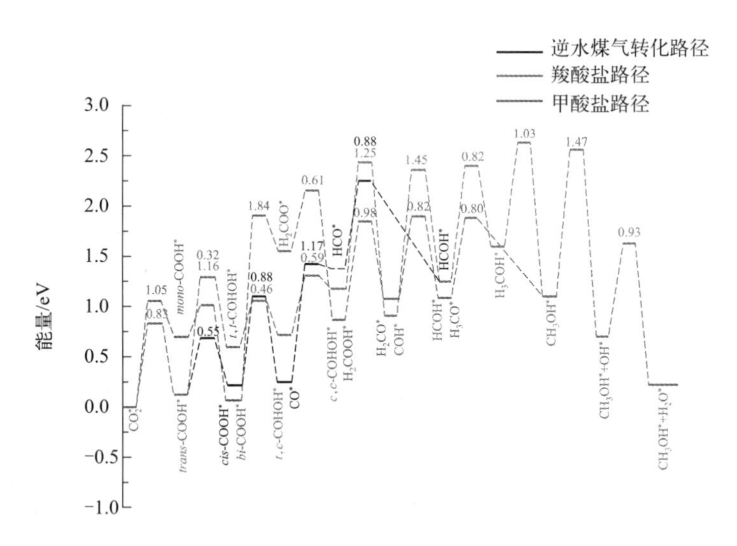

图 2-14　甲酸盐路径、羧酸盐路径和逆水煤气转化路径的势能分布

与甲酸盐路径的情况一致，*cis*-$COOH^*$ 加氢生成的副产物 HCOOH 物种也被认为易于从催化剂表面脱附。反应 $CO^* \longrightarrow HCO^*$ 为这一路径的 RDS，其具有 1.17 eV 较低的活化能。综上所述，计算结果表明，Cu@Pd 核壳表面上 CO_2 加氢合成 CH_3OH 最有利的反应路径为逆水煤气转化路径。计算得到的最佳反应路径的限速步骤的活化能为 1.17 eV，相较于已报道的 Cu（111）表面（1.60 eV）[91]、Cu_{29} 团簇（1.41 eV）[91]、Cu_{19} 团簇（1.32 eV）[92] 和 Cu（211）表面（1.23 eV）[92] 更低。

2.4 PdZn 双金属催化剂催化二氧化碳加氢制甲醇

研究 PdZn 双金属纳米颗粒催化 CO_2 加氢制甲醇的性能和机理。考虑两种类型的 PdZn 纳米颗粒，一种是 $Pd_{32}Zn_6$ 合金，另一种是 $Pd_{32}Zn_6$ 壳 / 核结构。对 CO_2 加氢过程中常用的 HCOO 路径进行详细计算，进而确定其催化活性和机理。最后，通过比较各反应步骤的活化能，确定最有利的反应路线。

2.4.1 PdZn 双金属催化剂的模型和稳定性

在本小节中，我们首先构建并优化了 $Pd_{32}Zn_6$（合金）和 $Pd_{32}Zn_6$（壳 / 核）两种纳米颗粒。纳米颗粒由 38 个原子组成，直径约 0.7 nm，如图 2-15（a）、(b）所示（书后另见彩图）。$Pd_{32}Zn_6$（合金）的 6 个 Zn 原子分别位于其 6 个（111）晶面的中心。而 $Pd_{32}Zn_6$（壳 / 核）的 Zn_6 核被 32 个 Pd 原子组成的外壳所包覆。$Pd_{32}Zn_6$（壳 / 核）和 Pd_{38} 纳米颗粒的（111）表面分布有 7 个可能的吸附位点，其包括 2 个顶位点（T1 和 T2），3 个桥位点（B1、B2 和 B3）和 2 个三重穴位（fcc 和 hcp），如图 2-15（c）所示（书后另见彩图）。对于 $Pd_{32}Zn_6$（合金）纳米颗粒，为了降低计算成本，仅考虑了含锌表面的上述活性位点。事实上，锌原子的引入确实会导致电子促进的表面形成，这将使其更有可能成为催化活性中心。

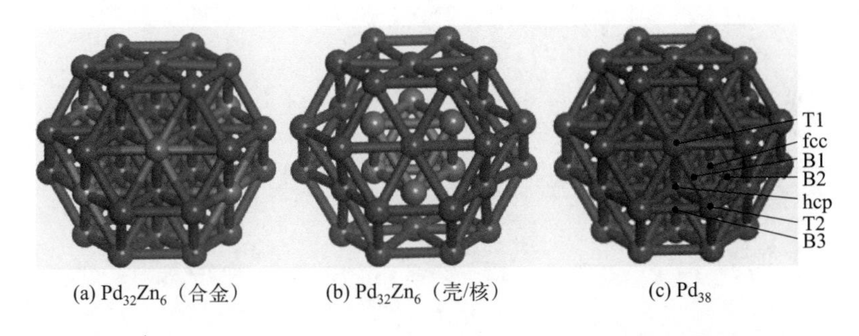

图 2-15　优化后 $Pd_{32}Zn_6$（合金）、$Pd_{32}Zn_6$（壳 / 核）和 Pd_{38} 纳米颗粒结构及其可能的活性位点

首先对 $Pd_{32}Zn_6$（合金）的模型进行了探究，以期找到其最稳定结构。纳米颗粒的壳层中存在两种不同配位的原子位置，即（111）面的中心位置和任何面的边缘位置。根据我们的计算，在 Pd 纳米颗粒壳层的中心替换一个 Zn 原子的结构比在其边缘替换一个 Zn 原子的结构更稳定（约 0.09 eV）。总的来说，$Pd_{32}Zn_6$（合金）的 6 个 Zn 原子都倾向于位于 6 个（111）面的中心。这也与之前的研究计算结果相一致[93]。

此外，由于 Pd 和 Zn 表面能的差异，$Pd_{32}Zn_6$（合金）纳米颗粒比 $Pd_{32}Zn_6$（壳 / 核）更稳定（约 1.86 eV）。一般来说，具有高表面能的元素更倾向于占据核层。由于 Pd（1.92 J/m^2）的表面能高于 Zn（0.99 J/m^2）的表面能[76]，这将导致 Zn 原子更倾向于占据核壳结构的壳层。这进一步解释了 $Pd_{32}Zn_6$（合金）相较于 $Pd_{32}Zn_6$（壳 / 核）更稳定的原因。

2.4.2　PdZn 双金属催化剂上二氧化碳的吸附

CO_2 分子与催化剂之间的强相互作用是 CO_2 加氢制甲醇的先决条件。图 2-16（书后另见彩图）分别展示了 3 种纳米颗粒上最稳定的 CO_2 吸附构型。从图 2-16 中可以清楚地看出，CO_2 分子均以双齿碳酸盐构型吸附在纳米颗粒上。当 CO_2 被吸附到催化剂表面时，形成了 1 个 Pd—C 键和 1 个 Pd—O 键。$Pd_{32}Zn_6$（合金）上吸附态 CO_2 的 O—C—O 角度从 180°（气相）减小到 142°。而 $Pd_{32}Zn_6$（壳 / 核）上吸附态 CO_2 的 O—C—O 角度相应地减小到 140°，Pd_{38} 上的 O—C—O 角度减小到 140°，如表 2-3 所列。此外，气体 CO_2 分子中的碳氧键长度为 1.175 Å。在 3 种纳米颗粒上，二氧化碳的碳氧键长度分别延伸到了 1.221 ～ 1.249 Å 范围之间。计算结果表明，在 $Pd_{32}Zn_6$（合金）、$Pd_{32}Zn_6$（壳 / 核）和 Pd_{38} 纳米颗粒上 CO_2 的吸附能分别为 −0.38 eV、−0.37 eV 和 −0.36 eV。这些值都比先前报道的 Pd（111）（−0.19 eV）和 PdZn（111）（−0.11 eV）表面上的更负[72]。

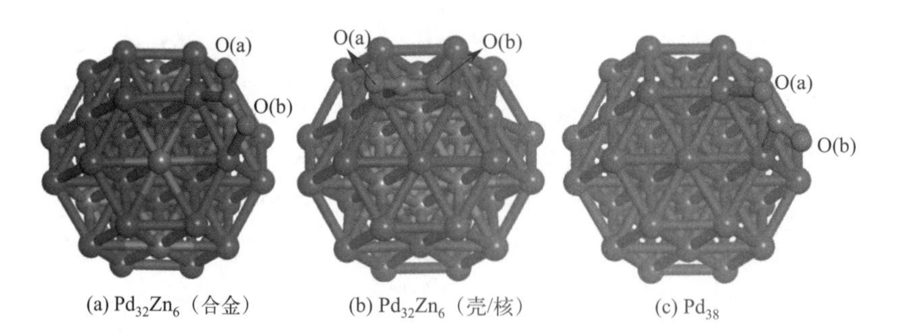

图 2-16　$Pd_{32}Zn_6$（合金）、$Pd_{32}Zn_6$（壳 / 核）和 Pd_{38} 纳米颗粒上最稳定的 CO_2 吸附构型

表 2-3　3 种催化剂上孤立和吸附的 CO_2 的键长（d）、键角（∠）、Hirshfeld 电荷（Q）和吸附能（E_{ads}）

催化剂	d[C—O（a）]/Å	d[C—O（b）]	∠（O—C—O）/（°）	Q_{CO_2}/e	E_{ads}/eV
—	1.175	1.175	180	0	—
$Pd_{32}Zn_6$（合金）	1.222	1.244	142	−0.366	−0.38
$Pd_{32}Zn_6$（壳 / 核）	1.221	1.249	140	−0.383	−0.37
Pd_{38}	1.248	1.223	140	−0.373	−0.36

根据 Hirshfeld 电荷计算的结果，部分电荷从催化剂转移到 CO_2 分子上。这些电

荷占据二氧化碳分子的空反键轨道，从而增加了 C 和 O 原子之间的排斥力。因此，碳氧键被拉伸，吸附的二氧化碳的构型发生弯曲。这进一步解释了 CO_2 双齿碳酸盐构型形成的原因[31]。

此外，还计算了 CO_2 吸附在 $Pd_{32}Zn_6$（合金）、$Pd_{32}Zn_6$（壳 / 核）和 Pd_{38} 催化剂上的 PDOS，如图 2-17 所示。值得注意的是，本小节只考虑了与 CO_2 直接相互作用的两个 Pd 原子。从图中可以看出吸附 CO_2 的 Pd 原子的 d 轨道和 C、O 原子的 p 轨道的主要重叠区域在 −10 ～ 1.5 eV 的能级范围内。结合吸附能分析可得，CO_2 分子在吸附过程中与纳米颗粒的相互作用较好，进一步揭示了 CO_2 在 3 种纳米颗粒上具有较好的活化程度。

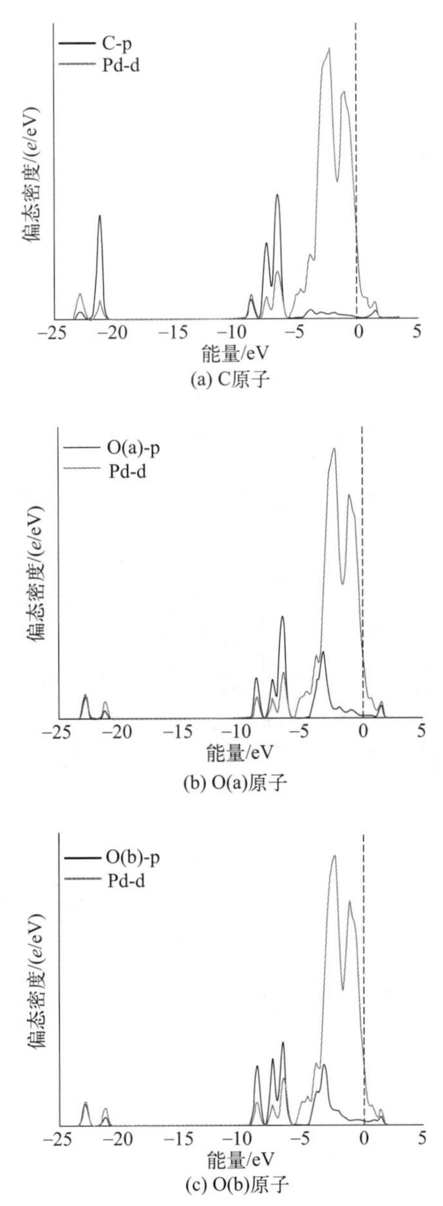

图 2-17　$Pd_{32}Zn_6$（合金）纳米颗粒上 Pd 原子与吸附态 CO_2 的 C、O（a）和 O（b）原子的 PDOS

2.4.3 PdZn 双金属催化剂上合成甲醇的反应机理

先前已报道的 PdZn（111）表面上最优的甲醇合成路径为甲酸盐（HCOO）路径[72]，因此本小节基于 HCOO 反应机理来探索 PdZn 纳米颗粒上甲醇合成的可行反应路线和活性。首先优化了 HCOO 路径所涉及的反应物种在 $Pd_{32}Zn_6$（合金）、$Pd_{32}Zn_6$（壳 / 核）和 Pd_{38} 纳米颗粒上的吸附构型，进一步探究了各基元反应中可能涉及的共吸附构型，并将最稳定的共吸附构型用于过渡态搜索。

$CO_2^* \longrightarrow$ *mono*-HCOO*。双齿碳酸盐构型的 CO_2^* 首先与 H^* 结合形成 *mono*-HCOO 物种（R1）。在 TS1 形成过程中（图 2-18，书后另见彩图），CO_2^* 的 H^* 原子与 O 原子之间的距离显著减小。最终，生成的 *mono*-HCOO* 位于所有纳米颗粒的 T2 位点上。由表 2-4 可知，R1 在 Pd_{38} 纳米颗粒上的活化能为 0.92 eV，低于其在 Pd（111）表面（1.40 eV）[94] 和 Cu（111）表面（1.22 eV）[95] 的值。这可能是由于 Pd（111）和 Cu（111）表面上 CO_2^* 需要额外的能量来活化并打破原有的线性结构加氢形成 *mono*-HCOO*。此外，R1 在 $Pd_{32}Zn_6$（合金）和 $Pd_{32}Zn_6$（壳 / 核）纳米颗粒上的活化能分别为 1.13 eV 和 0.97 eV。

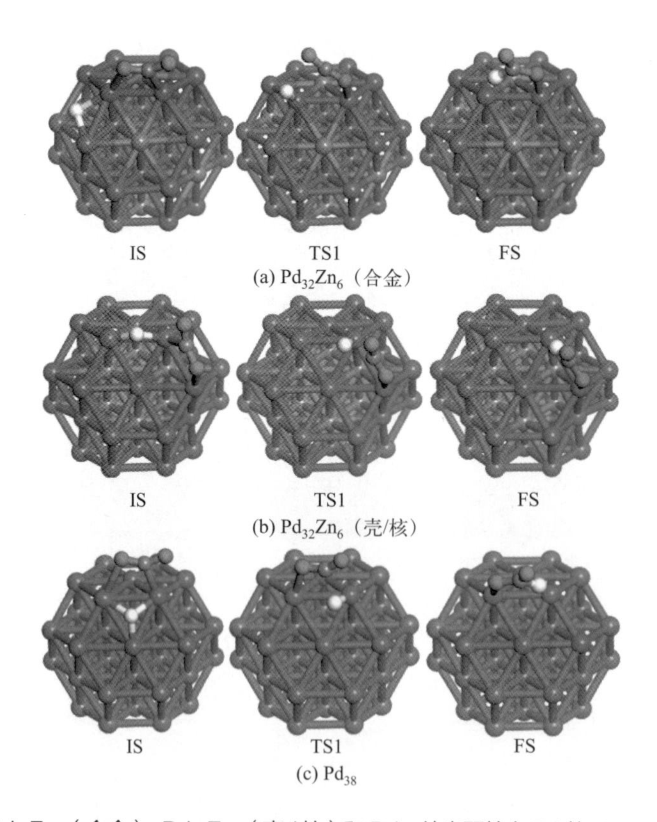

图 2-18　$Pd_{32}Zn_6$（合金）、$Pd_{32}Zn_6$（壳 / 核）和 Pd_{38} 纳米颗粒上 R1 的 IS、TS 和 FS 构型

表 2-4　3 种纳米颗粒上 CO_2 加氢反应的活化能（E_a）和反应能（ΔE）　单位: eV

序号	基元反应	$Pd_{32}Zn_6$（合金）		$Pd_{32}Zn_6$（壳 / 核）		Pd_{38}	
		E_a	ΔE	E_a	ΔE	E_a	ΔE
R1	CO_2^*+H^* ⟶ *mono*-$HCOO^*$+*	1.13	0.80	0.97	0.61	0.92	0.59
R2	*mono*-$HCOO^*$ ⟶ *bi*-$HCOO^*$	0.31	−0.71	0.47	−0.72	0.28	−0.77
R3-1	*bi*-$HCOO^*$+H^* ⟶ $HCOOH^*$+*	1.06	0.48	0.93	0.38	0.80	0.23
R3-2	*bi*-$HCOO^*$+H^* ⟶ H_2COO^*+*	1.95	1.27	1.82	1.81	1.02	1.68
R4-1	$HCOOH^*$+H^* ⟶ H_2COOH^*+*	1.21	0.80	1.44	0.80	1.54	0.91
R5	H_2COOH^* +* ⟶ H_2CO^*+OH^*	1.11	0.14	0.78	−0.18	1.25	0.39
R6-1	H_2CO^*+H^* ⟶ H_3CO^*+*	0.78	0.21	0.99	0.23	1.35	0.22
R6-2	H_2CO^*+H^* ⟶ H_2COH^*+*	1.26	0.12	1.26	0.18	0.95	0.18
R7-1	H_3CO^*+H^* ⟶ CH_3OH^*+*	1.19	−0.16	0.78	−0.11	0.79	−0.17
R7-2	H_2COH^*+H^* ⟶ CH_3OH^*+*	1.81	−0.10	0.74	−0.17	0.68	−0.28
R8	H^*+OH^* ⟶ H_2O^*+*	0.87	−0.69	0.77	−0.22	1.19	−0.19

mono-$HCOO^*$ ⟶ *bi*-$HCOO^*$。先前的研究表明，*mono*-$HCOO^*$ 倾向于转化为其同分异构体（*bi*-$HCOO^*$）[96]。*mono*-$HCOO^*$ 和 *bi*-$HCOO^*$ 的根本区别在于其作用于纳米颗粒上的氧原子数量。根据计算结果，双齿配位 *bi*-$HCOO^*$ 的吸附能值在所研究的 3 个纳米颗粒上比 *mono*-$HCOO^*$ 更负，这暗示着 *mono*-$HCOO^*$ 具有进一步转化的可能性（图 2-19，书后另见彩图）。$HCOO^*$ ⟶ *bi*-$HCOO^*$（R2）这一基元反应在 $Pd_{32}Zn_6$（合金）、$Pd_{32}Zn_6$（壳 / 核）和 Pd_{38} 表面上较低的活化能也进一步证实了这一结论，其活化能值分别为 0.31 eV、0.47 eV 和 0.28 eV。

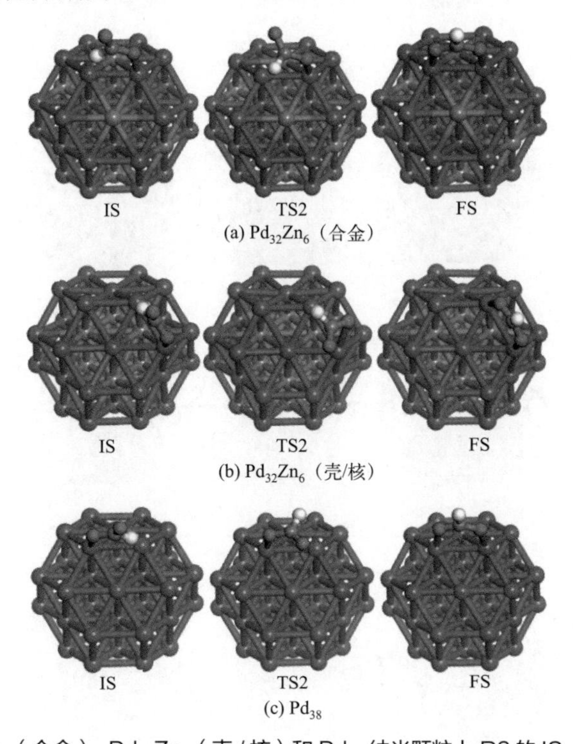

图 2-19　$Pd_{32}Zn_6$（合金）、$Pd_{32}Zn_6$（壳 / 核）和 Pd_{38} 纳米颗粒上 R2 的 IS、TS 和 FS 的构型

bi-$HCOO^*$ ⟶ $HCOOH^*$/H_2COO^*。$HCOOH^*$ 或 H_2COO^* 的形成是由 H 原子去进攻 *bi*-$HCOO^*$ 的 C 还是 O 原子所决定的（图 2-20，书后另见彩图）。*bi*-$HCOO^*$ ⟶ $HCOOH^*$（R3-1），这一基元反应在 $Pd_{32}Zn_6$（合金）、$Pd_{32}Zn_6$（壳 / 核）和 Pd_{38} 表面上的活化能分别为 1.06 eV、0.93 eV 和 0.80 eV。特别地，与 CuZn（211）表面（1.17 eV）相比[97]，R3-1 的活化能明显降低。*bi*-$HCOO^*$ ⟶ H_2COO^*（R3-2）这一步骤在 $Pd_{32}Zn_6$（合金）、$Pd_{32}Zn_6$（壳 / 核）和 Pd_{38} 纳米颗粒上的活化能分别为 1.95 eV、1.82 eV 和 1.02 eV。这些相对较高的活化能值会导致较低的反应速率。因此，从动力学角度而言，3 种纳米颗粒上 *bi*-$HCOO^*$ 加氢更倾向于通过 O—H 成键过程生成 $HCOOH^*$ 中间体。

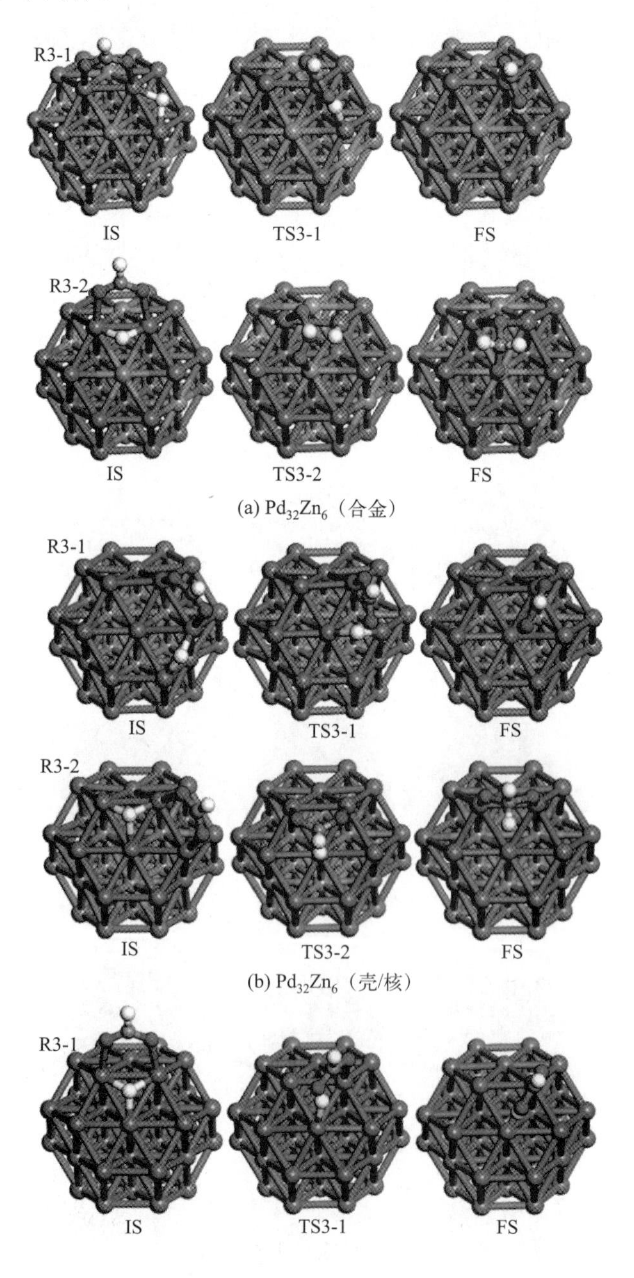

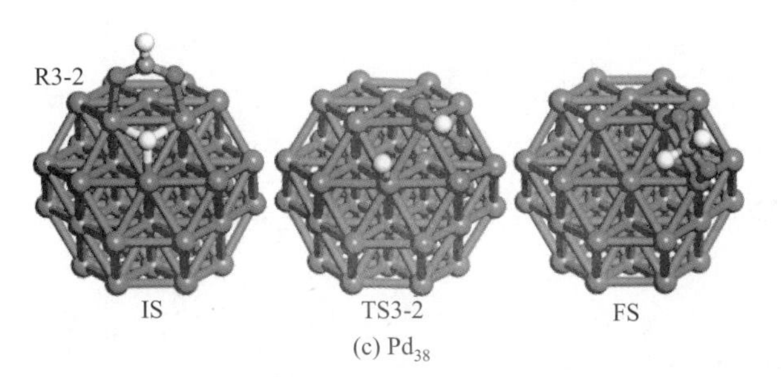

(c) Pd_{38}

图 2-20 $Pd_{32}Zn_6$（合金）、$Pd_{32}Zn_6$（壳 / 核）和 Pd_{38} 纳米颗粒上 R3-1 和 R3-2 的 IS、TS 和 FS 的构型

$HCOOH^* \longrightarrow H_2COOH^*$。在 $HCOOH^*$ 加氢过程的初态下，$HCOOH^*$ 均位于所研究的纳米颗粒的 T2 位点。而 H^* 分别位于 $Pd_{32}Zn_6$(合金) 的 B3 位点、$Pd_{32}Zn_6$(壳 / 核) 的 B2 位点、Pd_{38} 的 fcc 位点。在 TS4-1 中（图 2-21，书后另见彩图），$HCOOH^*$ 从 $Pd_{32}Zn_6$（壳 / 核）表面的 T2 位点移动到 B3 位点，而 $Pd_{32}Zn_6$（合金）和 Pd_{38} 表面上的 $HCOOH^*$ 仍位于 T2 位点。最终，形成的 H_2COOH^* 分别位于 $Pd_{32}Zn_6$（合金）、$Pd_{32}Zn_6$（壳 / 核）和 Pd_{38} 纳米颗粒上的 T1-B2、B3 和 T1-B3 位点。该基元反应需要分别克服 1.21eV、1.44 eV 和 1.54 eV 的活化能，其值均高于 CuZn（211）表面 R4-1 的活化能（0.56 eV）[97]。计算结果表明，在 $Pd_{32}Zn_6$（壳 / 核）和 Pd_{38} 表面上这一反应过程在动力学上是不利的。

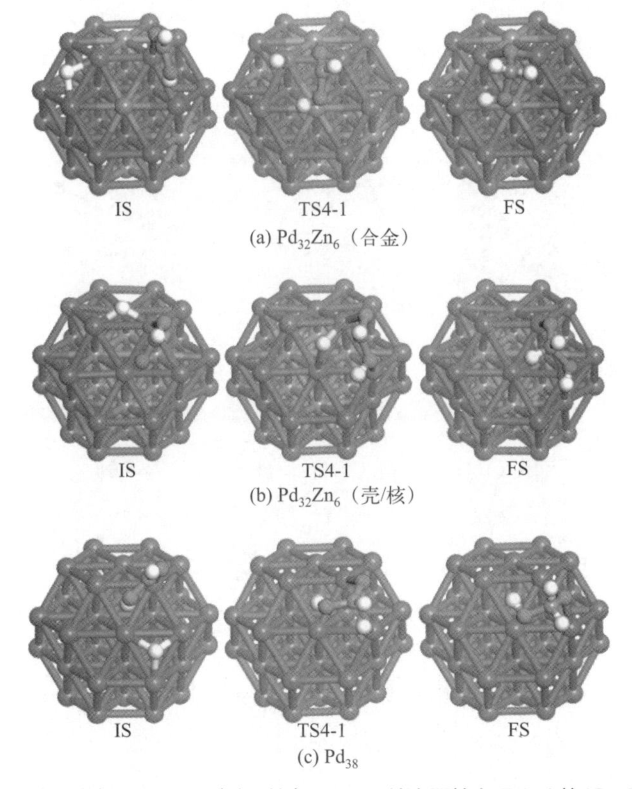

图 2-21 $Pd_{32}Zn_6$（合金）、$Pd_{32}Zn_6$（壳 / 核）和 Pd_{38} 纳米颗粒上 R4-1 的 IS、TS 和 FS 的构型

$H_2COOH^* \longrightarrow H_2CO^*+OH^*$。$H_2COOH^*$ 可以通过 C—OH 键的断裂形成 H_2CO^* 和 OH^*（图 2-22，书后另见彩图）。在 $Pd_{32}Zn_6$（合金）纳米颗粒上，H_2COOH^* 的解离过程是吸热的（0.14 eV），需要克服相对较高的活化能（1.11 eV）。然而，$Pd_{32}Zn_6$（壳 / 核）纳米颗粒上这一基元反应转变成了放热过程（−0.18 eV），活化能值为 0.78 eV。此外，H_2COOH^* 在 Pd_{38} 纳米颗粒上发生的 C—OH 键解离过程是吸热的（0.39 eV），活化能相对较高，为 1.25 eV。计算结果表明相较于 PdZn 双金属纳米颗粒，这一解离过程在 Pd_{38} 纳米颗粒上发生更困难。

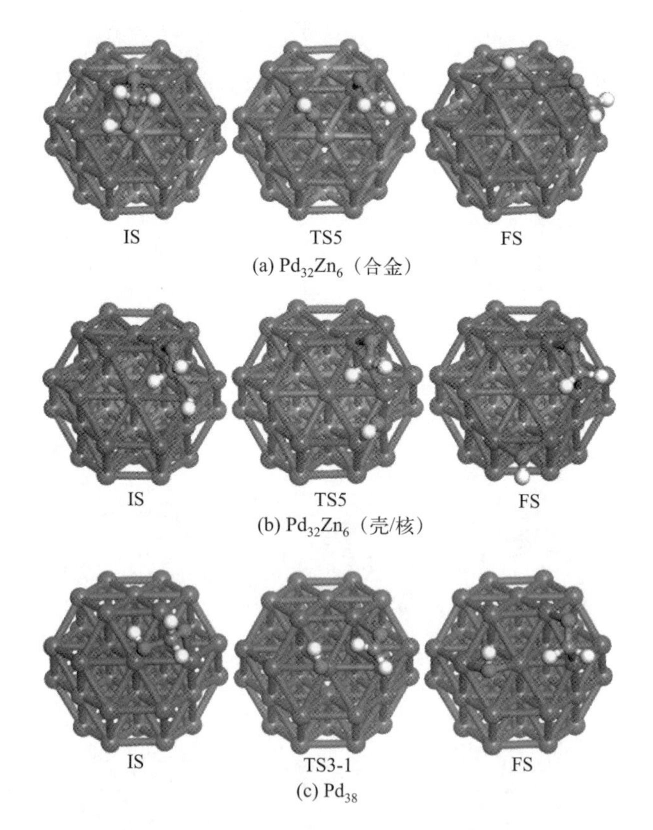

图 2-22　$Pd_{32}Zn_6$（合金）、$Pd_{32}Zn_6$（壳 / 核）和 Pd_{38} 纳米颗粒上 R5 的 IS、TS 和 FS 构型

$H_2CO^* \longrightarrow H_3CO^*/H_2COH^* \longrightarrow CH_3OH^*$。$H_2CO^*$ 可以通过连续地加氢生成最终产物甲醇（图 2-23 和图 2-24，书后另见彩图）。在 $Pd_{32}Zn_6$（合金）和 $Pd_{32}Zn_6$（壳 / 核）上，$H_2CO^* \longrightarrow H_3CO^*$（R6-1）这一基元反应的活化能分别为 0.78 eV 和 0.99 eV。然而，$H_2CO^* \longrightarrow H_2COH^*$（R6-2）这一步骤的活化能均为 1.26 eV，这意味着其较难的反应程度。换句话说，通过 H_3CO^* 连续加氢进一步生成甲醇的过程在 PdZn 双金属纳米颗粒上更有利（表 2-4）。相比较而言，通过 H_2COH^* 连续加氢生成甲醇的过程在 Pd_{38} 纳米颗粒上更有利。因此，与纯 Pd_{38} 纳米颗粒相比，甲醇合成的动力学最优路线在 PdZn 双金属纳米颗粒上发生了变化。此外，$Pd_{32}Zn_6$（合金）和 $Pd_{32}Zn_6$（壳 / 核）

上 $H_2CO^* \longrightarrow H_3CO^* \longrightarrow CH_3OH^*$ 这一加氢路线与前人所报道的 PdCu（111）表面[98]和 PdIn（110）表面[99]的情况一致。

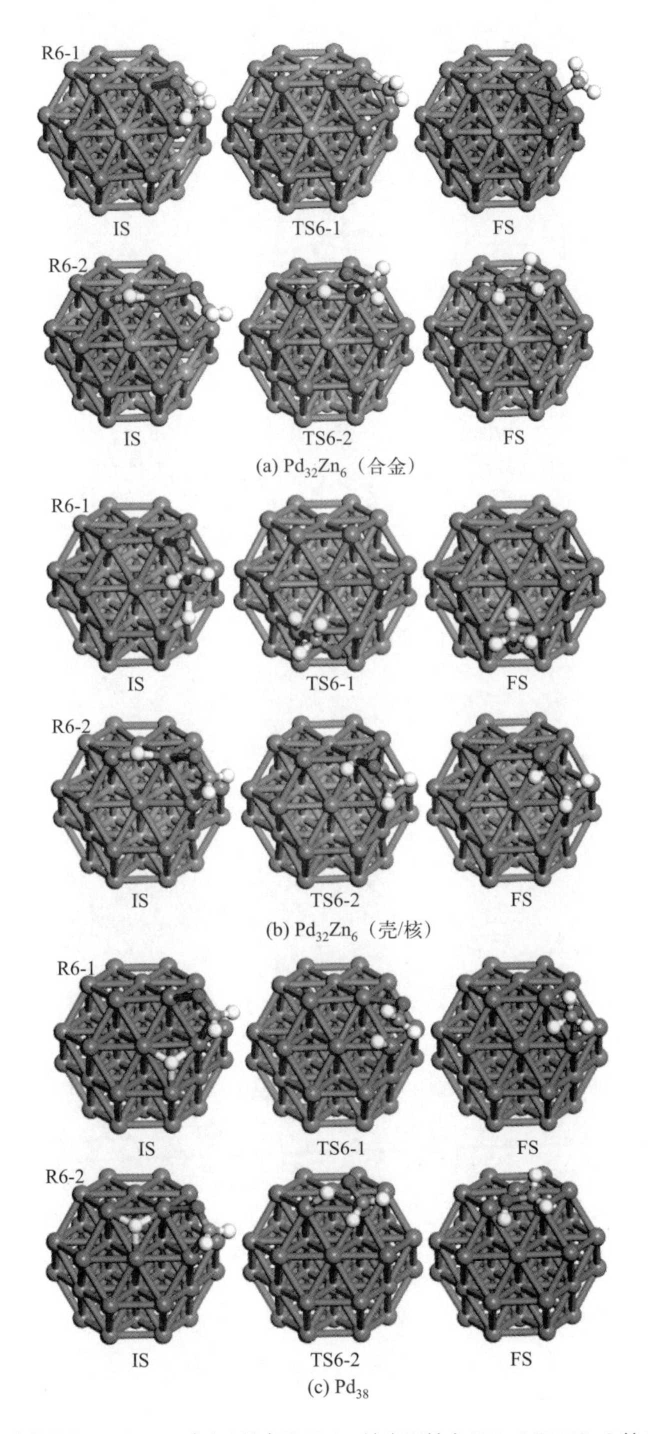

(a) $Pd_{32}Zn_6$（合金）

(b) $Pd_{32}Zn_6$（壳/核）

(c) Pd_{38}

图 2-23　$Pd_{32}Zn_6$（合金）、$Pd_{32}Zn_6$（壳 / 核）和 Pd_{38} 纳米颗粒上 R6-1 和 R6-2 的 IS、TS 和 FS 构型

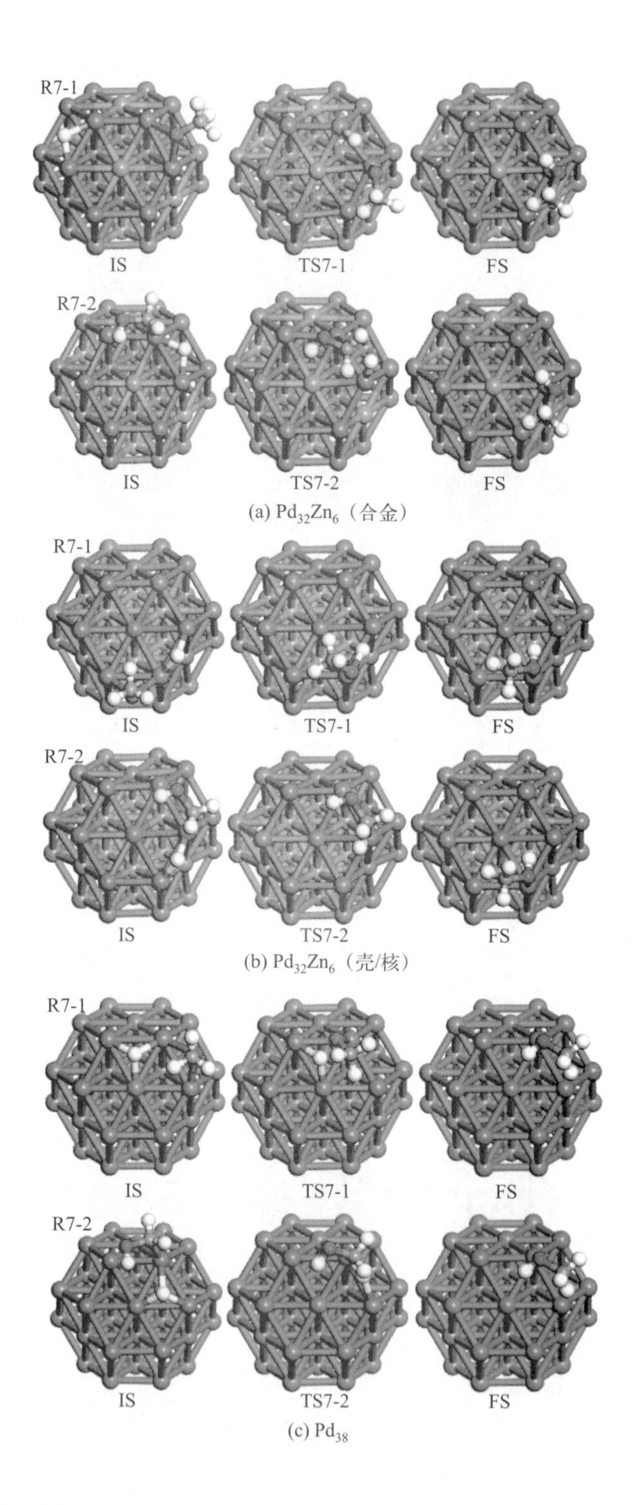

图 2-24　$Pd_{32}Zn_6$（合金）、$Pd_{32}Zn_6$（壳 / 核）和 Pd_{38} 纳米颗粒上 R7-1 和 R7-2 的 IS、TS 和 FS 构型

$OH^* \longrightarrow H_2O^*$。通过 H_2COOH^* 分解生成的 OH^* 可以进一步与 H^* 结合生成

H_2O^*。在 $Pd_{32}Zn_6$（合金）上，共吸附 OH^* 和 H^* 初始分别位于 B2 和 fcc 位。紧接着，在 TS8（图 2-25，书后另见彩图）中，OH^* 和 H^* 均吸附在 T2 位点上，OH—H 距离为 1.616 Å。最终生成的终态 H_2O^* 位于 T2 位点。这一步骤的活化能为 0.87 eV，放出 0.69 eV 的热。在 $Pd_{32}Zn_6$（壳 / 核）上，分别位于 B3 和 fcc 位点的 OH^* 和 H^* 的共吸附结构被选作基元反应的初始态。随后在 TS8 过程中，OH^* 和 H^* 分别移动到 T2 和 B2 位点。OH^* 的 O 原子与 H^* 的距离为 1.562 Å。最终，H_2O^* 吸附在 T2 位点。相比较而言，这一反应的活化能降低到了 0.77 eV，放出 0.22 eV 的热。类似地，Pd_{38} 上的 OH^* 加氢过程也是放热的（−0.19 eV），且需要克服 1.19 eV 相对较大的活化能。

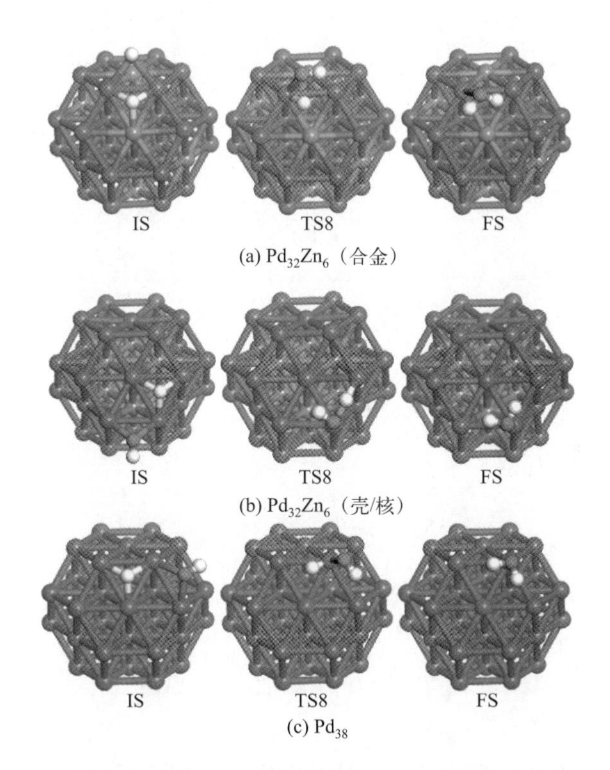

图 2-25　$Pd_{32}Zn_6$（合金）、$Pd_{32}Zn_6$（壳 / 核）和 Pd_{38} 纳米颗粒上 R8 的 IS、TS 和 FS 构型

根据计算得到的各个基元反应的反应能和活化能，进一步绘制了纳米颗粒上 CO_2 加氢制甲醇的势能分布曲线，如图 2-26 所示。Pd_{38} 纳米颗粒上最有利的加氢路线是通过 $CO_2^* \longrightarrow HCOO^* \longrightarrow HCOOH^* \longrightarrow H_2COOH^* \longrightarrow H_2CO^* \longrightarrow H_2COH^* \longrightarrow CH_3OH^*$ 进行的。这一路线的限速步骤（RDS）被认为是 $HCOOH^* \longrightarrow H_2COOH^*$（R4-1），并伴随着较大的活化能（1.54 eV）。然而，PdZn 双金属纳米颗粒上最有利的加氢路线为：$CO_2^* \longrightarrow HCOO^* \longrightarrow HCOOH^* \longrightarrow H_2COOH^* \longrightarrow H_2CO^* \longrightarrow H_3CO^* \longrightarrow CH_3OH^*$。这一反应路线与之前报道的 CuZn（211）表面[89]、Cu（111）

表面[21]、Cu_{29} 团簇[22]上的情况一致。PdZn 双金属纳米颗粒上 Zn 的引入改变了合成甲醇的动力学最优路线。即在 Pd_{38} 纳米颗粒上是通过 H_2COH^* 连续氢化生成 CH_3OH^*，而在 PdZn 双金属纳米颗粒上是通过 H_3CO^* 连续氢化生成 CH_3OH^*。在 $Pd_{32}Zn_6$（合金）和 $Pd_{32}Zn_6$（壳 / 核）纳米颗粒上，R4-1 被确定为反应路线的限速步骤，这一步骤的活化能分别降低到了 1.21 eV 和 1.44 eV。计算结果表明，合金结构的 PdZn 纳米颗粒具有比壳 / 核结构的 PdZn 纳米颗粒更高的 CO_2 加氢活性。此外，PdZn 双金属纳米颗粒上 RDS 的活化能均低于在 CuZn（211）表面（1.49 eV）[89]上限速步骤的活化能。

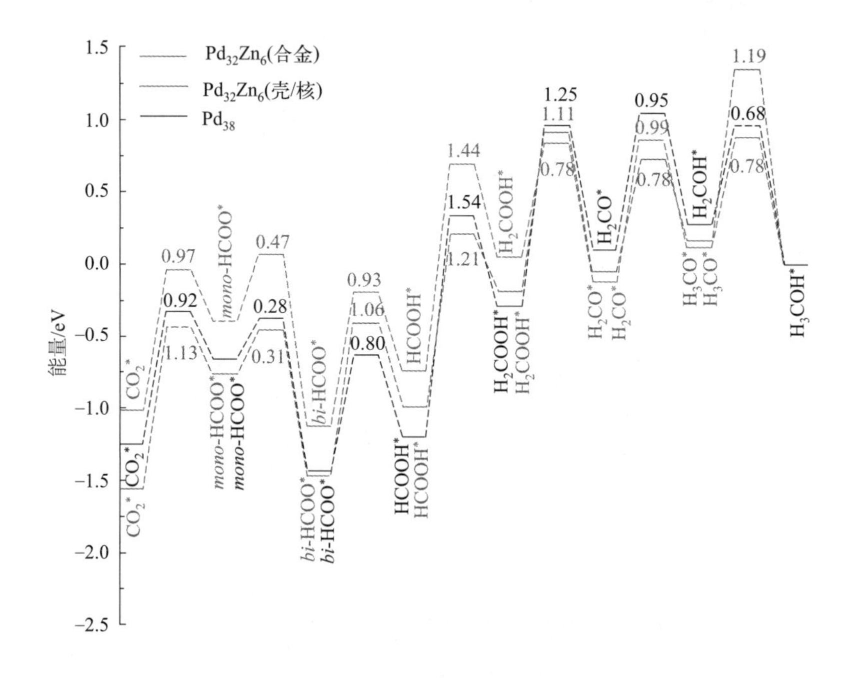

图 2-26　$Pd_{32}Zn_6$（合金）、$Pd_{32}Zn_6$（壳 / 核）和 Pd_{38} 纳米颗粒上 CO_2 加氢的势能曲线

2.5　W 掺杂 Rh（111）催化剂催化二氧化碳加氢制甲醇

基于第一性原理计算，从热力学和动力学角度系统地研究了 CO_2 在 W 掺杂的 Rh（111）表面上 CO_2 甲醇化反应的机理，并且详细计算了 CO_2 甲醇化中涉及的各基元反应中各组分的吸附、活化能和反应能。此外，还确定了最有利的反应路线。

2.5.1　W 掺杂 Rh（111）催化剂模型和稳定性

计算得到的 Rh 的晶格常数为 3.804 Å，与实验值 3.803 Å 完全一致[100]。W 掺杂的 Rh（111）表面由 4 层对称的周期板构成，具有 3×3 的超晶胞，第 1 层的 Rh 原子被 3 个 W 原子取代，如图 2-27 所示。第 1 和第 2 层以及吸附的物质被允许松弛，而第 3 和第 4 层在几何优化期间被约束在它们的原始位置。建立厚度为 15 Å 的真空区以分离这些周期性重复板之间的相互作用。在 W 掺杂的 Rh（111）表面上存在 6 个可能的吸附位置，分别为 W-top、W-bri、Rh-top、Rh-bri、fcc 和 hcp。

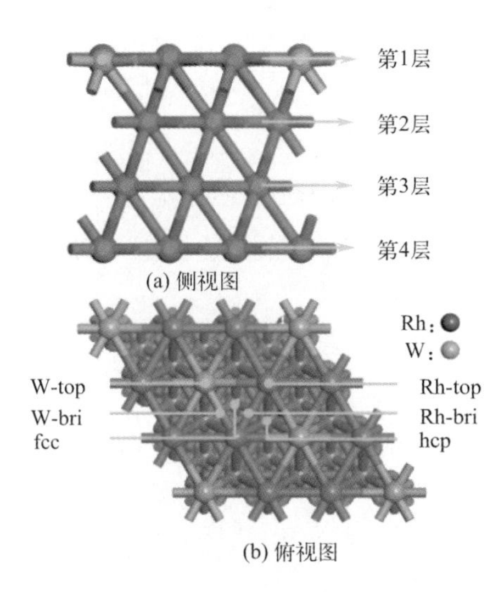

图 2-27　W 掺杂 Rh（111）结构模型的侧视图和俯视图以及所有可能的吸附位点

2.5.2　W 掺杂 Rh（111）催化剂上反应物种的吸附

探索相关反应物种的吸附对理解 CO_2 加氢机理至关重要。吸附能（E_{ads}）可用作衡量反应物种吸附强度的指标。E_{ads} 可定义为：

$$E_{ads}=E_{total}-E_{catalyst}-E_{species}$$

式中　　E_{total}——吸附物质和催化剂体系的能量；

$E_{catalyst}$ 和 $E_{species}$——催化剂和气相中的孤立物种的总能量。

负的 E_{ads} 表示相关物质在能量上有利于吸附在催化剂表面上[101]。如果 E_{ads} 值越负，则吸附强度越强[102]。在这一部分中，考虑了每种物种所有可能的吸附位点，并通过比较它们的吸附能大小来选择最佳吸附构型，结果如图 2-28 所示（书后另见彩图）。最佳吸附位点及其 E_{ads} 值见表 2-5。

表 2-5　W 掺杂 Rh（111）表面上物种的最佳吸附位点和吸附能

吸附物种	W- 掺杂 Rh（111）	
	吸附位点	E_{ads}/eV
CO_2^*	W-bri	−0.67
CO^*	Rh-top	−2.15

续表

吸附物种	W- 掺杂 Rh（111）	
	吸附位点	E_{ads}/eV
OH^*	W-top	−3.96
O^*	W-top	−6.21
H^*	fcc	−3.01
$HCOO^*$	W-bri	−3.54
$HCOOH^*$	W-top	−1.11
H_2COO^*	W-top & Rh-bri	−5.40
H_2COOH^*	W-bri	−3.34
trans-$COOH^*$	W-bri	−3.35
cis-$COOH^*$	W-bri	−3.20
$COHOH^*$	Rh-top	−2.99
HCO^*	W-top & Rh-bri	−3.24
H_2CO^*	Rh-bri	−1.80
CH_3O^*	W-top	−3.41
COH^*	fcc	−4.82
$HCOH^*$	W-top & Rh-bri	−4.02
H_2COH^*	W-top & Rh-bri	−2.37
CH_3OH^*	W-top	−1.08
H_2O^*	W-top	−0.97

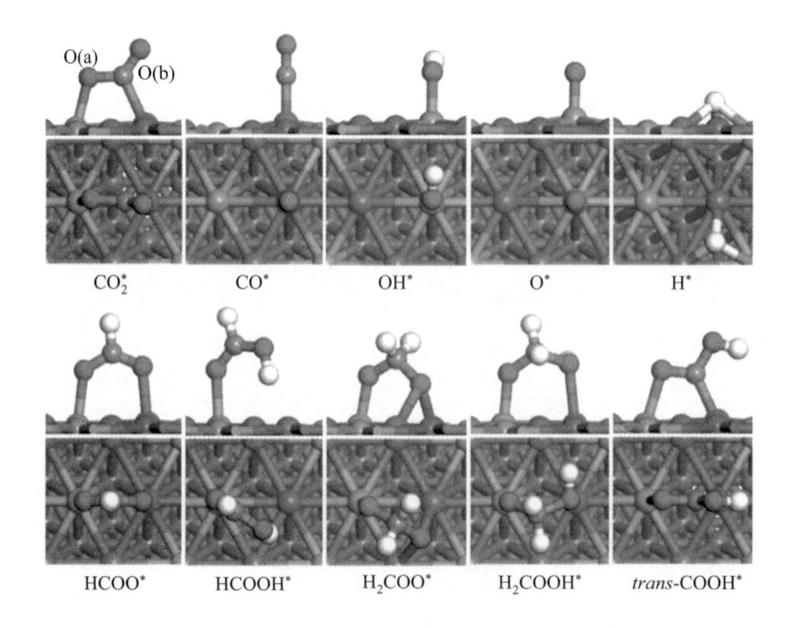

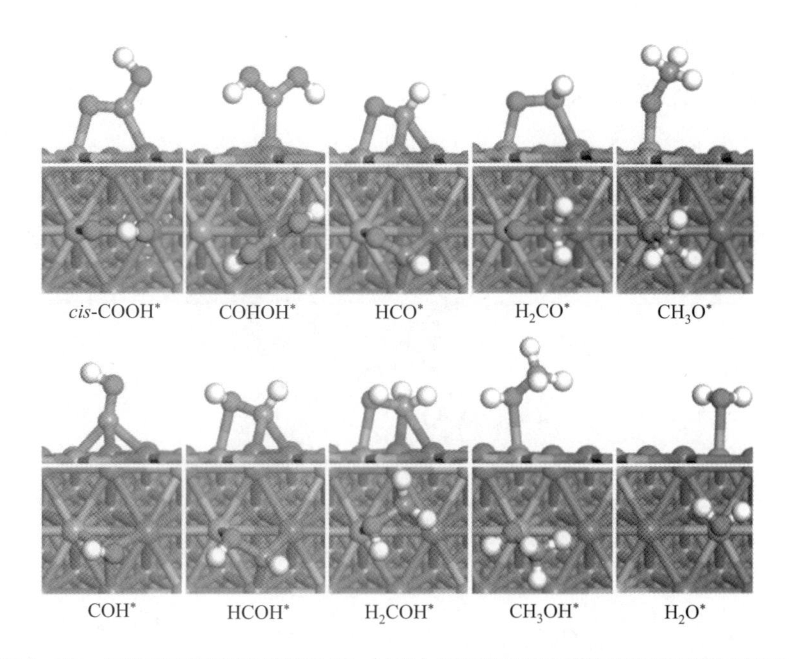

图 2-28　相关反应物种在 W 掺杂 Rh（111）表面的最佳吸附构型的侧视图和俯视图

CO_2 的吸附和活化在 CO_2 加氢制 CH_3OH 的反应中起着关键作用。本研究中，CO_2^* 在能量上有利于通过 C 和 O 原子分别与 Rh 和 W 原子相互作用而吸附在 W-bri 位点，相应的 C—Rh 和 O—W 键的键长分别为 2.056 Å 和 2.015 Å。计算得到的 CO_2^* 的 E_{ads} 值为 −0.67 eV，比一些报道的双金属催化剂如 Rh_3Cu_6（111）表面（−2.06 eV）[103]、Cu@Pd 核壳（−2.01 eV）[96] 更正，比 Ga_3Ni_5（111）表面（−0.51 eV）[104] 的吸附能更负，比一些单金属催化剂如 Pd（100）表面（−0.025 eV）[105]、Cu_{13} 团簇（−0.09 eV）[92] 和 Rh（111）表面（−0.36 eV）的吸附能更负[106]。

为了解 CO_2 的吸附行为，计算了其差分电荷密度，如图 2-29（a）所示（书后另见彩图）。从差分电荷密度图中可以直观地观察到电荷积累（蓝色）和损耗（红色）。与 Rh 和 W 原子上电荷的显著损耗相比，CO_2^* 上积累了大量电荷，结果表明电荷从催化剂表面转移到 CO_2^* 上。如表 2-6 所列，CO_2^* 从催化剂表面获得 0.200|*e*|（|*e*| 为净电荷）的电荷，同时 O—C—O 键角从 180° 减小到 126°。此外，W 掺杂的 Rh（111）表面的 C—O 键的键长之和增加了 0.212 Å，这比 Rh（111）表面的 C—O 键的键长之和（0.109 Å）更长[107]。换句话说，CO_2^* 在 W 掺杂的 Rh（111）表面上的活化程度比在 Rh（111）表面上的活化程度强。结果表明，CO_2 分子从 W 掺杂的 Rh（111）表面获得 0.200|*e*| 电荷以激活 C—O 键，与之前一些报道的研究类似[75, 107, 108]。此外，态密度（DOS）分析可以定性地处理轨道杂化的性质。W 掺杂的 Rh（111）表面上 CO_2^* 的 DOS 如图 2-29 中的（b）和（c）所示（书后另见彩图）。W 和 Rh 原子的 4d 轨道分别与 O（a）和 C 原子的 2p 轨道在 −10 ～ 1 eV 的能级范围内产生了重叠区域，表明催化剂表面和 CO_2^* 之间存在明显的轨道杂化现象。

此外，从重叠区域可以看出，W 和 O（a）原子之间的轨道杂化程度大于 Rh 和 C 原子之间的轨道杂化程度。综上所述，在 W 掺杂的 Rh（111）表面，CO_2^* 由于电荷转移和明显的轨道杂化而被高度活化，这有利于进一步的加氢反应。

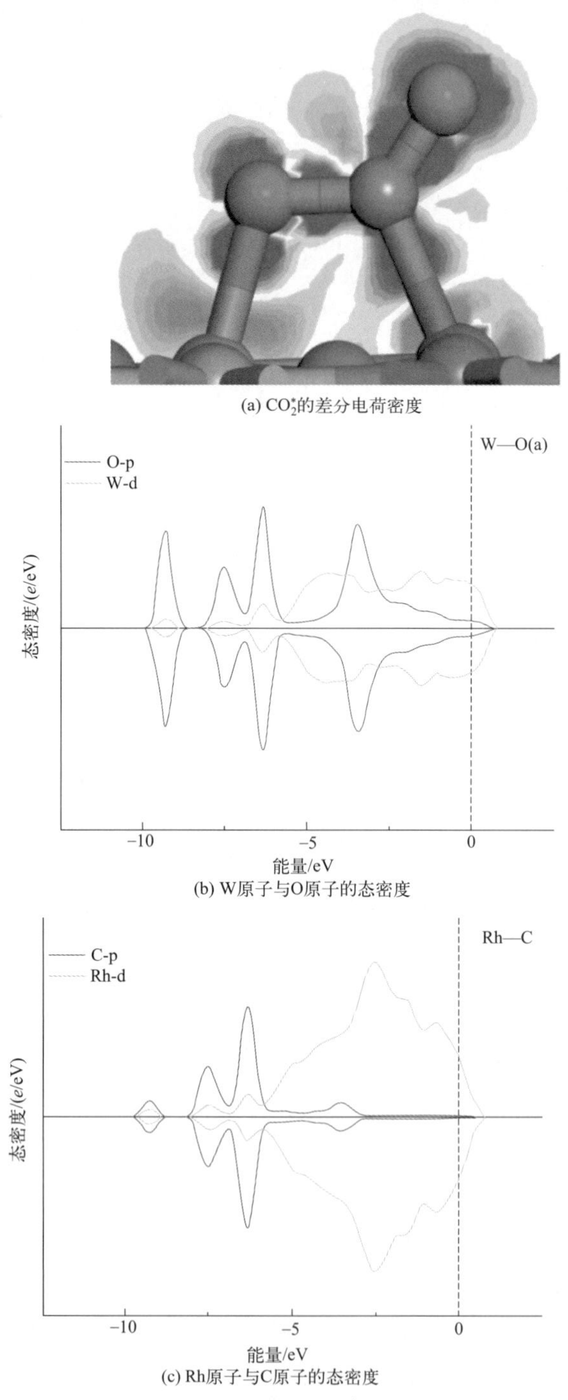

图 2-29　当 CO_2 吸附到 W 掺杂的 Rh（111）表面时，CO_2^* 的差分电荷密度（等值面为 0.05 e/Å^3）以及 W 原子与 O 原子和 Rh 原子与 C 原子的态密度

表 2-6　游离的 CO_2 和吸附的 CO_2 的几何参数和 Mulliken 电荷

项目	$d_{C—O(a)}$/Å	$d_{C—O(b)}$/Å	∠（O—C—O）/（°）	Mulliken 电荷 /|e|			
				O（a）	O（b）	C	CO_2
CO_2	1.176	1.176	180	−0.273	−0.272	0.545	0
CO_2^*	1.358	1.206	126	−0.450	−0.265	0.515	−0.200

一氧化碳（CO^*）通过 C 原子能量有利地稳定吸附在 Rh-top 位点。计算得到的 CO^* 的 E_{ads} 值为 −2.15 eV，这比 Rh_3Cu_6（111）表面（−2.06 eV）[103]、Cu@Pd 核壳（−2.01 eV）[96] 和 Rh（111）表面（−1.77 eV）[109] 更负。与 CO^* 的吸附不同，OH^* 通过 O 原子与 W 原子的相互作用优先吸附在 W-top 位点上，其相应的 E_{ads} 为 −3.96 eV，这比 Rh_3Cu_6（111）表面（−3.67 eV）[103] 和 Rh（111）表面（−2.72 eV）[109] 上的 E_{ads} 值更负。O^* 也是优先吸附在 W-top 位点，计算所得到的吸附能为 −6.21 eV，比 Rh(111) 表面的值（−5.29 eV）更负[109]。H^* 原子则优先吸附在 fcc 位点，其 E_{ads} 值为 −3.01 eV，该值比 Rh（111）表面的值（−2.74 eV）[110] 更负。

根据之前的实验和计算证据，双齿构型的甲酸盐（$HCOO^*$）是铜和镍催化剂表面上的关键反应中间体[111-113]。在这项研究中，$HCOO^*$ 能量有利地吸附在 W-bri 位点，E_{ads} 为 −3.54 eV，比 Rh（111）表面的值（−2.94 eV）更负[110]。同时，对应的 O—W 和 O—Rh 键的键长分别为 2.101 Å 和 2.160 Å。此外，羧基（$COOH^*$）具有两个同分异构体（*trans*-$COOH^*$ 和 *cis*-$COOH^*$），它们的区别在于 OH 基团的朝向[114]，如图 2-28 所示。显然，两个同分异构体都通过 O 原子和 C 原子吸附在 W-bri 位点，计算得到二者的 E_{ads} 值分别为 −3.35 eV 和 −3.20 eV。

对于 H_2COO^*，一个 O 原子与一个 W 原子相互作用生成一个 O—W 键，而另一个 O 原子与两个 Rh 原子相互作用生成两个 O—Rh 键。相应的 O—W 和 O—Rh 键长分别为 1.940 Å、2.189 Å 和 2.164 Å。H_2COO^* 的这种吸附模式导致了该催化剂对其较强的吸附，吸附能为 −5.40 eV，比 Rh（111）表面的吸附能（−3.50 eV）更负[110]。对于 $HCOOH^*$，通过一个 O 原子优先与 W 原子相互作用，W-top 是其最佳的吸附位点。计算的 E_{ads} 比 $PdCu_3$(111) 上的 E_{ads} 值小 0.79 eV[115]。因此，与 $PdCu_3$(111) 上的物理吸附不同，$HCOOH^*$ 在 W 掺杂的 Rh（111）表面上是典型的化学吸附。

羟基甲氧基（H_2COOH^*）被认为是 CO_2 甲醇化的中间体[116-118]。在此，H_2COOH^* 优先位于 W-bri 位置，两个 O 原子分别与 W 和 Rh 原子发生相互作用形成 O—W 键和 O—Rh 键，计算得到的 E_{ads} 值为 −3.34 eV，小于 Rh（111）上的 E_{ads} 值（−1.98 eV）[110]。同时，O—W 和 O—Rh 键的键长分别为 1.959 Å 和 2.329 Å。

对于甲酰基（HCO^*），O 原子倾向于与 W 原子相互作用生成一个 O—W 键，而 C 原子倾向于与两个 Rh 原子结合形成两个 C—Rh 键。相应的 O—W 和 C—Rh 键的键长分别为 2.047 Å、2.085 Å 和 2.117 Å。对于甲醛（H_2CO^*），最佳的吸附位点是 Rh-bri 位点，相应的 E_{ads} 为 −1.80 eV，比 Rh(111) 上的值（−0.68 eV）更负[109]。H_2CO^* 在 W 掺杂的 Rh（111）上的这种强吸附使其不太可能从表面解离，这有助于进一步的氢化反应。

实验已经证明甲氧基（CH_3O^*）是 Cu(111）表面上 CO_2 转化和 Cu_2O(111）表面上 CH_3OH 分解的中间体[119-121]。先前的研究表明，CH_3O^* 的最佳吸附位点位于 Rh_3Cu_6(111）表面上的 hollow（洞位）位点[103]，而在本研究中其优先吸附在 W-top 位点。

对于甲醇（CH_3OH^*），最稳定的构型是通过 O 原子与 W 原子的相互作用稳定地锚定在 W-top 位点，计算的 E_{ads} 为 −1.08 eV。此外，H_2O^* 也倾向于通过 O 原子锚定在 W-top 位点，相应的 E_{ads} 为 −0.97 eV。与其他强吸附物种相比，CH_3OH 和 H_2O 的这种相对弱的吸附有利于解吸。总的来说，W 掺杂到 Rh（111）表面后大部分中间体的吸附强度增加，这可能有利于 CO_2 加氢。

2.5.3　W 掺杂 Rh（111）催化剂上吸附物种的相对稳定性

金属催化剂对某一反应的活性与吸附物种的相对稳定性有关。根据 Filot 等[122]的研究，相对稳定性（E_{stab}）可定义为：

$$E_{stab}=E_{total}-x(E_{C*})-y(E_{H*})-z(E_{O*})+(x+y+z-1)\times E_{catalyst}$$

式中　E_{total} 和 $E_{catalyst}$——在催化剂上的吸附物种和孤立的吸附物种的能量；

E_{C*}、E_{H*} 和 E_{O*}——C^*、H^* 和 O^* 在催化剂上的最佳吸附构型的能量；

x、y 和 z——每个吸附物种中包含的 C^*、H^* 和 O^* 原子的数目。

在这种情况下，吸附物种之间的横向相互作用被忽略。稳定性如图 2-30 所示。计算的 E_{stab} 可以评估每种反应物种相对于最稳定的吸附物 C^*、H^* 和 O^* 的稳定性。E_{stab} 值越负，相应物种的相对稳定性越高。从图 2-30 可以看出，与其他吸附物种相比，CO^* 在 W 掺杂 Rh(111）表面具有最高的稳定性，而 H_2COOH^* 在 W 掺杂 Rh(111）表面非常不稳定。

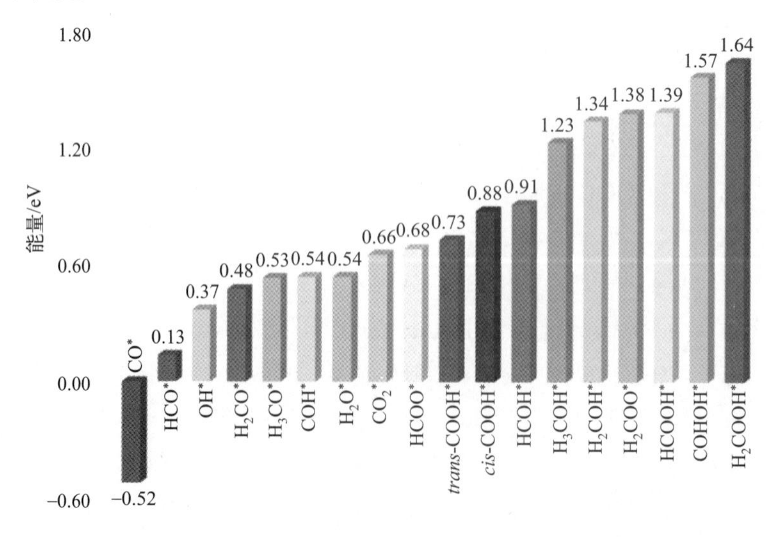

图 2-30　W 掺杂的 Rh（111）表面上与 CO_2 加氢相关的吸附物种的稳定性

2.5.4　W 掺杂 Rh（111）催化剂上合成甲醇的基元反应

本小节探究了 CO_2 甲醇化的机理，包括 HCOO 路径［123，124］、RWGS+CO-Hydro 路径［125］和 *trans*-COOH 路径［126，127］，如图 2-31 所示（书后另见彩图）。此外，每个基元反应的活化能（E_a）和反应能（ΔE）分别由 $E_a = E_{TS}-E_{IS}$ 和 $\Delta E=E_{FS}-E_{IS}$ 计算得出，其中 E_{TS}、E_{IS} 和 E_{FS} 分别是过渡态（TS）、初态（IS）和终态（FS）的能量。此外，关于基元反应是吸热还是放热的描述符定义为：

$$\Delta E_{stab}= \sum E_{stab,pro}- \sum E_{stab,rea}$$

式中　$\sum E_{stab,pro}$，$\sum E_{stab,rea}$——每个基元反应中涉及的产物和反应物的 E_{stab} 值的总和。

E_a、ΔE 和 ΔE_{stab} 的计算结果见表 2-7。

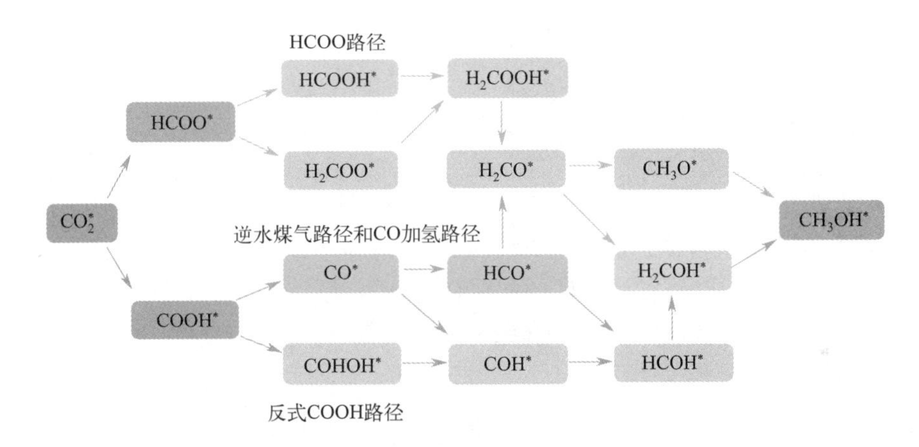

图 2-31　W 掺杂 Rh（111）表面 CO_2 甲醇化的 3 种反应路径

表 2-7　W 掺杂的 Rh（111）表面上 CO_2 加氢所涉及的基元反应的 E_a、ΔE 和 ΔE_{stab}

序号	基元反应	E_a/eV	ΔE/eV	ΔE_{stab}/eV
R1	$CO_2^*+H^* \longrightarrow HCOO^*+^*$	0.61	−0.01	0.02
R2	$CO_2^*+H^* \longrightarrow$ *trans*-$COOH^*+^*$	1.05	0.04	0.08
R3	$HCOO^*+H^* \longrightarrow H_2COO^*+^*$	1.35	0.68	0.70
R4	$HCOO^*+H^* \longrightarrow HCOOH^*+^*$	1.07	0.69	0.71
R5	$H_2COO^*+H^* \longrightarrow H_2COOH^*+^*$	1.27	0.20	0.26
R6	$HCOOH^*+H^* \longrightarrow H_2COOH^*+^*$	0.53	0.26	0.25
R7	$H_2COOH^*+^* \longrightarrow H_2CO^*+OH^*$	1.25	−0.83	−0.80
R8	$H_2CO^*+H^* \longrightarrow CH_3O^*+^*$	0.88	0.08	0.05
R9	$H_2CO^*+H^* \longrightarrow H_2COH^*+^*$	1.14	0.83	0.86
R10	$CH_3O^*+H^* \longrightarrow CH_3OH^*+^*$	1.36	0.68	0.70

续表

序号	基元反应	E_a/eV	ΔE/eV	ΔE_{stab}/eV
R11	$H_2COH^*+H^* \longrightarrow CH_3OH^*+^*$	1.93	−0.11	−0.11
R12	$H^*+OH^* \longrightarrow H_2O^*+^*$	1.19	0.52	0.54
R13	*trans*-$COOH^* \longrightarrow$ *cis*-$COOH^*$	0.59	0.15	0.15
R14	*cis*-$COOH^*+^* \longrightarrow CO^*+OH^*$	0.78	−0.93	−0.86
R15	$CO^*+H^* \longrightarrow HCO^*+^*$	1.45	0.63	0.65
R16	$CO^*+H^* \longrightarrow COH^*+^*$	3.34	1.03	1.06
R17	$HCO^*+H^* \longrightarrow HCOH^*+^*$	1.45	0.77	0.78
R18	$HCO^*+H^* \longrightarrow H_2CO^*+^*$	0.60	0.34	0.35
R19	*trans*-$COOH^*+H^* \longrightarrow COHOH^*+^*$	1.60	0.81	0.84
R20	$COHOH^*+^* \longrightarrow COH^*+OH^*$	0.59	−0.60	−0.66
R21	$COH^*+H^* \longrightarrow HCOH^*+^*$	1.28	0.35	0.37
R22	$HCOH^*+H^* \longrightarrow H_2COH^*+^*$	1.68	0.43	0.43

如表 2-7 所列，可以直观地看出几乎所有的加氢反应都是吸热的，所有的解离反应都是放热的。令人惊讶的是，ΔE_{stab} 的计算结果与 ΔE 的值几乎一致。ΔE_{stab} 值与每个基元反应中涉及的反应物种的相对稳定性有关，即高稳定性物种转变为低稳定性物种的反应是吸热的。因此，通过计算描述符 ΔE_{stab} 可以初步预测基元反应是吸热还是放热。

CO_2^* 的加氢。如图 2-32（a）、（b）所示（书后另见彩图），R1 和 R2 是 CO_2^* 加氢两种可能的反应路线。路线之一是 CO_2^* 的 C 原子与 H^* 反应生成 $HCOO^*$，另一个路线是 H^* 进攻 CO_2^* 的一个 O 原子从而形成 *trans*-$COOH^*$。$HCOO^*$ 和 *trans*-$COOH^*$ 的相对能量展示在图 2-32（c）中（书后另见彩图）。从动力学的角度，由于 $HCOO^*$ 生成所需的活化能（0.61 eV）明显低于 *trans*-$COOH^*$ 生成所需的活化能（1.05 eV），所以 $HCOO^*$ 的形成比 *trans*-$COOH^*$ 的形成更有利。

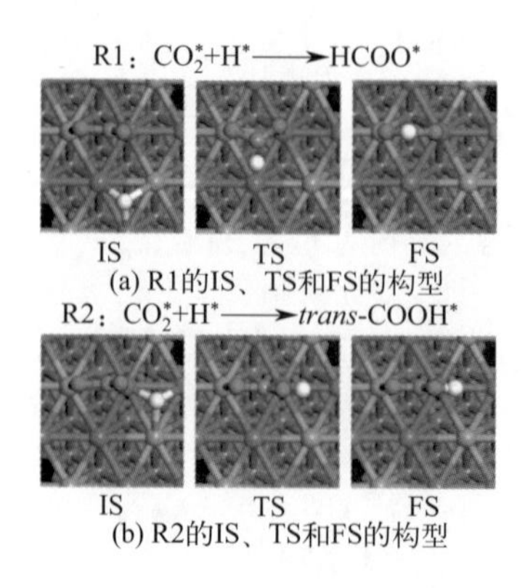

(a) R1的IS、TS和FS的构型

(b) R2的IS、TS和FS的构型

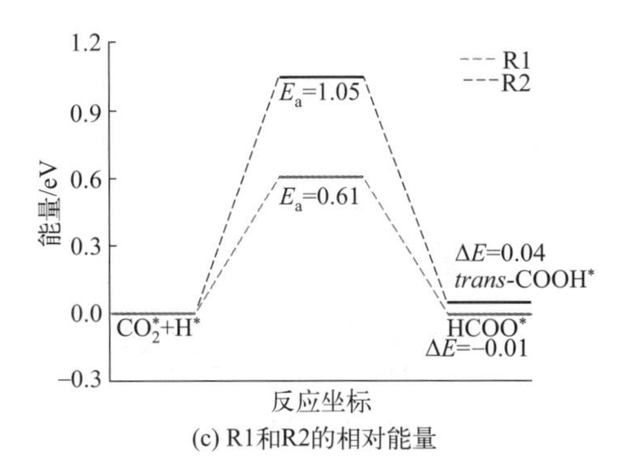

(c) R1和R2的相对能量

图 2-32　R1 和 R2 的 IS、TS 和 FS 的构型以及 R1 和 R2 的相对能量

$HCOO^*$加氢。对于$HCOO^*$加氢可能有两个可行的路线R3和R4，呈现在图2-33（a）、（b）中（书后另见彩图）。R3 路线是 C 原子结合 H^* 形成 H_2COO^*，而 R4 路线是一个 O 原子与 H^* 结合形成 $HCOOH^*$。R3 和 R4 路线相应的 E_a 值分别是 1.35 eV 和 1.07 eV［图 2-33（c），书后另见彩图］。结果表明，在动力学上，$HCOO^*$ 加氢生成 $HCOOH^*$ 是最有利的。

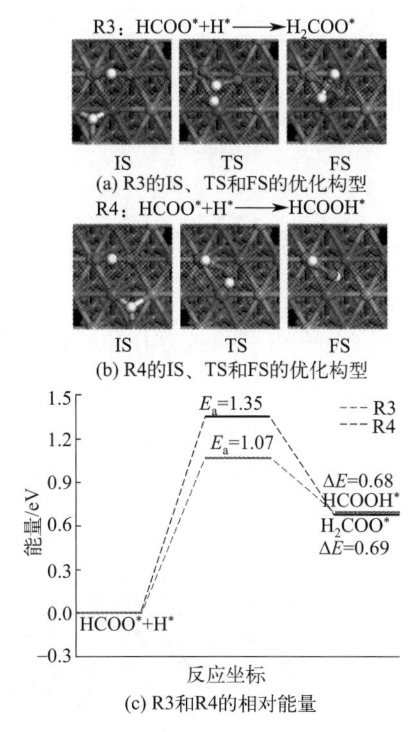

(a) R3的IS、TS和FS的优化构型

(b) R4的IS、TS和FS的优化构型

(c) R3和R4的相对能量

图 2-33　R3 和 R4 的 IS、TS 和 FS 的优化构型以及 R3 和 R4 的相对能量

H_2COOH^* 的形成。如图 2-34（a）和（b）所示（书后另见彩图），H_2COOH^* 可以通过 H_2COO^*（R5）或 $HCOOH^*$（R6）的氢化而产生。对于 R5，位于 Rh-bri 位点的 O 原子与 H^* 相互作用产生 H_2COOH^*。而对于 R6，C 原子与 H^* 相互作用产生

H_2COOH^*。从图 2-34（c）（书后另见彩图）可以直观地看出，在动力学上 $HCOOH^*$ 氢化成 H_2COO^* 比氢化成 H_2COOH^* 更佳（0.53 eV ＜ 1.27 eV）。

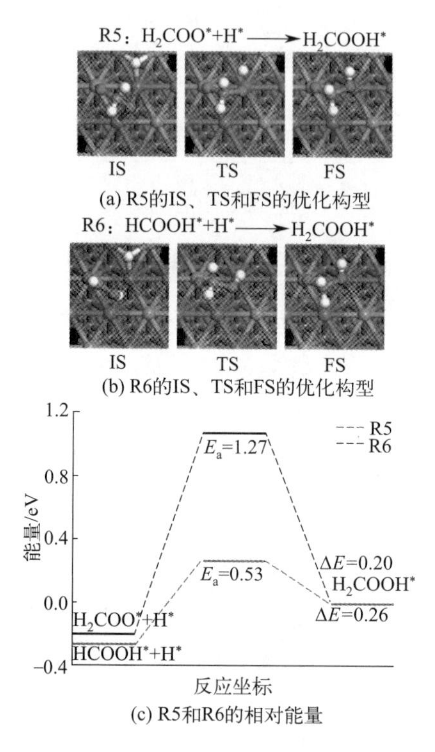

图 2-34　R5 和 R6 的 IS、TS 和 FS 的优化构型以及 R5 和 R6 的相对能量

H_2CO^* 加氢。CH_3O^* 或 H_2COH^* 可以通过 H_2CO^* 的氢化得到，如图 2-35（a）和（b）所示（书后另见彩图）。当 C 原子与 H^* 结合时，H_2CO^* 氢化的产物是 CH_3O^*；当 H^* 与 O 原子相互作用时，H_2CO^* 氢化的产物是 H_2COH^*。从图 2-35（c）（书后另见彩图）中可以看出，H_2CO^* 更有可能氢化为 CH_3O^*，而不是 H_2COH^*（0.88 eV ＜ 1.14 eV）。

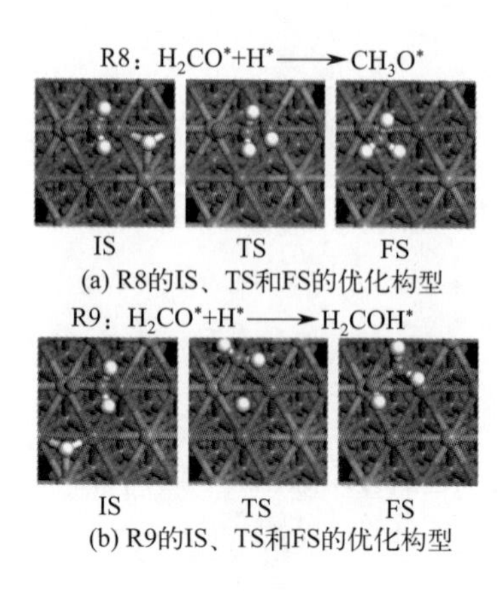

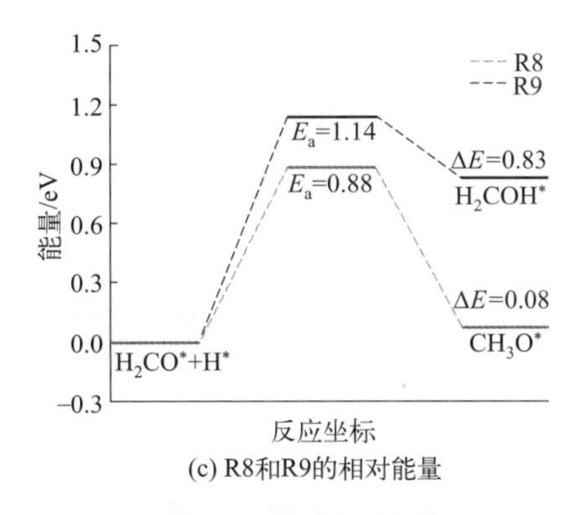

(c) R8和R9的相对能量

图 2-35　R8 和 R9 的 IS、TS 和 FS 的优化构型以及 R8 和 R9 的相对能量

CH_3OH^* 的生成。最终产物 CH_3OH^* 可以通过 CH_3O^* 或 H_2COH^* 的氢化形成，如图 2-36（a）和（b）所示（书后另见彩图）。在 R10 中，位于 fcc 位的 H^* 与 CH_3O^* 的 O 原子键合成 CH_3OH^*。而在 R11 中，H^* 与 H_2COH^* 的 C 原子结合生成 CH_3OH^*。从相对能量图［图 2-36（c），书后另见彩图］可以看出，CH_3O^* 更有利于生成 CH_3OH^*。

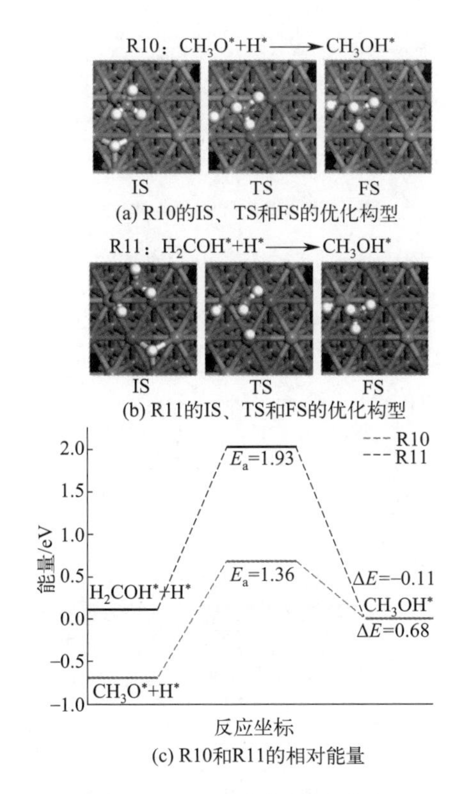

(c) R10和R11的相对能量

图 2-36　R10 和 R11 的 IS、TS 和 FS 的优化构型以及 R10 和 R11 的相对能量

CO^* 加氢。CO^* 加氢可生成 HCO^* 或 COH^*［图 2-37（a）和（b），书后另见彩图］。HCO^* 由 H^* 与 R15 中 CO^* 的 C 原子结合生成，COH^* 由 H^* 与 R16 中 CO^* 的 O 原子

结合生成。R15 和 R16 对应的 E_a 值分别为 1.45 eV 和 3.34 eV［图 2-37（c），书后另见彩图］。因此，在竞争反应中 CO^* 的加氢产物是 HCO^* 而不是 COH^*。

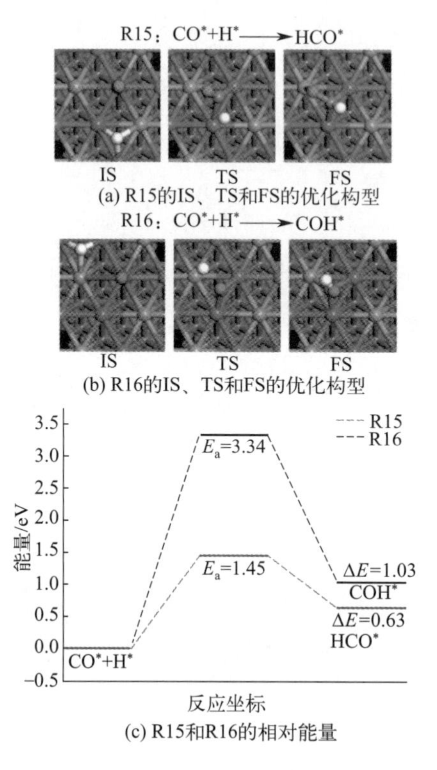

图 2-37　R15 和 R16 的 IS、TS 和 FS 的优化构型以及 R15 和 R16 的相对能量

HCO^* 加氢。HCO^* 加氢可能有两种产物，即 $HCOH^*$ 和 H_2CO^*［图 2-38（a）和（b），书后另见彩图］。在 R17 中，HCO^* 的 H^* 和 O 原子彼此靠近，生成 $HCOH^*$；而在 R18 中，H^* 逐渐靠近 HCO^* 的 C 原子形成 H_2CO^*。从图 2-38（c）（书后另见彩图）可以看出，R17 的 E_a 值为 1.45 eV，高于 R18 的 E_a 值（0.60 eV）。因此，在动力学上 H_2CO^* 的生成比 $HCOH^*$ 在能量上更有利。

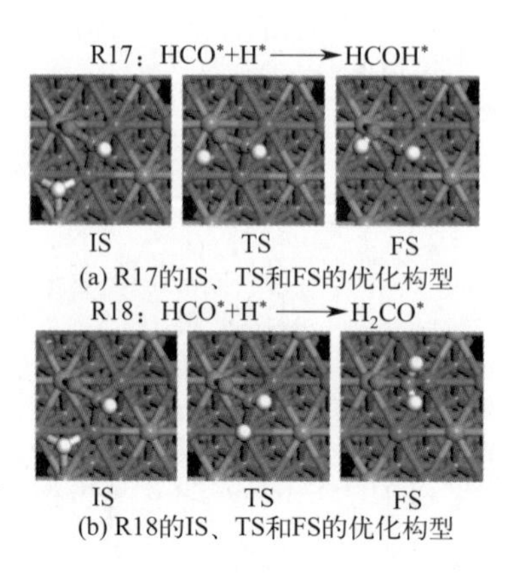

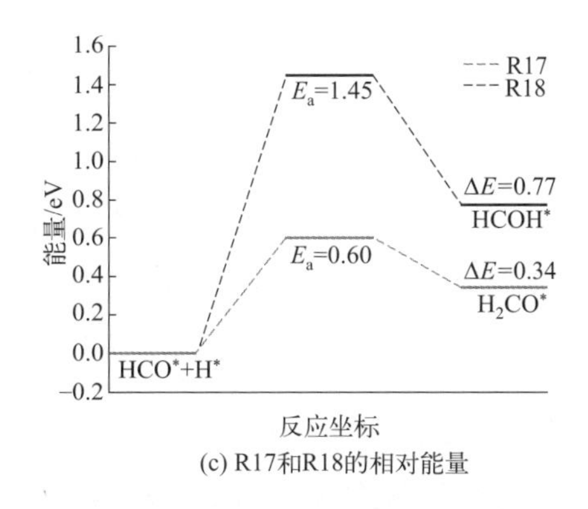

(c) R17和R18的相对能量

图 2-38　R17 和 R18 的 IS、TS 和 FS 的优化构型以及 R17 和 R18 的相对能量

此外，将 W 掺杂的 Rh（111）表面上的 HCOO 途径中的 R4、R6 和 R8，RWGS 路径中的 R8、R15 和 R18 以及 *trans*-COOH 途径中的 R21 和 R22 的活化能与 Rh(111) 表面上的活化能进行比较。Rh（111）表面上的相应数据来自先前的研究[128]。从表 2-8 可以看出，R4 在 W 掺杂的 Rh（111）和 Rh（111）上的 E_a 值几乎相同，并且 R6 的情况与 R4 相同。R15 在 W 掺杂 Rh（111）上的 E_a 值明显增加了 0.22 eV，而 R18 的 E_a 值略有降低。对于 R21 和 R22，W 掺杂 Rh（111）上计算出的 E_a 值急剧增加。由此可以得出结论：W 的掺杂对 RWGS 和 *trans*-COOH 路径中的基元反应有很大的阻碍作用；相反，HCOO 路径的基元反应受影响较小，表明 HCOO 路径的选择性提高。

表 2-8　W 掺杂 Rh（111）和 Rh（111）的基元反应的活化能和反应能

序号	基元反应	E_a/eV		ΔE/eV	
		W 掺杂 Rh（111）	Rh（111）[128]	W 掺杂 Rh（111）	Rh（111）[128]
R4	$HCOO^*+H^* \longrightarrow HCOOH^*+^*$	1.07	0.99	0.69	0.94
R6	$HCOOH^*+H^* \longrightarrow H_2COOH^*+^*$	0.53	0.50	0.26	−0.04
R8	$H_2CO^*+H^* \longrightarrow CH_3O^*+^*$	0.88	0.67	0.08	−0.13
R15	$CO^*+H^* \longrightarrow HCO^*+^*$	1.45	1.23	0.63	0.89
R18	$HCO^*+H^* \longrightarrow H_2CO^*+^*$	0.60	0.69	0.34	0.34
R21	$COH^*+H^* \longrightarrow HCOH^*+^*$	1.28	0.79	0.35	0.59
R22	$HCOH^*+H^* \longrightarrow H_2COH^*+^*$	1.68	0.51	0.43	−0.05

2.5.5　W 掺杂 Rh（111）催化剂上合成甲醇的反应路径

基于计算的所有基元反应的活化能和反应能，3 种不同的最佳反应路线绘制在图 2-39 中。结果表明，HCOO 途径是通过 $CO_2^* \longrightarrow HCOO^* \longrightarrow HCOOH^* \longrightarrow H_2COOH^* \longrightarrow H_2CO^* \longrightarrow CH_3O^* \longrightarrow CH_3OH^*$ 路线完成的。该路线类似 Cu（111）、

PdCu（111）和 ZnCu（211）表面[117, 129, 130]。特别地，$CH_3O^* \longrightarrow CH_3OH^*$ 为限速步骤（RDS），该步骤计算得到的 E_a 值为 1.36 eV。此外，RWGS+CO-Hydro 途径是通过 $CO_2^* \longrightarrow$ *trans*-$COOH^* \longrightarrow$ *cis*-$COOH^* \longrightarrow CO^* \longrightarrow HCO^* \longrightarrow H_2CO^* \longrightarrow CH_3O^* \longrightarrow CH_3OH^*$ 路线完成，这条路线的 RDS 为 $CO^* \longrightarrow HCO^*$，计算得到的 E_a 值高达 1.45 eV。对于 *trans*-COOH 途径，反应过程通过 $CO_2^* \longrightarrow$ *trans*-$COOH^* \longrightarrow COHOH^* \longrightarrow COH^* \longrightarrow HCOH^* \longrightarrow H_2COH^* \longrightarrow CH_3OH^*$ 完成。RDS 为 $H_2COH^* \longrightarrow CH_3OH^*$，其 E_a 值为 1.93 eV。显然，与 *trans*-$COOH^*$ 的形成相比，$HCOO^*$ 的形成由于较低的活化能（1.05 eV ＞ 0.61 eV）在能量上更有利。综上所述，在 3 种反应途径中 HCOO 途径最有利于 CO_2 在 W 掺杂 Rh（111）表面甲醇化。同时，RDS 的 E_a 值（1.36 eV）低于一些金属催化剂上的值，例如 Cu（111）表面（1.60 eV）和 Cu_{29} 簇（1.41 eV）[91]。

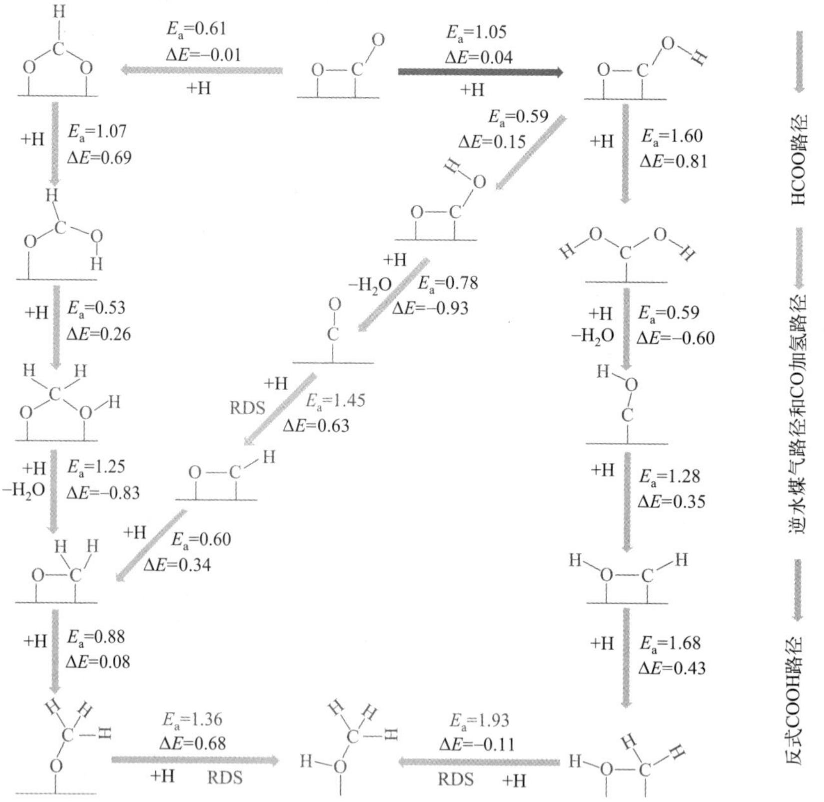

图 2-39　掺杂的 Rh（111）上 CO_2 甲醇化的 3 种不同最佳反应路径（E_a 和 ΔE 的单位均为 eV）

2.5.6　W 掺杂 Rh（111）催化剂的活性起源分析

为了揭示 W 原子掺杂后 Rh（111）催化性能提高的原因，计算了 Rh（111）和 W 掺杂的 Rh（111）表面的 Mulliken 电荷，如图 2-40 所示。可以看出与纯 Rh（111）表面相比，W 掺杂的 Rh（111）表面上的 Rh 原子积累了更多的负电荷（$-0.070|e|$ 相

比于 −0.193|*e*|）。带负电荷的表面不仅能促进 CO_2 活化形成 $CO_2^{\delta-}$，而且还增强中间体的吸附以促进中间体进一步氢化为 CH_3OH。结果表明，W 原子的掺杂改变了 Rh（111）的电子结构，这有利于 CO_2 的转化和 CH_3OH 的生成。

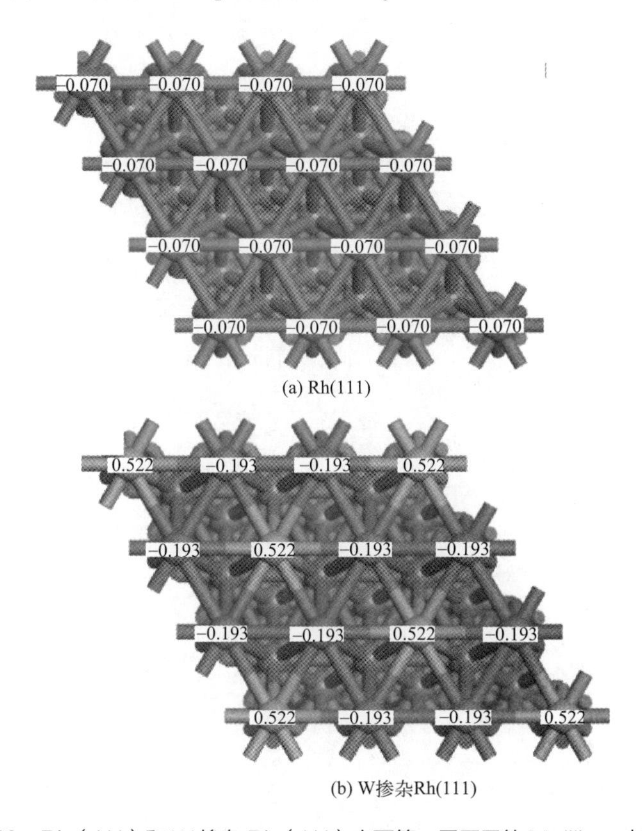

(a) Rh(111)

(b) W掺杂Rh(111)

图 2-40　Rh（111）和 W 掺杂 Rh（111）表面第一层原子的 Mulliken 电荷分布

2.6　In 掺杂 Rh（211）催化剂催化二氧化碳加氢制甲醇

Rh-In 合金对甲醇合成具有良好的催化活性，但缺乏进一步的 In 掺杂对催化活性的影响。本节在第一性原理计算的基础上对阶梯式 Rh（211）和 In/Rh（211）合成甲醇的催化活性进行了深入的研究，评估了参与甲醇合成的所有物种的吸附情况。差分电荷密度和态密度分析分别揭示了 CO_2^* 吸附强度和活化程度不同的原因。此外，还计算并讨论了所有吸附物种在 Rh（211）和 In/Rh（211）上的相对稳定性。随后，详细讨论了甲醇合成的 3 个主要反应路径。最后，通过计算两种催化剂的功函数和 Mulliken 电荷，揭示了催化活性的起源。

2.6.1　In 掺杂 Rh（211）催化剂结构模型

基于实验表征，在材料的界面上观察到 Rh-In 体系（RhIn）中最稳定的中间相，这表明修饰在 Rh 纳米颗粒的暴露表面上有限的 In 原子将导致局部 Rh-In 合金组成[129]。因此，本研究采用了被广泛接受的表面双金属合金模型。考虑到实验中的催化剂大多数 Rh-In 纳米颗粒尺寸是 1 ～ 3 nm，表面缺陷可以对催化性能产生深远的影响，计算将在具有代表性的阶梯 Rh（211）和 In 掺杂 Rh（211）表面上进行。

首先，对金属 Rh 块体进行几何优化，获得的晶格常数为 3.804 Å，接近 3.800 Å 的实验值[129]。使用具有 12 Å 真空层的 4 层对称周期性平面构建一个小的 Rh（211）模型，如图 2-41 所示（书后另见彩图）。在小的 Rh（211）表面上存在 3 个可能的 In 原子取代位点。因此，为了获得 In/Rh（211）表面的最佳结构，计算得到了不同取代位点的 E_{sub} 值和相应的构型，如图 2-41（b）～（d）所示。在位点 1［即图 2-41（b)］，该结构具有最负的 E_{sub} 值，这意味着在阶梯边缘掺杂 In 原子的 In/Rh（211）模型是最能稳定形成的，这与实验中 Rh-In 双金属催化剂具有高的结构稳定性的结论一致[129]。

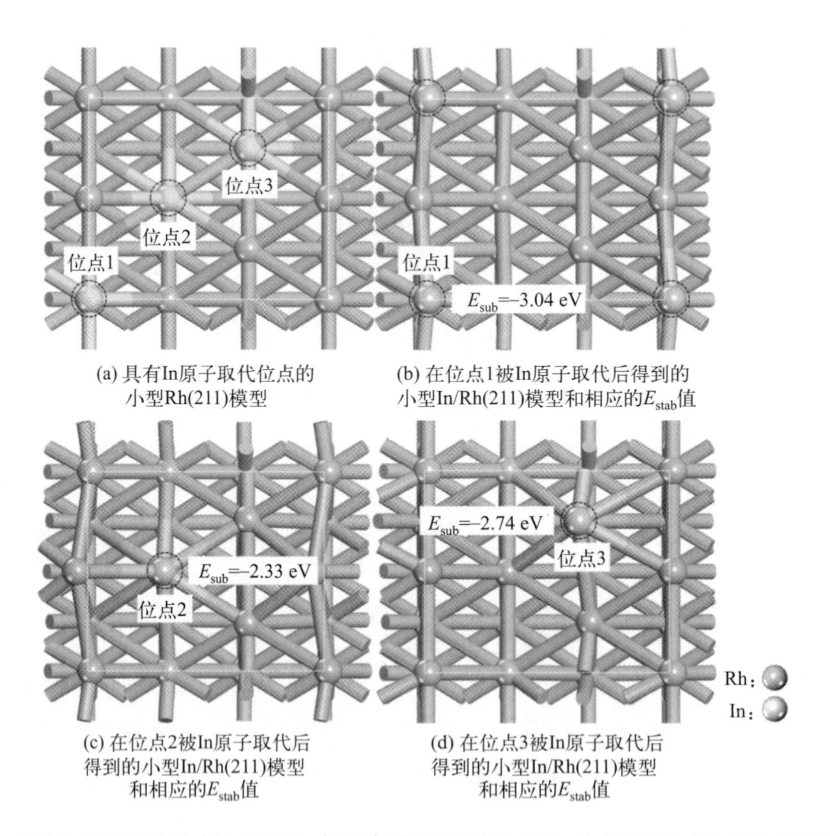

图 2-41 具有 In 原子取代位点的小型 Rh（211）模型以及在位点 1、位点 2 和位点 3 被 In 原子取代后得到的小型 In/Rh（211）模型和相应的 E_{stab} 值

为了确保参与 CH_3OH 合成的反应物种具有足够的吸附和反应的表面积，通过对图 2-41（a）和（b）中的两种结构进行 2×2 的扩胞，获得了本研究中所需的 Rh（211）和 In/Rh（211）模型。经过结构优化后，图 2-42（书后另见彩图）给出了两

个新得到的 Rh（211）和 In/Rh（211）模型。在 In/Rh（211）的阶梯边缘，50% 的 Rh 原子被 In 原子取代，以探索 In 掺杂的影响。In/Rh（211）中阶梯边缘的 Rh—In 键的键长为 2.750 ～ 2.924 Å，基本符合实验中测得的 Rh—In 键的长度（2.640 Å 和 2.820 Å）[129]。此外，基于测试验证了所选择的 4 层 In/Rh（211）表面的合理性，即不同层数和固定不同层数对 CO_2 吸附强度和构型的影响可以忽略不计。因此，在几何优化过程中，催化剂最上面的两层原子与吸附物种允许弛豫，而底部的两层原子被固定。此外，如图 2-42 所示，Rh（211）和 In/Rh（211）表面分别包含 8 个吸附位点和 12 个吸附位点。

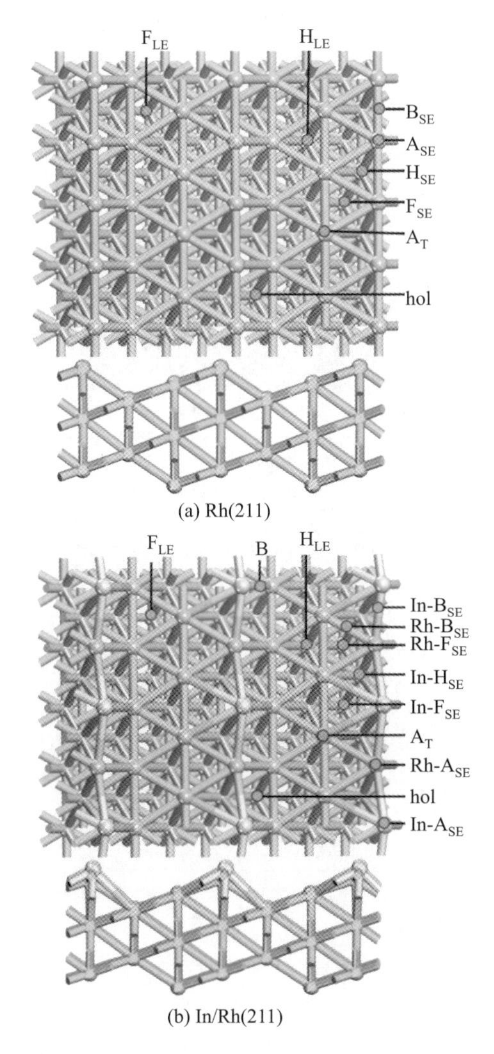

图 2-42　Rh（211）和 In/Rh（211）表面的结构模型及所有可能的吸附位点

2.6.2　In 掺杂 Rh（211）催化剂上二氧化碳的吸附与活化

CO_2 的化学惰性使加氢过程极具挑战性。本研究首先研究了 CO_2 在 Rh（211）

和 In/Rh（211）上的吸附和活化。计算了 CO_2^* 在 Rh（211）和 In/Rh（211）上的最佳吸附构型、E_{ads} 值和差分电荷密度，如图 2-43（a）、（b）所示（书后另见彩图）。此外，表 2-9 列出了两种催化剂孤立的 CO_2 和吸附的 CO_2^* 的几何参数（键长和键角）和 Mulliken 电荷。从表 2-9 可以看出，与 Rh（211）相比，In/Rh（211）上的 CO_2^* 具有更长的 C—O 键长（2.529 Å ＞ 2.494 Å）和更小的键角（129° ＜ 137° ），表明 In/Rh（211）上 CO_2^* 的活化程度更高。一般来说，CO_2^* 的吸附强度越强，活化程度越高。然而，CO_2^* 对 In/Rh（211）（E_{ads} = −0.29 eV）的吸附强度弱于对 Rh（211）的吸附强度（E_{ads} = −0.56 eV），这意味着吸附能可能不是决定 CO_2^* 活化程度的主要因素。

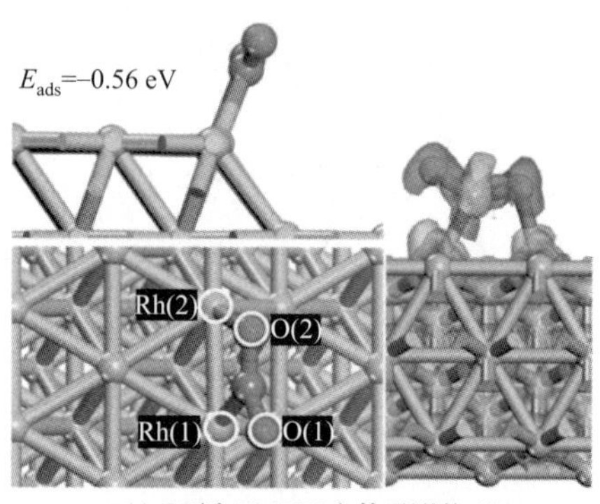

(a) CO_2^*和Rh(211)上的吸附构型、E_{ads}值和差分电荷密度

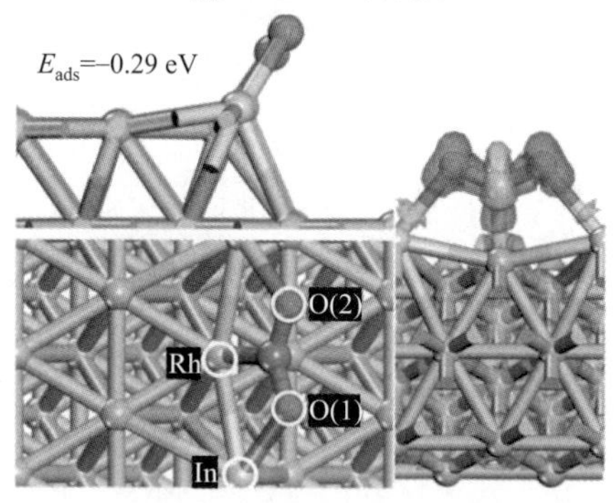

(b) CO_2^*和In/Rh(211)上的吸附构型、E_{ads}值和差分电荷密度

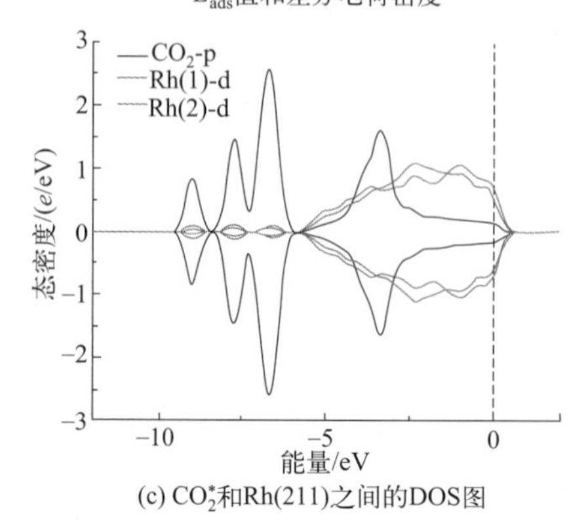

(c) CO_2^*和Rh(211)之间的DOS图

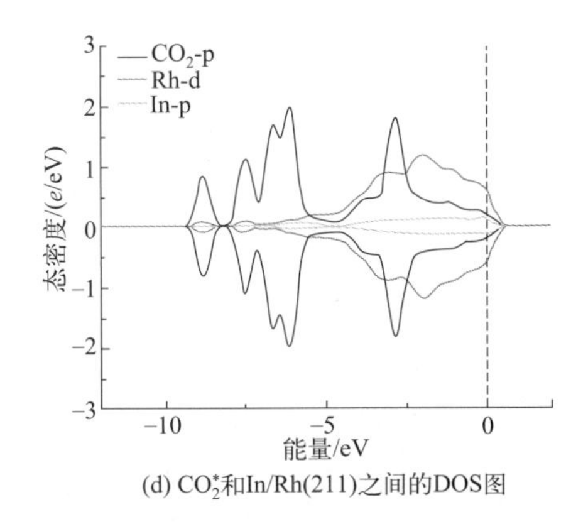

(d) CO_2^*和In/Rh(211)之间的DOS图

图 2-43　CO_2^* 在 Rh(211) 和 In/Rh(211) 上的吸附构型、E_{ads} 值和差分电荷密度(红色和绿色区域分别代表电荷累积和损耗)、CO_2^* 和 Rh(211) 以及 In/Rh(211) 之间的 DOS 图

表 2-9　两种催化剂上气相 CO_2 和吸附的 CO_2^*的几何参数和 Mulliken 电荷

催化剂	$d_{C—O(1)}$ /Å	$d_{C—O(2)}$ /Å	$\angle_{O(1)—C—O(2)}$/(°)	Mulliken 电荷 /|e|			
				O(1)	O(2)	C	CO_2
无催化剂	1.175	1.175	180	−0.273	−0.272	0.545	0
Rh(211)	1.261	1.233	137	−0.356	−0.407	0.691	−0.072
In/Rh(211)	1.265	1.264	129	−0.448	−0.444	0.697	−0.195

通过观察吸附构型，发现在 Rh(211) 表面形成了稳定的 CO_2^* 双齿吸附构型［图 2-43(a)］。CO_2^* 通过一个 C—O 键直接桥接在阶梯边缘的低配位 Rh-Rh 二聚体上，从而形成 C—O 键和 O—Rh 键。与气相分子相比，表面 CO_2^* 分子强烈变形，并且由于电荷转移量不均匀，CO_2^* 中两个 C—O 键的伸长量不同(1.261 Å 和 1.233 Å)。与 Rh(211) 表面的情况不同，对于 In/Rh(211) 表面，CO_2^* 倾向于分别通过其两个 O 原子与两个相邻的表面 In 原子结合，并通过 C 原子与晶格 Rh 原子结合，从而形成三齿吸附构型［图 2-43(b)］。由于电荷转移量相同，CO_2^* 的内部 C—O 键在吸附时从原始值 1.175 Å 延长到相同长度(1.265 Å 和 1.264 Å)。此外，根据以前的研究[130, 131]，CO_2^* 的活化程度主要取决于 CO_2^* 与催化剂表面之间的电荷转移，电荷转移越多，CO_2^* 的活化程度越大。因此，In/Rh(211) 表面的 CO_2^* 比 Rh(211) 表面的 CO_2^* 积累更多的电荷(−0.195|e| 和 −0.072|e|)，导致 In/Rh(211) 表面 CO_2^* 的活化程度更强。

为了探究电子结构对 CO_2^* 吸附强度的影响，计算了催化剂上吸附位点的金属原子与 CO_2^* 之间的态密度(DOS)，如图 2-43(c)、(d) 所示(书后另见彩图)。CO_2^* 主要与 Rh(211) 上的两个 Rh 原子相互作用，而主要与 In/Rh(211) 上的 In 和 Rh 原子相互作用。与 Rh(211) 上 CO_2^* 的 p 带与 Rh(2) 原子的 d 带的重叠面积相比，CO_2^* 的 p 带与 In/Rh(211) 上 In 原子的 p 带重叠面积显著减小，表明 CO_2^* 与 In/Rh

（211）的 In 原子的相互作用远弱于 Rh（211）上的 CO_2^* 和 Rh 原子之间的相互作用，这可能是 In/Rh（211）上 CO_2^* 吸附强度减弱的主要原因。

2.6.3　In 掺杂 Rh（211）催化剂上反应物种的吸附

催化剂表面有足够的氢气覆盖是 CO_2 加氢制甲醇同样重要的先决条件。H^* 在 Rh（211）和 In/Rh（211）表面的最佳吸附构型分别如图 2-44（a）、（b）所示（书后另见彩图）。H^* 稳定吸附在 Rh（211）表面的 B_{SE} 位点，E_{ads} 值为 −2.94 eV，而 In/Rh（211）表面的 H^* 具有两种不同的吸附构型，E_{ads} 值为 −2.93 eV，分别命名为 H^*（1）和 H^*（2）。H^*（1）和 H^*（2）分别吸附在 B 和 Rh-F_{SE} 位点。结果表明，掺杂的 In 原子导致 In/Rh（211）表面氢吸附位点的暴露。H^* 在 Rh（211）和 In/Rh（211）上的吸附强度强于 Cu/ZnO（−2.80 eV）[132]、Zn_3O_3/Cu（−2.18 eV）[133] 和 Cu（211）$_{single\text{-}Zn\text{-}step}$（−2.63 eV）表面[134]，表明与传统的 Cu/Zn 基催化剂相比，Rh（211）和 In/Rh（211）具有更高的氢覆盖率。

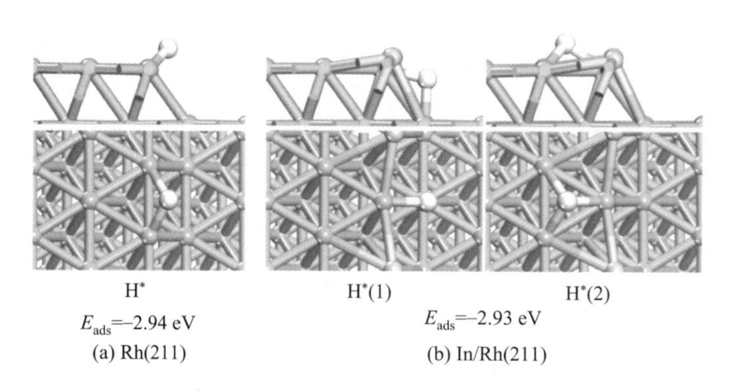

图 2-44　H^* 在 Rh（211）和 In/Rh（211）上的最佳吸附构型和 E_{ads} 值

参与甲醇合成的其他关键反应物种在阶梯 Rh（211）和 In/Rh（211）上的最佳吸附构型如图 2-45 所示（书后另见彩图）。可以看出，几乎所有物种都倾向于吸附在 Rh（211）和 In/Rh（211）的阶梯边缘，这是因为阶跃边缘的表面原子具有更低的配位数，导致吸附物种的吸附能更负[135，136]。

2.6.4　In 掺杂 Rh（211）催化剂上吸附物种的相对稳定性

金属催化剂上的反应活性与吸附物质的相对稳定性密切相关。因此，以吸附在

图 2-45　关键反应物种在 Rh（211）和 In/Rh（211）上的最佳吸附构型的侧视图和俯视图

催化剂表面的 C^*、O^* 和 / 或 H^* 原子为参照，计算了吸附在 Rh（211）和 In/Rh（211）上的吸附物种的 E_{stab} 值，并构建了相对稳定性图，如图 2-46 所示。相对稳定性的值越靠近中心，吸附物种越稳定。可以看出，In/Rh（211）表面的吸附物种比 Rh（211）表面的吸附物种更接近中心，表明 In/Rh（211）表面吸附物种的相对稳定性有所提高，可能有助于催化活性的提高。其中，H_2CO^*、$HCOOH^*$ 和 H_2O^* 从 Rh（211）上的相对不稳定的物种转变为 In/Rh（211）上相对稳定的物种，特别是 $HCOOH^*$，表明这些物种在 In/Rh（211）的覆盖率高于 Rh（211），同时有助于 H_2CO^* 和 $HCOOH^*$ 不易从 In/Rh（211）表面解吸，从而促进下一步加氢反应。尽管 CH_3OH^* 在 In/Rh（211）上的相对稳定性有所提高，但 CH_3OH^* 无论是在 Rh（211）还是在 In/Rh（211）上都是一种相对不稳定的物种，可以预见它在催化剂表面很容易解离。此外，$HCOO^*$ 在 Rh（211）和 In/Rh（211）上的相对稳定性均高于 $COOH^*$，表明 $HCOO^*$ 可能是 CO_2 加氢中优先生成的物种。以上的分析结果与实验中的预期结果一致[129]，$HCOO^*$ 相对稳定性的提高更有利于 CH_3OH^* 的合成。此外，Behrens 等[137] 也报道了吸附的 $HCOO^*$ 通过用 Zn 原子取代台阶位点的 Cu 原子而具有类似的稳定效果，这种效应对于直接形成甲醇至关重要。

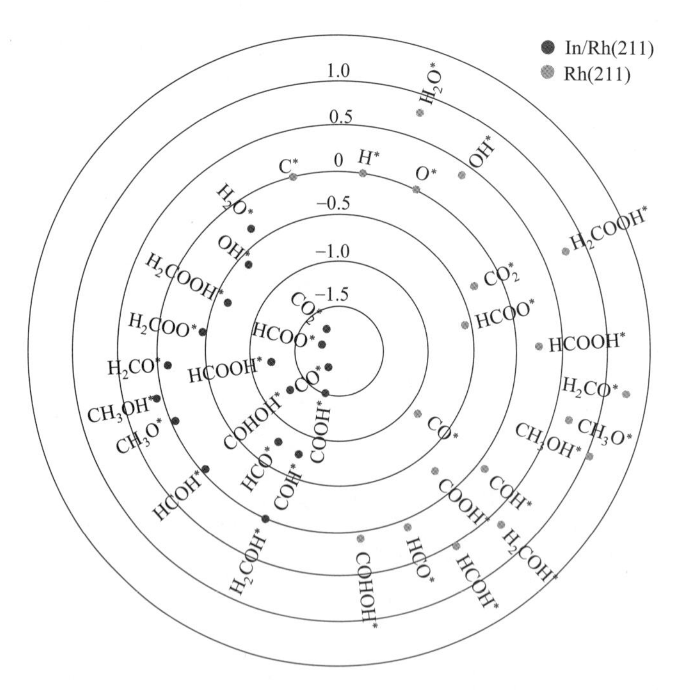

图 2-46 在 Rh（211）和 In/Rh（211）表面与 CO_2 加氢相关的吸附物种的稳定性（单位：eV）

2.6.5 In 掺杂 Rh（211）催化剂上合成甲醇的活性与机理

此部分旨在探究甲醇合成的机理与活性。迄今为止，许多理论研究已经确定了甲醇合成的3种主要反应路径，包括HCOO路径[138]、RWGS+CO-hydro路径[139]和反式COOH路径[140, 141]，如图2-47所示（书后另见彩图），并且计算得到的E_a和ΔE值如表2-10所列。

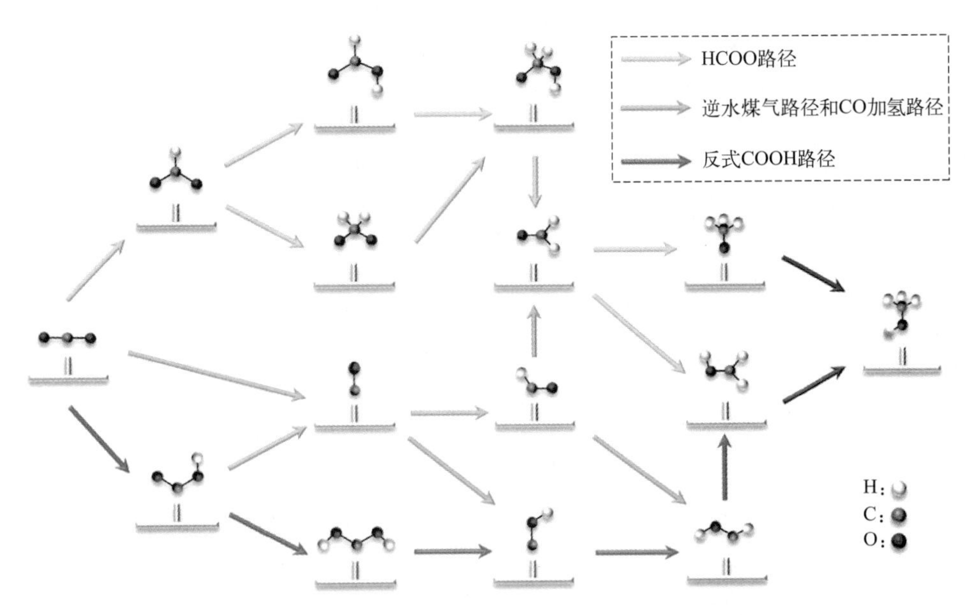

图2-47 CO_2加氢合成甲醇的3种主要反应路径示意

表2-10 Rh(211)和In/Rh(211)上合成CH_3OH的基元反应的活化能(E_a)和反应能(ΔE)

单位：eV

序号	基元反应	Rh(211)		In/Rh(211)	
		E_a	ΔE	E_a	ΔE
R0	$H_2^*+^* \longrightarrow H^*+H^*$	0.01	−0.18	0.05	−0.41
R1	$CO_2^*+^* \longrightarrow CO^*+O^*$	1.24	−0.44	2.54	−0.13
R2	$CO_2^*+H^* \longrightarrow HCOO^*+^*$	0.87	−0.47	0.72	−0.03
R3	$CO_2^*+H^* \longrightarrow COOH^*+^*$	0.97	−0.22	1.08	0.15
R4	$HCOO^*+H^* \longrightarrow H_2COO^*+^*$	1.35	1.29	1.99	0.78
R5	$HCOO^*+H^* \longrightarrow HCOOH^*+^*$	1.33	0.65	0.54	−0.05
R6	$H_2COO^*+H^* \longrightarrow H_2COOH^*+^*$	1.46	−0.24	1.28	−0.29
R7	$HCOOH^*+H^* \longrightarrow H_2COOH^*+^*$	3.72	0.43	0.76	0.56
R8	$H_2COOH^*+^* \longrightarrow H_2CO^*+OH^*$	0.73	−0.22	0.51	0.48
R9	$H_2CO^*+H^* \longrightarrow CH_3O^*+^*$	0.58	0.07	0.53	−0.02
R10	$H_2CO^*+H^* \longrightarrow H_2COH^*+^*$	0.55	−0.06	2.03	0.12
R11	$CH_3O^*+H^* \longrightarrow CH_3OH^*+^*$	1.58	0.33	0.46	0.17
R12	$H_2COH^*+H^* \longrightarrow CH_3OH^*+^*$	0.97	0.30	0.37	0.06
R13	$H^*+OH^* \longrightarrow H_2O^*+^*$	0.81	0.36	0.98	0.21
R14	$COOH^*+^* \longrightarrow CO^*+OH^*$	0.48	−0.79	1.58	−0.86
R15	$CO^*+H^* \longrightarrow HCO^*+^*$	1.37	0.99	1.55	1.33

续表

序号	基元反应	Rh（211）		In/Rh（211）	
		E_a	ΔE	E_a	ΔE
R16	$CO^*+H^* \longrightarrow COH^*+^*$	3.83	1.00	3.55	0.96
R17	$HCO^*+H^* \longrightarrow HCOH^*+^*$	1.57	0.23	1.42	0.39
R18	$HCO^*+H^* \longrightarrow H_2CO^*+^*$	0.90	0.40	1.02	0.37
R19	$COOH^*+H^* \longrightarrow COHOH^*+^*$	1.48	0.33	0.73	0.20
R20	$COHOH^*+^* \longrightarrow COH^*+OH^*$	2.81	−0.40	1.86	−0.15
R21	$COH^*+H^* \longrightarrow HCOH^*+^*$	1.20	0.40	2.69	0.78
R22	$HCOH^*+H^* \longrightarrow H_2COH^*+^*$	1.73	0.24	1.38	0.12

吸附的 H_2 的解离是 CO_2 加氢的重要前提。如表 2-10 所列，在 Rh（211）（0.01 eV）和 In/Rh（211）（0.05 eV）表面上反应 R0 均具有特别低的 E_a 值，这可以被认为是自发解离反应，可以为连续的加氢反应提供大量的 H 原子。Tang 等[132]报告了 Cu/ZnO 表面 H_2^* 分解的 E_a 值为 0.23 eV；Huš 等[133]在 Zn_3O_3/Cu 表面上探索了 H_2 解离，E_a 值为 0.47 eV；Pavlišič 等[142]研究了工业 Cu/ZnO/Al_2O_3 催化剂上 CO_2 加氢制甲醇，H_2 解离的 E_a 值为 0.47 eV。与上述这些传统催化剂相比，Rh（211）和 In/Rh（211）均具有更好的 H_2 解离趋势。此外，In/Rh（211）表面（−0.41 eV）的解离反应比 Rh（211）表面（−0.18 eV）的反应释放更多的热量。这些结果表明，Rh（211）和 In/Rh（211）表面均有利于 H_2 解离和随后的 CO_2 氢化。

为了探索 CO_2 加氢制 CH_3OH 的主要反应路线，比较了 CH_3OH 合成的竞争反应，这些势能见图 2-48。如图所示，在阶梯 Rh（211）和 In/Rh（211）上研究了 CO_2 转化的初始步骤，包括 CO_2 解离（R1：$CO_2^* \longrightarrow CO^*+O^*$）和加氢（R2：$CO_2^*+H^* \longrightarrow HCOO^*$；R3：$CO_2^*+H^* \longrightarrow COOH^*$）。如表 2-10 所列，在动力学上，In/Rh（211）上 R1 和 R3 的 E_a 值均高于 Rh（211），而 In/Rh（211）上 R2 的 E_a 值低于 Rh（211）。结果表明，In 的掺杂使 CO_2 解离和 CO_2 加氢制 COOH 更加困难，而 CO_2 加氢制 HCOO 更有利。从图 2-48（a）和（b）可以直观地看出，初始步骤在 Rh（211）和 In/Rh（211）上倾向于 CO_2 加氢为 HCOO，这也证实了上述相对稳定性分析的结果。

$HCOO^*$ 将经历一系列氢化反应形成 H_2COOH^*，随后 H_2COOH^* 中的 C—O 键被破坏生成 H_2CO^* 和 OH^*。如图 2-48（c）和（d）所示，在 Rh（211）表面上 $HCOO^*$ 加氢为 H_2COOH^* 主要由 R4 和 R6 完成。然而，在 In/Rh（211）表面上，$HCOO^*$ 加氢为 H_2COOH^* 主要通过 R5 和 R7 完成。与 Rh（211）相比，$HCOO^*$ 在 In/Rh（211）表面加氢为 H_2COOH^* 更有利。同时，$HCOO^*$ 在 In/Rh（211）上进一步加氢的 E_a 值明显低于 Rh（211）上的 E_a 值（0.54 eV 相比于 1.35 eV），这可能归功于 $HCOO^*$ 相对稳定性的提高。之后，H_2COOH^* 在 Rh（211）和 In/Rh（211）表面上解离为 H_2CO^* 和 OH^*，R8 的 E_a 值分别为 0.73 eV 和 0.51 eV。结果表明，In 的掺杂改变了 $HCOO^*$ 向 H_2COOH^* 的加氢路线，同时显著降低了 R8 的活化能。

H_2CO^* 连续加氢为 CH_3OH^* 有两种途径，包括 $H_2CO^* \longrightarrow CH_3O^* \longrightarrow CH_3OH^*$ 和 $H_2CO^* \longrightarrow H_2COH^* \longrightarrow CH_3OH^*$。在 Rh（211）表面，$H_2CO^*$ 加氢制 CH_3OH^* 主要通过后一条路线［图 2-48（e）］，而前一条路线在 In/Rh（211）表面对 H_2CO^* 加氢制 CH_3OH^* 最有利［图 2-48（f）］。结果表明，在 Rh（211）表面掺杂改变了 H_2CO^* 加氢为 CH_3OH^* 最有利的能量路线，降低了最优路线的活化能。

Rh（211）和 In/Rh（211）表面 $COOH^*$ 转换的势能分别如图 2-48（g）和（h）所示。可以发现，$COOH^*$ 在 Rh（211）和 In/Rh（211）表面上的转化遵循相同的反应路线，即 $COOH^* \longrightarrow CO^* \longrightarrow HCO^*$。其中，$COOH^*$ 解离成 CO^* 的活化能较低（0.48 eV），说明 CO^* 可以通过 RWGS 途径产生，从而影响甲醇的选择性和产率。此外，极高的活化能阻碍了 CO^* 向 COH^* 的转化，转而促进了 HCO^* 的产生。然后，HCO^* 被氢化成 $HCOH^*$ 或 H_2CO^*，从图 2-48（i）可以看出，在 Rh（211）表面上，HCO^* 加氢为 H_2CO^* 比 $HCOH^*$ 更有利，这与 In/Rh（211）表面的 HCO^* 加氢反应相同［图 2-48（j）］。不同之处在于，与 Rh（211）表面相比，In/Rh（211）表面上 $HCO^* \longrightarrow H_2CO^*$ 的 E_a 值增加（0.90 eV 相比于 1.02 eV）。结果表明，In 的掺杂会轻微阻碍 HCO^* 加氢制 H_2CO^*。

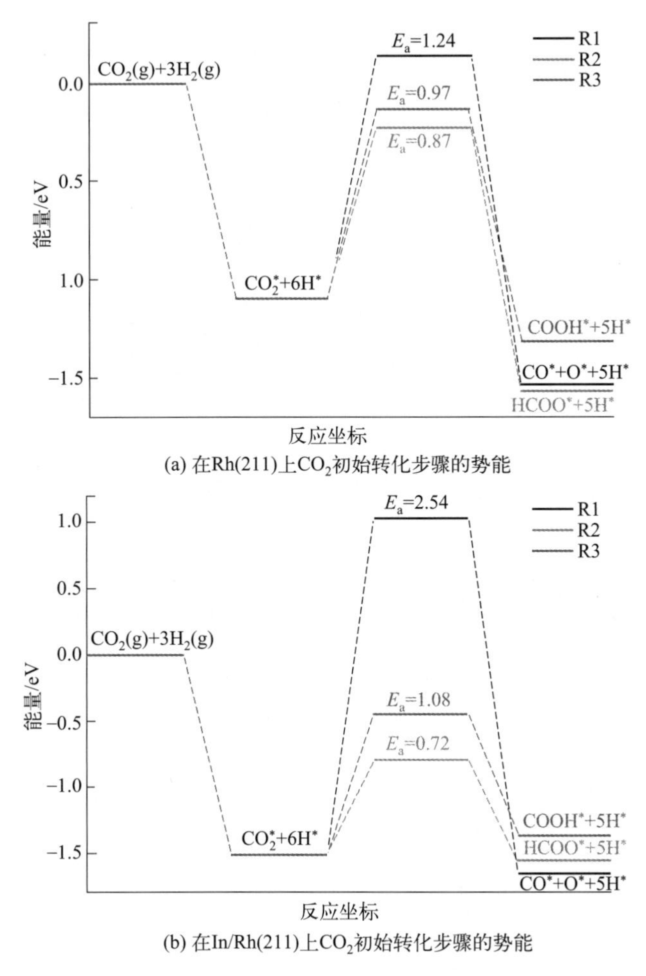

(a) 在Rh(211)上CO_2初始转化步骤的势能

(b) 在In/Rh(211)上CO_2初始转化步骤的势能

图 2-48

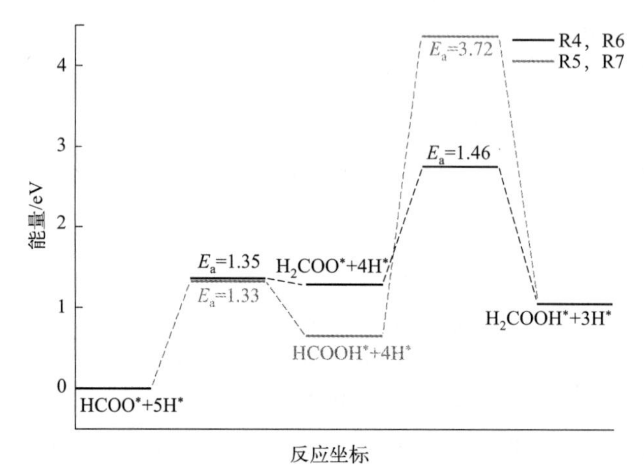

(c) 在Rh(211)上$HCOO^*$加氢为H_2COOH的势能

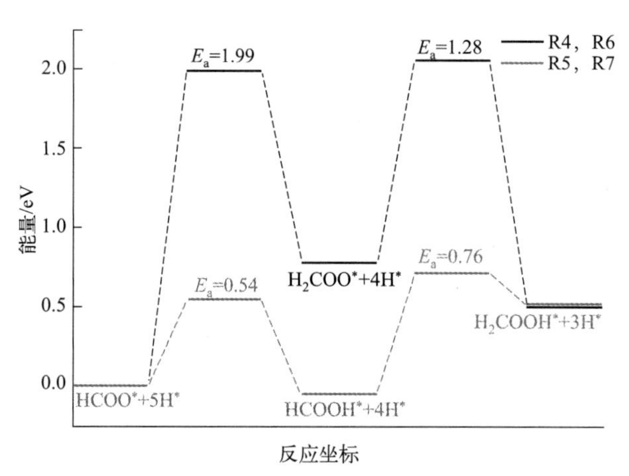

(d) 在In/Rh(211)上$HCOO^*$加氢为H_2COOH的势能

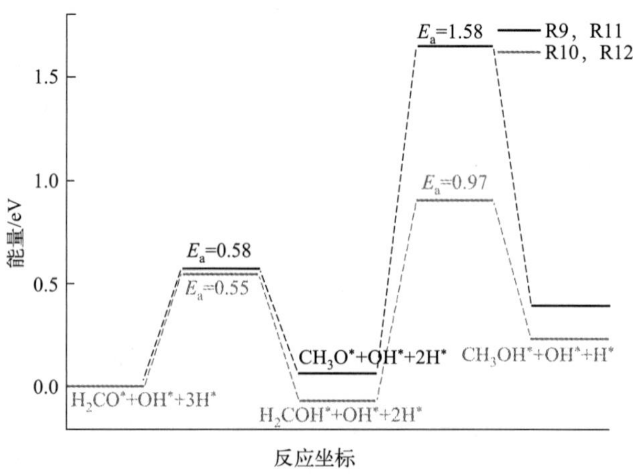

(e) 在Rh(211)上H_2CO^*加氢为CH_3OH^*的势能

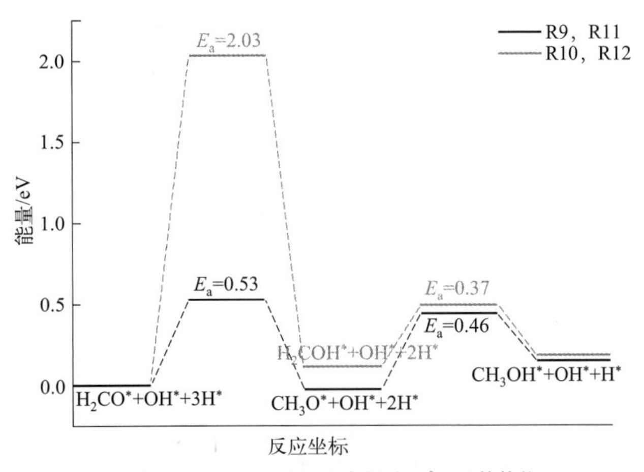

(f) 在In/Rh(211)上H_2CO^*加氢为CH_3OH^*的势能

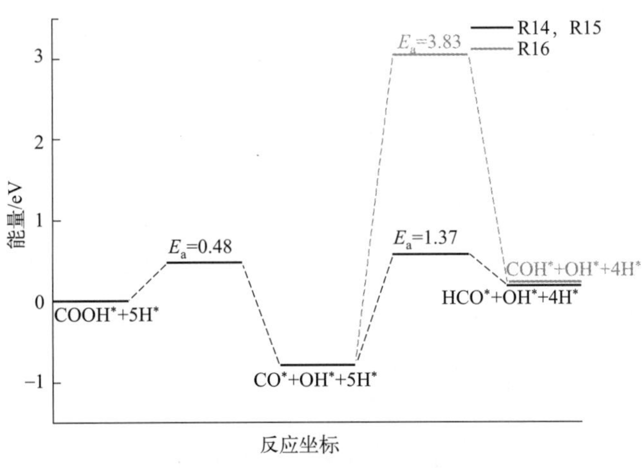

(g) 在Rh(211)上$COOH^*$的转换势能

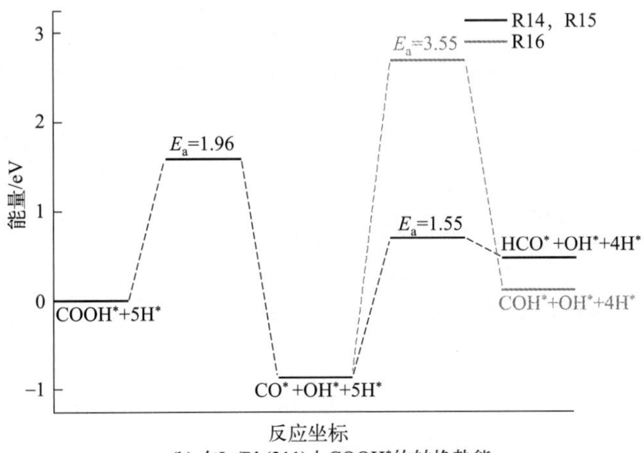

(h) 在In/Rh(211)上$COOH^*$的转换势能

图 2-48

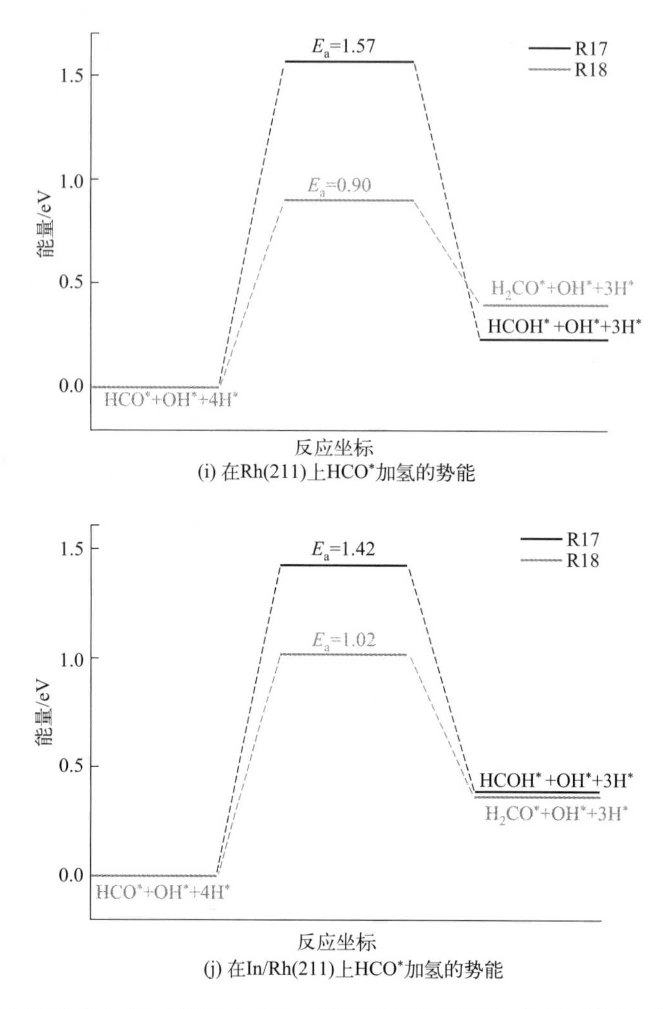

(i) 在Rh(211)上HCO^*加氢的势能

(j) 在In/Rh(211)上HCO^*加氢的势能

图 2-48 在 Rh（211）和 In/Rh（211）上 CO_2 初始转化步骤的势能；在 Rh（211）和 In/Rh（211）上 $HCOO^*$ 加氢为 H_2COOH^* 的势能；在 Rh（211）和 In/Rh（211）上 H_2CO^* 加氢为 CH_3OH^* 的势能；在 Rh（211）和 In/Rh（211）上 $COOH^*$ 的转换势能；在 Rh（211）和 In/Rh（211）上 HCO^* 加氢的势能

在竞争反应分析结果的基础上，总结并给出了 Rh（211）和 In/Rh（211）表面的 3 条路径的最佳反应路线，如图 2-49 所示。对于 HCOO 路径，在 Rh（211）表面甲醇合成主要通过 $CO_2^*+6H^* \longrightarrow HCOO^*+5H^* \longrightarrow H_2COO^*+4H^* \longrightarrow H_2COOH^*+3H^* \longrightarrow H_2CO^*+OH^*+3H^* \longrightarrow H_2COH^*+OH+2H^* \longrightarrow CH_3OH^*+OH^*+H^* \longrightarrow CH_3OH^*+H_2O^*$ 路线完成。特别地，$H_2COO^* \longrightarrow H_2COOH^*$ 被确定为限速步骤（RDS），其 E_a 值为 1.46 eV。然而，In/Rh（211）表面的情况与 Rh（211）表面的情况不同，其上甲醇的合成主要通过 HCOO 路径中的 $CO_2^*+6H^* \longrightarrow HCOO^*+5H^* \longrightarrow HCOOH^*+4H^* \longrightarrow H_2COOH^*+3H^* \longrightarrow H_2CO^*+OH^*+3H^* \longrightarrow CH_3O^*+OH^*+2H^* \longrightarrow CH_3OH^*+OH^*+H^* \longrightarrow CH_3OH^*+H_2O^*$ 路线完成。H_2O 的生成（$OH^* \longrightarrow H_2O^*$）被确认为 RDS，其 E_a 值为 0.98 eV，明显低于 Rh（211）。结果表明，In 的掺杂改变了 HCOO 路径的反应路线

和 RDS，显著降低了 RDS 的活化能，使甲醇通过 HCOO 路径合成变得更加容易。

对于 RWGS+CO-hydro 路径，甲醇合成主要通过 Rh（211）表面的 $CO_2^*+6H^* \longrightarrow COOH^*+5H^* \longrightarrow CO^*+OH^*+5H^* \longrightarrow HCO^*+OH^*+4H^* \longrightarrow H_2CO^*+OH^*+3H^* \longrightarrow H_2COH^*+OH^*+2H^* \longrightarrow CH_3OH^*+OH^* +H^* \longrightarrow CH_3OH^*+H_2O^*$ 路线实现。$COOH^*$ 解离成 CO^* 的活化能极低，导致副产物 CO^* 的形成，从而降低了甲醇的选择性和产量。基元反应 $CO^* \longrightarrow HCO^*$ 由于其高活化势垒（1.37 eV）而被确定为 RDS。然而，在 In/Rh（211）表面，RWGS+CO-hydro 路径中的甲醇合成路线发生了变化，主要通过 $CO_2^*+6H^* \longrightarrow COOH^*+5H^* \longrightarrow CO^*+OH^*+5H^* \longrightarrow HCO^*+OH^*+4H^* \longrightarrow H_2CO^*+OH^*+3H^* \longrightarrow CH_3O^*+OH^*+2H^* \longrightarrow CH_3OH^*+OH^* +H^* \longrightarrow CH_3OH^*+H_2O^*$ 完成，反应 $COOH^* \longrightarrow CO^*$ 被认为是 RDS。在 In/Rh（211）表面，RDS 的极高的 E_a 值为 1.58 eV，大于 Rh（211）表面。

对于 COOH 路径，无论是在 Rh（211）还是在 In/Rh（211），甲醇的合成是通过 $CO_2^*+6H^* \longrightarrow COOH^*+5H^* \longrightarrow COHOH^*+4H^* \longrightarrow COH^*+OH^*+4H^* \longrightarrow HCOH^*+OH^*+3H^* \longrightarrow H_2COH^*+OH^*+2H^* \longrightarrow CH_3OH^*+OH^*+H^* \longrightarrow CH_3OH^*+H_2O^*$ 路线完成的。在 Rh（211）和 In/Rh（211）表面上合成甲醇的 RDS 分别被确定为 $COHOH^* \longrightarrow COH^*$ 和 $COH^* \longrightarrow HCOH^*$。计算出在 In/Rh（211）表面上的 RDS 的 E_a 值为 2.69 eV，低于在 Rh（211）表面上的 E_a 值。结果表明，In 的掺杂改变了 RDS，降低了活化能。

总而言之，在这 3 种反应途径中，RWGS+CO-hydro 途径被明确为在 Rh（211）上合成甲醇的最佳途径。它是通过 $CO_2^*+6H^* \longrightarrow COOH^*+5H^* \longrightarrow CO^*+OH^*+5H^* \longrightarrow HCO^*+OH^*+4H^* \longrightarrow H_2CO^*+OH^*+3H^* \longrightarrow H_2COH^*+OH^*+2H^* \longrightarrow CH_3OH^*+OH^* +H^* \longrightarrow CH_3OH^*+H_2O^*$ 路线完成的。然而，在 In/Rh（211）上的最佳路径被确定为 HCOO 路径。主要通过 $CO_2^*+6H^* \longrightarrow HCOO^* \longrightarrow 5H^* \longrightarrow HCOOH^*+4H^* \longrightarrow H_2COOH^*+3H^* \longrightarrow H_2CO^*+OH^*+3H^* \longrightarrow CH_3O^*+OH^*+2H^* \longrightarrow CH_3OH^*+OH^*+H^* \longrightarrow CH_3OH^*+H_2O^*$ 实现，这与 ZnCu（211）表面相似[143]。与 Rh（211）表面相比，RWGS+CO-hydro 路径在 In/Rh（211）表面难以发生，并且由于相当高的活化能而抑制了副产物 CO^* 的形成，这与实验结果较为吻合[129]。此外，HCOO 路径中 In/Rh（211）表面上的 RDS 被确定为 $OH^* \longrightarrow H_2O^*$，这与阶梯式 Ga_3Ni_5（111）表面上的甲醇合成相似[144]。In/Rh（211）的 RDS 的 E_a 值（0.98 eV）接近阶梯 Ga_3Ni_5（111）表面（0.85 eV）和 Cu@Pd（111）表面（1.00 eV）[144, 145]，低于 W 掺杂 Rh（111）表面（1.36 eV）、Cu（111）表面（1.60 eV）和 Cu_{29} 团簇（1.41 eV）[146]。此外，可以看出，In/Rh（211）上 HCOO 途径中涉及的每个基元反应的 E_a 值几乎都低于 Rh（211）。以上结果表明，In 的掺杂显著提高了 In/Rh（211）对甲醇合成的催化活性和甲醇选择性，这与实验结果一致[135]。

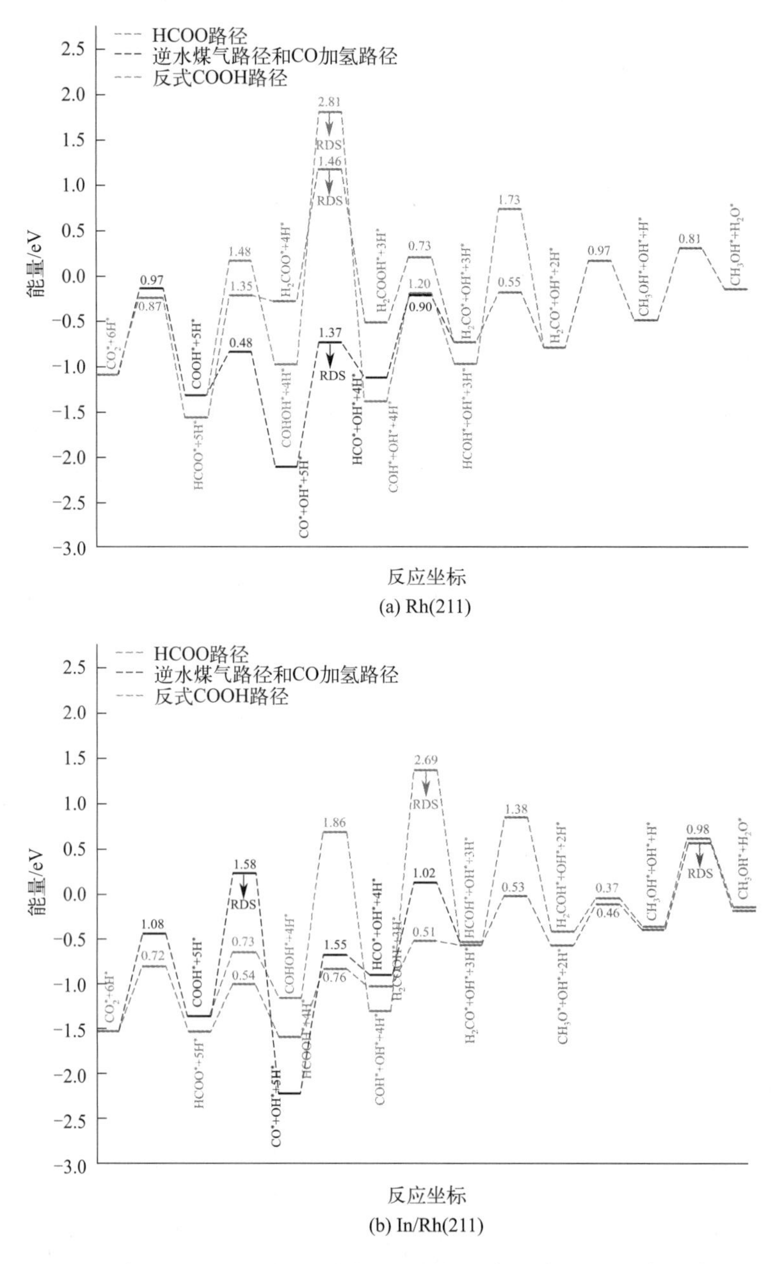

(a) Rh(211)

(b) In/Rh(211)

图 2-49　3 条路径的最优反应路线的势能以及阶梯 Rh（211）和 In/Rh（211）表面 CO_2 加氢合成 CH_3OH 的 E_a 值

此外，副产物的产生会影响 In/Rh（211）上 CH_3OH 的产率。从 CH_3OH^* 合成的最佳路径可以看出，$HCOOH^*$ 和 H_2CO^* 是 In/Rh（211）上可能的副产物。对于 $HCOOH^*$ 和 H_2CO^*，通过比较其吸附能的绝对值（1.01 eV 和 1.04 eV）与后续加氢的活化能（0.76 eV 和 0.53 eV），可以得出结论，它们更倾向于进一步加氢而不是形成副产物。同时，甲烷（CH_4）也是副产品之一。对于 CH_4，计算了形成 CH_4 合成中涉及的关键中间体的可能反应的 E_a 和 ΔE 值，如表 2-11 所列。通过比较 R9（0.53 eV）和 R23（1.61 eV）的 E_a 值可以看出，H_2CO^* 更倾向于进一步氢化为 CH_3O^*，而不是解离为 CH_2^*。同样，通过比较 R11 和 R24 的 E_a 值（0.46 eV 与 1.96 eV），CH_3O^* 更倾向于氢化为 CH_3OH^* 而不是形成 CH_3^*。因此，In/Rh（211）表面可以有效抑制副产物的形成，从而提高 CH_3OH 的选择性和产率，这与 Rh-In 双金属催化剂对 CH_3OH 具有高选择性的实验结果一致[129]。

表 2-11　In/Rh（211）上最佳途径中关键中间体解离的活化势垒（E_a）和反应能（ΔE）

单位：eV

序号	基元反应	In/Rh（211）	
		E_a	ΔE
R23	$H_2CO^* + ^* \longrightarrow CH_2^* + O^*$	1.61	0.69
R24	$CH_3O^* + ^* \longrightarrow CH_3^* + O^*$	1.96	0.67

2.6.6 In 掺杂 Rh（211）催化剂的活性起源分析

为了揭示 In 原子掺杂后阶梯 Rh（211）表面催化性能增强的原因，计算了 Rh（211）和 In/Rh（211）的功函数（Φ）以及其上的吸附物种累积的 Mulliken 电荷，如图 2-50 所示。Φ 可以反映固体材料上的转移电荷的能力。当将电负性较弱的外来金属引入干净的金属表面时，一些电子转移到表面形成正偶极矩，从而削弱了原始表面的负偶极矩并降低了功函数。一般来说，Φ 值越低，越容易将催化剂中的电子捐赠给吸附物质，因此吸附物质获得的负电荷就越大[147, 148]。从图 2-50（c）和（d）可以看出，In 原子的引入导致表面电荷的转移和重新分布，大量的负电荷转移到电负性较大的 Rh 原子上，这与实验中观察到的结果一致[129]。随后，与原始 Rh（211）表面相比，In 的掺杂降低了 In/Rh（211）表面上的 Φ 值（4.41 eV 相比于 4.62 eV），如图 2-50（a）和（b）所示。Φ 值较低的 In/Rh（211）表面为吸附物种提供了更多的负电荷，并且由于负电荷会抵消一部分正电荷，因此 In/Rh（211）上带正电荷的吸附物种（虚线上方的点）的电荷量比 Rh（211）上的电荷量减少，如图 2-50（e）所示。同样，由于负电荷的积累，In/Rh（211）上带负电荷的吸附物种（虚线以下的点）的电荷量比 Rh（211）上的电荷量增加。有趣的是，在两种不同催化剂表面上，每个吸附物种的 Mulliken 电荷变化趋势与相对稳定性的变化趋势高度一致（见图 2-46）。因此，可以推测 In/Rh（211）表面向吸附物种传递了更多的负电荷，导致物种（特别是 $HCOO^*$、H_2CO^* 和 $HCOOH^*$）的相对稳定性大大增强，从而提高了 In/Rh（211）的催化活性，这与实验中预期的结果吻合较好[129]。同时，也可以说明 In/Rh（211）表面 CO_2^* 活化程度的增加归因于 In/Rh（211）表面 Φ 值的降低，使后续 CO_2 加氢更容易。因此，功函数可被视为预测催化剂催化活性水平的描述符。

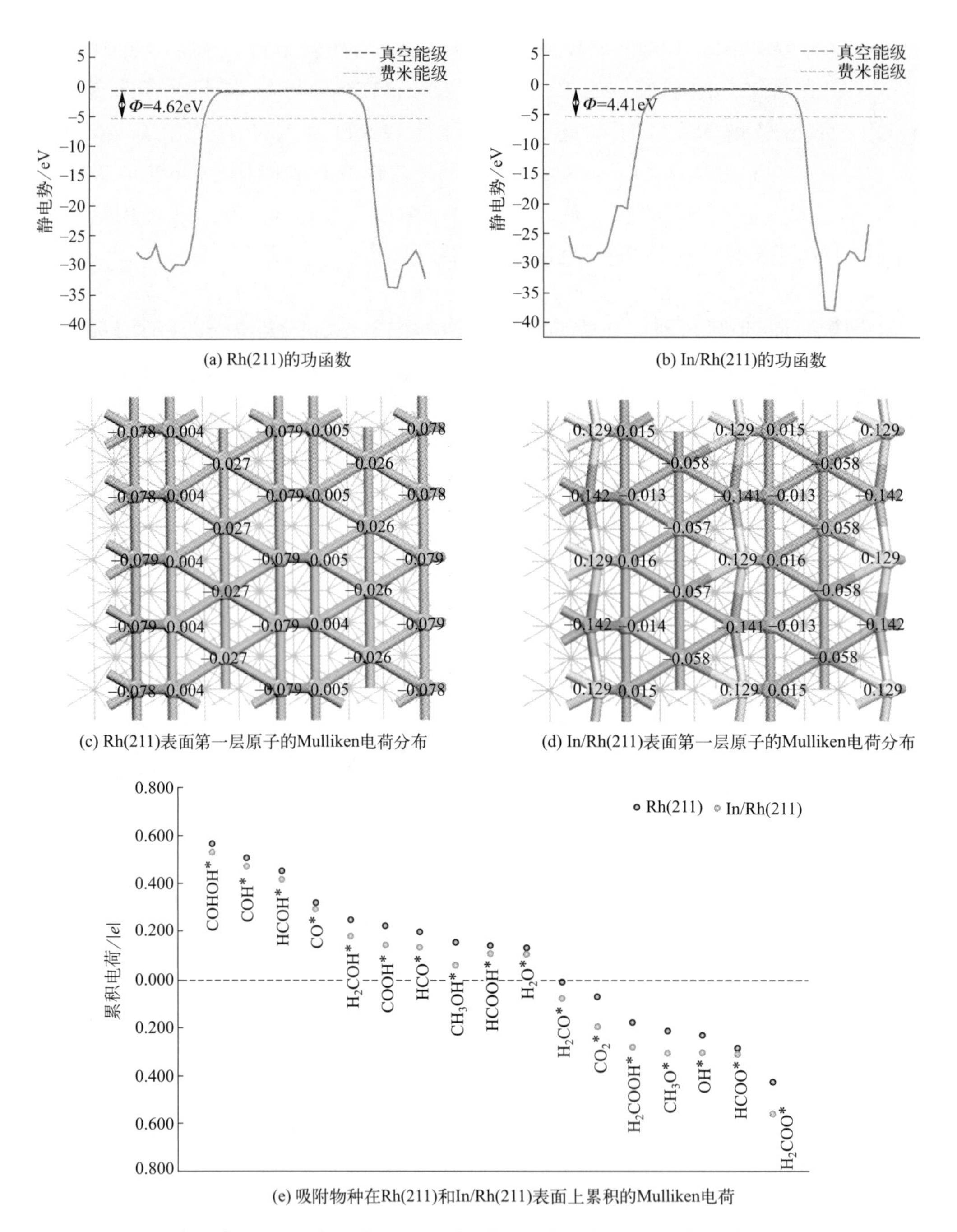

图 2-50　Rh(211)和 In/Rh(211)的功函数(Φ)、Rh(211)和 In/Rh(211)表面第一层原子的 Mulliken 电荷分布，以及吸附物种在 Rh(211)和 In/Rh(211)表面上累积的 Mulliken 电荷

2.7　应用案例分析

本章通过理论计算，系统地探讨了不同双金属团簇和表面催化剂在 CO_2 加氢

制甲醇中的性能和机理。研究发现，过渡金属掺杂的 Pd_{13} 团簇具有更好的结构稳定性，电荷从团簇转移到 CO_2 分子上，增强了 CO_2 的活化。特别是 $Pd_{12}Cu$ 团簇，具有最低的 CO_2 初始转化活化能，Cu 原子的掺杂显著提高了催化活性。进一步构建的 $Pd_{42}Cu_{13}$ 双金属团簇，不仅降低了 Pd/Cu 的比例，还表现出更高的 CO_2 加氢活性，是有潜力的 CO_2 转化催化剂。在 Cu@Pd 核壳结构上，系统地研究了 CO_2 加氢生成甲醇的反应机理。吸附能计算显示反应中间体高度活化，表明催化剂具有高催化活性。通过反应能和活化能计算，确定了最有利的加氢机制，且 Cu@Pd 核壳结构的催化活性优于其他 Cu 基催化剂。$Pd_{32}Zn_6$ 合金和壳 / 核结构纳米颗粒的研究显示，合金结构更稳定，且 Zn 的引入改变了催化机理，降低了限速步骤的活化能，提高了 CO_2 加氢制甲醇的活性。W 掺杂的 Rh（111）表面和 In 掺杂的 Rh（211）表面研究表明掺杂增强了 CO_2 的吸附和活化是由于明显的电荷转移和轨道杂化。W 掺杂 Rh（111）表面通过 $HCOO^*$ 路径合成甲醇，而 In 掺杂 Rh（211）表面则 HCOO 途径占主导，且 In 掺杂显著降低了反应的活化能，提高了甲醇合成的催化活性和选择性。这些研究为设计高效 CO_2 加氢制甲醇催化剂等实验工作提供了重要指导。

相应地，类似的实验工作也支持了我们的理论研究结果。例如，Bahruji 等[149]采用化学气相浸渍法（CVI）合成了一系列 PdZn 合金催化剂，研究了它们在 CO_2 加氢反应中的活性。ZnO、TiO_2 和 Al_2O_3 上的 Pd 具有低的 CH_3OH 生产率，由于 PdZn 合金的形成，其中第一个在高温下预还原时显著增加。因此，他们生产了一系列催化剂，其中包括通过 CVI 沉积 Pd 和 Zn。当沉积在 TiO_2 上时，CVI 方法产生平均直径为 3.9 nm 的高度分散的 PdZn 颗粒。乙酰丙酮离子的庞大结构被认为是产生高度分离的 Pd 和 Zn 金属物种的原因，这些金属物种进而形成具有窄尺寸分布的 PdZn 合金纳米颗粒，如图 2-51 所示。催化活性测试揭示了 PdZn 合金相对稳定甲酸酯中间体的重要性，与上述理论计算发现 PdZn 纳米颗粒倾向于甲酸盐路径一致，并因此对 CO_2 加氢反应形成 CH_3OH 具有高活性。

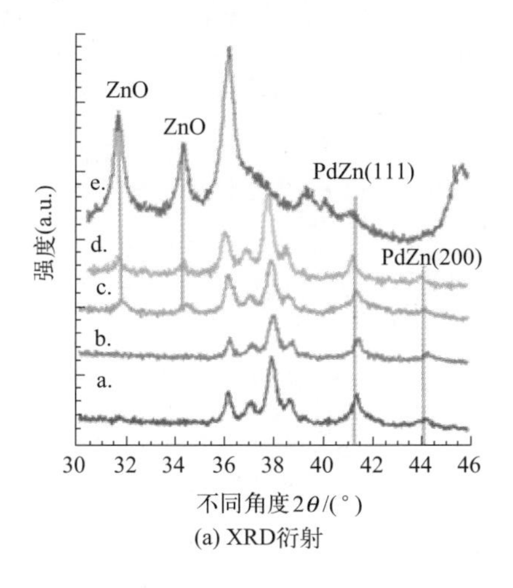

(a) XRD衍射

图 2-51

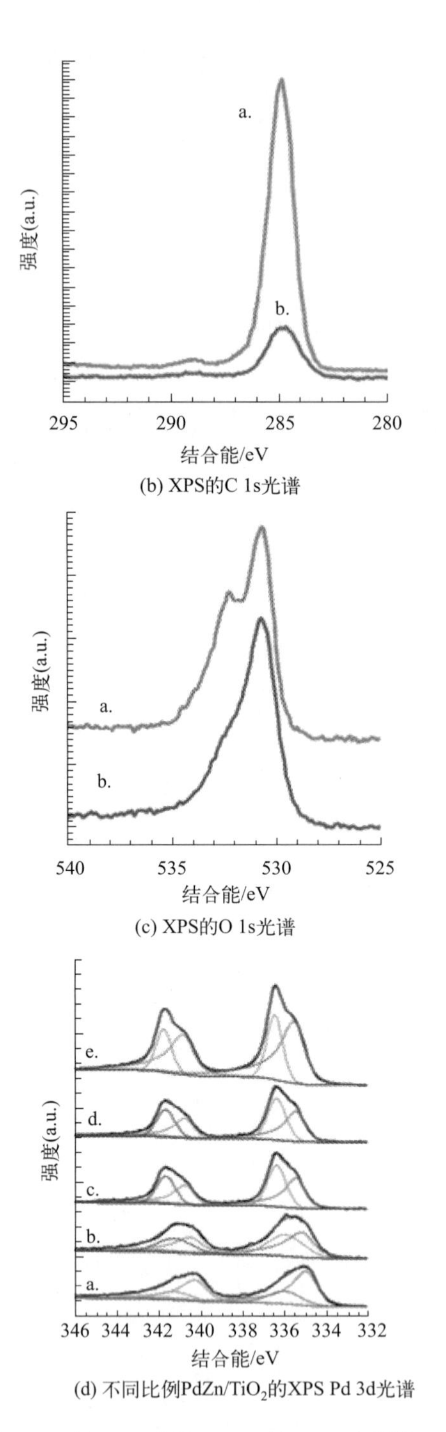

图 2-51　XRD 衍射、XPS 的 C 1s 光谱、XPS 的 O 1s 光谱以及不同比例 PdZn/TiO_2 的 XPS Pd 3d 光谱

另外，Li 等[129]首次报道了一种新型的 Rh-In 催化剂，该催化剂显示出非常有效的生产 CH_3OH 的效果。两种元素组成的双金属纳米粒子 / 合金可以改变组

成金属的电子性质，从而改变它们的吸附性质。以Cu-Zn催化剂为例，Zn修饰的Cu表面比未修饰的Cu表面具有更高的甲醇产率，这是因为Zn修饰的Cu表面具有更强的中间体结合能力和对甲醇产品的低能垒。虽然用Zn物种修饰可以改善Cu表面的吸附性能，但Cu表面仍然存在氢活化活性低的缺点。因此，对于Cu基催化剂来说，高的甲醇选择性通常需要一个极端的反应条件（高压超过10 MPa，H_2∶CO_2 ≥ 3），否则有利于通过逆水煤气反应（RWGS）生成CO。此外，据报道，根据热力学计算Cu基催化剂的甲醇选择性是有限的，这导致了通过RWGS产生大量的CO。为了实现这一发展，需要非Cu基催化剂来有效地利用可再生能源原料（如生物质）中的可再生氢来生产绿色甲醇。Rh-In催化剂不仅在工业应用条件下表现出最佳的甲醇生产率，而且在贫氢气流条件下仍保持较高的H_2转化率，在灵活的原料组成下，可有效地利用H_2，减少不希望的RWGS反应，即CO的产生。同时，理论计算的Mulliken电荷分析得到，In原子的引入导致表面电荷的转移和重新分布，大量的负电荷转移到电负性较大的Rh原子上，这与实验中观察到的结果一致。实验结果证实了Rh、Rh-In和Cu-Zn表面吸附性质的差异，图2-52（书后另见彩图）中的原位FTIR光谱确实表明，在co-Rh/Al_2O_3和co-RhIn/（5In5Al）O表面上分别优选形成不同形式的吸附CO物种和甲酸盐，而RWGS产物（CO和H_2O）存在于Cu/ZnO/Al_2O_3中。根据图2-53中的脉冲实验结果，证实了co-Rh（5In5Al）O对CO_2和H_2都具有活性吸附中心，因此产生了优异的甲醇生产。理论研究发现HCOO路径在Rh-In表面上的甲醇合成过程中占主导地位，并且In原子的掺杂抑制了RWGS+CO-hydro路径和COOH路径的发生。

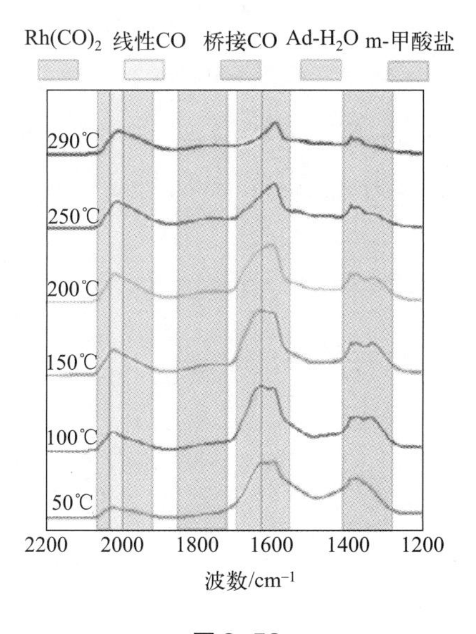

图2-52

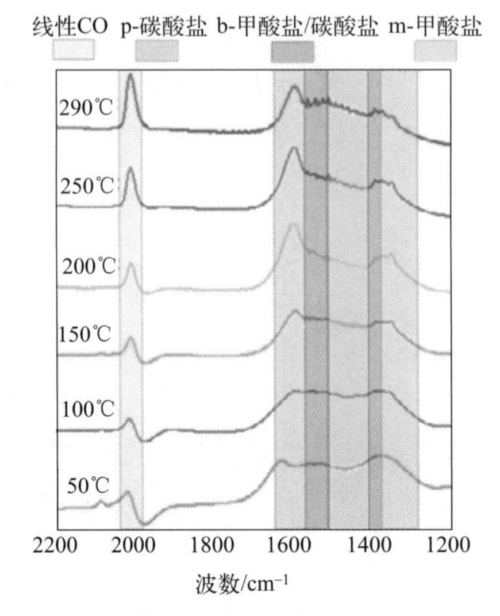

(a) 还原催化剂上吸附物种的原位红外光谱

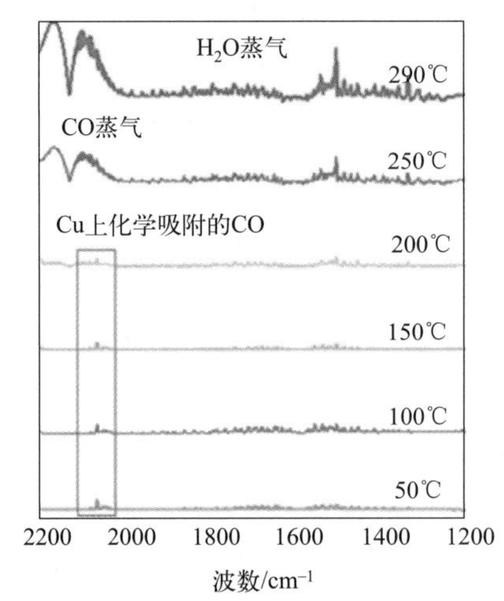

(b) 25% CO_2和75% H_2的气流通过由20 mg样品在不同温度下制成的催化剂颗粒

图 2-52 还原催化剂上吸附物种的原位红外光谱，25% CO_2 和 75% H_2 的气流通过由 20 mg 样品在不同温度下制成的催化剂颗粒

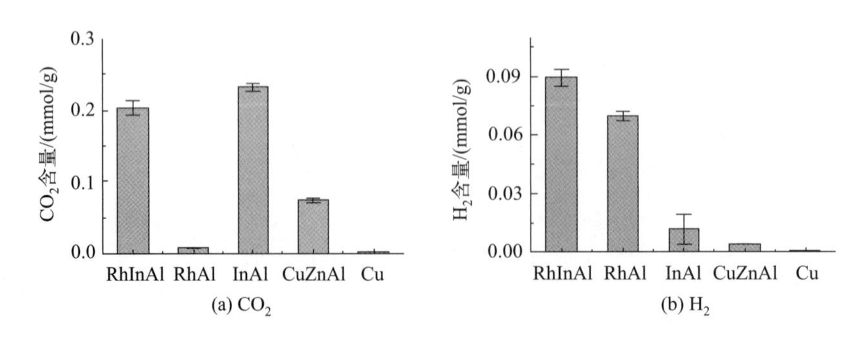

图 2-53 CO_2 和 H_2 每克催化剂的吸收量来自 508 ℃下的 CO_2 和 H_2 脉冲实验

此外，Wang 等[150]采用沉积 - 沉淀法制备了高分散度的 Rh/In_2O_3 催化剂，并探索了 CO_2 加氢制甲醇的反应。通过比较在 In_2O_3（111）_P 表面和在 Rh 负载在 In_2O_3（111）_P 表面氧空位形成的反应能，可以发现 Rh 的负载显著地降低了氧空位的反应能，这将有利于氧空位的形成。使用 CO_2-TPD（程序升温脱附）进一步表征 CO_2 吸附和活化，如图 2-54 所示。H_2-TPR（程序升温还原）曲线中较低的还原温度和较强的还原峰表明 Rh 物种可以增强氢的解离吸附和溢出，这促进了 In_2O_3 的表面还原和表面氧空位的产生，如 CO_2-TPD 曲线所示。In_2O_3 表面的氧空位则促进了 CO_2 的吸附和活化。因此，实现了显著增强的 CO_2 加氢制甲醇的催化活性。计算的 Rh 负载在 In_2O_3（111）_Dv1 模型上的结合能为 −5.43 eV，Rh 负载在 In_2O_3（111）_P 上的结合能为 −5.10 eV，这表明氧空位的存在增强了金属和载体之间的相互作用。采用 XPS 分析来表征催化剂的 In、O 和 Rh 物质的化学环境，如图 2-55 所示（书后另见彩图）。Rh/In_2O_3 催化剂上额外的表面氧空位被认为有助于催化剂的优异性能。证实 Rh 的价态主要为 +3 价。在 H_2 处理之后，大部分 Rh 被检测为 Rh^0 的形式，这通过 307.3 eV 的结合能来确认。在此，Rh^0 作为解离吸附 H_2 的活性位点，为表面氧空位的形成和 CO_2 加氢提供足够的活性 H 原子。H_2 分子会自发解离，并在 Rh1 原子附近形成两个吸附态的 H^* 原子，这表明带正电荷的 $Rh^{\delta+}$ 态的确具有很强的激活 H_2 的能力。这些吸附态的 H^* 原子可以通过质子转移到中间体的 O 原子使吸附的中间体羟基化，也可通过攻击 C 原子使中间体氢化。而在无 Rh 负载的情况下，In_2O_3（111）_D 表面上 H_2 的解离需要克服 0.94 eV 的活化能，这可能导致催化活性降低。

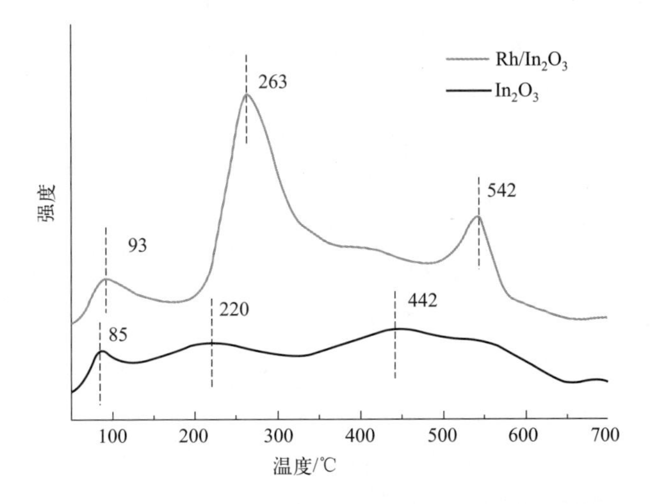

图 2-54　In_2O_3 和 Rh/In_2O_3 催化剂的 CO_2-TPD 曲线

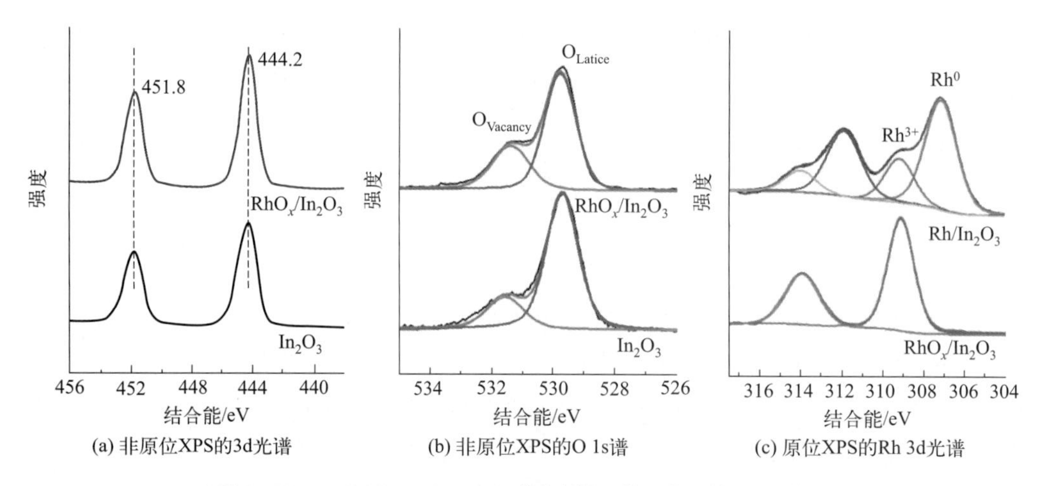

图 2-55　In_2O_3 和 RhO_x/In_2O_3 催化剂的原位和非原位 XPS 光谱

参考文献

［1］Ojelade O A，Zaman S F. A review on Pd based catalysts for CO_2 hydrogenation to methanol：In-depth activity and DRIFTS mechanistic study［J］. Catalysis Surveys from Asia，2020，24（1）：11-37.

［2］Jia Z，Lin B. How to achieve the first step of the carbon-neutrality 2060 target in China：The coal substitution perspective［J］. Energy，2021，233：121179.

［3］Khosravi A，Olkkonen V，Farsaei A. Replacing hard coal with wind and nuclear power in Finland—Impacts on electricity and district heating markets［J］. Energy，2020，203：117884.

［4］Chen X，Yang F，Zhang S，et al. Regional emission pathways，energy transition paths and cost analysis under various effort-sharing approaches for meeting Paris Agreement goals［J］. Energy，2021，232：121024.

［5］Sanz-Pérez E S，Murdock C R，Didas S A，et al. Direct capture of CO_2 from ambient air［J］. Chemical Reviews，2016，116（19）：11840-11876.

［6］Boot-Handford M E，Abanades J C，Anthony E J，et al. Carbon capture and storage update［J］. Energy & Environmental Science，2014，7（1）：130-189.

［7］Irish J L，Sleath A，Cialone M A，et al. Simulations of Hurricane Katrina（2005）under sea level and climate conditions for 1900［J］. Climatic Change，2014，122（4）：635-649.

［8］Bobicki E R，Liu Q，Xu Z，et al. Carbon capture and storage using alkaline industrial wastes［J］. Progress in Energy and Combustion Science，2012，38（2）：302-320.

［9］Rahman F A，Aziz M M A，Saidur R，et al. Pollution to solution：Capture and sequestration of carbon dioxide（CO_2）and its utilization as a renewable energy source for a sustainable future［J］. Renewable and Sustainable Energy Reviews，2017，71：112-126.

[10] Jadhav S G，Vaidya P D，Bhanage B M，et al. Catalytic carbon dioxide hydrogenation to methanol：A review of recent studies［J］. Chemical Engineering Research and Design，2014，92（11）：2557-2567.

[11] Centi G，Perathoner S. Opportunities and prospects in the chemical recycling of carbon dioxide to fuels［J］. Catalysis Today，2009，148（3-4）：191-205.

[12] Ortelli E E，Wambach J，Wokaun A. Methanol synthesis reactions over a CuZr based catalyst investigated using periodic variations of reactant concentrations［J］. Applied Catalysis A：General，2001，216（1-2）：227-241.

[13] Palo D R，Dagle R A，Holladay J D. Methanol steam reforming for hydrogen production［J］. Chemical Reviews，2007，107（10）：3992-4021.

[14] Olah G A. Beyond oil and gas：The methanol economy［J］. Angewandte Chemie International Edition，2005，44（18）：2636-2639.

[15] Han Y，Wang Y，Ma T，et al. Mechanistic understanding of Cu-based bimetallic catalysts［J］. Frontiers of Chemical Science and Engineering，2020，14（5）：689-748.

[16] Su Y，Lue L，Shen W，et al. An efficient technique for improving methanol yield using dual CO_2 feeds and dry methane reforming［J］. Frontiers of Chemical Science and Engineering，2020，14（4）：614-628.

[17] Álvarez A，Bansode A，Urakawa A，et al. Challenges in the greener production of formates/formic acid，methanol，and DME by heterogeneously catalyzed CO_2 hydrogenation processes［J］. Chemical Reviews，2017，117（14）：9804-9838.

[18] Wang W，Wang S P，Ma X B，et al. Recent advances in catalytic hydrogenation of carbon dioxide［J］. Chemical Society Reviews，2011，40（7）：3703-3727.

[19] Song C. Global challenges and strategies for control，conversion and utilization of CO_2 for sustainable development involving energy，catalysis，adsorption and chemical processing［J］. Catalysis Today，2006，115（1-4）：2-32.

[20] Liu X M，Lu G Q，Yan Z F，et al. Recent advances in catalysts for methanol synthesis via hydrogenation of CO and CO_2［J］. Industrial and Engineering Chemistry Research，2003，42（25）：6518-6530.

[21] Grabow L C，Mavrikakis M. Mechanism of methanol synthesis on Cu through CO_2 and CO hydrogenation［J］. ACS Catalysis，2011，1（4）：365-384.

[22] Yang Y X，Evans J，Rodriguez J A，et al. Fundamental studies of methanol synthesis from CO_2 hydrogenation on Cu（111），Cu clusters，and Cu/ZnO（0001）［J］. Physical Chemistry Chemical Physics，2010，12（33）：9909-9917.

[23] Bansode A，Tidona B，von Rohr P R，et al. Impact of K and Ba promoters on CO_2 hydrogenation over Cu/Al_2O_3 catalysts at high pressure［J］. Catalysis Science & Technology，2013，3（3）：767-778.

[24] Saeidi S，Amin N A S，Rahimpour M R. Hydrogenation of CO_2 to value-added products：A review and potential future developments [J]. Journal of CO_2 Utilization，2014，5：66-81.

[25] Conant T，Karim A M，Lebarbier V，et al. Stability of bimetallic Pd-Zn catalysts for the steam reforming of methanol [J]. Journal of Catalysis，2008，257（1）：64-70.

[26] Ma J，Sun N，Zhang X，et al. A short review of catalysis for CO_2 conversion [J]. Catalysis Today，2009，148：221-231.

[27] Shen W J，Ichihashi Y，Ando H，et al. Influence of palladium precursors on methanol synthesis from CO hydrogenation over Pd/CeO_2 catalysts prepared by deposition-precipitation method [J]. Applied Catalysis A：General，2001，217（1-2）：165-172.

[28] Matsumura Y，Shen W J，Ichihashi Y，et al. Low-temperature methanol synthesis catalyzed over ultrafine palladium particles supported on cerium oxide [J]. Journal of Catalysis，2001，197（2）：267-272.

[29] Poutsma M L，Elek L F，Ibarbia P A，et al. Selective formation of methanol from synthesis gas over palladium catalysts [J]. Journal of Catalysis，1978，52（1）：157-168.

[30] Gotti A，Prins R. Basic metal oxides as Co-catalysts in the conversion of synthesis gas to methanol on supported palladium catalysts [J]. Journal of Catalysis，1998，175（2）：302-311.

[31] Saputro A G，Putra R I D，Maulana A L，et al. Theoretical study of CO_2 hydrogenation to methanol on isolated small Pd_x clusters [J]. Journal of Energy Chemistry，2019，35：79-87.

[32] Lei Y，Mehmood F，Lee S，et al. Increased silver activity for direct propylene epoxidation via subnanometer size effects [J]. Science，2010，328（5975）：224-228.

[33] Turner M，Golovko V B，Vaughan O P H，et al. Selective oxidation with dioxygen by gold nanoparticle catalysts derived from 55-atom clusters [J]. Nature，2008，454：981-983.

[34] Vajda S，Pellin M J，Greeley J P，et al. Subnanometre platinum clusters as highly active and selective catalysts for the oxidative dehydrogenation of propane[J]. Nature Materials，2009，8(3)：213-216.

[35] Ishida T，Honma T，Nakada K，et al. Pd-catalyzed decarbonylation of furfural：Elucidation of support effect on Pd size and catalytic activity using in-situ XAFS [J]. Journal of Catalysis，2019，374：320-327.

[36] Lu Y，Chen W. Sub-nanometre sized metal clusters：from synthetic challenges to the unique property discoveries [J]. Chemical Society Reviews，2012，41（9）：3594-3623.

[37] Studt F，Abild-Pedersen F，Wu Q，et al. CO hydrogenation to methanol on Cu-Ni catalysts：Theory and experiment [J]. Journal of Catalysis，2012，293：51-60.

[38] Yang Y，Cheng D. Role of composition and geometric relaxation in CO_2 binding to Cu-Ni bimetallic clusters [J]. Journal of Physical Chemistry C，2014，118（1）：250-258.

[39] Yang Y X，White M G，Liu P. Theoretical study of methanol synthesis from CO_2 hydrogenation on metal-doped Cu（111）surfaces [J]. Journal of Physical Chemistry C，2012，116（1）：248-

256.

[40] Maulana A L，Putra R I D，Saputro A G，et al. DFT and microkinetic investigation of methanol synthesis via CO_2 hydrogenation on Ni（111）-based surfaces［J］. Physical Chemistry Chemical Physics，2019，21（36）：20276-20286.

[41] Nerlov J，Chorkendorff I. Methanol synthesis from CO_2，CO，and H_2 over Cu（100）and Ni/Cu（100）［J］. Journal of Catalysis，1999，181（2）：271-279.

[42] Podjaski F，Kroger J，Lotsch B V. Toward an aqueous solar battery：Direct electrochemical storage of solar energy in carbon nitrides［J］. Advanced Materials，2018，30（9）：1705477.

[43] Zheng X J，Cao X C，Sun Z H，et al. Indiscrete metal/metal-N-C synergic active sites for efficient and durable oxygen electrocatalysis toward advanced Zn-air batteries［J］. Applied Catalysis B：Environmental，2020，272：118967.

[44] Chen X，Chang J B，Ke Q. Probing the activity of pure and N-doped fullerenes towards oxygen reduction reaction by density functional theory［J］. Carbon，2018，126：53-57.

[45] Chen X，Sun F H，Bai F，et al. DFT study of the two dimensional metal-organic frameworks $X_3(HITP)_2$ as the cathode electrocatalysts for fuel cell［J］. Applied Surface Science，2019，471：256-262.

[46] Zhang L H，Shan B C，Zhao Y L，et al. Review of micro seepage mechanisms in shale gas reservoirs［J］. International Journal of Heat and Mass Transfer，2019，139：144-179.

[47] Wang W H，Himeda Y，Muckerman J T，et al. CO_2 hydrogenation to formate and methanol as an alternative to photo- and electrochemical CO_2 reduction［J］. Chemical Reviews，2015，115（23）：12936-12973.

[48] Appel A M，Bercaw J E，Bocarsly A B，et al. Frontiers，opportunities，and challenges in biochemical and chemical catalysis of CO_2 fixation［J］. Chemical Reviews，2013，113（8）：6621-6658.

[49] Aresta M，Dibenedetto A. Utilisation of CO_2 as a chemical feedstock：Opportunities and challenges［J］. Dalton Transactions，2007（28）：2975-2992.

[50] Aresta M，Dibenedetto A，Angelini A. Catalysis for the valorization of exhaust carbon：From CO_2 to chemicals，materials，and fuels. Technological use of CO_2［J］. Chemical Reviews，2014，114（3）：1709-1742.

[51] Ansari M B，Park S E. Carbon dioxide utilization as a soft oxidant and promoter in catalysis［J］. Energy & Environmental Science，2012，5（11）：9419-9437.

[52] Mikkelsen M，Jorgensen M，Krebs F C. The teraton challenge. A review of fixation and transformation of carbon dioxide［J］. Energy & Environmental Science，2010，3（1）：43-81.

[53] Arena F，Italiano G，Barbera K，et al. Solid-state interactions，adsorption sites and functionality of Cu-ZnO/ZrO_2 catalysts in the CO_2 hydrogenation to CH_3OH［J］. Applied Catalysis A：General，2008，350（1）：16-23.

[54] Behrens M，Studt F，Kasatkin I，et al. The active site of methanol synthesis over Cu/ZnO/Al_2O_3 industrial catalysts [J] . Science，2012，336（6083）：893-897.

[55] Graciani J，Mudiyanselage K，Xu F，et al. Highly active copper-ceria and copper-ceria-titania catalysts for methanol synthesis from CO_2 [J] . Science，2014，345（6196）：546-550.

[56] Tisseraud C，Comminges C，Pronier S，et al. The Cu-ZnO synergy in methanol synthesis Part 3：Impact of the composition of a selective Cu@ZnO_x core-shell catalyst on methanol rate explained by experimental studies and a concentric spheres model [J] . Journal of Catalysis，2016，343：106-114.

[57] Li M M J，Zeng Z Y，Liao F L，et al. Enhanced CO_2 hydrogenation to methanol over CuZn nanoalloy in Ga modified Cu/ZnO catalysts [J] . Journal of Catalysis，2016，343：157-167.

[58] Gaikwad R，Bansode A，Urakawa A. High-pressure advantages in stoichiometric hydrogenation of carbon dioxide to methanol [J] . Journal of Catalysis，2016，343：127-132.

[59] Arena F，Mezzatesta G，Zafarana G，et al. Effects of oxide carriers on surface functionality and process performance of the Cu-ZnO system in the synthesis of methanol via CO_2 hydrogenation [J] . Journal of Catalysis，2013，300：141-151.

[60] Lin S，Ma J Y，Ye X X，et al. CO Hydrogenation on Pd（111）：Competition between fischer-tropsch and oxygenate synthesis pathways [J] . Journal of Physical Chemistry C，2013，117（28）：14667-14676.

[61] Ye J Y，Liu C J，Mei D H，et al. Methanol synthesis from CO_2 hydrogenation over a Pd_4/In_2O_3 model catalyst：A combined DFT and kinetic study [J] . Journal of Catalysis，2014，317：44-53.

[62] Jiang X，Koizumi N，Guo X W，et al. Bimetallic Pd-Cu catalysts for selective CO_2 hydrogenation to methanol [J] . Applied Catalysis B：Environmental，2015，170：173-185.

[63] Wang F X，Ding X，Niu X B，et al. Green preparation of core-shell Cu@Pd nanoparticles with chitosan for glucose detection [J] . Carbohydrate Polymers，2020，247：116647.

[64] Gajjala R K R，Palathedath S K. Cu@Pd core-shell nanostructures for highly sensitive and selective amperometric analysis of histamine [J] . Biosensors & Bioelectronics，2018，102：242-246.

[65] Chen Y F，Yang Y F，Fu G T，et al. Core-shell CuPd@Pd tetrahedra with concave structures and Pd-enriched surface boost formic acid oxidation [J] . Journal of Materials Chemistry A，2018，6（23）：10632-10638.

[66] Li S J，Cheng D J，Qiu X G，et al. Synthesis of Cu@Pd core-shell nanowires with enhanced activity and stability for formic acid oxidation [J] . Electrochimica Acta，2014，143：44-48.

[67] Lee S，Sardesai A. Liquid phase methanol and dimethyl ether synthesis from syngas [J] . Topics in Catalysis，2005，32（3-4）：197-207.

[68] Baltes C，Vukojević S，Schüth F. Correlations between synthesis，precursor，and catalyst structure and activity of a large set of CuO/ZnO/Al_2O_3 catalysts for methanol synthesis [J] .

Journal of Catalysis，2008，258（2）：334-344.

［69］Fichtl M B，Schlereth D，Jacobsen N，et al. Kinetics of deactivation on Cu/ZnO/Al_2O_3 methanol synthesis catalysts［J］. Applied Catalysis A：General，2015，502：262-270.

［70］Park J N，Forman A J，Tang W，et al. Highly active and sinter-resistant Pd-nanoparticle catalysts encapsulated in silica［J］. Small，2008，4（10）：1694-1697.

［71］Friedrich M，Ormeci A，Grin Y，et al. PdZn or ZnPd：Charge transfer and Pd-Pd bonding as the driving force for the tetragonal distortion of the cubic crystal structure［J］. Zeitschrift Fur Anorganische Und Allgemeine Chemie，2010，636（9-10）：1735-1739.

［72］Brix F，Desbuis V，Piccolo L，et al. Tuning adsorption energies and reaction pathways by alloying：PdZn versus Pd for CO_2 hydrogenation to methanol［J］. Journal of Physical Chemistry Letters，2020，11（18）：7672-7678.

［73］Chen S J，Chen X，Zhang H. Probing the activity of Ni_{13}，Cu_{13}，and $Ni_{12}Cu$ clusters towards the ammonia decomposition reaction by density functional theory［J］. Journal of Materials Science，2017，52（6）：3162-3168.

［74］Ke Q，Kang L M，Chen X，et al. DFT study of CO_2 catalytic conversion by H_2 over Ni_{13} cluster［J］. Journal of Chemical Sciences，2020，132（1）：151.

［75］Liu J，Qiao Q，Chen X，et al. PdZn bimetallic nanoparticles for CO_2 hydrogenation to methanol：Performance and mechanism［J］. Colloids and Surfaces A-Physicochemical and Engineering Aspects，2021，622：126723.

［76］Vitos L，Ruban A V，Skriver H L，et al. The surface energy of metals［J］. Surface Science，1998，411（1-2）：186-202.

［77］Ocampo-Restrepo V K，Zibordi-Besse L，Da Silva J L F. Ab initio investigation of the atomistic descriptors in the activation of small molecules on 3*d* transition-metal 13-atom clusters：The example of H_2，CO，H_2O，and CO_2［J］. Journal of Chemical Physics，2019，151（21）：214301.

［78］Li S F，Guo Z X. CO_2 activation and total reduction on titanium（0001）surface［J］. Journal of Physical Chemistry C，2010，114（26）：11456-11459.

［79］Wang S G，Liao X Y，Cao D B，et al. Factors controlling the interaction of CO_2 with transition metal surfaces［J］. Journal of Physical Chemistry C，2007，111（45）：16934-16940.

［80］Freund H J，Roberts M W. Surface chemistry of carbon dioxide［J］. Surface Science Reports，1996，25：225-273.

［81］Megha，Mondal K，Banerjee A，et al. Adsorption and activation of CO_2 on Zr_n（n=2-7）clusters［J］. Physical Chemistry Chemical Physics，2020，22（29）：16877-16886.

［82］Tang Q，Shi F，Li K，et al. Unveiling the critical role of p-d hybridization interaction in $M_{13-n}Ga_n$ clusters on CO_2 adsorption［J］. Fuel，2020，280：118446.

［83］Mori K，Sano T，Kobayashi H，et al. Surface engineering of a supported PdAg catalyst for hydrogenation of CO_2 to formic acid：Elucidating the active Pd atoms in alloy nanoparticles［J］. Journal of the American Chemical Society，2018，140（28）：8902-8909.

［84］Pan Y X，Liu C J，Ge Q F. Adsorption and protonation of CO_2 on partially hydroxylated gamma-Al_2O_3 surfaces：A density functional theory study［J］. Langmuir，2008，24（21）：12410-12419.

［85］Liu L N，Yao H D，Jiang Z，et al. Theoretical study of methanol synthesis from CO_2 hydrogenation on $PdCu_3$（111）surface［J］. Applied Surface Science，2018，451：333-345.

［86］Zhao Y F，Yang Y，Mims C，et al. Insight into methanol synthesis from CO_2 hydrogenation on Cu（111）：Complex reaction network and the effects of H_2O［J］. Journal of Catalysis，2011，281（2）：199-211.

［87］Peng G W，Sibener S J，Schatz G C，et al. CO_2 Hydrogenation to formic acid on Ni（111）［J］. Journal of Physical Chemistry C，2012，116（4）：3001-3006.

［88］Zhang R G，Wang B J，Liu H Y，et al. Effect of surface hydroxyls on CO_2 hydrogenation over Cu/gamma-Al_2O_3 catalyst：A theoretical study［J］. Journal of Physical Chemistry C，2011，115（40）：19811-19818.

［89］Kattel S，Ramirez P J，Chen J G，et al. Catalysis active sites for CO_2 hydrogenation to methanol on Cu/ZnO catalysts［J］. Science，2017，355（6331）：1296-1299.

［90］Kattel S，Yan B H，Yang Y X，et al. Optimizing binding energies of key intermediates for CO_2 hydrogenation to methanol over oxide-supported copper［J］. Journal of the American Chemical Society，2016，138（38）：12440-12450.

［91］Yang Y X，Evans J，Rodriguez J A，et al. Fundamental studies of methanol synthesis from CO_2 hydrogenation on Cu（111），Cu clusters，and Cu/ZnO（0001）［J］. Physical Chemistry Chemical Physics，2010，12（33）：9909-9917.

［92］Zhang X，Liu J X，Zijlstra B，et al. Optimum Cu nanoparticle catalysts for CO_2 hydrogenation towards methanol［J］. Nano Energy，2018，43：200-209.

［93］Shin K，Kim D H，Lee H M. Catalytic characteristics of AgCu bimetallic nanoparticles in the oxygen reduction reaction［J］. Chemsuschem，2013，6（6）：1044-1049.

［94］Scaranto J，Mavrikakis M. Density functional theory studies of HCOOH decomposition on Pd(111)［J］. Surface Science，2016，650：111-120.

［95］Yang Y X，White M G，Liu P. Theoretical study of methanol synthesis from CO_2 hydrogenation on metal-doped Cu（111）surfaces［J］. Journal of Physical Chemistry C，2012，116（1）：248-256.

［96］Liu J，Ke Q，Chen X. First-principles investigation of methanol synthesis from CO_2 hydrogenation on Cu@Pd core-shell surface［J］. Journal of Materials Science，2021，56（5）：3790-3803.

［97］Wu X K，Xia G J，Huang Z，et al. Mechanistic insight into the catalytically active phase of CO_2 hydrogenation on Cu/ZnO catalyst［J］. Applied Surface Science，2020，525：146481.

[98] Nie X W，Jiang X，Wang H Z，et al. Mechanistic understanding of alloy effect and water promotion for Pd-Cu bimetallic catalysts in CO_2 hydrogenation to methanol [J]. ACS Catalysis，2018，8（6）：4873-4892.

[99] Wu P P，Yang B. Intermetallic PdIn catalyst for CO_2 hydrogenation to methanol：Mechanistic studies with a combined DFT and microkinetic modeling method [J]. Catalysis Science & Technology，2019，9（21）：6102-6113.

[100] Tayal A，Seo O，Kim J，et al. Investigation of microstructure and hydrogen absorption properties of bulk immiscible AgRh alloy nanoparticles [J]. Journal of Alloys and Compounds，2021，869：159268.

[101] Chen X. Graphyne nanotubes as electrocatalysts for oxygen reduction reaction：The effect of doping elements on the catalytic mechanisms [J]. Physical Chemistry Chemical Physics，2015，17（43）：29340-29343.

[102] Chen X，Hu R. DFT-based study of single transition metal atom doped g-C_3N_4 as alternative oxygen reduction reaction catalysts [J]. International Journal of Hydrogen Energy，2019，44（29）：15409-15416.

[103] Liu L，Fan F，Bai M，et al. Mechanistic study of methanol synthesis from CO_2 hydrogenation on Rh-doped Cu（111）surfaces [J]. Molecular Catalysis，2019，466：26-36.

[104] Tang Q，Shen Z，Russell C，et al. Thermodynamic and kinetic study on carbon dioxide hydrogenation to methanol over a Ga_3Ni_5（111）surface：The effects of step edge [J]. Journal of Physical Chemistry C，2018，122（1）：315-330.

[105] Chutia A，Thetford A，Stamatakis M，et al. A DFT and KMC based study on the mechanism of the water gas shift reaction on the Pd（100）surface [J]. Physical Chemistry Chemical Physics，2020，22（6）：3620-3632.

[106] Ko J，Kim B K，Han J. Density Functional theory study for catalytic activation and dissociation of CO_2 on bimetallic alloy surfaces [J]. Journal of Physical Chemistry C，2016，120（6）：3438-3447.

[107] Wang S G，Liao X Y，Cao D B，et al. Factors controlling the interaction of CO_2 with transition metal surfaces [J]. Journal of Physical Chemistry C，2007，111（45）:16934-16940.

[108] Freund H，Roberts M. Surface chemistry of carbon dioxide [J]. Surface Science Reports，1996，25（8）：225-273.

[109] Choi Y，Liu P. Mechanism of ethanol synthesis from syngas on Rh（111）[J]. Journal of the American Chemical Society，2009，131（36）：13054-13061.

[110] Ferrin P，Mavrikakis M. Structure sensitivity of methanol electrooxidation on transition metals[J]. Journal of the American Chemical Society，2009，131（40）：14381-14389.

[111] Sotiropoulos A，Milligan P，Cowie B M，et al. A structural study of formate on Cu（111）[J]. Surface Science，2000，444：52-60.

[112] Fujitani T，Choi Y，Sano，et al. Scanning tunneling microscopy study of formate species synthesized from CO_2 hydrogenation and prepared by adsorption of formic acid over Cu（111）[J]. Journal of Physical Chemistry B，2000，104（6）：1235-1240.

[113] Ke Q，Kang L，Chen X，et al. DFT study of CO_2 catalytic conversion by H_2 over Ni_{13} cluster[J]. Journal of Chemical Sciences，2020，132（1）：151.

[114] Roldan A，de Leeuw N. Methanol formation from CO_2 catalyzed by Fe_3S_4{111}：Formate versus hydrocarboxyl pathways [J]. Faraday Discussions，2016，188：161-180.

[115] Liu L，Yao H，Jiang Z，et al. Theoretical study of methanol synthesis from CO_2 hydrogenation on $PdCu_3$（111）surface [J]. Applied Surface Science，2018，451：333-345.

[116] Tang Q L，Hong Q J，Liu Z P. CO_2 fixation into methanol at Cu/ZrO_2 interface from first principles kinetic Monte Carlo [J]. Journal of Catalysis，2009，263（1）：114-122.

[117] Grabow L，Mavrikakis M. Mechanism of methanol synthesis on Cu through CO_2 and CO hydrogenation [J]. ACS Catalysis，2011，1（4）：365-384.

[118] Zhao Y F，Yang Y，Mims C，et al. Insight into methanol synthesis from CO_2 hydrogenation on Cu（111）：Complex reaction network and the effects of H_2O [J]. Journal of Catalysis，2011，281（2）：199-211.

[119] Hofmann P，Schindler K M，Bao S，et al. The geometric structure of the surface methoxy species on Cu（111）[J]. Surface Science，1994，304（1-2）：74-84.

[120] Johnston S，Mulligan A，Dhanak V，et al. The structure of methanol and methoxy on Cu（111）[J]. Surface Science，2003，530（1-2）：111-119.

[121] Riguang Z，Hongyan L，Lixia L，et al. A DFT study on the formation of CH_3O on Cu_2O（111）surface by CH_3OH decomposition in the absence or presence of oxygen [J]. Applied Surface Science，2011，257（9）：4232-4238.

[122] Filot I A，Broos R J，Van Rijn J，et al. First-principles-based microkinetics simulations of synthesis gas conversion on a stepped rhodium surface [J]. ACS Catalysis，2015，5（9）：5453-5467.

[123] Yang Y，Evans J，Rodriguez J，et al. Fundamental studies of methanol synthesis from CO_2 hydrogenation on Cu（111），Cu clusters，and Cu/ZnO（0001）[J]. Physical Chemistry Chemical Physics，2010，12（33）：9909-9917.

[124] Li Y，Chan S，Sun Q. Heterogeneous catalytic conversion of CO_2：A comprehensive theoretical review [J]. Nanoscale，2015，7（19）：8663-8683.

[125] Posada-Pérez S，Viñes F，Rodriguez J，et al. Fundamentals of methanol synthesis on metal carbide based catalysts：Activation of CO_2 and H_2 [J]. Topics in Catalysis，2014，58（2-3）：159-173.

[126] Yang Y，Mims C，Mei D，et al. Mechanistic studies of methanol synthesis over Cu from CO/CO_2/H_2/H_2O mixtures：The source of C in methanol and the role of water [J]. Journal of

Catalysis，2013，298：10-17.

[127] Yang Y，Mei D，Peden C，et al. Surface-bound intermediates in low-temperature methanol synthesis on copper：Participants and spectators [J]. ACS Catalysis，2015，5（12）：7328-7337.

[128] Gu T，Wang B，Chen S，et al. Automated generation and analysis of the complex catalytic reaction network of ethanol synthesis from syngas on Rh（111）[J]. ACS Catalysis，2020，10（11）：6346-6355.

[129] Li M M，Zou H，Zheng J，et al. Methanol synthesis at a wide range of H_2/CO_2 ratios over a Rh-In bimetallic catalyst [J]. Angewandte Chemie International Edition，2020，59：16039-16046.

[130] Kwawu C R，Tia R，Adei E，et al. CO_2 activation and dissociation on the low miller index surfaces of pure and Ni-coated iron metal：A DFT study [J]. Physical Chemistry Chemical Physics，2017，19：19478-19486.

[131] Tang Q，Luo Q. Adsorption of CO_2 at ZnO：A surface structure effect from DFT + U calculations [J]. The Journal of Physical Chemistry C，2013，117：22954-22966.

[132] Tang Q，Zou W，Huang R，et al. Effect of the components' interface on the synthesis of methanol over Cu/ZnO from CO_2/H_2：A microkinetic analysis based on DFT + U calculations [J]. Physical Chemistry Chemical Physics，2015，17：7317-7333.

[133] Huš M，Kopač D，Štefančič N S，et al. Unravelling the mechanisms of CO_2 hydrogenation to methanol on Cu-based catalysts using first-principles multiscale modelling and experiments [J]. Catalysis Science & Technology，2017，7：5900-5913.

[134] Jo D Y，Lee M W，Ham H C，et al. Role of the Zn atomic arrangements in enhancing the activity and stability of the kinked Cu（211）site in CH_3OH production by CO_2 hydrogenation and dissociation：First-principles microkinetic modeling study [J]. Journal of Catalysis，2019，373：336-350.

[135] Calle-Vallejo F，Loffreda D，Koper M T M，et al. Introducing structural sensitivity into adsorption-energy scaling relations by means of coordination numbers [J]. Nature Chemistry，2015，7：403-410.

[136] Calle-Vallejo F，Martínez J I，García-Lastra J M，et al. Fast prediction of adsorption properties for platinum nanocatalysts with generalized coordination numbers [J]. Angewandte Chemie International Edition，2014，53：8316-8319.

[137] Behrens M，Studt F，Kasatkin I，et al. The active site of methanol synthesis over $Cu/ZnO/Al_2O_3$ industrial Catalysts [J]. Science，2012，336：893-897.

[138] Li Y，Chan S H，Sun Q. Heterogeneous catalytic conversion of CO_2：A comprehensive theoretical review [J]. Nanoscale，2015，7：8663-8683.

[139] Posada-Pérez S，Viñes F，Rodriguez J A，et al. Fundamentals of methanol synthesis on metal carbide based catalysts：Activation of CO_2 and H_2 [J]. Topics in Catalysis，2014，58：159-

173.

［140］Yang Y，Mims C A，Mei D H，et al. Mechanistic studies of methanol synthesis over Cu from $CO/CO_2/H_2/H_2O$ mixtures：The source of C in methanol and the role of water［J］. Journal of Catalysis，2013，298：10-17.

［141］Yang Y，Mei D，Peden C H F，et al. Surface-bound intermediates in low-temperature methanol synthesis on copper：Participants and spectators［J］. ACS Catalysis，2015，5：7328-7337.

［142］Pavlišič A，Huš M，Prašnikar A，et al. Multiscale modelling of CO_2 reduction to methanol over industrial $Cu/ZnO/Al_2O_3$ heterogeneous catalyst：Linking ab initio surface reaction kinetics with reactor fluid dynamics［J］. Journal of Cleaner Production，2020，275：122958.

［143］Zheng H，Narkhede N，Han L，et al. Methanol synthesis from CO_2：A DFT investigation on Zn-promoted Cu catalyst［J］. Research on Chemical Intermediates，2019，46：1749-1769.

［144］Tang Q，Shen Z，Russell C K，et al. Thermodynamic and kinetic study on carbon dioxide hydrogenation to methanol over a Ga_3Ni_5（111）surface：The effects of step edge［J］. The Journal of Physical Chemistry C，2018，122：315-330.

［145］Wang Z，Yang Z，He J，et al. Pd atomic layer coating enhances CO_2 hydrogenation to CH_3OH fuel on Cu@Pd（111）core-shell structure catalyst［J］. Journal of Environmental Chemical Engineering，2021，9：105749.

［146］Yang Y，Evans J，Rodriguez J A，et al. Fundamental studies of methanol synthesis from CO_2 hydrogenation on Cu（111），Cu clusters，and Cu/ZnO（0001）［J］. Physical Chemistry Chemical Physics，2010，12：9909-9917.

［147］Ghosh S，Mammen N，Narasimhan S. Support work function as a descriptor and predictor for the charge and morphology of deposited Au nanoparticles［J］. The Journal of Chemical Physics，2020，152：144704.

［148］Prada S，Giordano L，Pacchioni G. Li，Al，and Ni substitutional doping in MgO ultrathin films on metals：Work function tuning via charge compensation［J］. The Journal of Physical Chemistry C，2012，116：5781-5786.

［149］Bahruji H，Bowker M，Jones W，et al. PdZn catalysts for CO_2 hydrogenation to methanol using chemical vapour impregnation（CVI）［J］. Faraday Discussions，2017，197：309-324.

［150］Wang J，Sun K，Jia X，et al. CO_2 hydrogenation to methanol over Rh/In_2O_3 catalyst［J］. Catalysis Today，2021，365：341-347.

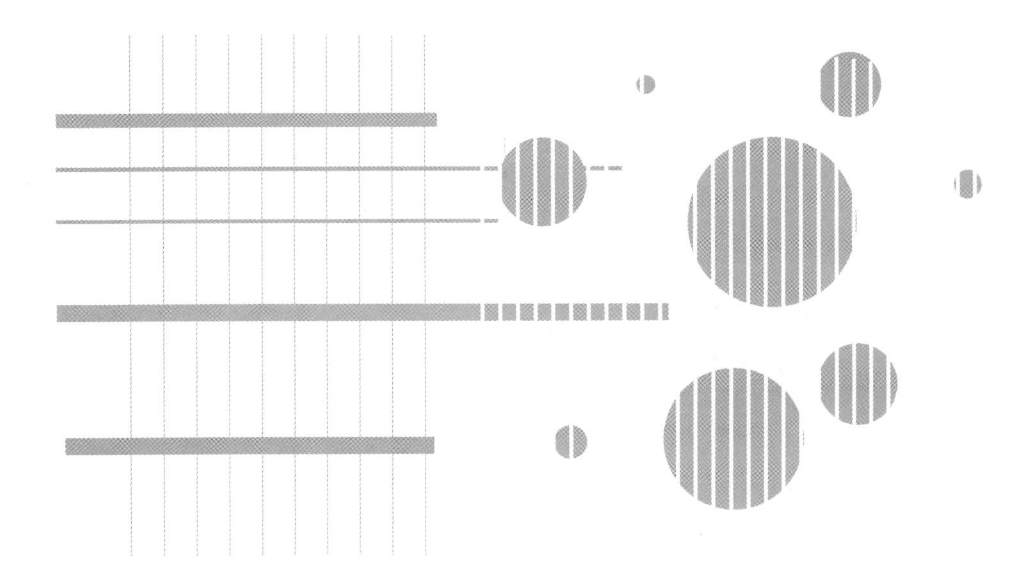

第3章

二氧化碳加氢制甲烷催化剂

3.1 概述

近年来，由于化石能源的逐渐枯竭和其他能源的高昂价格，新能源的研究受到了研究者极大的关注[1]。此外，燃烧化石燃料所排放的 CO_2 自工业革命之后不断增加，这造成了许多环境问题，如全球变暖[2]、冰川融化[3]、海洋酸化[4]和极端天气[5]等。利用 CO_2 加氢合成燃料和有用的化学品，不仅可以有效缓解温室效应，而且可以解决能源问题[6-9]。为了减轻环境问题和能源问题，将 CO_2 转化为有价值和有用的碳化学物质为发展碳中和经济提供了一个有前景的策略[10, 11]。然而，CO_2 加氢反应所面临的挑战之一是 CO_2 分子的活化，由于 CO_2 是动力学和热力学都稳定的分子[12]，因此需要一种高效的催化剂来活化它。优良的催化剂在加氢过程中应具有良好的 CO_2 活化能力以及 C—O 键的断裂能力和 H_2 的解离能力[13]。

Ni 第一次在实验中被发现具有加氢作用，此后作为催化剂被大量应用于有机物的加氢过程中[14-16]。最早出现的有代表意义的是美国工程师 Raney 制成的催化剂[17-19]，这种催化剂被后人称为 Raney Ni，常用于不饱和化合物的加氢反应。Ni 基催化剂的成本低且易于制备，是商业化应用的潜在选择[20, 21]。Ni/Al_2O_3 目前被用作商用甲烷化催化剂[22]。过去已有大量的研究表明负载型 Ni 基催化剂可以有效地催化 CO_2 加氢反应，其载体一般包括金属氧化物（如 Al_2O_3[23]、TiO_2[24]、Ce[25] 和 Zr[26] 氧化物）、水滑石衍生材料[27]、碳纳米管[28]和沸石[29]等。然而，传统负载型 Ni 基催化剂在高温下容易发生积碳、团聚和烧结等现象，从而导致催化剂的失活。因此，迫切地需要开发一种高稳定性和耐烧结性的 Ni 基催化剂。

3.1.1 Ni_{13} 团簇材料

过渡金属镍（Ni）已被用于一些加氢反应，如 CO_2 加氢为 HCOOH、CH_3OH 和 CH_4 等[30-34]。然而，这些研究中的 Ni 催化剂主要是特定的晶面或纳米颗粒。由于其表面原子排列和电子特性的不同，其催化性能也不同于小的团簇。例如，Ni 基团簇最近被研究作为氨分解反应的催化剂[35]，它确实表现出了不同于大的纳米颗粒的催化活性[36, 37]。因此，研究小的 Ni 团簇上 CO_2 加氢反应的详细机理和选择性具有重要意义。本小节选择 Ni_{13} 团簇作为催化模型，主要有以下 2 个原因：

① 基于先前关于团簇尺寸效应的研究，由 13 个原子组成的团簇具有最合适的尺寸，可以与 CO_2 很好地结合，并且可以为多种吸附物质共吸附提供可用的催化位点[38-40]；

② Ni_{13} 团簇相较于其他 Ni_n 团簇表现出了优异的稳定性[41]。

Ni_{13} 团簇可以有效地催化 CO_2 加氢反应。

3.1.2 NiFe 双金属材料

CO_2 甲烷化的研究主要集中在 Fe、Ru、Co、Rh、Ir、Ni 或 Pt 金属催化剂上[42-44]。而金属 Ni 因其性能优良、价格低廉成为 CO_2 甲烷化的常用选择[31，45-47]。然而，传统的 Ni 催化剂面临碳沉积和烧结等问题[48，49]。生成的焦炭会覆盖催化剂的表面，进而降低催化剂的活性[50-52]。Ou 等[13] 通过 DFT 方法揭示了 Pt 掺杂 Ni（111）表面具有优异的抑制碳沉积的能力。通过引入第 2 种金属（特别是金属 Fe）可以提高 CO_2 加氢制 CH_4 的催化性能[53-55]。例如，Wierzbicki 等[44] 指出在 Ni 催化剂中引入少量的 Fe［1.5%（质量分数）］对 CO_2 的转化有积极的影响。并且 Serrer 等[56] 的研究发现，单金属 Ni 催化剂容易发生不可逆的表面氧化；而 NiFe 双金属催化剂会形成可逆的 FeO，保护活性 Ni 位点不被氧化，进而保持催化剂的活性。此外，Mutz 等[57] 的实验测试表明 Ni_3Fe 催化剂比商业 Ni 基催化剂具有更高的稳定性和 CH_4 选择性。由于两种金属的紧密相互作用和特殊的结构导致其电子和化学性质的变化，双金属 NiFe 催化剂表现出了比传统的单金属催化剂更好的催化性能[58-60]。

3.1.3 NiRu 双金属材料

一些研究表明，将第 2 种金属掺杂到纯 Ni 催化剂中可以提高其催化性能和稳定性[20，57，61-63]。特别是贵金属 Ru 对 CO_2 甲烷化反应比 Ni 更活跃和稳定，并且在低温下也表现出了更高的催化活性[64]。最近，Chein 等[65] 发现，与单金属 Ru 或 Ni 催化剂相比，双金属 RuNi 催化剂的 CO_2 甲烷化的低温性能得到了很大的提高。与此同时，Proaño 等[66] 还揭示了与 PtNi 催化剂相比，RuNi 催化剂提供了更好的 CO_2 甲烷化性能。此外，Navarro 等[67] 发现将 RuNi 负载于 $MgAl_2O_4$ 上的催化剂在长期测试中表现出了较高的稳定性。基于这些发现，在 Ni 催化剂中引入 Ru 可以结合它们的优点，表现出优异的 CO_2 甲烷化催化性能和高的稳定性。

3.1.4 Ru 掺杂 BNNT 材料

目前，氮化硼纳米材料包括氮化硼纳米片（BNNS）和氮化硼纳米管（BNNT），由于其优异的物理和化学性能，如高的化学稳定性、耐火性和抗氧化性，引起了世界范围内的研究[68-70]。BNNT 由于具有比表面积大、机械强度高和选择性高等优点脱颖而出[71，72]。BNNT 在各种应用中的优异表现激发了我们去研究该材料能否成为高效的 CO_2 减排催化剂[73-77]。B 原子和 N 原子之间强的 sp^2-sp^2 结合使原始 BNNT 具有化学惰性，并且因其较宽的带隙而成为绝缘体[78，79]。因此，原始 BNNT 并不能有效地活化 CO_2。如果能克服这一缺陷，将大大拓宽它们在 CO_2 催化转化中的应用。Qu 等[80]研究发现富硼 BNNS 和 BNNT 能有效地将 CO_2 转化为 CH_4。此外，已有研究表明，在 BNNT 中掺杂过渡金属原子可以显著改善其电子性质和反应活性，这促使 BNNT 成为用于 CO_2RR 的良好候选材料[81，82]。Dong 等[78]发现 CO_2 分子可以有效地吸附在 Pt 掺杂的 BNNT 上，并观察到掺杂金属会导致催化剂的带隙降低。此外，Jr 等[83]发现 Ru 金属在 CO_2 的非均相电还原中对 CH_4 生成具有良好的选择性。同时，Wang 等[84]证明了 Ru 原子掺杂石墨烯能以 −0.31V 的极限电位生成 CH_4，并且能较好地抑制竞争性析氢（HER）反应。基于这些研究，Ru 掺杂氮化硼纳米管（Ru@BNNT）有望成为一种潜在的 CO_2RR 催化剂。

3.2 Ni_{13} 团簇催化剂催化二氧化碳加氢制甲烷

探究特定催化剂上 CO_2 加氢的机理和选择性，筛选可能的反应路径和确定关键的基元反应是至关重要的。本节基于 DFT 方法详细研究了 CO_2 在 Ni_{13} 团簇上加氢的反应网络。考虑了反应中间体的吸附，以及参与 CO_2 加氢的各基元反应的活化势垒和反应能。通过比较各步基元步骤的活化势垒，得到了生成 HCOOH、CH_3OH 和 CH_4 的最有利的路径。

3.2.1 Ni_{13} 团簇催化剂上中间体的吸附构型和吸附能

根据 CO_2 加氢可能的反应网络，得到了 Ni_{13} 团簇所有可能的中间体的吸附结构。最稳定的吸附几何构型如图 3-1 所示（书后另见彩图），相应的键参数和吸附能如表 3-1 所列。

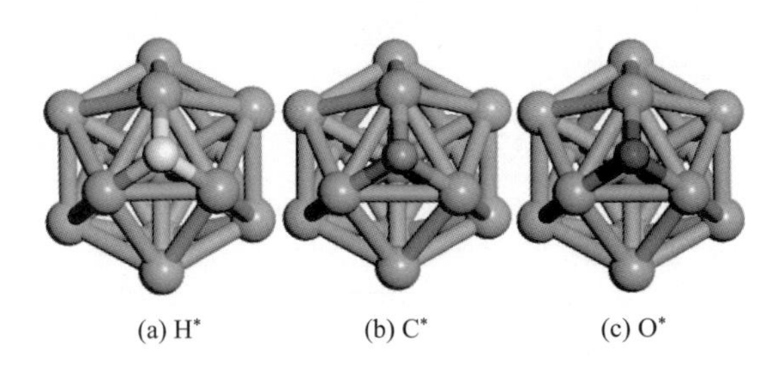

(a) H^*　(b) C^*　(c) O^*

图 3-1

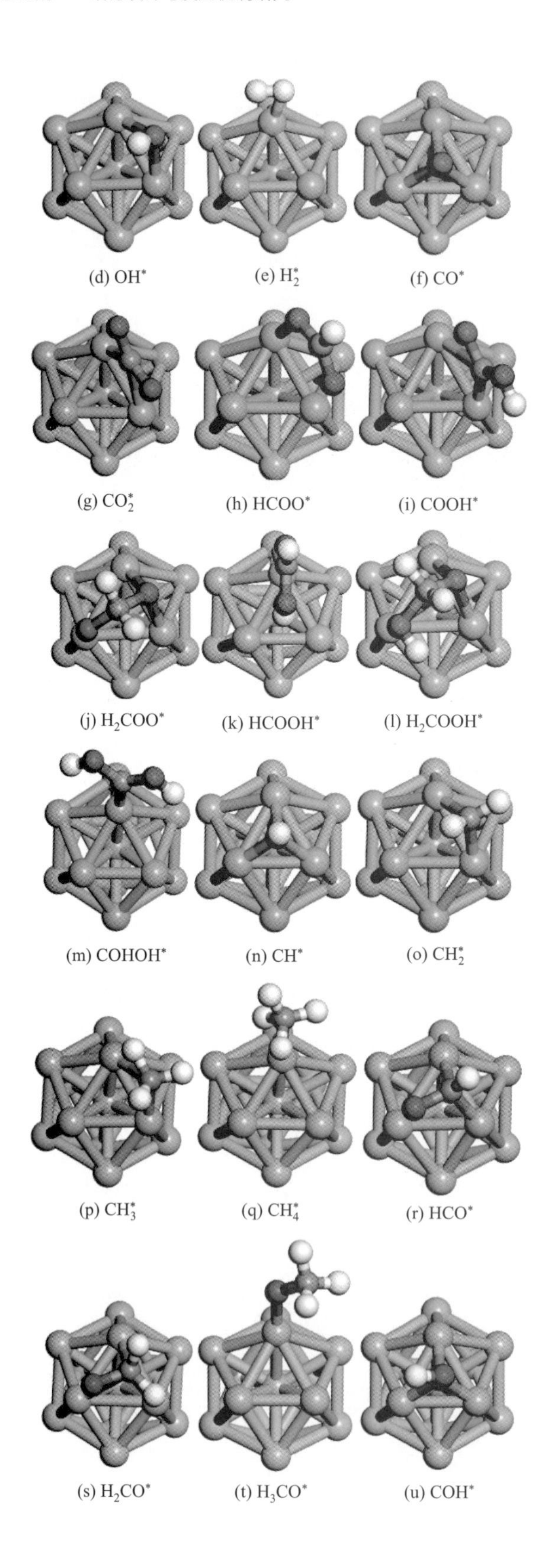
(d) OH^*
(e) H_2^*
(f) CO^*
(g) CO_2^*
(h) $HCOO^*$
(i) $COOH^*$
(j) H_2COO^*
(k) $HCOOH^*$
(l) H_2COOH^*
(m) $COHOH^*$
(n) CH^*
(o) CH_2^*
(p) CH_3^*
(q) CH_4^*
(r) HCO^*
(s) H_2CO^*
(t) H_3CO^*
(u) COH^*

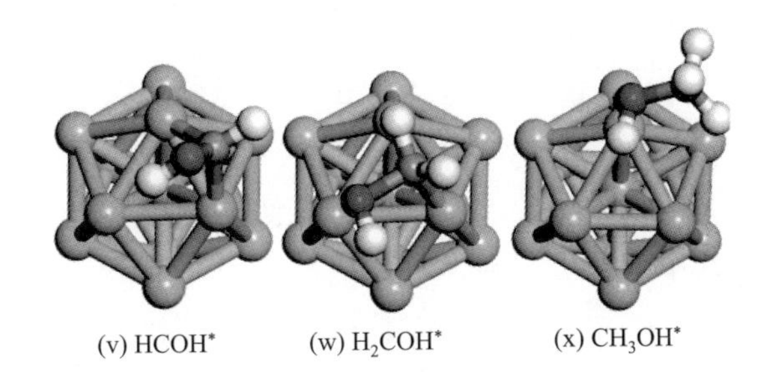

图 3-1　Ni_{13} 团簇 CO_2 加氢过程中所有可能中间体的稳定吸附构型

其中紫色、灰色、白色和红色的球分别代表 Ni、C、H 和 O 原子

表 3-1　Ni_{13} 团簇 CO_2 加氢过程中所有可能中间体最稳定的吸附位点、键参数和吸附能

物种	位点	键参数 /Å	E_{ads}/eV
H^*	hollow	$d_{H—Ni}$=1.767，1.767，1.777	−3.08
C^*	hollow	$d_{C—Ni}$=1.778，1.779，1.779	−7.09
O^*	hollow	$d_{O—Ni}$=1.882，1.892，1.892	−6.10
OH^*	bridge	$d_{O—Ni}$=1.970，1.970	−3.90
H_2^*	top	$d_{H—Ni}$=1.571	−0.80
CO^*	hollow	$d_{C—Ni}$=1.954，1.954，1.954	−2.48
CO_2^*	bridge	$d_{C—Ni}$=1.856，2.287	−1.25
$HCOO^*$	top-top	$d_{O—Ni}$=1.935，1.935	−4.43
$COOH^*$	bridge	$d_{C—Ni}$=1.861，2.523	−3.41
H_2COO^*	bridge-top	$d_{O—Ni}$=1.968，1.977，1.818	−4.70
$HCOOH^*$	top	$d_{O—Ni}$=1.946	−1.23
H_2COOH^*	bridge-top	$d_{O—Ni}$=2.018，2.039，2.097	−3.52
$COHOH^*$	top	$d_{C—Ni}$=1.794	−2.80
CH^*	hollow	$d_{C—Ni}$=1.867，1.869，1.870	−6.69
CH_2^*	bridge	$d_{C—Ni}$=1.907，1.910	−4.63
CH_3^*	bridge	$d_{C—Ni}$=2.024，2.107	−2.64
CH_4^*	top	$d_{C—Ni}$=2.449	−0.42
HCO^*	bridge-top	$d_{C—Ni}$=1.939，1.951；$d_{O—Ni}$=1.923	−3.26
H_2CO^*	bridge-top	$d_{C—Ni}$=2.047，2.065；$d_{O—Ni}$=1.873	−1.83
H_3CO^*	top	$d_{O—Ni}$=1.787	−2.97
COH^*	hollow	$d_{C—Ni}$=1.871，1.879，1.896	−4.80
$HCOH^*$	bridge	$d_{C—Ni}$=1.926，1.931	−3.65
H_2COH^*	bridge-top	$d_{C—Ni}$=1.991，2.105；$d_{O—Ni}$=2.102	−2.56
CH_3OH^*	top	$d_{O—Ni}$=2.082	−0.81

在 Ni_{13} 团簇上，H^*、C^* 和 O^* 最稳定的吸附位点都是 hollow 位，如图 3-1（a）～（c）所示，相应的吸附能分别为 −3.08 eV、−7.09 eV 和 −6.10 eV。它们比 Ni

（111）表面[85]上的相应吸附能更负，CO^*通过C—Ni键吸附在Ni_{13}团簇的hollow位上，C—Ni键键长为1.954 Å。其上的吸附能为−2.48 eV，这比Pt掺杂Ni（111）表面（−1.83 eV）[13]、Ga_3Ni_5（111）表面（−2.37 eV）[86]和Ni（111）表面（−1.90 eV）[85]上的更负。这些结果表明Ni_{13}团簇的催化性能与特定的晶面不同，并且上述所有中间体都在Ni_{13}簇上被高度活化。

如图3-1（g）所示，CO_2^*吸附在Ni_{13}团簇的bridge位上。可以看出，CO_2分子不再保持原有的线性构型。其中的两个C—O键分别从气相中的1.179 Å被拉伸至1.250 Å和1.264 Å，并且键角变为137.2°。其吸附能值为−1.25 eV，这比Pt掺杂Ni（111）表面（−0.15 eV）[13]、Ga_3Ni_5（111）表面（−0.52 eV）[86]和Mg/Cu（111）表面（−1.15 eV）[87]上的数值都更负。由于CO_2的吸附是CO_2加氢的第一步，因此高度活化的CO_2分子可能表明了Ni_{13}团簇对CO_2加氢具有较高的活性。

OH^*通过O原子吸附在Ni_{13}团簇的bridge位上，吸附能为−3.90 eV。H_2^*的吸附位点为top位，吸附能为−0.80 eV。先前的实验和理论研究表明，$HCOO^*$是CO_2加氢的重要中间体[88-90]。在Ni_{13}团簇上，$HCOO^*$的两个O原子分别吸附在top位，吸附能为−4.43 eV。H_2COO^*被广泛认为是通过HCOO路径进行CO_2加氢的中间体[40，90，91]。H_2COO^*的两个O原子分别吸附在Ni_{13}团簇的bridge位和top位，相应的键长分别为1.968 Å、1.977 Å和1.818 Å。其上的吸附能为−4.70 eV，这比Pt掺杂Ni（111）表面（−3.86 eV）[13]上的更负。$COOH^*$以−3.41 eV的吸附能吸附在bridge位上。对于$HCOOH^*$和$COHOH^*$，top位是它们的最佳吸附位点，吸附能分别为−1.23 eV和−2.80 eV。对于H_2COOH^*，两个O原子分别吸附在Ni_{13}团簇的bridge位和top位上，吸附能为−3.52 eV。

图3-1（n）～（q）给出了CH_x（x=1～4）物种的最佳吸附构型。CH^*的最佳吸附位点是hollow位，吸附能为−6.69 eV，与Pt掺杂Ni（111）表面上相应物种的吸附能值（−6.64 eV[13]和−6.63 eV[92]）很接近。CH_2^*和CH_3^*的吸附位点均为bridge位，吸附能分别为−4.63 eV和−2.64 eV。CH_4^*的最佳吸附位点是top位，吸附能为−0.42 eV。

图3-1（r）～（t）给出了H_xCO（x=1～3）物种的最优吸附构型，观察到HCO^*和H_2CO^*都是通过它们的C原子和O原子与Ni_{13}团簇相互作用的。HCO^*的吸附构型与Santiago-Rodríguez等[87]在Mg/Cu（111）催化剂上研究的相应物种的吸附构型是一致的。此外，H_3CO^*通过O原子吸附在Ni_{13}团簇的top位，并且相应的O—Ni键键长为1.787 Å。

图3-1（u）～（x）给出了H_xCOH（x=0～3）物种的最优吸附构型。COH^*最稳定的吸附位点是hollow位，其吸附能为−4.80 eV，这与Pt掺杂Ni（111）表面[13]上的相应物种的吸附能值相同。$HCOH^*$和H_2COH^*均通过C原子稳定吸附在Ni_{13}团簇的bridge位，吸附能分别为−3.65 eV和−2.56 eV。CH_3OH^*最稳定的吸附位点是top位，吸附能为−0.81 eV。

3.2.2 Ni_{13} 团簇催化剂上合成甲烷的反应机理

在确定了 CO_2 加氢过程中所有可能中间体最稳定的吸附构型后，进一步对 Ni_{13} 团簇上 CO_2 加氢为 HCOOH、CH_3OH 和 CH_4 的可行的反应路径进行了研究。对所涉及的所有基元反应的 TS 进行了搜索和确定，并获得了相应的活化势垒（E_a）和反应能（ΔE）值，如表 3-2 所列。表 3-2 中各基元反应对应的 IS、TS 和 FS 构型如图 3-2 ～图 3-9 所示（书后另见彩图）。

表 3-2　所有基元反应的活化势垒和反应能

项目	基元反应	E_a/eV	ΔE/eV
R1	$H_2+2^* \longrightarrow H^*+H^*$	0.21	−0.72
R2	$CO_2^*+H^* \longrightarrow HCOO^*+^*$	0.88	−0.39
R3	$CO_2^*+H^* \longrightarrow COOH^*+^*$	1.87	0.57
R4	$HCOO^*+H^* \longrightarrow HCOOH^*+^*$	1.63	1.56
R5	$HCOO^*+H^* \longrightarrow H_2COO^*+^*$	1.55	1.02
R6	$H_2COO^*+^* \longrightarrow H_2CO^*+O^*$	0.63	−0.36
R7	$H_2COO^*+H^* \longrightarrow H_2COOH^*+^*$	1.37	0.83
R8	$H_2COOH^* \longrightarrow H_2CO^*+OH^*$	0.69	−0.64
R9	$COOH^*+^* \longrightarrow CO^*+OH^*$	0.99	−1.24
R10	$COOH^*+H^* \longrightarrow COHOH^*+^*$	1.73	1.09
R11	$COHOH^*+^* \longrightarrow COH^*+OH^*$	0.91	−0.96
R12	$CO^*+^* \longrightarrow C^*+O^*$	2.92	0.39
R13	$CO^*+H^* \longrightarrow HCO^*+^*$	1.45	1.05
R14	$CO^*+H^* \longrightarrow COH^*+^*$	2.53	1.50
R15	$HCO^*+H^* \longrightarrow H_2CO^*+^*$	0.66	0.39
R16	$H_2CO^*+^* \longrightarrow CH_2^*+O^*$	1.45	−0.75
R17	$H_2CO^*+H^* \longrightarrow H_3CO^*+^*$	0.85	0.22
R18	$H_2CO^*+H^* \longrightarrow H_2COH^*+^*$	1.26	0.52
R19	$H_3CO^*+^* \longrightarrow CH_3^*+O^*$	0.85	−1.15
R20	$H_3CO^*+H^* \longrightarrow CH_3OH^*+^*$	0.79	0.73
R21	$COH^*+^* \longrightarrow C^*+OH^*$	0.96	−0.57
R22	$COH^*+H^* \longrightarrow HCOH^*+^*$	0.74	0.44
R23	$HCOH^*+^* \longrightarrow CH^*+OH^*$	0.52	−1.12
R24	$HCOH^*+H^* \longrightarrow H_2COH^*+^*$	0.83	0.27
R25	$H_2COH^*+^* \longrightarrow CH_2^*+OH^*$	0.23	−1.40
R26	$H_2COH^*+H^* \longrightarrow CH_3OH^*+^*$	0.92	0.30
R27	$C^*+H^* \longrightarrow CH^*+^*$	0.65	−0.38
R28	$CH^*+H^* \longrightarrow CH_2^*+^*$	0.67	0.57
R29	$CH_2^*+H^* \longrightarrow CH_3^*+^*$	0.66	0.01
R30	$CH_3^*+H^* \longrightarrow CH_4^*+^*$	0.86	0.29

① H_2^* 的分解。H_2^* 分解为 H^* 原子（R1）是 CO_2 加氢的关键步骤。如图 3-2 所示，H_2^* 在初始状态是吸附在一个 Ni 原子的 top 位，之后被分解成两个 H^* 原子。该反应是一个放热反应（−0.72 eV），且活化势垒较小（0.21 eV），表明它的发生在热力学和动力学上都是有利的。

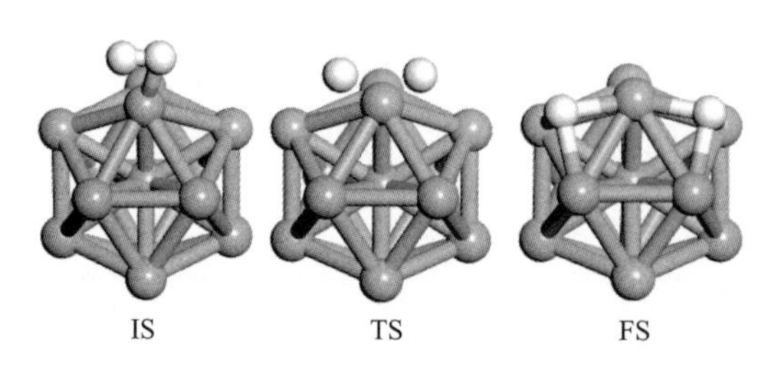

图 3-2　H_2^* 分解（R1）的 IS、TS 和 FS 构型

② CO_2^* 的加氢。如图 3-3 所示，CO_2^* 和 H^* 共吸附在 Ni_{13} 团簇之后，它们之间的反应包括以下两个竞争的反应：一个是 H^* 进攻 CO_2^* 的 C 原子形成 $HCOO^*$（R2）；另一个是 H^* 与 CO_2^* 的 O 原子结合形成 $COOH^*$（R3）。R2 的活化势垒为 0.88 eV，反应能为 −0.39 eV，比 R3 的相应值低 0.99 eV 和 0.96 eV。因此，相比于 $COOH^*$ 的生成，$HCOO^*$ 的生成在热力学和动力学上都是更有利的。换言之，在 Ni_{13} 团簇上，CO_2^* 加氢更容易生成 $HCOO^*$ 而不是 $COOH^*$。

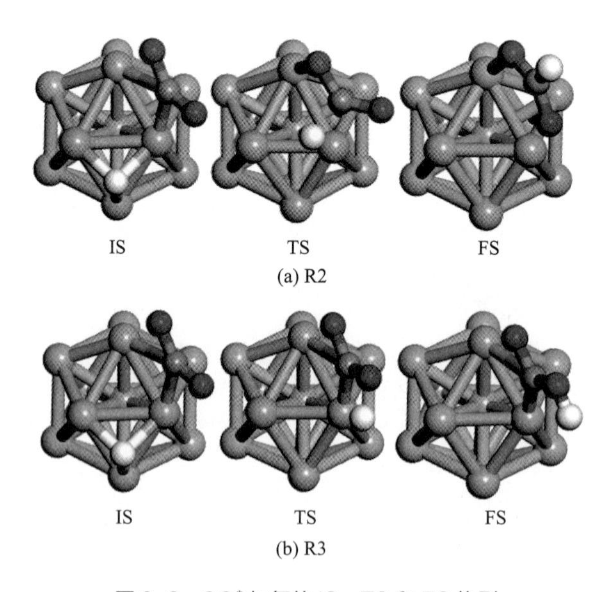

图 3-3　CO_2^* 加氢的 IS、TS 和 FS 构型

③ $HCOO^*$ 的加氢。如图 3-4 所示，$HCOO^*$ 加氢的产物为 $HCOOH^*$ 或 H_2COO^*。当 H^* 与 $HCOO^*$ 的 O 原子结合时，会生成 $HCOOH^*$（R4）。活化势垒为 1.63 eV，

反应能为 1.56 eV。相反，当 $HCOO^*$ 的 C 原子被 H^* 进攻生成 C—H 键时，便会生成 H_2COO^*（R5）。该反应是一个吸热反应（反应能为 1.02 eV），活化势垒为 1.55 eV。因此，$HCOO^*$ 加氢形成 H_2COO^* 在热力学和动力学上都是更有利的。对于 H_2COO^* 的进一步反应有两种可能的竞争反应：一种是 H_2COO^* 直接分解生成 H_2CO^* 和 O^* 物种（R6）；另一种是进一步加氢生成 H_2COOH^*（R7）。与 R7（E_a=1.37 eV）相比，R6 只需克服一个小的活化势垒（0.63 eV），表明 H_2COO^* 更容易发生分解。

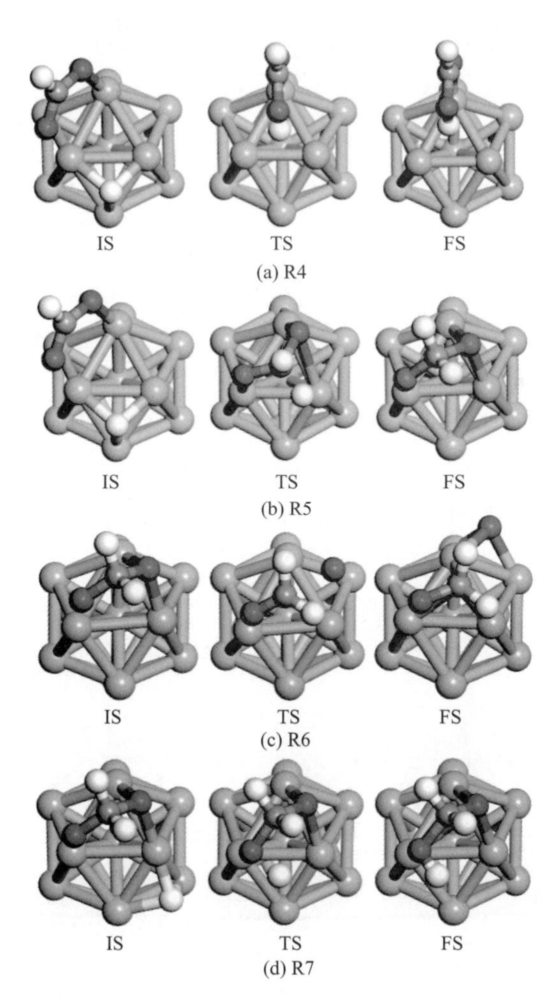

图 3-4　$HCOO^*$ 加氢的 IS、TS 和 FS 构型

④ $COOH^*$ 的分解或加氢。如图 3-5 所示，$COOH^*$ 可分解为 CO^* 和 OH^* 物种（R9），这是一个放热反应（−1.24 eV），活化势垒为 0.99 eV。同时，$COOH^*$ 也可以加氢形成 $COHOH^*$（R10），该反应具有一个较高的活化势垒（1.73 eV），反应能为 1.09 eV。以上结果表明，在 Ni_{13} 团簇上 $COOH^*$ 解离为 CO^* 和 OH^* 物种是更容易发

生的。

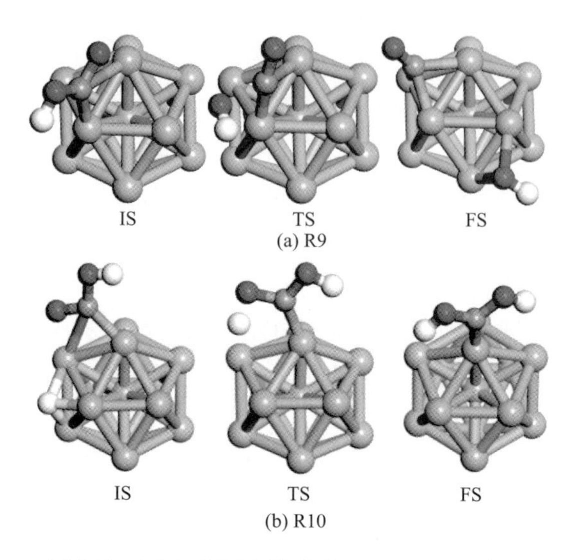

图 3-5　COOH* 分解或加氢的 IS、TS 和 FS 构型

⑤ CO* 的分解或加氢。如图 3-6 所示（书后另见彩图），CO* 的直接分解是轻微吸热的（R12，ΔE= 0.39 eV）。但该反应具有一个高的活化势垒（2.92 eV），且高于 Ni（111）表面（2.46 eV）[31] 和 Ce 掺杂 Ni（111）表面（1.66 eV）[93]。因此，与纯镍和镍合金表面相比，Ni_{13} 团簇具有更优异的抑制碳沉积的能力。CO* 的加氢产物为 HCO* 或 COH*，这取决于 H* 是攻击 CO* 的 C 原子还是 O 原子（R13 或 R14）。如表 3-2 所列，R14 的活化势垒（2.53 eV）明显高于 R13 的活化势垒（1.45 eV）。因此，从动力学的角度来看，在 Ni_{13} 团簇上，CO* 加氢生成 HCO* 是更容易发生的。

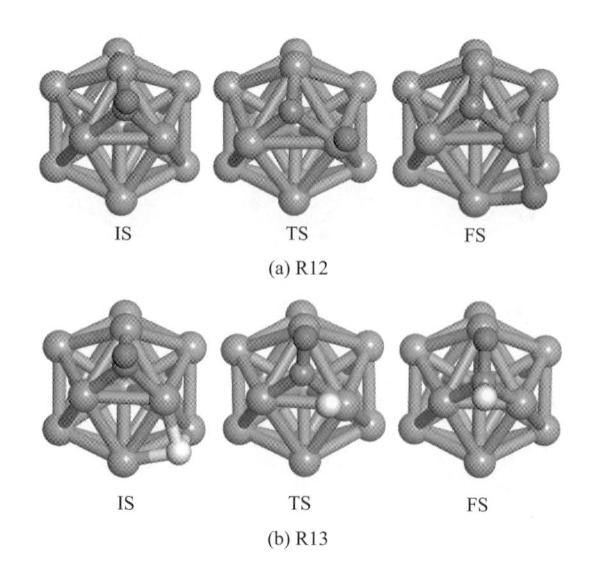

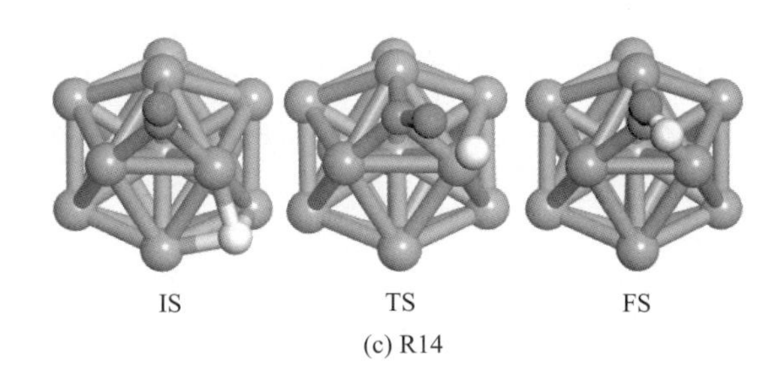

(c) R14

图 3-6　CO^* 分解或加氢的 IS、TS 和 FS 构型

⑥ HCO^* 的加氢。如图 3-7 所示，HCO^* 可以被加氢成 H_2CO^*（R15）。该反应仅需克服一个小的活化势垒（0.66 eV），并且它的反应能较小（0.39 eV）。由表 3-2 可知，生成的 H_2CO^* 更有可能进一步加氢而不是分解（R16，E_a=1.45 eV）。H_2CO^* 的进一步加氢涉及两种可能的竞争反应：一种是吸附的 H^* 进攻 H_2CO^* 的 C 原子形成 H_3CO^*（R17）；另一种是 H^* 与 H_2CO^* 的 O 原子结合形成 H_2COH^*（R18）。R17 的活化势垒为 0.85 eV，比 R18 低 0.41 eV。因此，基于反应动力学，在竞争反应中形成 H_3CO^* 是更有利的。H_3CO^* 解离为 CH_3^* 和 O^* 物种（R19）的活化势垒为 0.85 eV，与 H_3CO^* 加氢生成 CH_3OH^*（R20，E_a=0.79 eV）的活化势垒相近。并且 CH_3^* 进一步加氢成 CH_4^* 也具有相近的活化势垒（0.86 eV）。因此，这些竞争的基元反应决定了最终产物是 CH_4 还是 CH_3OH。

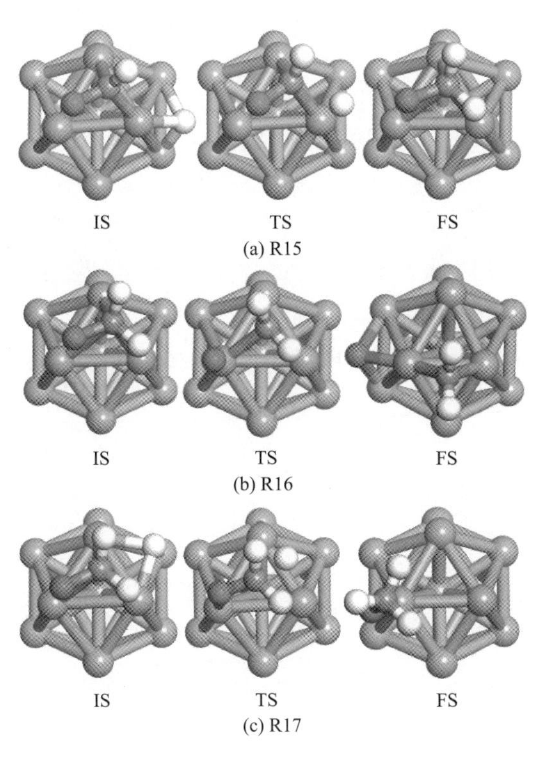

图 3-7

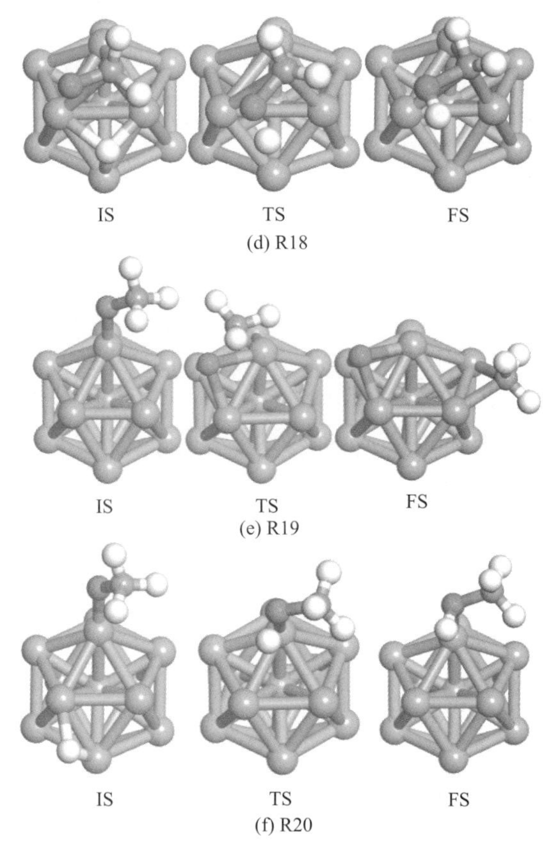

图 3-7 HCO^* 加氢的 IS、TS 和 FS 构型

⑦ COH^* 的分解或加氢。如图 3-8 所示，COH^* 可分解为 C^* 和 OH^* 物种（R21）。尽管该反应是放热的（−0.57 eV），但它需要克服 0.96 eV 的活化势垒。此外，COH^* 还可以加氢生成 $HCOH^*$（R22），活化势垒较低，为 0.74 eV。很显然，从动力学角度来看，R22 是更有可能发生的。生成的 $HCOH^*$ 可以分解成 CH^* 和 OH^* 物种（R23）。该过程是放热的（−1.12 eV），且活化势垒较低，为 0.52 eV。生成的 $HCOH^*$ 也可以加氢生成 H_2COH^*（R24），其活化势垒为 0.83 eV，反应能为 0.27 eV。从动力学和热力学的角度都可以看出，生成的 $HCOH^*$ 更容易发生分解。对于 H_2COH^* 的分解（R25），该步骤仅需要克服 0.23 eV 的活化势垒，并且是放热的（−1.40 eV），表明该反应容易发生。

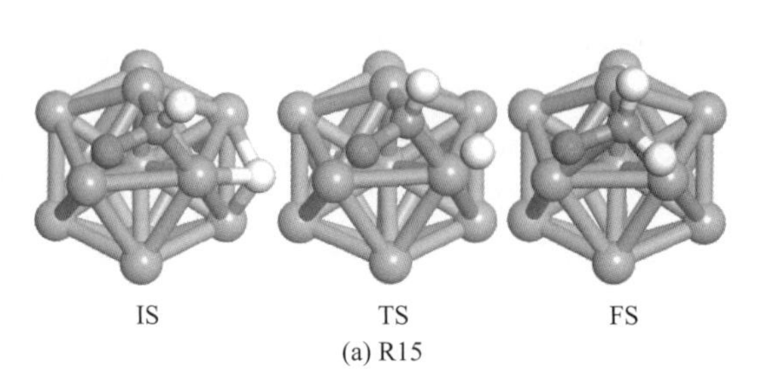

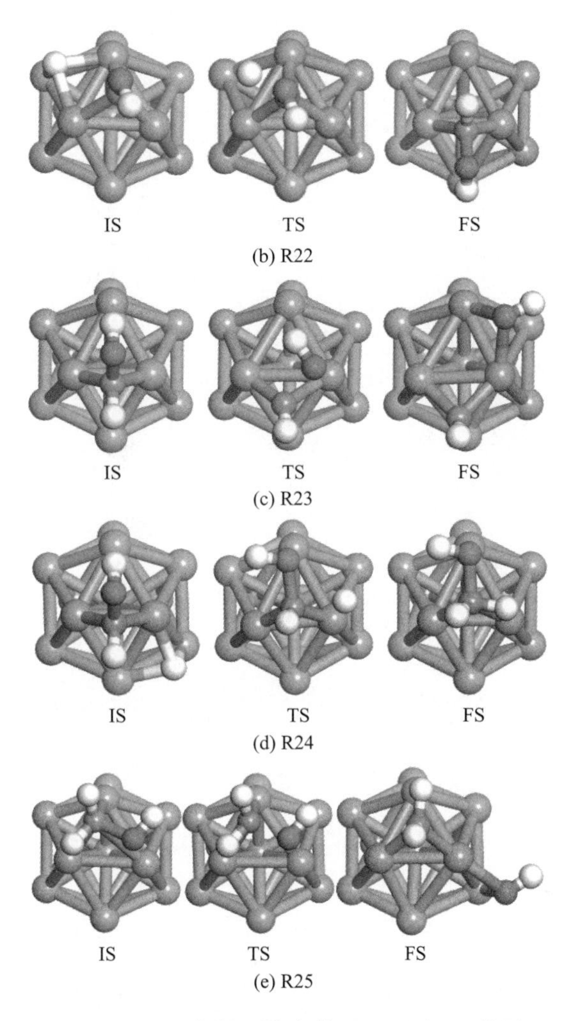

(b) R22

(c) R23

(d) R24

(e) R25

图 3-8　COH^* 分解或加氢的 IS、TS 和 FS 构型

⑧ CH_x^*（x=0～3）加氢。CH_x^* 加氢的 IS、TS 和 FS 构型如图 3-9 所示。根据表 3-2，反应 $C^* \longrightarrow CH^*$（R27）、$CH^* \longrightarrow CH_2^*$（R28）、$CH_2^* \longrightarrow CH_3^*$（R29）和 $CH_3^* \longrightarrow CH_4^*$（R30）的活化势垒分别为 0.65 eV、0.67 eV、0.66 eV 和 0.86 eV。相应的反应能分别为 −0.38 eV、0.57 eV、0.01 eV 和 0.29 eV。这些计算结果表明，CH_x 加氢的所有反应在 Ni_{13} 团簇上都是可行的。

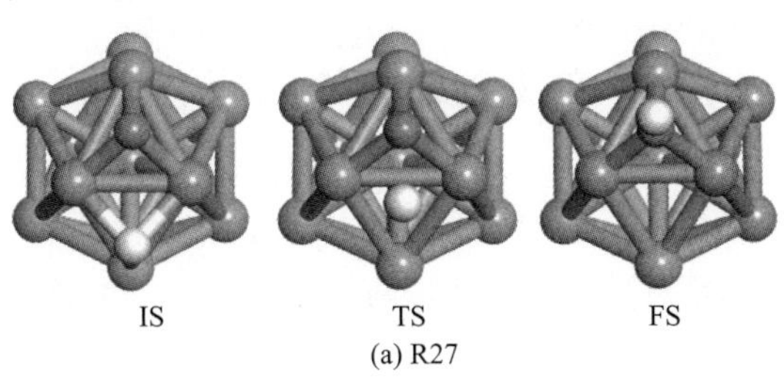

(a) R27

图 3-9

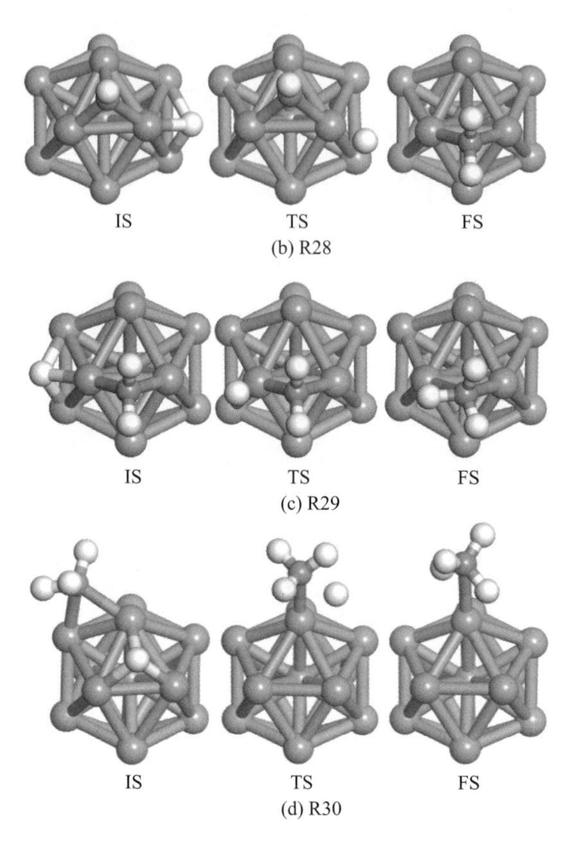

图 3-9 CH_x^*（x=0 ~ 3）加氢的 IS、TS 和 FS 构型

3.3 Ni_3Fe（111）催化剂催化二氧化碳加氢制甲烷

由于参与反应的中间体的不确定性，对 CO_2 甲烷化的机理尚无普遍共识[20, 42, 94]。此外，CO_2 在 Ni_3Fe 催化剂上甲烷化的反应机理尚不清楚。在本节中，我们选择了 Ni_3Fe（111）表面作为研究模型，采用 DFT 方法对 CO_2 甲烷化的反应机理进行了探讨。考虑了 CO_2 甲烷化过程中所有可能物种的吸附以及每步基元反应的活化势垒和反应能。

3.3.1 Ni_3Fe（111）催化剂上反应物种的吸附

本部分研究了在 Ni_3Fe（111）表面上参与 CO_2 加氢合成 CH_4 过程中可能物种的吸附。最佳吸附构型如图 3-10 所示（书后另见彩图），相应的位点、键长和吸附能见表 3-3。

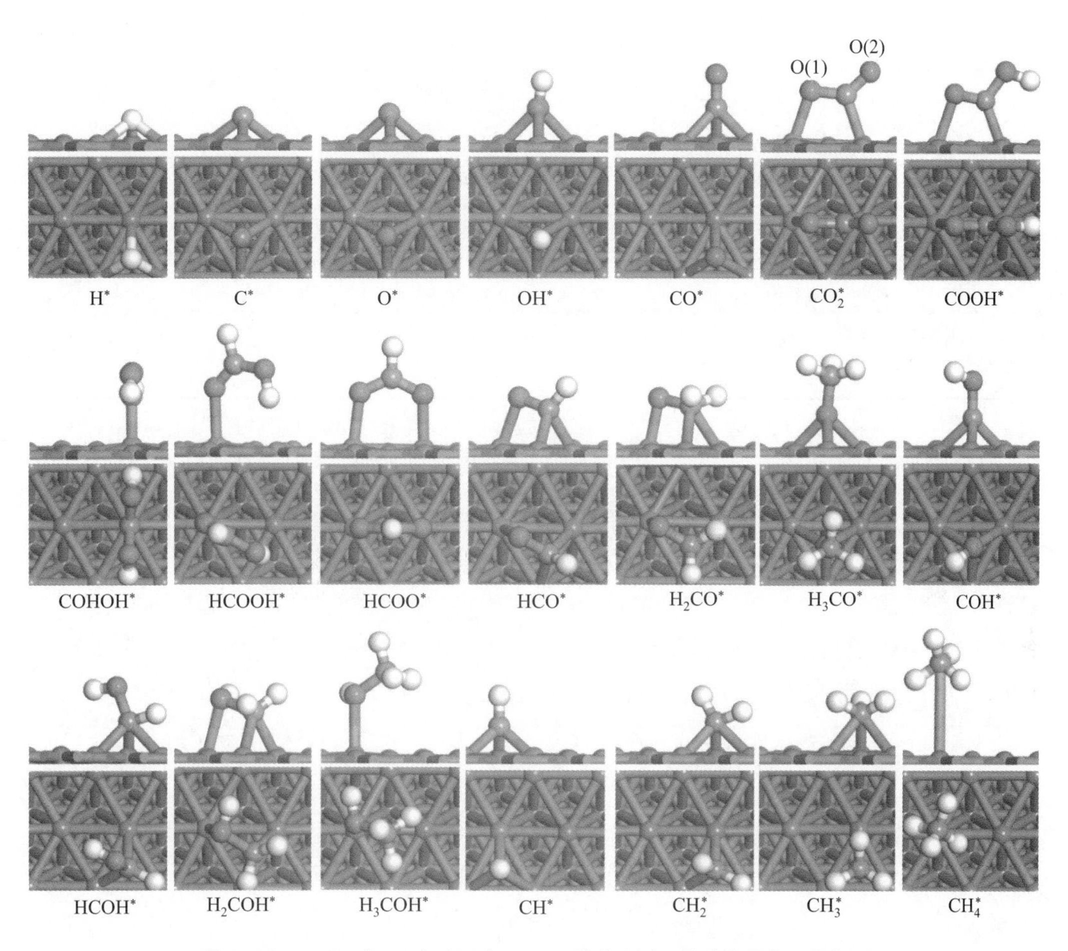

图 3-10　Ni_3Fe（111）表面上 CO_2 甲烷化所涉及物种的最佳吸附构型

表 3-3　Ni_3Fe（111）表面上 CO_2 甲烷化的最佳吸附位点、键长和吸附能

物种	位点	键长 /Å	E_{ads}/eV
H^*	Ni-hcp	$d_{H—Ni}$=1.712，1.714，1.714	−3.09
C^*	Fe-fcc	$d_{C—Ni}$=1.782，1.783；$d_{C—Fe}$=1.822	−6.63
O^*	Fe-fcc	$d_{O—Ni}$=1.884，1.886；$d_{O—Fe}$=1.865	−5.87
OH^*	Fe-fcc	$d_{O—Ni}$=2.011，2.013；$d_{O—Fe}$=2.030	−3.66
CO^*	Ni-hcp	$d_{C—Ni}$=1.944，1.945，1.946	−2.31
CO_2^*	Fe-bri	$d_{C—Ni}$=1.938；$d_{O—Fe}$=2.030	−0.27
$COOH^*$	Fe-bri	$d_{C—Ni}$=1.864，$d_{O—Fe}$=2.075	−2.81
$COHOH^*$	Ni-top	$d_{C—Ni}$=1.846	−2.53
$HCOOH^*$	Fe-top	$d_{O—Fe}$=2.141	−0.78
$HCOO^*$	Fe-bri	$d_{O—Ni}$=1.984；$d_{O—Fe}$=2.021	−3.40
HCO^*	Fe-fcc	$d_{C—Ni}$=1.960，1.963；$d_{O—Fe}$=2.002	−2.70
H_2CO^*	Fe-fcc	$d_{C—Ni}$=2.128，2.137；$d_{O—Fe}$=1.881	−1.18
H_3CO^*	Fe-fcc	$d_{O—Ni}$=2.007，2.012；$d_{O—Fe}$=2.025	−3.07
COH^*	Fe-fcc	$d_{C—Ni}$=1.850，1.857；$d_{C—Fe}$=1.980	−5.50

续表

物种	位点	键长 /Å	E_{ads}/eV
$HCOH^*$	Ni-hcp	$d_{C—Ni}$=1.938，1.949，1.988	−6.49
H_2COH^*	Fe-fcc	$d_{C—Ni}$=2.038，2.148；$d_{O—Fe}$=2.200	−2.16
H_3COH^*	Fe-top	$d_{O—Fe}$=2.325	−0.71
CH^*	Fe-hcp	$d_{C—Ni}$=1.869，1.870，$d_{C—Fe}$=1.887	−6.61
CH_2^*	Ni-hcp	$d_{C—Ni}$=1.925，1.927，1.977	−4.67
CH_3^*	Ni-hcp	$d_{C—Ni}$=2.135，2.139，2.139	−2.35
CH_4^*	Fe-top	$d_{C—Fe}$=3.607	−0.25

H^* 更倾向于吸附在 Ni_3Fe（111）表面上的 Ni-hcp 位，E_{ads} 值为 −3.09 eV。C^* 的 E_{ads} 值为 −6.63 eV，这比 Ni（111）表面（−6.78 eV）[85] 上的更正。O^* 和 OH^* 均倾向于吸附在 Fe-fcc 位，E_{ads} 值分别为 −5.87 eV 和 −3.66 eV。CO^* 的最佳吸附位点为通过 C—Ni 键吸附的 Ni-hcp 位，相应键长分别为 1.944 Å、1.945 Å 和 1.946 Å。CO^* 的 E_{ads} 值为 −2.31 eV，这比 Ni(111）表面（−1.92 eV）[85]、Pt 掺杂 Ni(111）表面（−1.83 eV）[13]、$PdCu_3$（111）表面（−1.51 eV）[90] 和 Cu（111）表面（−1.06 eV）[95] 上的更负。

如图 3-10 所示，CO_2^* 是通过一个 C—Ni 键和一个 O—Fe 键吸附在 Ni_3Fe（111）表面，并且不再保持原有的线性构型，键角变为 131°。此外，CO_2 分子的两个 C—O 键键长分别从气相中的 1.175 Å 被拉伸至 1.295 Å 和 1.220 Å，其吸附能值为−0.27 eV，这比 Ni（111）表面（−0.02 eV）[85] 和 Pt 掺杂 Ni（111）表面（−0.15 eV）[13] 上的数值更负。此外，PDOS 表明 Ni 原子的 d 轨道与 C 原子的 p 轨道在 −9.54 ～ 1.04 eV 的能级范围内发生了轨道重叠，Fe 原子的 d 轨道与 O（1）原子的 p 轨道也发生了重叠（图 3-11），这表明 CO_2 与 Ni_3Fe（111）表面存在明显的轨道杂化。上述结果清晰地表明了 CO_2 在 Ni_3Fe（111）表面被很好地活化，这将有利于进一步的加氢反应。

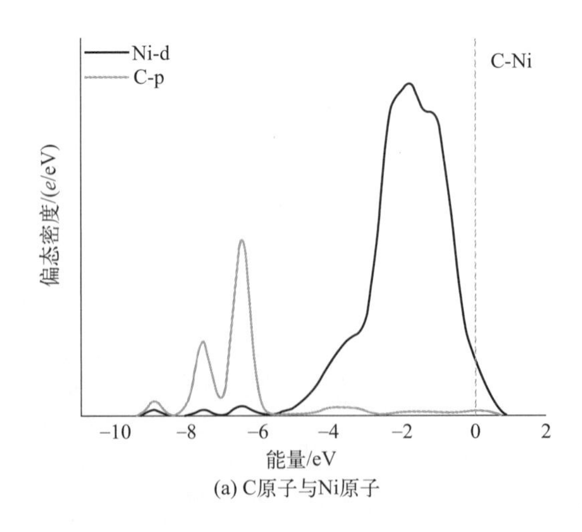

(a) C原子与Ni原子

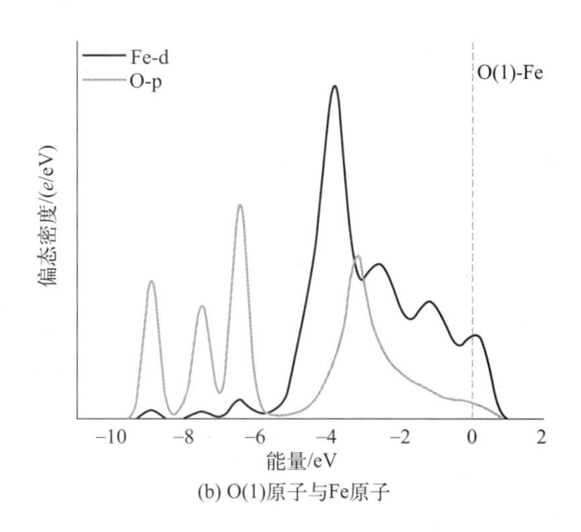

图 3-11　CO_2 吸附在 Ni_3Fe（111）表面后的 PDOS 图

$COOH^*$ 的最优吸附位点是通过一个 C—Ni 键和一个 O—Fe 键吸附的 Fe-bri 位，相应的键长分别为 1.864 Å 和 2.075 Å。$COOH^*$ 的 E_{ads} 值为 −2.81 eV，这比 Ni（111）表面（−2.26 eV）[85]、Pt 掺杂 Ni（111）表面（−2.73 eV）[13]、$PdCu_3$（111）表面（−2.63 eV）[90] 和 Cu（111）表面（−1.96 eV）[95] 上的更负。$COHOH^*$ 的最优吸附位点是通过 C—Ni 键（1.846 Å）吸附的 Ni-top 位，E_{ads} 值为 −2.53 eV；而 $HCOOH^*$ 倾向于通过 O—Fe 键（2.141 Å）吸附在 Fe-top 位，E_{ads} 值为 −0.78 eV。可以观察到 $HCOO^*$ 是以双配位构型吸附在 Ni_3Fe（111）表面上，这与 Pt 掺杂 Ni（111）表面 [13] 相应物种的吸附构型一致。

对于 H_xCO（x=1 ～ 3），HCO^* 和 H_2CO^* 均通过 C 原子和 O 原子稳定地吸附在 Ni_3Fe（111）表面上。而 H_3CO^* 的最佳吸附位点是通过 O 原子吸附的 Fe-fcc 位点。对于 H_xCOH（x=0 ～ 3）物种，COH^* 和 $HCOH^*$ 均通过 C 原子稳定吸附在 Ni_3Fe（111）表面上。H_2COH^* 倾向于通过 C 原子和 O 原子共同吸附在催化剂表面上，而 H_3COH^* 的最佳吸附位点是通过 O 原子吸附的 Fe-top 位。结果表明，对于这些碳 - 氧组成的物种的吸附，当 C 原子上有更多的 H 原子时它们倾向于仅通过 O 原子吸附在 Ni_3Fe（111）表面上。

对于 CH_x（x=1 ～ 4）物种，CH^* 倾向于吸附在 Fe-hcp 位，E_{ads} 值为 −6.61 eV。对于 CH_2^* 和 CH_3^*，两者都倾向于吸附在 Ni-fcc 位，E_{ads} 值分别为 −4.67 eV 和 −2.35 eV。CH_4^* 倾向于吸附在 Fe-top 位上，E_{ads} 值为 −0.25 eV。并且 CH_4^* 的所有 C—H 键键长（1.097 Å）都与孤立的 CH_4 的键长（1.096 Å）接近，即 CH_4 分子几乎没有变形。

3.3.2　Ni_3Fe（111）催化剂上合成甲烷的反应机理

在确定了所有可能物种在 Ni_3Fe（111）表面上的最优吸附构型后，进一步讨论

了 Ni_3Fe（111）表面上 CO_2 甲烷化的可行的反应路径。CO_2 加氢生成 CH_4 的过程是由多种路径的复杂反应链组成的。为了解 Ni_3Fe（111）表面上 CO_2 甲烷化的机理，需要研究该表面上可能的反应路径的能量分布。因此，我们对反应路径中所涉及的基元反应的 TS 进行了搜索，并得到了相应的 E_a 值和 ΔE 值。

① CO_2^* 的加氢。CO_2^* 加氢有两种可能的途径：一种是 H^* 进攻 CO_2^* 的 C 原子生成 $HCOO^*$（R1）；另一种是 H^* 进攻 CO_2^* 的 O 原子生成 $COOH^*$（R2），如图 3-12（a）和（b）所示（书后另见彩图）。计算出生成 $HCOO^*$ 和 $COOH^*$ 的 E_a 值分别是 1.67 eV 和 1.47 eV［图 3-12（c），书后另见彩图］。从动力学角度来看，在 Ni_3Fe（111）表面上 $COOH^*$ 的生成是更有利的。因此，$HCOO^*$ 的进一步加氢将不再考虑，后续与这一步情况类似的步骤都按照同样的规则来处理。

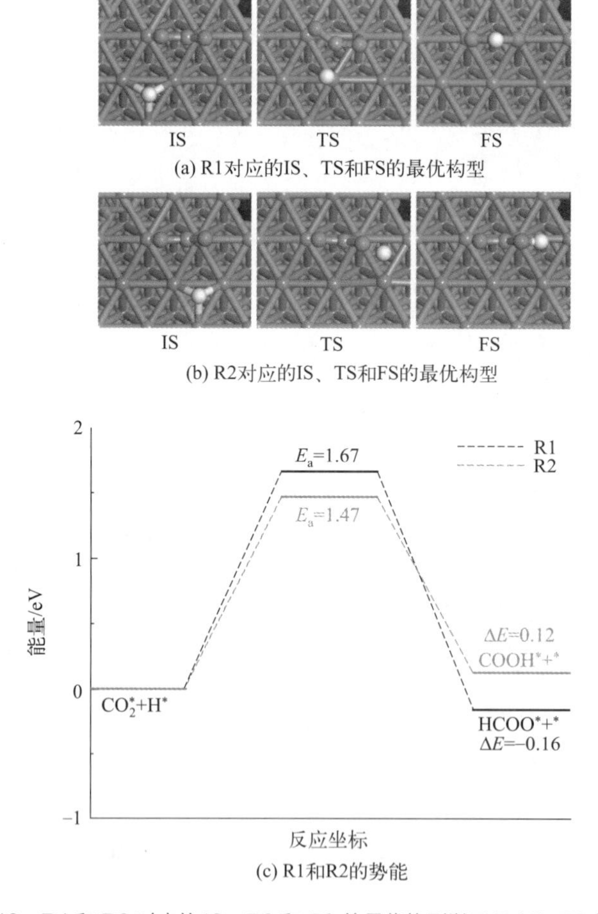

图 3-12　R1 和 R2 对应的 IS、TS 和 FS 的最优构型以及 R1 和 R2 的势能

② $COOH^*$ 的解离或加氢。如图 3-13（a）～（c）所示（书后另见彩图），吸附在 Ni_3Fe（111）表面上的 $COOH^*$ 可以解离为 CO^* 和 OH^* 物种（R3），也可以加氢

成 $COHOH^*$（R4）或 $HCOOH^*$（R5）。比较这3个竞争的反应可以发现，R3的 E_a 值最小（0.82 eV），并且具有最负 ΔE 值（−1.04 eV），这表明无论是从动力学还是热力学角度来看，$COOH^*$ 物种都更倾向于发生解离，而不是加氢，如图3-13（d）所示（书后另见彩图）。也就是说，生成甲酸的 E_a 值相对较高（1.74 eV），这有助于提高 Ni_3Fe（111）表面对甲烷反应的选择性。

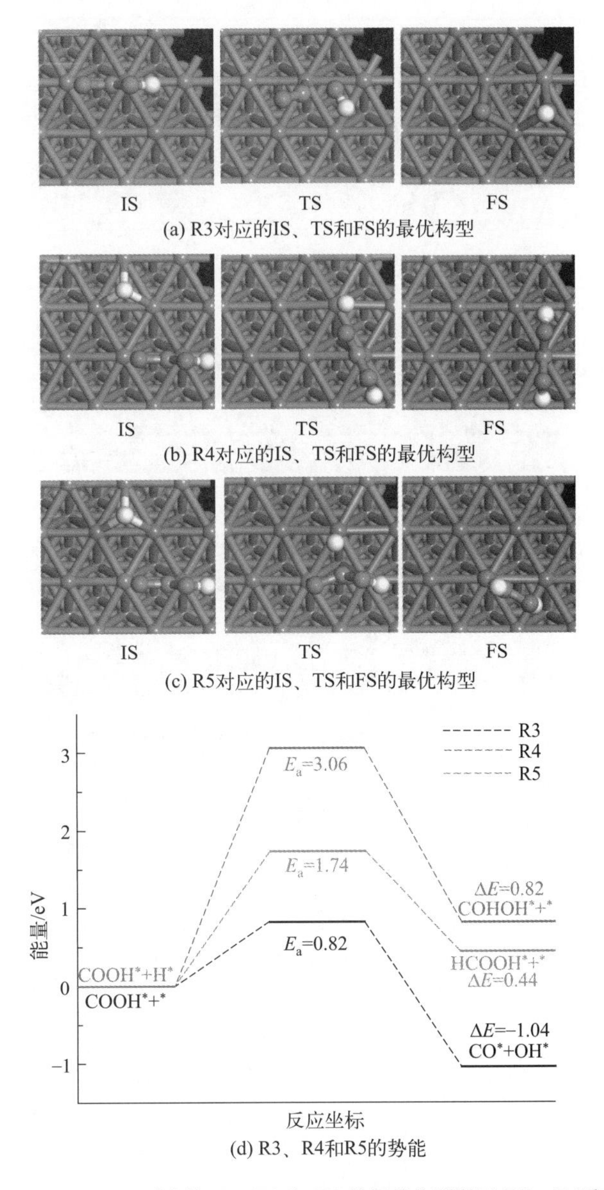

图3-13　R3、R4和R5对应的IS、TS和FS的最优构型以及R3、R4和R5的势能

③ CO^* 的解离或加氢。CO^* 解离或加氢的可行路线如图3-14（a）～（c）所示（书后另见彩图）。结果表明，CO^* 的解离（R6）是一个显著的吸热反应（1.57 eV），

并且需要克服一个很高的活化势垒（3.27 eV），如图 3-14（d）所示（书后另见彩图）。对于 CO^* 的加氢，CO^* 的 O 原子可以与吸附的 H^* 结合生成 COH^*（R7），该反应需要克服一个高的活化势垒（2.40 eV）。此外，CO^* 的 C 原子也可以与吸附的 H^* 结合生成 HCO^*（R8），计算出的 E_a 值为 1.60 eV，ΔE 值为 1.16 eV。这些结果表明，从动力学的角度来看，在 Ni_3Fe（111）表面上 CO^* 加氢生成 HCO^* 是更容易发生的。

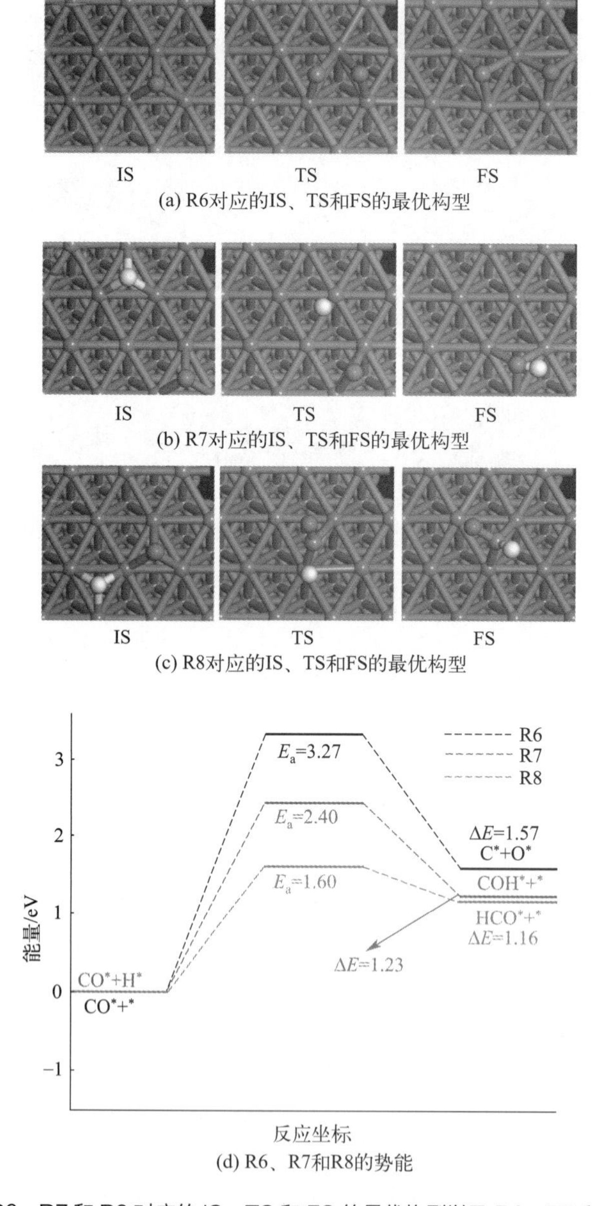

图 3-14　R6、R7 和 R8 对应的 IS、TS 和 FS 的最优构型以及 R6、R7 和 R8 的势能

④ HCO^* 的解离或加氢。HCO^* 可以通过直接解离反应生成 CH^* 和 O^* 物种（R9），也可以通过加氢反应生成 H_2CO^*（R10）或 $HCOH^*$（R11），如图 3-15（a）～（c）所示（书后另见彩图）。对于 R9，C 原子和 O 原子之间的距离从 IS 的 1.304 Å 伸长到 TS 的 1.966 Å，再伸长至 FS 的 2.844 Å；在 FS 中，CH^* 和 O^* 分别位于邻近的 Fe-hcp 位点。该反应需要克服一个高的活化势垒（1.61 eV），如图 3-15（d）所示（书后另见彩图）。对于 R10 和 R11，计算出 E_a 值分别为 0.81 eV 和 2.23 eV。因此，HCO^* 加氢生成 H_2CO^* 在动力学上是更容易发生的。

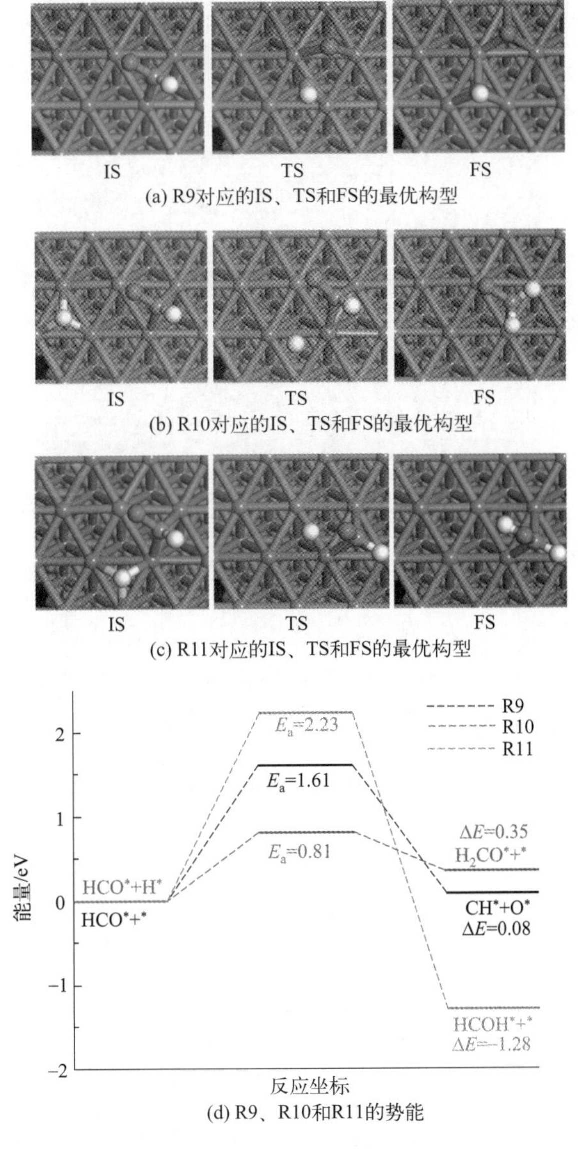

图 3-15　R9、R10 和 R11 对应的 IS、TS 和 FS 的最优构型以及 R9、R10 和 R11 的势能

⑤ H_2CO^* 的解离或加氢。生成的 H_2CO^* 可以进一步解离或加氢，即 $H_2CO^* \longrightarrow CH_2^*$（R12）或 $H_2CO^* \longrightarrow H_3CO^*/H_2COH^*$（R13/R14），如图 3-16（a）～（c）所示（书后另见彩图）。计算出 R12、R13 和 R14 的 E_a 值分别为 1.51 eV、1.60 eV 和 1.29 eV，如图 3-16（d）所示（书后另见彩图）。因此，从动力学的角度可以看出，在 Ni_3Fe（111）表面上 H_2CO^* 加氢生成 H_2COH^* 是更容易发生的。

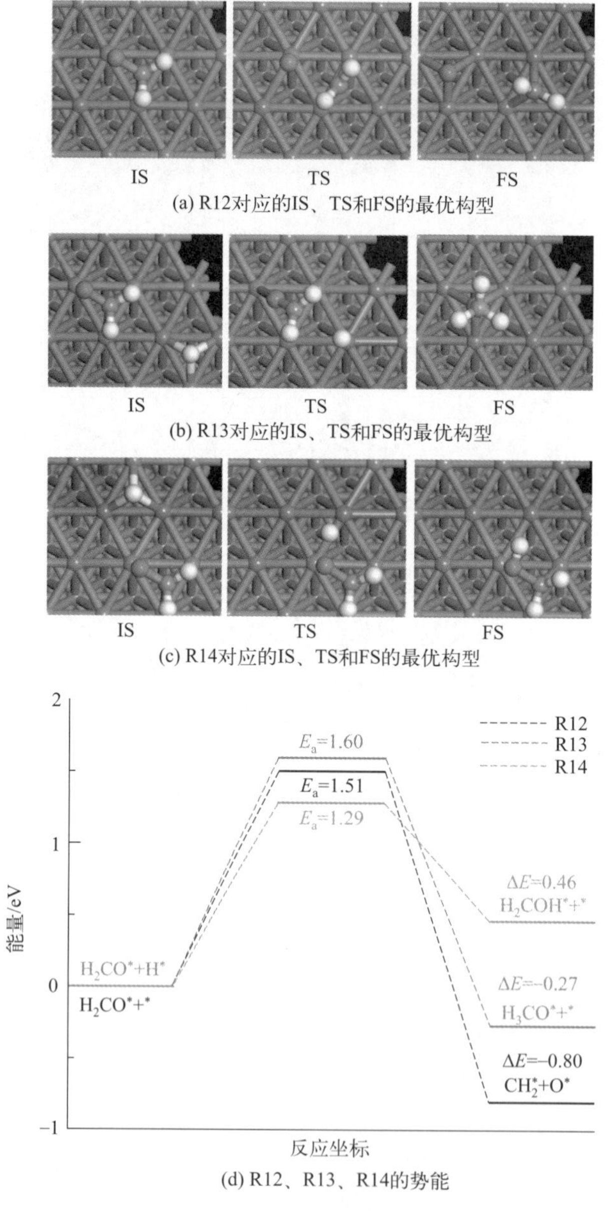

图 3-16　R12、R13 和 R14 对应的 IS、TS 和 FS 的最优构型以及 R12、R13 和 R14 的势能

⑥ H_2COH^* 的解离或加氢。如图 3-17（a）和（b）所示（书后另见彩图），

H_2COH^* 可以分解为 CH_2^* 和 OH^* 物种（R15）或进一步加氢为 H_3COH^*（R16）。计算出 R15 和 R16 的 E_a 值分别为 0.77 eV 和 1.87 eV，ΔE 值分别为 −0.81 eV 和 −0.09 eV，如图 3-17（c）所示（书后另见彩图）。这些结果表明，基于动力学和热力学，H_2COH^* 更有利于解离成 CH_2^* 而不是加氢成 H_3COH^*。换句话说，甲醇的形成在动力学上是不利的，这表明 Ni_3Fe（111）表面具有较高的甲烷选择性。

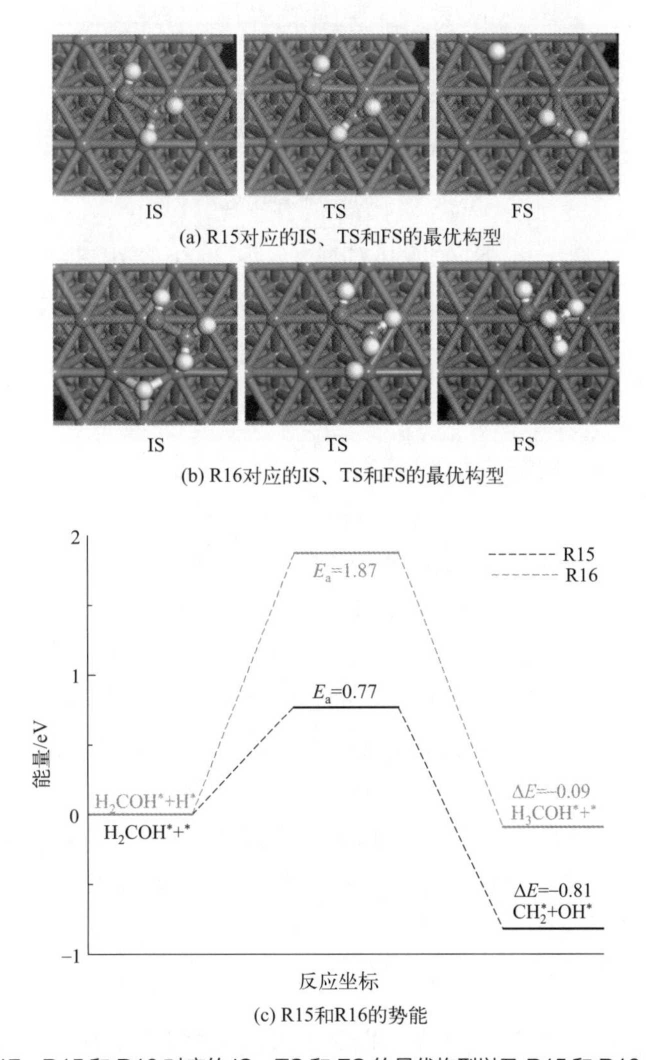

图 3-17 R15 和 R16 对应的 IS、TS 和 FS 的最优构型以及 R15 和 R16 的势能

⑦ CH_2^* 和 CH_3^* 的加氢。CH_2^* 在 Ni_3Fe（111）表面上生成后，将经过两个连续的加氢反应生成 CH_4^*（R17 和 R18），如图 3-18（a）和（b）所示（书后另见彩图）。反应 $CH_2^* \longrightarrow CH_3^*$ 的 ΔE 值为 −0.06 eV，E_a 值为 0.95 eV。对于反应 $CH_3^* \longrightarrow CH_4^*$，计算出 E_a 值为 1.26 eV，ΔE 值为 0.09 eV。

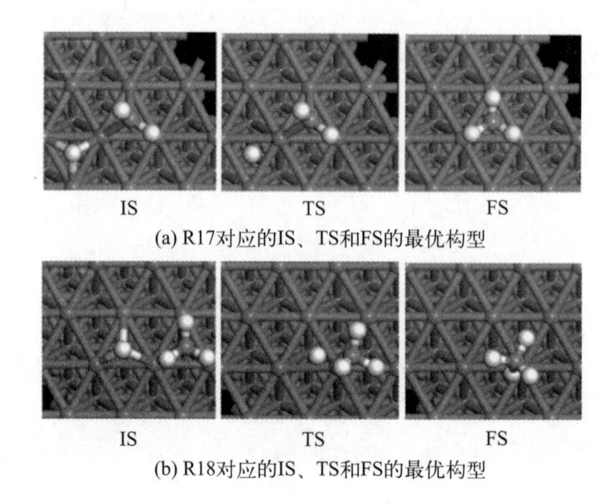

(a) R17对应的IS、TS和FS的最优构型

(b) R18对应的IS、TS和FS的最优构型

图 3-18　R17 和 R18 对应的 IS、TS 和 FS 的最优构型

3.3.3　Ni_3Fe（111）催化剂上抑制碳沉积的能力

表面 C^* 的形成是碳沉积的关键。有 3 种可能的反应会导致表面 C^* 的形成，即 CO^* 的解离（R6）、COH^* 的解离（$COH^* \longrightarrow C^*+OH^*$）和 CH^* 的解离（$CH^* \longrightarrow C^*+H^*$）。计算结果表明，上述反应均为吸热反应，并且它们的 E_a 值分别为 3.27 eV、2.23 eV 和 1.70 eV。这与 Pt 掺杂 Ni（111）表面[13]上相应反应的 E_a 值比较接近，并且显著高于 Ni（111）表面[53, 85]。此外，Ni_3Fe（111）表面上 CO^* 解离和 COH^* 解离的 E_a 值均高于 Ce 掺杂 Ni（111）表面[93]上的相应反应的 E_a 值。这些结果表明 Ni_3Fe（111）表面具有与 Pt 掺杂 Ni（111）表面相当的抑制碳沉积的能力，并且优于 Ni（111）表面和 Ce 掺杂 Ni（111）表面。此外，C^* 加氢（$C^*+H^* \longrightarrow CH^*$）的 E_a 值（1.28 eV）低于 CH^* 解离的 E_a 值（1.70 eV），说明 C^* 的加氢在动力学上是更有利的。因此，Ni_3Fe（111）表面能够有效地抑制碳沉积，并且即使表面上产生了少量的 C^*，也能够迅速地加氢成 CH^* 物种。

3.4　Ru 掺杂 Ni（111）催化剂催化二氧化碳加氢制甲烷

虽然一些学者已经对 CO_2 甲烷化在 RuNi 双金属催化剂上的催化性能进行了研究，但 CO_2 甲烷化的详细机理仍然是不清楚的。因此本节将通过 DFT 计算，对 Ru 掺杂 Ni（111）表面上的 CO_2 甲烷化的详细机理进行探索。其中考虑了 CO_2 甲烷化过程中所有可能物种的吸附以及每个基元反应的活化势垒和反应能。此外，还讨论了 Ru 掺杂 Ni（111）表面抑制碳沉积的能力。

3.4.1 Ru 掺杂 Ni（111）催化剂上反应物种的吸附

本小节考虑了在 Ru 掺杂 Ni（111）表面上参与 CO_2 甲烷化过程中的所有可能物种的吸附。最优的吸附构型如图 3-19 所示（书后另见彩图），相应的吸附位点、键长和吸附能列于表 3-4。

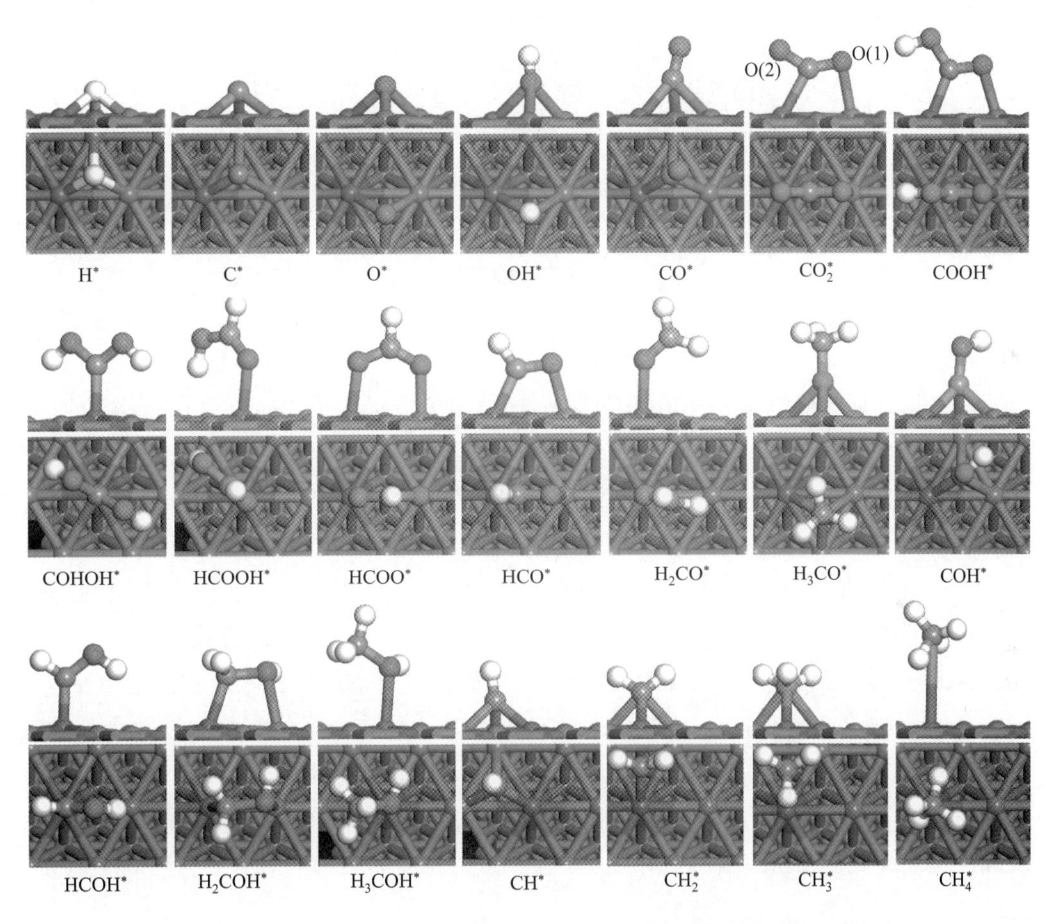

图 3-19 在 Ru 掺杂 Ni（111）表面上 CO_2 甲烷化所涉及物种的最优吸附构型

表 3-4 在 Ru 掺杂 Ni（111）表面上 CO_2 甲烷化的最优吸附位点、键长和吸附能

物种	位点	键长 /Å	E_{ads}/eV
H^*	Ru-hcp	$d_{H—Ni}$=1.766，1.795；$d_{H—Ru}$=1.776	−2.98
C^*	Ru-hcp	$d_{C—Ni}$=1.823，1.834；$d_{C—Ru}$=1.817	−6.91
O^*	Ru-fcc	$d_{O—Ni}$=1.890，1.894；$d_{O—Ru}$=1.947	−5.35
OH^*	Ru-fcc	$d_{O—Ni}$=2.026，2.034；$d_{O—Ru}$=2.126	−3.07
CO^*	Ru-hcp	$d_{C—Ni}$=2.083，2.088；$d_{C—Ru}$=1.960	−2.25
CO_2^*	Ru-bri	$d_{O—Ni}$=2.421；$d_{C—Ru}$=2.008	−0.29
$COOH^*$	Ru-bri	$d_{O—Ni}$=2.032；$d_{C—Ru}$=1.977	−3.05

续表

物种	位点	键长 /Å	E_{ads}/eV
$COHOH^*$	Ru-top	$d_{C—Ru}$=1.946	−3.19
$HCOOH^*$	Ru-top	$d_{C—Ru}$=2.172	−0.86
$HCOO^*$	Ru-bri	$d_{O—Ni}$=2.010；$d_{O—Ru}$=2.102	−3.15
HCO^*	Ru-bri	$d_{O—Ni}$=2.050；$d_{C—Ru}$=1.933	−2.81
H_2CO^*	Ru-top	$d_{O—Ru}$=2.088	−0.71
H_3CO^*	Ru-fcc	$d_{O—Ni}$=2.028，2.032；$d_{O—Ru}$=2.110	−2.50
COH^*	Ru-hcp	$d_{C—Ni}$=1.890，1.935；$d_{C—Ru}$=1.928	−5.76
$HCOH^*$	Ru-top	$d_{C—Ru}$=1.888	−6.90
H_2COH^*	Ru-bri	$d_{O—Ni}$=2.220；$d_{O—Ru}$=2.067	−2.23
H_3COH^*	Ru-top	$d_{O—Ru}$=2.314	−0.73
CH^*	Ru-hcp	$d_{C—Ni}$=1.890，1.890；$d_{C—Ru}$=1.915	−6.82
CH_2^*	Ru-fcc	$d_{C—Ni}$=2.028，2.040；$d_{C—Ru}$=1.990	−4.77
CH_3^*	Ru-fcc	$d_{C—Ni}$=2.207，2.209；$d_{C—Ru}$=2.208	−2.29
CH_4^*	Ru-top	$d_{C—Ru}$=3.508	−0.24

H^* 和 C^* 都更倾向于吸附在 Ru 掺杂 Ni（111）表面上的 Ru-hcp 位，计算的 E_{ads} 值分别为 −2.98 eV 和 −6.91 eV。O^* 的最佳吸附位点是通过两个 O—Ni 键和一个 O—Ru 键吸附的 Ru-fcc 位，相应的键长分别为 1.890 Å、1.894 Å 和 1.947 Å。O^* 的 E_{ads} 值为 −5.35 eV，这比 Ni（111）表面（−5.67 eV）[85]、Pt 掺杂的 Ni（111）表面（−6.65 eV）[13] 和 Ni_3Fe（111）表面（−5.87 eV）[96] 上的都更正。这种相对较弱的吸附可能表明催化剂不易被氧化，这一点通过 Proaño 等 [66] 的实验结果可以证明。少量的 Ru 与 Ni 的结合促进了 NiO_x 的还原，从而减缓了 Ni 活性位点的氧化。OH^* 更倾向于吸附在 Ru-fcc 位，E_{ads} 值为 −3.07 eV。CO^* 的最佳吸附位点是通过两个 C—Ni 键和一个 C—Ru 键吸附的 Ru-hcp 位，相应的键长分别为 2.083 Å、2.088 Å 和 1.960 Å。CO^* 的 E_{ads} 值为 −2.25 eV，这一值比 Ni（111）表面（−1.92 eV）[85]、Pt 掺杂 Ni（111）表面（−1.83 eV）[13]、$PdCu_3$（111）表面（−1.51 eV）[90] 和 Cu（111）表面（−1.06 eV）[95] 上的更负。

如图 3-19 所示，CO_2^* 通过一个 C—Ru 键和一个 O—Ni 键吸附在 Ru 掺杂 Ni(111) 表面上。并且不再保持原有的线性构型，O—C—O 的键角变为 137°。此外，CO_2 分子的两个 C—O 键键长分别从气相的 1.175 Å 被拉伸至 1.241 Å 和 1.260 Å。CO_2^* 的 E_{ads} 值为−0.29 eV，这比 Ni（111）表面（−0.02 eV）[85]、Pt 掺杂 Ni（111）表面（−0.15 eV）[13] 和 Ni_3Fe（111）表面（−0.27 eV）[96] 上的更负。此外，PDOS 图表明，Ru 原子的 d 轨道与 C 原子的 p 轨道在 −10 ～ 2 eV 的能级范围内发生重叠，并且 Ni 原子的 d 轨道也与 O（1）原子的 p 轨道发生重叠（图 3-20），表明 CO_2 和 Ru 掺杂 Ni（111）表面之间存在明显的轨道杂化。结果表明，Ru 的掺杂使得 CO_2^* 在催化剂表面受到了很好的活化，这将有利于进一步加氢反应。

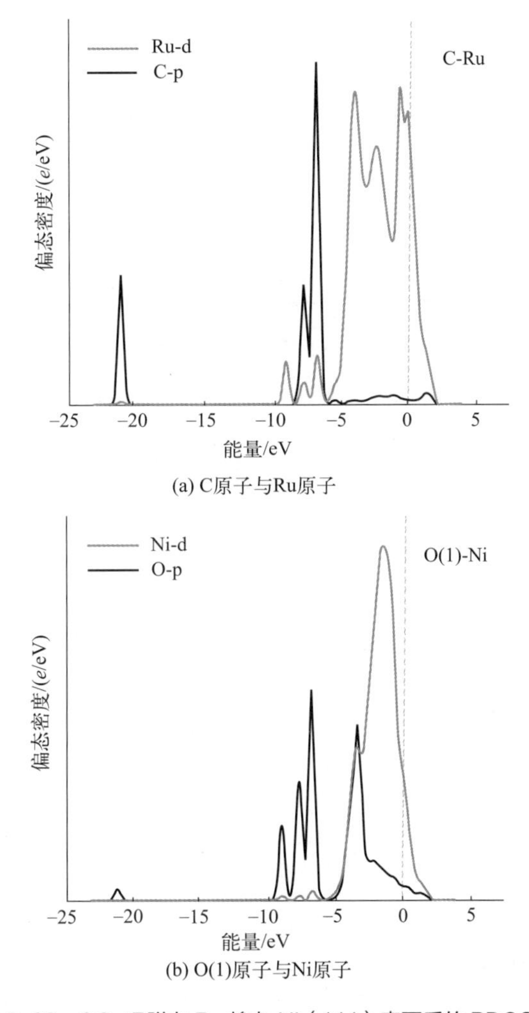

(a) C原子与Ru原子

(b) O(1)原子与Ni原子

图 3-20　CO_2 吸附在 Ru 掺杂 Ni（111）表面后的 PDOS 图

$COOH^*$ 最稳定的吸附位点是通过一个 O—Ni 键和一个 C—Ru 键吸附的 Ru-bri 位，相应的键长分别为 2.032 Å 和 1.977 Å。$COOH^*$ 的 E_{ads} 值为 −3.05 eV，这比 Ni（111）表面（−2.26 eV）[85]、Pt 掺杂 Ni（111）表面（−1.83 eV）[13]、Ni_3Fe（111）表面（−2.73 eV）[96]、$PdCu_3$（111）表面（−2.63 eV）[90] 和 Cu（111）表面（−1.96 eV）[95] 上的数值更负。$COHOH^*$ 和 $HCOOH^*$ 都更倾向于吸附在 Ru 掺杂 Ni（111）表面上的 Ru-top 位，计算的 E_{ads} 值分别为 −3.19 eV 和 −0.86 eV。如图 3-19 所示，观察到 $HCOO^*$ 通过双齿构型吸附在 Ru 掺杂 Ni（111）表面上，这与我们之前在 Ni_3Fe（111）表面 [96] 和 Ni_{13} 簇 [97] 上的研究是一致的。

对于 H_xCO（x=1 ～ 3）物种，HCO^* 通过一个 O—Ni 键和一个 C—Ru 键吸附在 Ru 掺杂 Ni（111）表面上，E_{ads} 值为 −2.81 eV。相比之下，H_2CO^* 是通过 O 原子吸附在 Ru-top 位，E_{ads} 值为 −0.71 eV；并且 H_3CO^* 是通过 O 原子吸附在 Ru-fcc 位点上，E_{ads} 值为 −2.50 eV。可以发现，对于 H_xCO 物种，当更多的 H 原子连接到 C 原子上

时该物种将倾向于仅通过 O 原子吸附在 Ru 掺杂 Ni（111）表面上。

对于 H_xCOH（x=0 ～ 3）物种，观察到 COH^* 和 $HCOH^*$ 均通过 C 原子稳定地吸附在 Ru 掺杂 Ni（111）表面上。相比之下，H_2COH^* 倾向于通过 C 原子和 O 原子吸附在 Ru-bri 位上，而 H_3COH^* 倾向于通过 O 原子吸附在 Ru-top 位上。结果表明，与 H_xCO 物种一样，随着更多的 H 原子连接到 C 原子上，H_xCOH 物种将倾向于仅通过 O 原子吸附在 Ru 掺杂 Ni（111）表面上。此外，H_xCOH（x=1 ～ 3）物种的吸附能随着分子中 H 原子数目的增加而降低（见表 3-4）。

对于 CH_x（x=1 ～ 4）物种，计算结果表明，CH_x 物种的吸附能随着分子中 H 原子数目的增加而降低（见表 3-4）；并且随着 H 原子数的增加，CH_x 物种与催化剂表面 Ni 的相互作用逐渐减弱，最终 CH_4^* 吸附在 Ru 掺杂 Ni（111）表面上的 Ru-top 位。此外，CH_4^* 的一个 C—H 键被拉长到 1.102 Å（其中 H 原子接近 Ni 原子）；其余 C—H 键的长度相同，为 1.096 Å，与气相中 CH_4 的 C—H 键的键长值（1.096 Å）一致，因此 CH_4 分子几乎没有变形。

3.4.2 Ru 掺杂 Ni（111）催化剂上合成甲烷的反应机理

在获得 CO_2 甲烷化过程中所有可能物种的稳定吸附构型之后，便可以对 CO_2 甲烷化可行的反应路径进行探究。CO_2 加氢生成 CH_4 的过程是由多种路径的复杂反应链组成的。为了解 Ni_3Fe（111）表面上 CO_2 甲烷化的反应机理，需要研究该催化剂表面上可能的反应路径的能量分布。本小节对 CO_2 甲烷化反应途径中所涉及的基元步骤的过渡态进行了搜索，并得到了相应基元反应的活化势垒和反应能，如表 3-5 所列。

表 3-5 所有基元反应步骤的活化势垒和反应能

项目	基元反应	E_a/eV	ΔE/eV
R1	$CO_2^*+H^* \longrightarrow HCOO^*+^*$	1.09	−0.27
R2	$CO_2^*+H^* \longrightarrow COOH^*+^*$	0.95	−0.25
R3	$COOH^*+^* \longrightarrow CO^*+OH^*$	1.01	−0.58
R4	$COOH^*+H^* \longrightarrow COHOH^*+^*$	1.16	−0.04
R5	$COOH^*+H^* \longrightarrow HCOOH^*+^*$	1.37	0.41
R6	$CO^*+^* \longrightarrow C^*+O^*$	3.26	1.54
R7	$CO^*+H^* \longrightarrow HCO^*+^*$	1.13	0.97
R8	$CO^*+H^* \longrightarrow COH^*+^*$	2.19	0.84
R9	$HCO^*+^* \longrightarrow CH^*+O^*$	2.45	−0.26
R10	$HCO^*+H^* \longrightarrow H_2CO^*+^*$	1.48	0.75
R11	$HCO^*+H^* \longrightarrow HCOH^*+^*$	0.96	0.10
R12	$HCOH^*+^* \longrightarrow CH^*+OH^*$	2.12	−0.09
R13	$HCOH^*+H^* \longrightarrow H_2COH^*+^*$	0.66	0.42

续表

项目	基元反应	E_a/eV	ΔE/eV
R14	$H_2COH^*+{}^* \longrightarrow CH_2^*+OH^*$	0.99	−0.29
R15	$H_2COH^*+H^* \longrightarrow CH_3OH^*+{}^*$	2.25	0.01
R16	$CH_2^*+H^* \longrightarrow CH_3^*+{}^*$	0.57	0.07
R17	$CH_3^*+H^* \longrightarrow CH_4^*+{}^*$	0.87	−0.04

表 3-5 中各基元反应对应的 IS、TS 和 FS 构型如图 3-21 ～图 3-27 所示（书后另见彩图）。

（1）$COOH^*$ 的生成

CO_2^* 和 H^* 共吸附在 Ru 掺杂 Ni（111）表面之后，它们加氢的反应将包括以下两个竞争的路线：一个是吸附的 H^* 与 CO_2^* 的 C 原子结合形成 $HCOO^*$（R1）；另一个是吸附的 H^* 与 CO_2^* 的 O 原子结合形成 $COOH^*$（R2）（图 3-21）。计算结果表明 R1 的 E_a 值比 R2 的 E_a 值大 0.14 eV。因此，在 Ru 掺杂 Ni（111）表面上 $COOH^*$ 的形成在动力学上比 $HCOO^*$ 的形成更有利。此外，不再考虑 $HCOO^*$ 的进一步加氢，后续与本步骤情况类似的所有步骤均按相同规则处理。

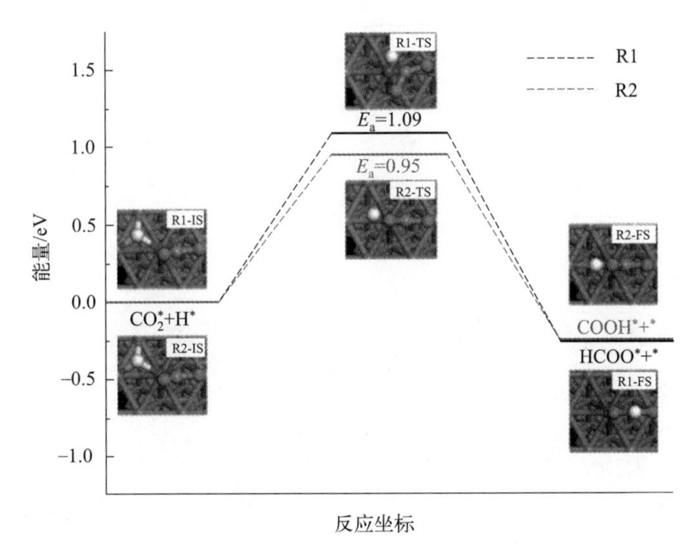

图 3-21　Ru 掺杂 Ni（111）表面上 CO_2^* 加氢的势能以及相应反应的 IS、TS 和 FS 的最优构型

（2）CO^* 的生成

生成的 $COOH^*$ 可以直接解离为 CO^* 和 OH^* 物种（R3），也可以进一步加氢生成 $COHOH^*$（R4）或 $HCOOH^*$（R5）。在 R3 中，吸附在 Ru-bri 位点的 $COOH^*$ 被解离为吸附在 Ru-hcp 位点上的 OH^* 物种和吸附在 Ru-fcc 位点上的 CO^* 物种，如图 3-22

所示。OH基团的O原子和C原子之间的距离从IS的1.348 Å被拉伸至TS的1.794 Å，然后再拉伸至FS的3.120 Å。计算出的活化势垒为1.01 eV，反应能为−0.58 eV。与R4和R5相比，可以发现R3具有最小的E_a值和最负的ΔE值，如表3-5所列。因此，基于动力学和热力学，$COOH^*$的解离在催化剂表面是更容易发生的。换句话说，高的活化势垒限制了甲酸的生成，这可能有利于提高Ru掺杂Ni（111）表面上生成甲烷的选择性。

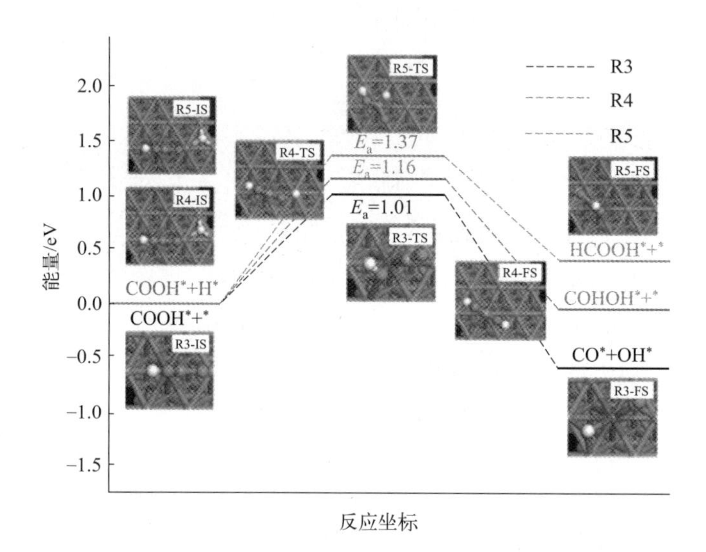

图3-22　Ru掺杂Ni（111）表面上$COOH^*$加氢和解离的势能以及相应反应的IS、TS和FS的最优构型

（3）HCO^*的生成

如图3-23所示，生成的CO^*可以直接解离为C^*和O^*物种（R6），也可以进一步加氢。计算结果表明，CO^*的解离是一个显著的吸热反应（1.54 eV），并且需要克服一个较高的活化势垒（3.26 eV）。对于CO^*的加氢，H^*可以进攻CO^*的C原子或O原子，形成HCO^*（R7）或COH^*（R8）。计算出生成HCO^*和COH^*的E_a值分别为1.13 eV和2.19 eV。结果表明，从动力学角度来看在Ru掺杂Ni（111）表面上CO^*加氢生成HCO^*是更有利的。

（4）$HCOH^*$的生成

如图3-24所示，吸附在Ru掺杂Ni（111）表面上的HCO^*可以解离为CH^*和O^*物种（R9），也可以加氢生成H_2CO^*（R10）或$HCOH^*$（R11）。计算结果表明，R9需要克服一个高的活化势垒（2.45 eV）。因此，由于动力学的限制，HCO^*的解离在Ru掺杂Ni（111）表面上是难以发生的。对于HCO^*的加氢，HCO^*的C原

子可以与 H^* 结合生成 H_2CO^*（R10），该反应需要克服一个相对较高的活化势垒（1.48 eV）。此外，HCO^* 的 O 原子也可以与 H^* 结合生成 $HCOH^*$（R11），O 和 H 原子之间的距离从 IS 的 2.497 Å 缩短至 TS 的 1.638 Å，然后再缩短至 FS 的 0.989 Å。计算出的 E_a 值为 0.96 eV，ΔE 值为 0.10 eV。结果表明，从动力学角度来看，在 Ru 掺杂 Ni（111）表面上 HCO^* 更有利于加氢生成 $HCOH^*$。

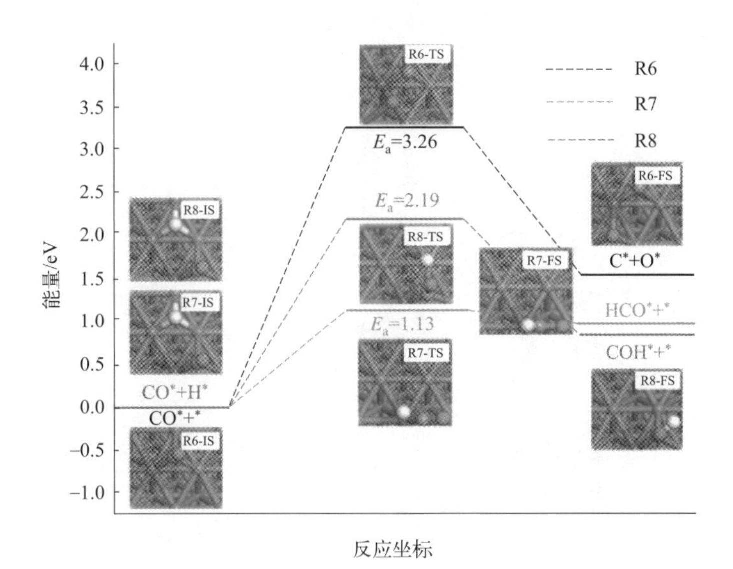

图 3-23　Ru 掺杂 Ni（111）表面上 CO^* 加氢和解离的势能以及相应反应的 IS、TS 和 FS 的最优构型

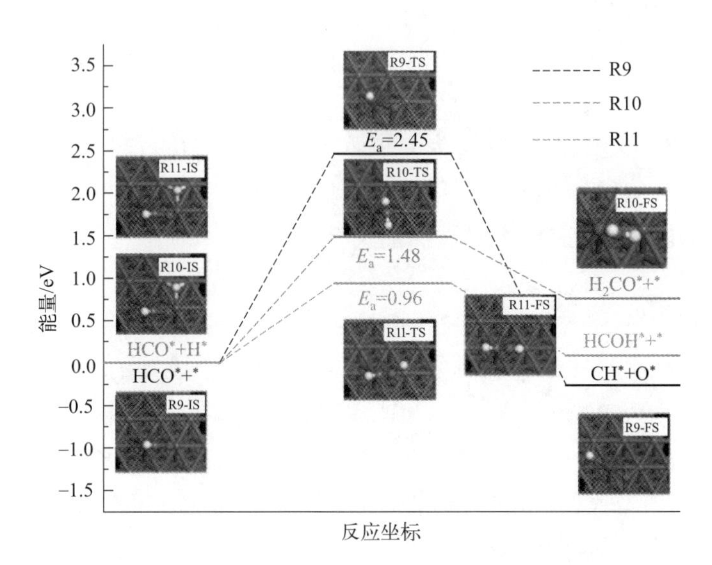

图 3-24　Ru 掺杂 Ni（111）表面上 HCO^* 加氢和解离的势能以及相应反应的 IS、TS 和 FS 的最优构型

（5）H_2COH^* 的生成

如图 3-25 所示，吸附在 Ru 掺杂 Ni（111）表面的 H_2COH^* 可以解离为 CH^* 和 OH^* 物种（R12），也可以加氢生成 H_2COH^*（R13）。由于 $HCOH^*$ 加氢为 H_2COH^* 的活化势垒（0.66 eV）低于其解离成 CH^* 和 OH^* 物种的活化势垒（2.12 eV），因此，在 Ru 掺杂 Ni（111）表面上 HCOH 更有利于加氢而不是解离。

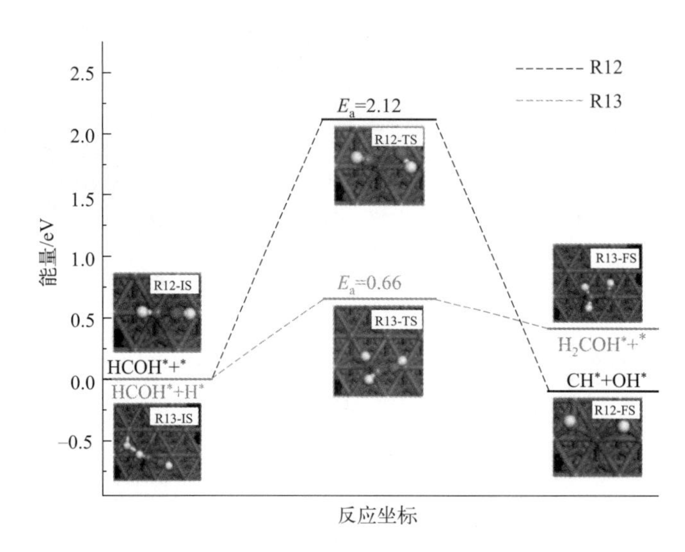

图 3-25　Ru 掺杂 Ni（111）表面上 $HCOH^*$ 加氢和解离的势能以及相应反应的 IS、TS 和 FS 的最优构型

（6）CH_2^* 的生成

如图 3-26 所示，吸附在 Ru 掺杂 Ni（111）表面上的 $HCOH^*$ 可以解离为 CH_2^* 和 OH^* 物种（R14），也可以加氢生成 H_3COH^*（R15）。计算结果表明，由于活化势垒较低，H_2COH 更有利于解离为 CH_2^* 和 OH^* 物种（0.99 eV），而不是加氢生成 H_3COH^*（2.25 eV）。换句话说，甲醇的形成在动力学上是不利的，这表明甲烷化反应在 Ru 掺杂 Ni（111）表面上具有高的选择性。

（7）CH_4^* 形成

如图 3-27 所示，在 CH_2^* 生成之后，可以经过两个连续的加氢反应去生成 CH_4^*（R16 和 R17）。对于 R16，在 IS 中，CH_2^* 和 H^* 分别共吸附在 Ru-fcc 和 Ru-hcp 位点。该步骤的 ΔE 值为 0.07 eV，E_a 值为 0.57 eV。对于 R17，CH_3^* 加氢的情况与 CH_2^* 加氢的情况类似。该步骤具有 0.87 eV 的活化势垒，这弱于 Pt 掺杂 Ni（111）表面（1.62 eV）[13] 和 Ni（111）表面（0.96 eV）[98] 上相应反应的活化势垒。

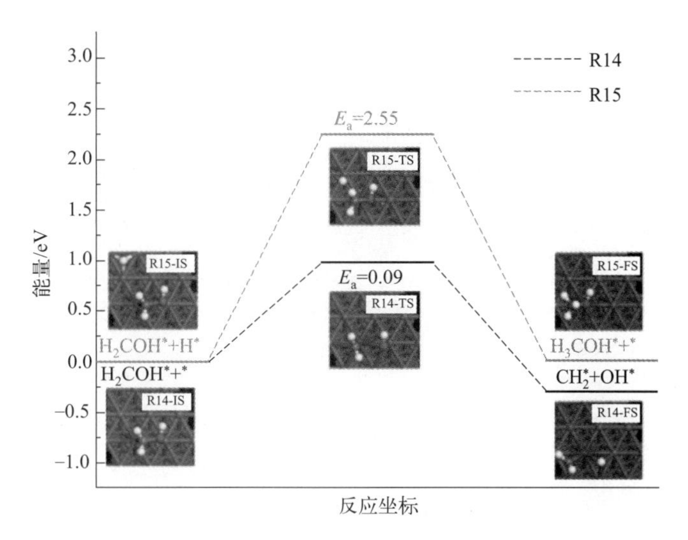

图 3-26　Ru 掺杂 Ni（111）表面上 H_2COH^* 加氢和解离的势能以及相应反应的 IS、TS 和 FS 的最优构型

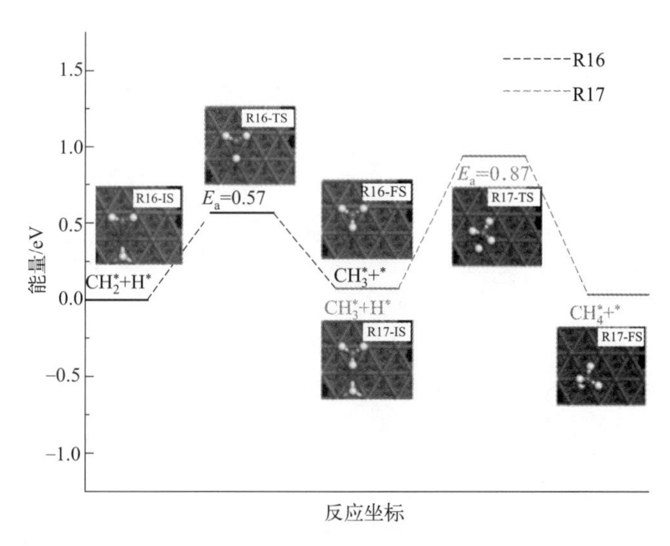

图 3-27　Ru 掺杂 Ni（111）表面上 CH_2^* 连续加氢的势能以及相应反应的 IS、TS 和 FS 的最优构型

3.4.3　Ru 掺杂 Ni（111）催化剂上抑制碳沉积的能力

碳沉积的关键反应是表面 C^* 的形成，这需要去断裂 C—O 键或 C—H 键。因此，确定了参与表面 C^* 形成的 3 个可能的反应，如表 3-6 所列。结果表明这 3 个反应都是吸热的，并且具有较大的活化势垒。将这些结果与之前的研究进行比较，发现这些反应的活化势垒明显是强于 Ni(111) 表面[53, 85]，并且接近 Pt 掺杂 Ni(111) 表面[13]和 Ni_3Fe（111）表面[96]。此外，Ru 掺杂的 Ni（111）表面上的反应 $CO^* \longrightarrow C^*$ 和 $COH^* \longrightarrow C^*$ 的活化势垒均高于 Ce 掺杂 Ni（111）表面[93]上相应的值。这些结果表明，Ru 掺杂 Ni（111）表面具有与 Pt 掺杂 Ni（111）表面和 Ni_3Fe（111）表面相

当的抑制碳沉积的能力，并且优于 Ni（111）表面和 Ce 掺杂 Ni（111）表面。此外，C^* 加氢（$C^* + H^* \longrightarrow CH^*$）是一个放热反应（$\Delta E = -1.14$ eV），且活化势垒较小（$E_a = 0.29$ eV），这表明 C^* 加氢在 Ru 掺杂 Ni（111）表面上是很容易发生的。因此，在 Ru 掺杂 Ni（111）表面上即使有少量 C^* 形成，也能迅速地加氢成 CH^*。以上结果均表明，Ru 掺杂的 Ni（111）表面具有良好的抑制碳沉积的能力。

表 3-6　在 Ru 掺杂 Ni（111）表面上表面 C^* 生成的可能反应的活化势垒和反应能

基元反应	E_a/eV	ΔE/eV
$CO^* + {}^* \longrightarrow C^* + O^*$	3.26	1.54
$COH^* + {}^* \longrightarrow C^* + OH^*$	2.48	0.68
$CH^* + {}^* \longrightarrow C^* + H^*$	1.44	1.14

3.5　Ru 掺杂 BNNT 催化剂催化二氧化碳加氢制甲烷

本节采用 DFT 方法对 Ru@BNNT 上的 CO_2RR 催化活性进行了系统研究。首先，通过计算形成能和溶解电势，对 Ru@BNNT 的稳定性进行了评估。其次，通过计算吸附能、电荷转移和差分电荷密度来分析 CO_2 的活化程度。此外，通过计算得到的极限电位对这些催化剂的活性进行了评价。随后，通过电子结构分析了 Ru_B@BNNT 和 Ru_N@BNNT 在 CO_2RR 过程中的作用。最后，进一步计算竞争性 HER 的活性，以评价整体 CO_2RR 的选择性。

3.5.1　Ru 掺杂 BNNT 催化剂的结构和稳定性

在这项研究中，构建了扶手椅型（5，5）BNNT，它由 55 个 B 原子、55 个 N 原子和 20 个 H 原子组成。然后，Ru 原子被掺杂到 BNNT 结构中，命名为 Ru@BNNT。优化后的 Ru@BNNT 非周期结构包括两个结构：一个是将一个 Ru 原子掺杂到 B 空位形成的结构，命名为 Ru_B@BNNT；另一个是将一个 Ru 原子掺杂到 N 空位形成的结构，命名为 Ru_N@BNNT，分别如图 3-28（a）和（b）所示（书后另见彩图）。对于 Ru_B@BNNT 和 Ru_N@BNNT，在几何优化后这两种催化剂没有明显的变形，但是 Ru 原子从纳米管表面略微突出，Ru—N 和 Ru—B 的键长被拉长。值得注意的是，稳定性是筛选优异催化剂的关键。为了评估 Ru_B@BNNT 和 Ru_N@BNNT 的热力学和电化学稳定性，系统地研究了 E_f（形成能）和 U_{diss}（溶解势），并计算了相应的值，如表 3-7 所列。$E_f < 0$ eV 表明催化剂在热力学上有利于形成单原子部分。相反，$U_{diss} > 0$ V 表明金属原子与基底的结合足够强，可以防止金属原子在电化学环境中溶解。可以清楚地看到，这两种催化剂 E_f 值分别为 −8.72 eV 和 −6.24 eV。它们的 U_{diss} 值分别为 4.82 V 和 3.58 V。这两种催化剂的稳定性优于一些报道的催化剂，如单斜晶氮化硼和氮化硼纳米片[99，100]。

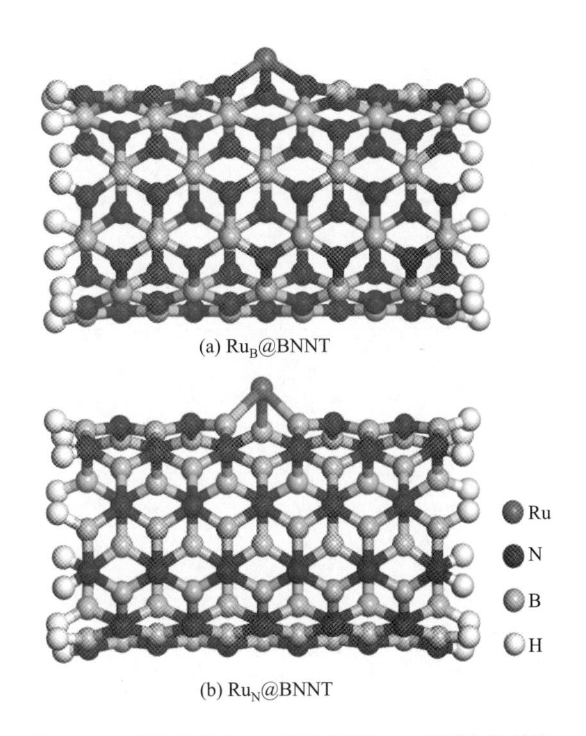

图 3-28　优化后的 Ru_B@BNNT 和 Ru_N@BNNT 结构

表 3-7　计算得到 Ru_B@BNNT 和 Ru_N@BNNT 的 E_f 和 U_{diss} 值

催化剂	E_f/eV	U_{diss}/V
Ru_B@BNNT	−8.72	4.82
Ru_N@BNNT	−6.24	3.58

为进一步揭示催化剂具有良好稳定性的内在原因，Ru_B@BNNT 和 Ru_N@BNNT 的态密度如图 3-29 所示。从图中可以看出，在费米能级附近存在着明显的轨道重叠，表明 Ru 原子与周围的 N 原子或 B 原子之间存在着较强的相互作用，这归因于较高的结构稳定性。与 Ru_N@BNNT 的轨道重叠相比，Ru_B@BNNT 在费米能级上表现出更强的杂化，这与上述计算的形成能结果分析一致。此外，为了探究 Ru@BNNT 的电子性质，分别计算了原始 BNNT、Ru_B@BNNT 和 Ru_N@BNNT 的最低未占据分子轨道（LUMO）和最高占据分子轨道（HOMO），如图 3-30 所示（书后另见彩图）。能隙（E_{gap}）定义为 E_{LUMO} 与 E_{HOMO} 的差值，E_{gap} 值越小，电子传导能力越好[101，102]。可以看出，原始 BNNT、Ru_B@BNNT 和 Ru_N@BNNT 的 E_{gap} 值分别为 4.65 eV、1.72 eV 和 2.49 eV，说明引入 Ru 原子后，E_{gap} 显著降低，证明掺杂过渡金属是调节 E_{gap} 的可行策略，可以提高催化剂的导电性。特别是，原始 BNNT 的 E_{gap} 值为 4.64 eV，这与先前实验中测量的 E_{gap} 值（约 4.60 eV）非常一致[103，104]。电导性的提高为后续的电催化反应提供了坚实的基础。

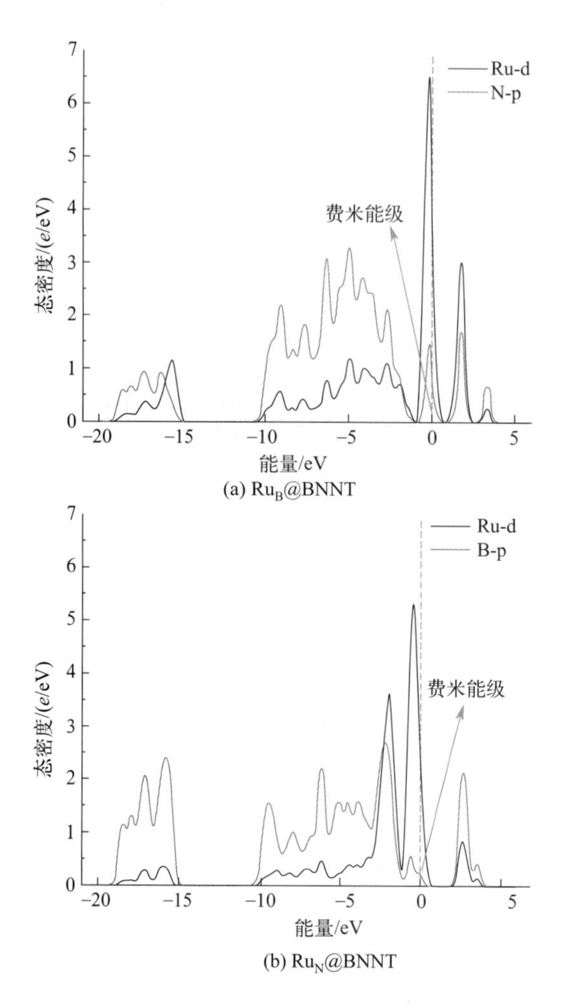

图 3-29　Ru_B@BNNT 和 Ru_N@BNNT 的态密度

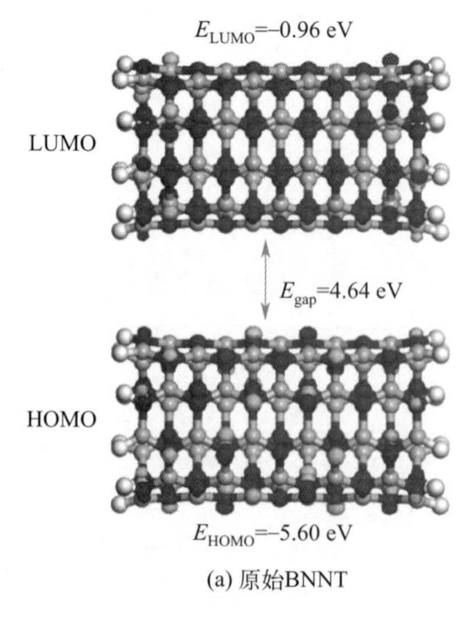

(a) 原始BNNT

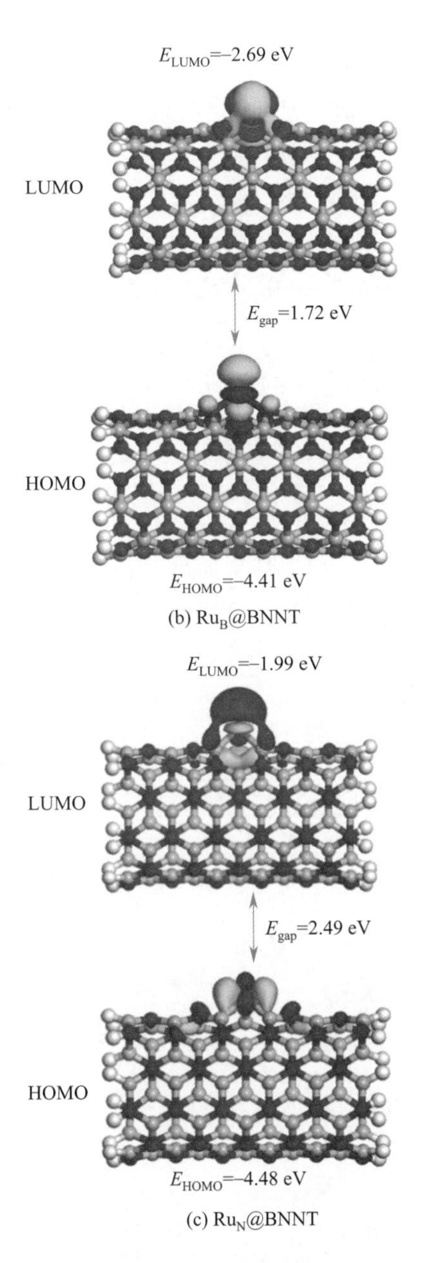

图 3-30　原始 BNNT、Ru_B@BNNT 和 Ru_N@BNNT 的 LUMO、HOMO 和 E_{gap}

3.5.2　Ru 掺杂 BNNT 催化剂上二氧化碳的吸附

CO_2 吸附作为 CO_2RR 初始化的第一步具有重要意义。如果 CO_2 能被催化剂有效吸附和活化，将为后续 CO_2RR 的反应过程奠定坚实的基础。CO_2 分子被活化是向最低未占据分子轨道注入电子，然后线性的 CO_2 分子将变得弯曲[105]。为了分析 CO_2 分子在催化剂上的活化程度，分别计算 Ru_B@BNNT 和 Ru_N@BNNT 上 CO_2 吸

附的最佳吸附构型和差分电荷密度，如图 3-31 所示（书后另见彩图），并且展示了相应的吸附能、键角和电荷转移。Ru_B@BNNT 和 Ru_N@BNNT 上的 Ru 原子分别与 CO_2 分子的 C 原子和一个 O 原子结合，对应的吸附能值分别为 −0.59 eV 和 −0.50 eV，O—C—O 之间的键角分别为 148° 和 146° 。特别是，电催化反应通常发生在溶液中，H_2O 可能使 Ru@BNNT 中毒也被考虑在内。计算得到 H_2O 被吸附在 Ru_B@BNNT 和 Ru_N@BNNT 上的吸附能分别为 −0.46 eV 和 −0.12 eV，分别大于 CO_2 被吸附在 Ru_B@BNNT 和 Ru_N@BNNT 上。这表明 CO_2 被吸附在 Ru@BNNT 上比 H_2O 被吸附在 Ru@BNNT 上结合更强。因此，CO_2 更有利于占据催化剂的活性位点且 H_2O 不会毒害催化剂。此外，通过差分电荷密度的计算，可以直观地观察到两种催化剂和吸附物质之间的电荷分布。电子云越大，被吸附的 CO_2 与催化剂之间的电荷转移越多。如图 3-31（c）（d）所示，可以清楚地看到，CO_2 被吸附在 Ru_N@BNNT 上的电子云比被吸附在 Ru_B@BNNT 上的电子云大，这就导致了更多的电荷（0.06 |*e*|）从催化剂转移到 CO_2 上，表明 Ru_N@BNNT 具有更高的 CO_2 活化能力。通常，金属位点的局部配位环境对吸附质的相互作用有很大影响 [106]。由于 Ru 原子周围 N 或 B 原子的电负性不同，会导致不同的相互作用，这造成了 CO_2 在这两种催化剂上的吸附构型不同。

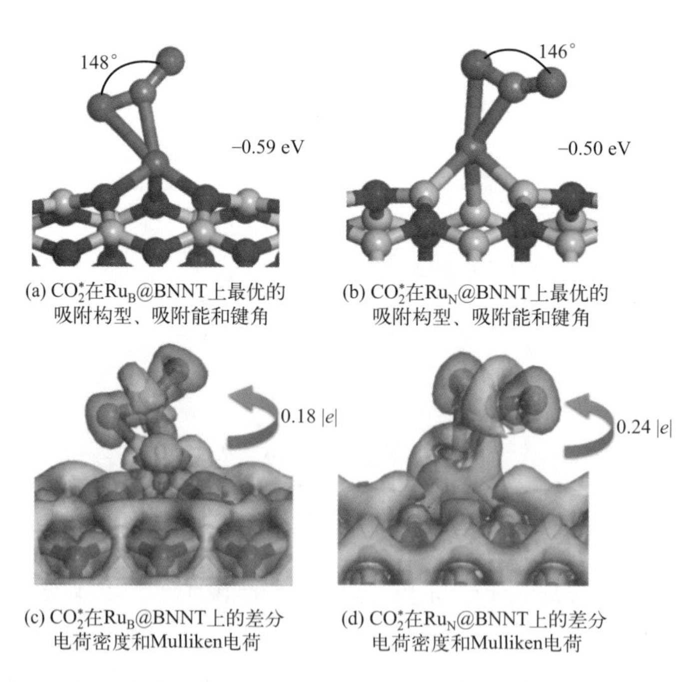

图 3-31 CO_2^* 在 Ru_B@BNNT 和 Ru_N@BNNT 上最优的吸附构型、吸附能和键角；CO_2^* 在 Ru_B@BNNT 和 Ru_N@BNNT 上的差分电荷密度和 Mulliken 电荷（蓝色和黄色区域分别代表电荷积聚和消耗）

另外，图 3-32（a）和（b）分别显示了 Ru_B@BNNT 和 Ru_N@BNNT 吸附 CO_2 的

计算 DOS 图。可以清楚地看到，在这两种催化剂上，Ru 原子的 d 轨道和 CO_2 分子的 p 轨道在 −10 ～ 5 eV 的能级范围内重叠。此外，与 CO_2 在 Ru_B@BNNT 的轨道杂化相比，在 Ru_N@BNNT 上 Ru 原子的 d 轨道与 CO_2 分子的 p 轨道在费米能级附近发生了强烈的杂化，这说明 CO_2 分子在 Ru_N@BNNT 上的活化程度比在 Ru_B@BNNT 上的要高，这样高的活化程度有利于进一步的还原反应。

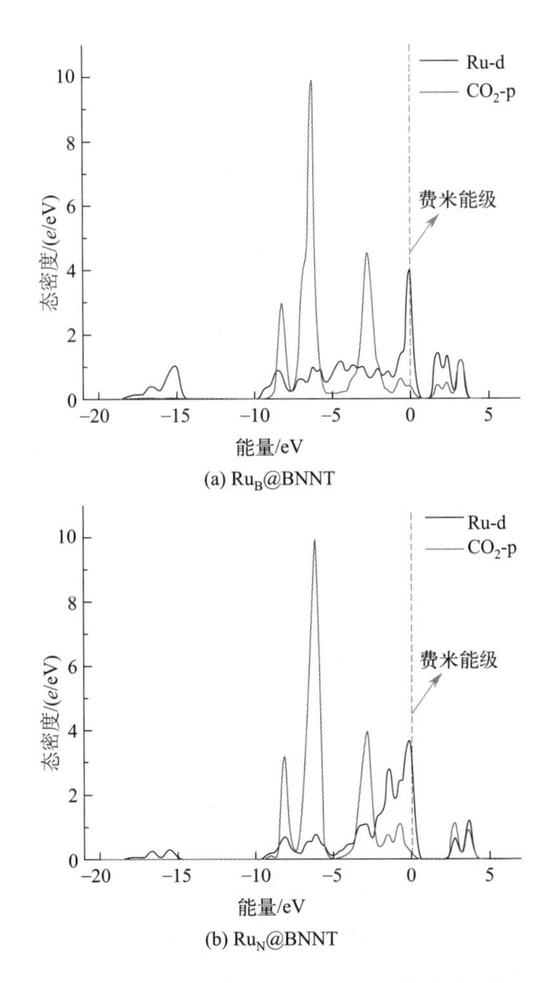

图 3-32　Ru_B@BNNT 和 Ru_N@BNNT 上吸附 CO_2 的态密度

3.5.3　Ru 掺杂 BNNT 催化剂上合成甲烷的反应路径

为了探究 CO_2RR 在 Ru_B@BNNT 和 Ru_N@BNNT 上的催化机理，详细地研究了这些催化剂上的反应路径。对于 CO_2RR，主要有 *OCHO 和 *COOH 两条反应路径，如图 3-33 所示（书后另见彩图）。*OCHO 路径是质子 - 电子对攻击 CO_2 分子的 C 原子形成 *OCHO 中间体。*COOH 路径是质子 - 电子对与 CO_2 分子的 O 原子结合形

成 $^*COOH$ 中间体。随后，$^*OCHO$ 或 $^*COOH$ 中间体进一步与质子 - 电子对反应生成各种碳氢化合物。值得注意的是，所研究的 Ru@BNNT 只有一个活性位点，基于 Langmuir-Hinshelwood（郎缪尔 - 欣谢尔伍德）机理不太可能发生 C—C 耦合生产 C_2 产物，因此本研究只考虑 C_1 产物[107，108]。

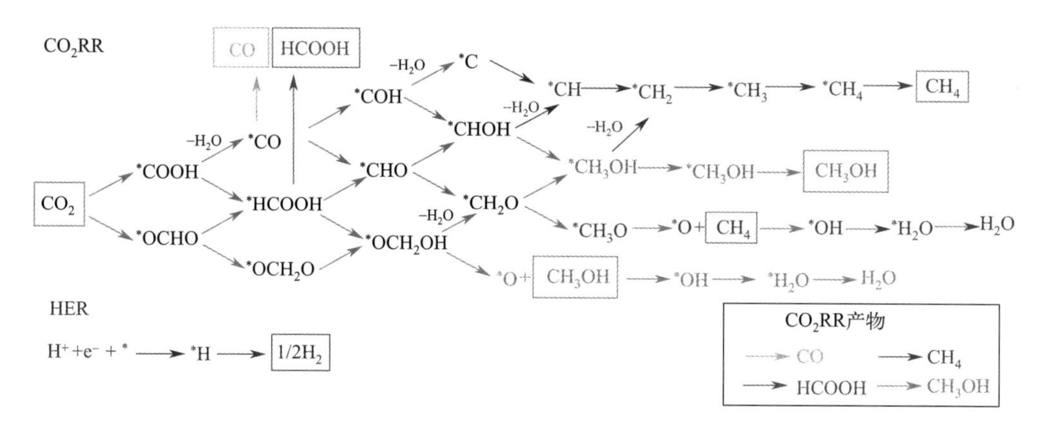

图 3-33 CO_2RR 和 HER 在 Ru@BNNT 上所有可能的反应路径

对于 Ru@BNNT 上的 CO_2RR，考虑所有可能的反应路径，并计算出每个基元反应步骤的 ΔG 值，如图 3-34 和图 3-35 所示（书后另见彩图）。得到的结果是，在 Ru_B@BNNT 和 Ru_N@BNNT 上，$^*OCHO$ 生成的 ΔG 值＜ $^*COOH$ 生成的 ΔG 值，说明在 CO_2RR 过程中，$^*OCHO$ 的生成占主导地位，如图 3-34（a）和图 3-35（a）所示。

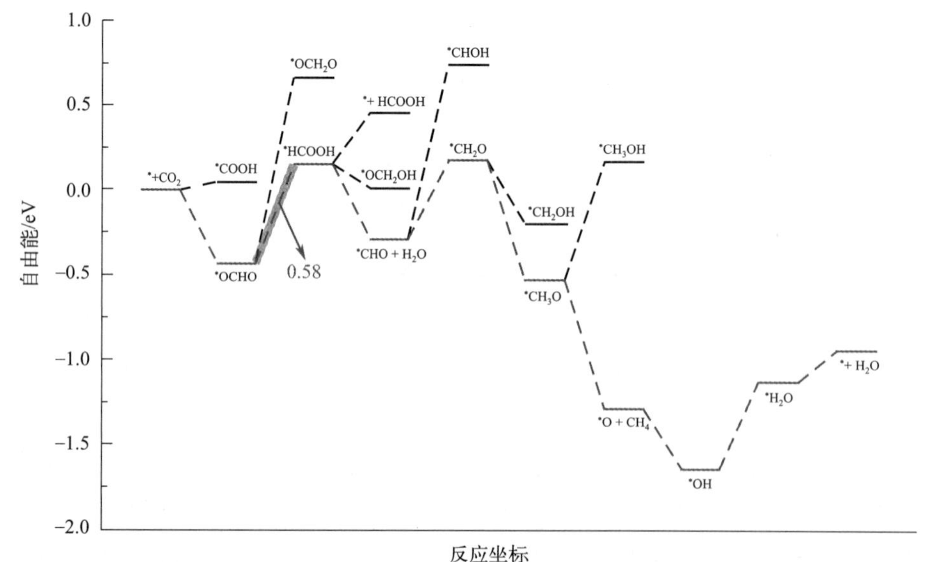

(a) CO_2RR在Ru_BBNNT上的吉布斯自由能

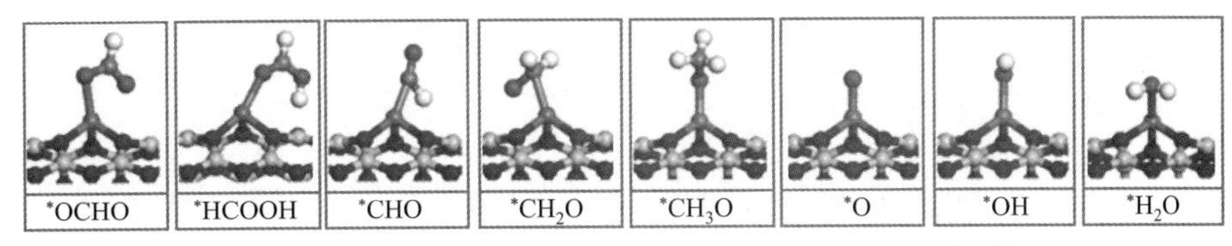

(b) Ru_B@BNNT上最有利的CO_2RR中间体的吸附构型

图 3-34　CO_2RR 在 Ru_B@BNNT 上的吉布斯自由能和 Ru_B@BNNT 上最有利的 CO_2RR 中间体的吸附构型

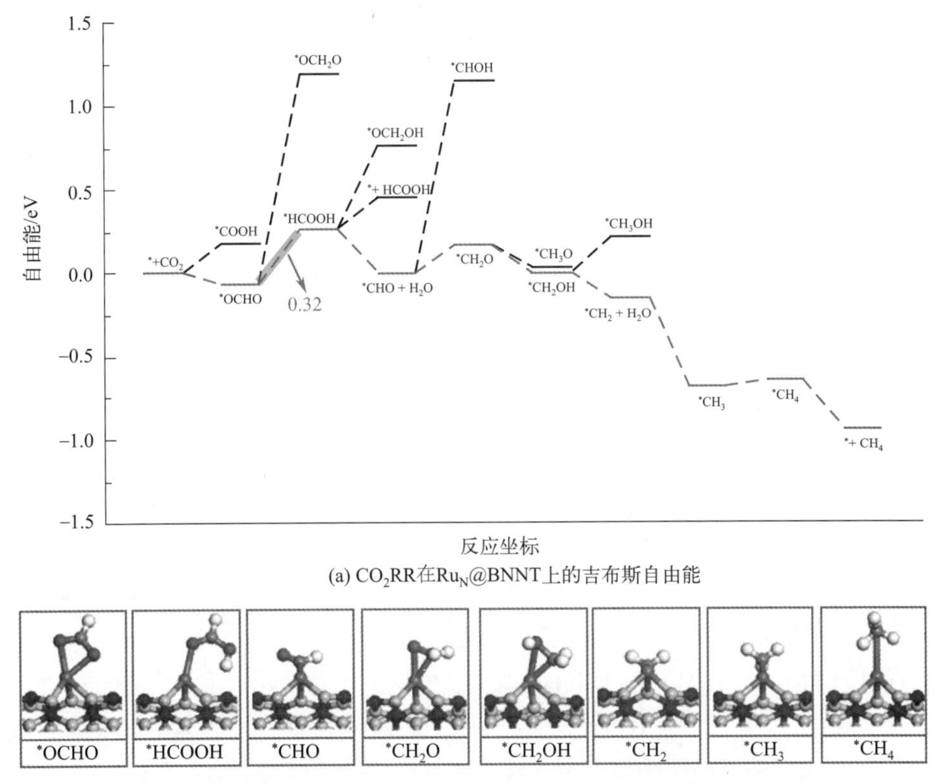

(a) CO_2RR在Ru_N@BNNT上的吉布斯自由能

(b) Ru_N@BNNT上最有利的CO_2RR中间体的吸附构型

图 3-35　CO_2RR 在 Ru_N@BNNT 上的吉布斯自由能和 Ru_N@BNNT 上最有利的 CO_2RR 中间体的吸附构型

然后 *OCHO 会不断氢化成 *HCOOH 或 $^*OCH_2O$ 中间体。在 Ru_B@BNNT 和 Ru_N@BNNT 上，*HCOOH 形成的 ΔG 值分别为 0.58 eV 和 0.32 eV，而生成 $^*OCH_2O$ 的 ΔG 值分别高达 1.09 eV 和 1.25 eV。因此，与 $^*OCH_2O$ 相比，*HCOOH 的生成在热力学上更有利。下一步，*HCOOH 要么脱附生成 HCOOH 产物，要么继续与质子 - 电子对反应生成 *CHO 或 $^*OCH_2OH$ 中间体。对于 Ru_B@BNNT，相较于 *HCOOH 的脱附，*HCOOH 质子化生成 *CHO（ΔG = −0.44 eV）更有利。类似地，在 Ru_N@BNNT 上，HCOOH、$^*OCH_2OH$ 和 *CHO 形成的 ΔG 值分别为 0.19 eV、

0.50 eV 和 −0.26 eV，表明 *CHO 生成是最有利的。因此，最优路径是在 Ru_B@BNNT 和 Ru_N@BNNT 上生成 *CHO 中间体。随后，*CHO 质子化生成 $^*CH_2O$ 或 *CHOH 中间体。*CHO 质子化生成 $^*CH_2O$ 所需的 ΔG 值分别为 0.47 eV 和 0.17 eV，低于生成 *CHOH 的 ΔG 值（1.03 eV 和 1.15 eV）。因此，在这两种催化剂上，$^*CH_2O$ 比 *CHOH 更容易形成。接下来，$^*CH_2O$ 进一步与质子 - 电子对反应形成 $^*CH_3O$ 或 $^*CH_2OH$ 中间体。对于 Ru_B@BNNT，$^*CH_3O$ 形成（ΔG = −0.71 eV）比 $^*CH_2OH$ 形成（ΔG = −0.38 eV）更有利。$^*CH_3O$ 进一步氢化形成 $^*CH_3OH$ 或 $^*O + CH_4$。与 $^*CH_3OH$ 的生成相比，*O 的生成和 CH_4 的释放在热力学上更有利。在接下来的步骤中，*O 可以通过两次质子化反应还原为 H_2O，ΔG 值分别为 −0.36 eV 和 0.51 eV。对于 Ru_N@BNNT，生成 $^*CH_2OH$ 的 ΔG 值（−0.17 eV）低于生成 $^*CH_3O$ 的 ΔG 值（−0.14 eV）。随后，$^*CH_2OH$ 进一步还原生成 $^*CH_2 + H_2O$，在热力学上比 $^*CH_3OH$ 的生成更有利。$^*CH_2$ 中间体可通过两步质子化反应形成 $^*CH_4$。$^*CH_3$ 和 $^*CH_4$ 形成的 ΔG 值分别为 −0.54 eV 和 0.04 eV。

因此，Ru_B@BNNT 上 CO_2RR 最有利的反应路径为 $CO_2 \longrightarrow {}^*OCHO \longrightarrow {}^*HCOOH \longrightarrow {}^*CHO \longrightarrow {}^*CH_2O \longrightarrow {}^*CH_3O \longrightarrow {}^*O + CH_4 \longrightarrow {}^*OH \longrightarrow {}^*H_2O \longrightarrow H_2O$，其吸附构型如图 3-34（b）所示。其中 PDS 为 $^*OCHO \longrightarrow {}^*HCOOH$，$U_L$ 值为 −0.58 V。同时，Ru_N@BNNT 上 CO_2RR 最有利的反应路径为 $CO_2 \longrightarrow {}^*OCHO \longrightarrow {}^*HCOOH \longrightarrow {}^*CHO \longrightarrow {}^*CH_2O \longrightarrow {}^*CH_2OH \longrightarrow {}^*CH_2 \longrightarrow {}^*CH_3 \longrightarrow {}^*CH_4 \longrightarrow CH_4$，其吸附构型如图 3-35（b）所示。其中 PDS 为 $^*OCHO \longrightarrow {}^*HCOOH$，$U_L$ 值为 −0.32 V。综上所述，与 Cu（211）表面（−0.74 V）[109] 相比，Ru_B@BNNT（−0.58 V）和 Ru_N@BNNT（−0.32 V）的 U_L 值较低，表明 Ru_B@BNNT 和 Ru_N@BNNT 具有较高的催化活性。因此，Ru_B@BNNT 和 Ru_N@BNNT 被认为是很有前途的 CO_2 电催化还原为 CH_4 的催化剂。

为了探讨 Ru_B@BNNT 和 Ru_N@BNNT 在 CO_2RR 中的作用，利用 Mulliken 电荷分析了各反应中间体和催化剂上最有利路径的电荷变化。以 *OCHO 吸附在 Ru_B@BNNT 上为例，研究体系分为吸附中间体（部分 1）和催化剂（部分 2）两部分，如图 3-36（a）

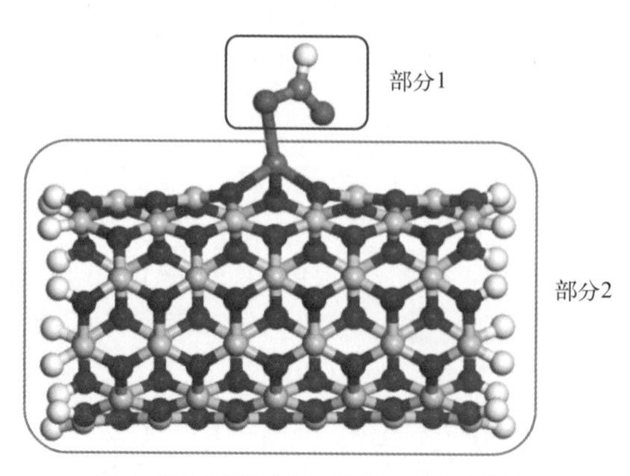

(a) *OCHO中间体和Ru_B@BNNT的两个部分

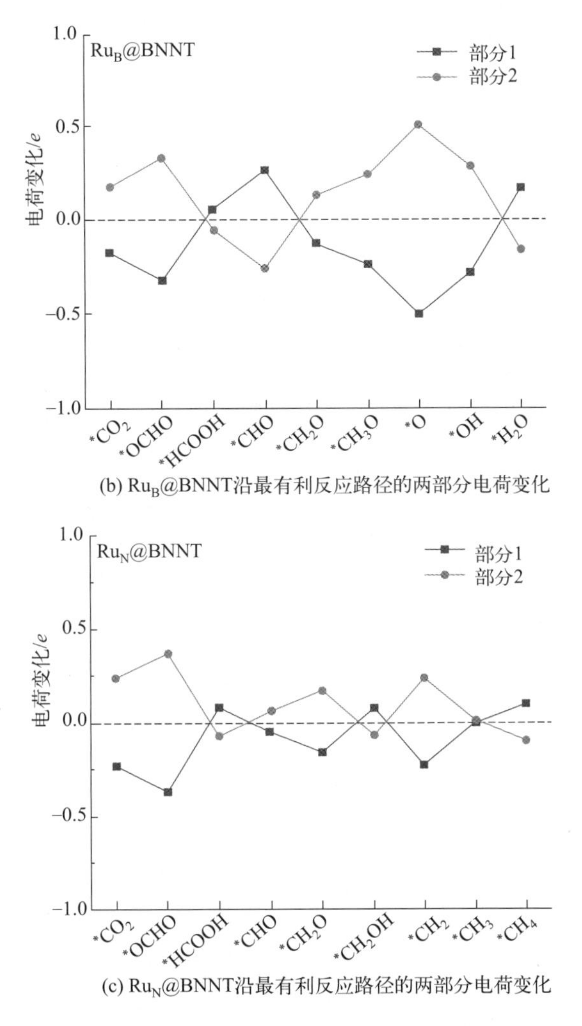

(b) Ru_B@BNNT沿最有利反应路径的两部分电荷变化

(c) Ru_N@BNNT沿最有利反应路径的两部分电荷变化

图3-36　*OCHO中间体和Ru_B@BNNT的两个部分、Ru_B@BNNT和Ru_N@BNNT沿最有利反应路径的两部分电荷变化

所示（书后另见彩图）。CO_2主要吸附在Ru_B@BNNT和Ru_N@BNNT上，分别从催化剂中获得0.18 |e|和0.24 |e|，CO_2也失去相同的电荷，如图3-36（b）和（c）所示（书后另见彩图）。在接下来的加氢还原步骤中，反应中间体与催化剂之间存在明显的电荷波动。在整个CO_2RR进程中，Ru_B@BNNT和Ru_N@BNNT不断提供和接收电子，可认为是“电子海绵”。因此，强烈的电荷波动能在一定程度上促进CO_2RR过程。

3.5.4　Ru掺杂BNNT催化剂上合成甲烷的副反应分析

析氢反应（HER）是CO_2RR的主要竞争反应，它将极大地影响CO_2RR在Ru@BNNT上的选择性和转化率。因此，评价了HER在Ru_B@BNNT和Ru_N@

BNNT 上的催化性能。氢吸附中间体的吉布斯自由能（ΔG_{*H}）被认为是 HER 催化活性的描述符[110,111]。ΔG_{*H} 值越接近 0，其催化活性越高。如图 3-37 所示（书后另见彩图），Ru_N@BNNT 和 Ru_B@BNNT 的 ΔG_{*H} 值分别为 0.96 eV 和 −0.44 eV，说明 HER 催化活性较差。更重要的是，HER 在 Ru_N@BNNT 上的 U_L 值为 −0.96 V，小于 CO_2RR 对应的 U_L 值（−0.32 V），说明在 Ru_N@BNNT 上 CO_2RR 的热力学过程更有利。相反，HER 的 U_L 值（−0.44 V）大于 Ru_B@BNNT 上 CO_2RR 的 U_L 值（−0.58 V），说明 Ru_B@BNNT 上的 CO_2RR 过程是不利的。需要注意的是，可以通过调节溶液 pH 值、选择非水电解质或改变 CO_2 气体分压和温度[112]来抑制竞争性 HER。因此，通过上述方法，Ru_B@BNNT 在实际实验条件下可能有利于 CO_2RR 过程。

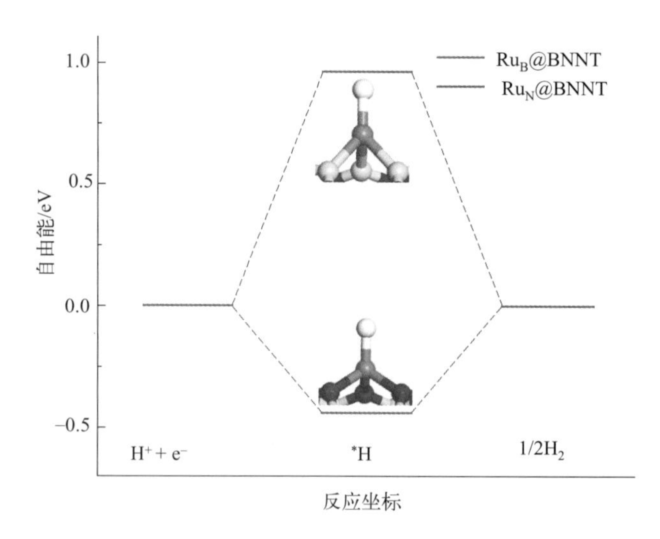

图 3-37 Ru_B@BNNT 和 Ru_N@BNNT 上的 HER 吉布斯自由能

3.6 应用案例分析

本章通过理论计算深入探讨了不同催化剂在 CO_2 加氢制甲烷中的性能和机理。首先，Ni_{13} 团簇对 CO_2 的活化和催化转化表现出高活性，其 CO_2 加氢生成 CH_3OH 或 CH_4 取决于 H_3CO^* 中间体是继续加氢还是解离，并且生成 CH_3OH 和 CH_4 的限速步骤均为反应 $HCOO^* \longrightarrow H_2COO^*$，且具有抑制碳沉积的能力。$Ni_3Fe$（111）和 Ru 掺杂 Ni（111）表面在 CO_2 甲烷化反应中表现出优异的催化活性和选择性，且能有效抑制碳沉积。Ru@BNNT 催化剂在 CO_2RR 中显示出极高的稳定性和催化活性，其中 Ru_N@BNNT 对 CO_2 活化程度更高，且能显著抑制竞争性 HER，保证 CO_2RR 的顺利进行。综上，这些研究揭示了不同催化剂在 CO_2 加氢反应中的催化机理，为设计高效、选择性好的 CO_2 甲烷化催化剂提供了理论指导和参考。

相应地，类似的实验工作也支持了我们的理论研究结果。例如，Huynh 等[113]研究了一系列由水滑石前驱体衍生的 NiFe 催化剂。原位 X 射线衍射（XRD）分析表明，在反应过程中形成了小的 NiFe 合金颗粒并保持稳定。当 Fe/Ni 值 = 0.25 时，合金催化剂在 250 ～ 350 ℃的低温下表现出最高的 CO_2 转化率、CH_4 选择性和 CO_2 甲烷化稳定性。原位漫反射傅里叶变换红外光谱（DRIFTS）研究表明，在 Ni 和 NiFe 合金催化剂上，甲酸途径是最合理的反应方案，而适度添加 Fe 有助于通过氢化为 *HCOO 活化 CO_2（图 3-38，书后另见彩图）。DFT 计算进一步表明，合金表面 CH_4 形成的总能垒较低。

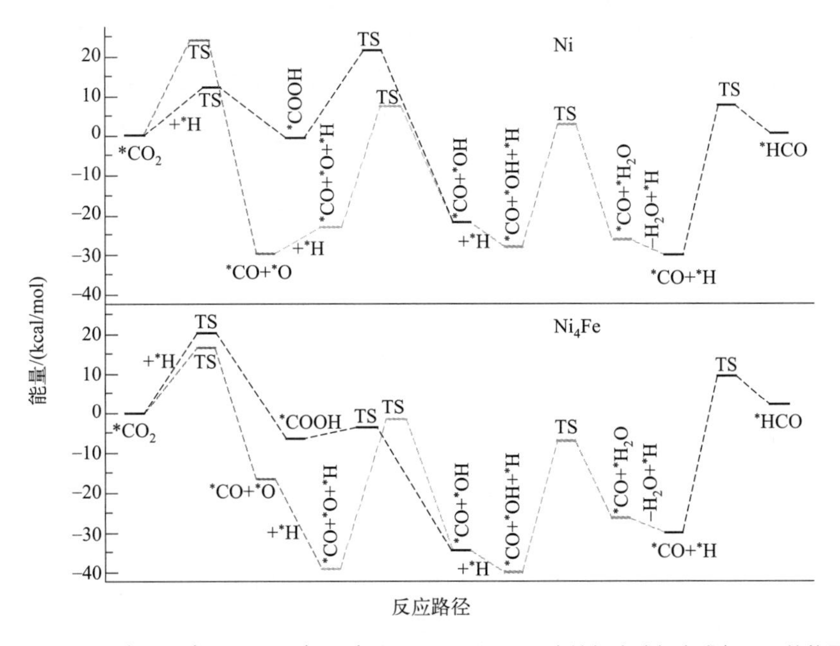

图 3-38　Ni（1111）和 Ni_4Fe（111）上 COOH 和 CO_2 直接解离途径生成 *HCO 的能量

Mutz 等[114]制备了具有 4 nm 的平均粒径和窄尺寸分布的 10% Ni/Al_2O_3 催化剂，并在动态反应条件下应用于 CO_2（H_2/CO_2 = 4）的甲烷化。在 H_2 释放后的还原性较低的气氛中，金属 Ni 被氧化为 NiO 和 $NiCO_3$。因此，在每个循环中观察到催化剂的轻微但稳定的失活。在加入 H_2 以恢复甲烷化条件后，$NiCO_3$ 首先转化为 NiO，然后还原为金属 Ni。然而，还原的 Ni 不能达到初始分数。在 500 ℃下用 H_2 进行有效的再活化步骤能够恢复催化剂的初始状态。气体环境的循环会导致催化剂的稳定失活。与 Ni 基甲烷化催化剂相比，加入 Fe 后形成的镍铁双金属催化剂的活性和选择性显著增强，并且具有一定的抗碳沉积能力。理论和实验结果都表明，NiFe 双金属催化剂的性能优于 Ni 单金属催化剂，这与我们的研究结果是一致的。

参考文献

[1] Geng W，Ming Z，Lilin P，et al.China’s new energy development：Status，constraints and

reforms［J］.Renewable and Sustainable Energy Reviews，2016，53：885-896.
［2］Wang L，Chen W，Zhang D，et al.Surface strategies for catalytic CO_2 reduction：From two-dimensional materials to nanoclusters to single atoms［J］.Chemical Society Reviews，2019，48（21）：5310-5349.
［3］Masson-Delmotte V，Kageyama M，Braconnot P，et al.Past and future polar amplification of climate change：Climate model intercomparisons and ice-core constraints［J］.Climate Dynamics，2006，26（5）：513-529.
［4］Caldeira K，Wickett M E.Anthropogenic carbon and ocean pH［J］.Nature，2003，425：365.
［5］Qiu M，Tao H，Li Y，et al.Insight into the mechanism of CO_2 and CO methanation over Cu（100）and Co-modified Cu（100）surfaces：A DFT study［J］.Applied Surface Science，2019，495：143457.
［6］Aresta M，Dibenedetto A.Utilisation of CO_2 as a chemical feedstock：Opportunities and challenges［J］.Dalton Transactions，2007（28）：2975-2992.
［7］Appel A M，Bercaw J E，Bocarsly A B，et al.Frontiers，opportunities，and challenges in biochemical and chemical catalysis of CO_2 fixation［J］.Chemical Reviews，2013，113（8）：6621-6658.
［8］Aresta M，Dibenedetto A，Angelini A.Catalysis for the valorization of exhaust carbon：From CO_2 to chemicals，materials，and fuels.Technological use of CO_2［J］.Chemical Reviews，2014，114（3）：1709-1742.
［9］Wang W H，Himeda Y，Muckerman J T，et al.CO_2 hydrogenation to formate and methanol as an alternative to photo-and electrochemical CO_2 reduction［J］.Chemical Reviews，2015，115（23）：12936-12973.
［10］Chatterjee M，Chatterjee A，Kitta M，et al.Selectivity controlled transformation of carbon dioxide into a versatile bi-functional multi-carbon oxygenate using a physically mixed ruthenium-iridium catalyst［J］.Catalysis Science & Technology，2021，11（14）：4719-4731.
［11］Zhang S，Wu Z，Liu X，et al.Tuning the interaction between Na and Co_2C to promote selective CO_2 hydrogenation to ethanol［J］.Applied Catalysis B：Environmental，2021，293：120207.
［12］Sandupatla A S，Banerjee A，Deo G.Optimizing CO_2 hydrogenation to methane over CoFe bimetallic catalyst：Experimental and density functional theory studies［J］.Applied Surface Science，2019，485：441-449.
［13］Ou Z，Qin C，Niu J，et al.A comprehensive DFT study of CO_2 catalytic conversion by H_2 over Pt-doped Ni catalysts［J］.International Journal of Hydrogen Energy，2019，44（2）：819-834.
［14］林志峰，胡日茗，周晓龙.镍基催化剂的研究进展［J］.化工学报，2017，68（S1）：26-36.
［15］刘思印，李国防，赵文献.Raney 镍选择性催化氢化硝基苯制备氢化偶氮苯［J］.应用化工，2009，38（5）：629-631.
［16］胡涛，周伟，金叶玲，等.不同载体上的镍催化剂的氢化性能的研究［J］.食品与机械，

2005，21（3）：21-23.

［17］江志东，陈瑞芳，王金渠．雷尼镍催化剂［J］．化学工业与工程，1997，14（2）：25-34.

［18］夏少武，刘红天，赵纯洁．雷尼镍活性本质的探讨［J］．工业催化，2003，11（2）：36-41.

［19］陈江，沈德隆，章海燕．Raney-Ni 催化剂的制备［J］．浙江化工，2004，35（04）：23-24.

［20］Aziz M A A，Jalil A A，Triwahyono S，et al.CO_2 methanation over heterogeneous catalysts：Recent progress and future prospects［J］.Green Chemistry，2015，17（5）：2647-2663.

［21］Miao B，Ma S S K，Wang X，et al.Catalysis mechanisms of CO_2 and CO methanation［J］.Catalysis Science & Technology，2016，6（12）：4048-4058.

［22］Rostrup-Nielsen J R，Pedersen K，Sehested J.High temperature methanation：Sintering and structure sensitivity［J］.Applied Catalysis A：General，2017，330，134-138.

［23］Du J，Gao J，Gu F，et al.A strategy to regenerate coked and sintered Ni/Al_2O_3 catalyst for methanation reaction［J］.International Journal of Hydrogen Energy，2018，43（45）：20661-20670.

［24］Xu J，Su X，Duan H，et al.Influence of pretreatment temperature on catalytic performance of rutile TiO_2-supported ruthenium catalyst in CO_2 methanation［J］.Journal of Catalysis，2016，333：227-237.

［25］Zhou G，Liu H，Cui K，et al.Role of surface Ni and Ce species of Ni/CeO_2 catalyst in CO_2 methanation［J］.Applied Surface Science，2016，383：248-252.

［26］Cai M，Wen J，Chu W，et al.Methanation of carbon dioxide on Ni/ZrO_2-Al_2O_3 catalysts：Effects of ZrO_2 promoter and preparation method of novel ZrO_2-Al_2O_3 carrier［J］.Journal of Natural Gas Chemistry，2011，20（3）：318-324.

［27］Abate S，Barbera K，Giglio E，et al.Synthesis，characterization，and activity pattern of Ni-Al hydrotalcite catalysts in CO_2 methanation［J］.Industrial & Engineering Chemistry Research，2016，55（30）：8299-8308.

［28］Fan M T，Lin J D，Zhang H B，et al.In situ growth of carbon nanotubes on Ni/MgO：A facile preparation of efficient catalysts for the production of synthetic natural gas from syngas［J］.Chemical Communications，2015，51（86）：15720-15723.

［29］Graça I，González L V，Bacariza M C，et al.CO_2 hydrogenation into CH_4 on NiHNaUSY zeolites［J］.Applied Catalysis B：Environmental，2014，147：101-110.

［30］Nizio M，Albarazi A，Cavadias S，et al.Hybrid plasma-catalytic methanation of CO_2 at low temperature over ceria zirconia supported Ni catalysts［J］.International Journal of Hydrogen Energy，2016，41（27）：11584-11592.

［31］Ren J，Guo H，Yang J，et al.Insights into the mechanisms of CO_2 methanation on Ni（111）surfaces by density functional theory［J］.Applied Surface Science，2015，351：504-516.

［32］Peng G，Sibener S J，Schatz G C，et al.CO_2 hydrogenation to formic acid on Ni（110）［J］.Surface Science，2012，606（13-14）：1050-1055.

[33] Rodriguez J A，Evans J，Feria L，et al.CO_2 hydrogenation on Au/TiC，Cu/TiC，and Ni/TiC catalysts：Production of CO，methanol，and methane［J］.Journal of Catalysis，2013，307：162-169.

[34] Liu M H，Chen H A，Chen C S，et al.Tiny Ni particles dispersed in platelet SBA-15 materials induce high efficiency for CO_2 methanation［J］.Nanoscale，2019，11（43）：20741-20753.

[35] Chen S，Chen X，Zhang H.Probing the activity of Ni_{13}，Cu_{13}，and $Ni_{12}Cu$ clusters towards the ammonia decomposition reaction by density functional theory［J］.Journal of Materials Science，2017，52（6）：3162-3168.

[36] Chen S，Chen X，Zhang H.Nanoscale size effect of octahedral nickel catalyst towards ammonia decomposition reaction［J］.International Journal of Hydrogen Energy，2017，42（27）：17122-17128.

[37] Chen X，Zhou J，Chen S，et al.Catalytic performance of M@Ni（M = Fe，Ru，Ir）core–shell nanoparticles towards ammonia decomposition for CO_x-free hydrogen production［J］.Journal of Nanoparticle Research，2018，20（6）：148.

[38] Ye J，Liu C J，Mei D，et al.Methanol synthesis from CO_2 hydrogenation over a Pd_4/In_2O_3 model catalyst：A combined DFT and kinetic study［J］.Journal of Catalysis，2014，317：44-53.

[39] Gu X K，Li W X.First-principles study on the origin of the different selectivities for methanol steam reforming on Cu（111）and Pd（111）[J].Journal of Physical Chemistry C，2010，114（49）：21539-21547.

[40] Saputro A G，Putra R I D，Maulana A L，et al.Theoretical study of CO_2 hydrogenation to methanol on isolated small Pd_x clusters［J］.Journal of Energy Chemistry，2019，35：79-87.

[41] Grigoryan V G，Springborg M.A theoretical study of the structure of Ni clusters（Ni_N）［J］.Physical Chemistry Chemical Physics，2001，3：5135-5139.

[42] Su X，Xu J，Liang B，et al.Catalytic carbon dioxide hydrogenation to methane：A review of recent studies［J］.Journal of Energy Chemistry，2016，25（4）：553-565.

[43] Wang W，Wang S，Ma X，et al.Recent advances in catalytic hydrogenation of carbon dioxide[J].Chemical Society Reviews，2011，40（7）：3703-3727.

[44] Wierzbicki D，Moreno M V，Ognier S，et al.Ni-Fe layered double hydroxide derived catalysts for non-plasma and DBD plasma-assisted CO_2 methanation［J］.International Journal of Hydrogen Energy，2020，45（17）：10423-10432.

[45] Gong L，Chen J J，Mu Y.Catalytic CO_2 reduction to valuable chemicals using NiFe-based nanoclusters：A first-principles theoretical evaluation［J］.Physical Chemistry Chemical Physics，2017，19（41）：28344-28353.

[46] Ho P H，de Luna G S，Angelucci S，et al.Understanding structure-activity relationships in highly active La promoted Ni catalysts for CO_2 methanation［J］.Applied Catalysis B：Environmental，2020，278：119256.

[47] Varun Y，Sreedhar I，Singh S A.Highly stable M/NiO-MgO（M = Co，Cu and Fe）catalysts towards CO_2 methanation [J] .International Journal of Hydrogen Energy，2020，45（53）：28716-28731.

[48] Fan C，Zhu Y A，Xu Y，et al.Origin of synergistic effect over Ni-based bimetallic surfaces：A density functional theory study [J] .Journal of Chemical Physics，2012，137（1）：014703.

[49] Zhang F，Lu B，Sun P.Highly stable Ni-based catalysts derived from LDHs supported on zeolite for CO_2 methanation [J] .International Journal of Hydrogen Energy，2020，45（32）：16183-16192.

[50] Pedram M Z，Kazemeini M，Fattahi M，et al.A physicochemical evaluation of modified HZSM-5 catalyst utilized for production of dimethyl ether from methanol [J] .Petroleum Science and Technology，2014，32（8）：904-911.

[51] Samavati A，Fattahi M，Khorasheh F.Modeling of Pt-Sn/γ-Al_2O_3 deactivation in propane dehydrogenation with oxygenated additives [J] .Korean Journal of Chemical Engineering，2013，30（1）：55-61.

[52] Shareh F B，Kazemeini M，Asadi M，et al.Metal promoted mordenite catalyst for methanol conversion into light olefins [J] .Petroleum Science and Technology，2014，32（11）：1349-1356.

[53] Zhou M，Liu B.DFT investigation on the competition of the water-gas shift reaction versus methanation on clean and potassium-modified nickel（111）surfaces [J] .ChemCatChem，2015，7（23）：3928-3935.

[54] Ray K，Deo G.A potential descriptor for the CO_2 hydrogenation to CH_4 over Al_2O_3 supported Ni and Ni-based alloy catalysts [J] .Applied Catalysis B：Environmental，2017，218：525-537.

[55] Yuan H，Zhu X，Han J，et al.Rhenium-promoted selective CO_2 methanation on Ni-based catalyst [J] .Journal of CO_2 Utilization，2018，26：8-18.

[56] Serrer M A，Kalz K F，Saraçi E，et al.Role of iron on the structure and stability of $Ni_{3.2}Fe/Al_2O_3$ during dynamic CO_2 methanation for P_2X applications [J] .ChemCatChem，2019，11（20）：5018-5021.

[57] Mutz B，Belimov M，Wang W，et al.Potential of an alumina-supported Ni_3Fe catalyst in the methanation of CO_2：Impact of alloy formation on activity and stability [J] .ACS Catalysis，2017，7（10）：6802-6814.

[58] de Masi D，Asensio J M，Fazzini P F，et al.Engineering iron-nickel nanoparticles for magnetically induced CO_2 methanation in continuous flow [J] .Angewandte Chemie International Edition，2020，59（15）：6187-6191.

[59] Mebrahtu C，Krebs F，Perathoner S，et al.Hydrotalcite based Ni-Fe/（Mg，Al）O_X catalysts for CO_2 methanation—Tailoring Fe content for improved CO dissociation，basicity，and particle size [J] .Catalysis Science and Technology，2018，8（4）：1016-1027.

[60] Meshkini FAR R，Ischenko O V，Dyachenko A G，et al.CO_2 hydrogenation into CH_4 over Ni-Fe catalysts [J] .Functional Materials Letters，2018，11（3）：3-6.

[61] Gao J，Liu Q，Gu F，et al.Recent advances in methanation catalysts for the production of synthetic natural gas [J] .RSC Advances，2015，5（29）：22759-22776.

[62] Zhen W，Li B，Lu G，et al.Enhancing catalytic activity and stability for CO_2 methanation on Ni–Ru/γ-Al_2O_3 via modulating impregnation sequence and controlling surface active species [J] . RSC Advances，2014，4（32）：16472-16479.

[63] Lange F，Armbruster U，Martin A.Heterogeneously-catalyzed hydrogenation of carbon dioxide to methane using RuNi bimetallic catalysts [J] .Energy Technology，2015，3（1）：55-62.

[64] Janke C，Duyar M S，Hoskins M，et al.Catalytic and adsorption studies for the hydrogenation of CO_2 to methane [J] .Applied Catalysis B：Environmental，2014，152-153（1）：184-191.

[65] Chein R Y，Wang C C.Experimental study on CO_2 methanation over Ni/Al_2O_3，Ru/Al_2O_3，and Ru-Ni/Al_2O_3 catalysts [J] .Catalysts，2020，10（10）：1112.

[66] Proaño L，Arellano-Treviño M A，Farrauto R J，et al.Mechanistic assessment of dual function materials，composed of Ru-Ni，Na_2O/Al_2O_3 and Pt-Ni，Na_2O/Al_2O_3，for CO_2 capture and methanation by in-situ DRIFTS [J] .Applied Surface Science，2020，533：147469.

[67] Navarro J C，Centeno M A，Laguna O H，et al.Ru-Ni/$MgAl_2O_4$ structured catalyst for CO_2 methanation [J] .Renewable Energy，2020，161：120-132.

[68] Han N，Wang S，Rana A K，et al.Rational design of boron nitride with different dimensionalities for sustainable applications [J] .Renewable and Sustainable Energy Reviews，2022，170：112910.

[69] Gao C，Feng P，Shuai C，Carbon nanotube，graphene and boron nitride nanotube reinforced bioactive ceramics for bone repair [J] .Acta Biomaterialia，2017，61：1-20.

[70] Kim J H，Pham T V，Hwang J H，et al.Boron nitride nanotubes：Synthesis and applications [J] . Nano Convergence，2018，5（1）：17.

[71] Yanar N，Yang E，Park H，et al.Boron nitride nanotube（BNNT）membranes for energy and environmental applications [J] .Membranes，2020，10（12）：430.

[72] Gao S，Ma Z，Xiao C，et al.High-throughput computational screening of single-atom embedded in defective BN nanotube for electrocatalytic nitrogen fixation [J] .Applied Surface Science，2022，591：153130.

[73] Hu G，Wu Z，Jiang D，Interface engineering of Earth-abundant transition metals using boron nitride for selective electroreduction of CO_2[J].ACS Applied Materials & Interfaces，2018，10(7)：6694-6700.

[74] Sun Q，Zhen L，Searles D J，et al.Charge-controlled switchable CO_2 capture on boron nitride nanomaterials [J] .Journal of the American Chemical Society，2013，135（22）：8246-8253.

[75] Du A，Chen Y，Zhu Z，et al.Dots versus antidots：Computational exploration of structure，

magnetism，and half-metallicity in boron nitride nanostructures [J] .Journal of the American Chemical Society，2009，131（47）：17354-17359.

[76] Zhu W，Wu Z，Foo G S，et al.Taming interfacial electronic properties of platinum nanoparticles on vacancy-abundant boron nitride nanosheets for enhanced catalysis [J] .Nature Communications，2017，8：15291.

[77] Choi H，Park Y C，Kim Y H，et al.Ambient carbon dioxide capture by boron-rich boron nitride nanotube [J] .Journal of the American Chemical Society，2011，133（7）：2084-2087.

[78] Dong Q，Li X M，Tian W Q，et al.Theoretical studies on the adsorption of small molecules on Pt-doped BN nanotubes [J] .Journal of Molecular Structure：Theochem，2010，948（3）：83-92.

[79] Zhang Y，Zeng Z，Li H.Design of 3d transition metal anchored B_5N_3 catalysts for electrochemical CO_2 reduction to methane [J] .Journal of Materials Chemistry A，2022，10（17）：9737-9745.

[80] Qu M，Qin G，Fan J，et al.Boron-rich boron nitride nanomaterials as efficient metal-free catalysts for converting CO_2 into valuable fuel [J] .Applied Surface Science，2021，555：149652.

[81] Xie Y，Huo Y P，Zhang J M.First-principles study of CO and NO adsorption on transition metals doped（8，0）boron nitride nanotube [J] .Applied Surface Science，2012，258（17）：6391-6397.

[82] Farmanzadeh D，Rezainejad H.Adsorption of diazinon and hinosan molecules on the iron-doped boron nitride nanotubes surface in gas phase and aqueous solution：A computational study [J] .Applied Surface Science，2016，364：862-869.

[83] Jr K W F，Leach S.Electrochemical reduction of carbon dioxide to methane，methanol，and CO on Ru electrodes [J] .Journal of the Electrochemical Society，1985，132：259.

[84] Wang X，Niu H，Wan X，et al.Identifying TM-N_4 active sites for selective CO_2-to-CH_4 conversion：A computational study [J] .Applied Surface Science，2022，582：152470.

[85] Zhu Y A，Chen D，Zhou X G，et al.DFT studies of dry reforming of methane on Ni catalyst [J] .Catalysis Today，2009，148（3-4）：260-267.

[86] Tang Q，Shen Z，Russell C K，et al.Thermodynamic and kinetic study on carbon dioxide hydrogenation to methanol over a Ga_3Ni_5（111）surface：The effects of step edge [J] .Journal of Physical Chemistry C，2018，122（1）：315-330.

[87] Santiago-Rodríguez Y，Barreto-Rodríguez E，Curet-Arana M C.Quantum mechanical study of CO_2 and CO hydrogenation on Cu（111）surfaces doped with Ga，Mg，and Ti [J] .Journal of Molecular Catalysis A：Chemical，2016，423：319-332.

[88] Rasmussen P B，Holmblad P M，Askgaard T，et al.Methanol synthesis on Cu（100）from a binary gas mixture of CO_2 and H_2 [J] .Catalysis Letters，1994，26（3-4）：373-381.

[89] Zhang R，Wang B，Liu H，et al.Effect of surface hydroxyls on CO_2 hydrogenation over Cu/γ-Al_2O_3 catalyst：A theoretical study [J] .Journal of Physical Chemistry C，2011，115（40）：19811-19818.

［90］Liu L，Yao H，Jiang Z，et al.Theoretical study of methanol synthesis from CO_2 hydrogenation on $PdCu_3$（111）surface［J］.Applied Surface Science，2018，451：333-345.

［91］Askgaard T S，Nørskov J K，Ovesen C V，et al.A kinetic model of methanol synthesis［J］. Journal of Catalysis，1995，156：229-242.

［92］Zhang M，Yang K，Zhang X，et al.Effect of Ni（111）surface alloying by Pt on partial oxidation of methane to syngas：A DFT study［J］.Surface Science，2014，630：236-243.

［93］Li K，Yin C，Zheng Y，et al.DFT study on the methane synthesis from syngas on a cerium-doped Ni（111）surface［J］.Journal of Physical Chemistry C，2016，120（40）：23030-23043.

［94］Frontera P，Macario A，Ferraro M，et al.Supported catalysts for CO_2 methanation：A review［J］. Catalysts，2017，7（2）：59.

［95］Zhao Y F，Yang Y，Mims C，et al.Insight into methanol synthesis from CO_2 hydrogenation on Cu（111）：Complex reaction network and the effects of H_2O［J］.Journal of Catalysis，2011，281（2）：199-211.

［96］Kang L，Chen X，Ke Q.Theoretical study on the synthesis of methane by CO_2 hydrogenation on Ni_3Fe（111）surface［J］.Journal of Natural Gas Science and Engineering，2021，94：104114.

［97］Ke Q，Kang L，Chen X，et al.DFT study of CO_2 catalytic conversion by H_2 over Ni_{13} cluster［J］. Journal of Chemical Sciences，2020，132（1）：154.

［98］Zhi C，Wang Q，Wang B，et al.Insight into the mechanism of methane synthesis from syngas on a Ni（111）surface：A theoretical study［J］.RSC Advances，2015，5（82）：66742-66756.

［99］Qin B，Li Y，Zhang Q，et al.Mechanistic insights into the electrochemical reduction of CO_2 and N_2 on the regulation of a boron nitride defect-derived two-dimensional catalyst using density functional theory calculations［J］.The Journal of Physical Chemistry Letters，2021，12：7151-7158.

［100］Fang C，An W.Single-metal-atom site with high-spin state embedded in defective BN nanosheet promotes electrocatalytic nitrogen reduction［J］.Nano Research，2021，14：4211-4219.

［101］Chen X，Li Y，Leng M.Dual-metal-organic frameworks as ultrahigh-performance bifunctional electrocatalysts for oxygen reduction and oxygen evolution［J］.Colloids and Surfaces A：Physicochemical and Engineering Aspects，2022，644（5）：128882.

［102］Ge F，Qiao Q，Chen X，et al.Probing the catalytic activity of M-$N_{4-x}O_x$ embedded graphene for the oxygen reduction reaction by density functional theory［J］.Frontiers of Chemical Science and Engineering，2021，15：1206-1216.

［103］Czerw R，Webster S，Carroll D L.Tunneling microscopy and spectroscopy of multiwalled boron nitride nanotubes［J］.Applied Physics Letters，2003：831617.

［104］IShigami M，Sau J D，Aloni S，et al.Observation of the giant stark effect in boron-nitride nanotubes［J］.Physical Review Letters，2005，94：056804.

［105］Freund H J，Roberts W M.Surface chemistry of carbon dioxide［J］.Surface Science Reports，

1996，25（8）：225-273.

［106］Zhu Y，Li G，Luo D，et al.Unsaturated coordination polymer frameworks as multifunctional sulfur reservoir for fast and durable lithium-sulfur batteries［J］.Nano Energy，2021，79：105393.

［107］Moses-Debusk M，Yoon M，Allard L F，et al.CO oxidation on supported single Pt atoms：Experimental and ab initio density functional studies of CO interaction with Pt atom on theta-Al_2O_3（010）surface［J］.Journal of the American Chemical Society，2013，135（34）：12634-12645.

［108］Chen Z，Zhao J，Zhao J，et al.Frustrated Lewis pairs photocatalyst for visible light-driven reduction of CO to multi-carbon chemicals［J］.Nanoscale，2019，11（43）：20777-20784.

［109］Peterson A A，Abild-Pedersen F，Studt F，et al.How copper catalyzes the electroreduction of carbon dioxide into hydrocarbon fuels［J］.Energy & Environmental Science，2010，3（9）：1311-1315.

［110］Chen X，Zhu H，Zhu J，et al.Indium-based bimetallic clusters anchored onto silicon-doped graphene as efficient multifunctional electrocatalysts for ORR，OER，and HER［J］.Chemical Engineering Journal，2023，451：138998.

［111］Chen X，Liu Q，Zhang H，et al.Exploring high-efficiency electrocatalysts of metal-doped two-dimensional C_4N for oxygen reduction，oxygen evolution，and hydrogen evolution reactions by first-principles screening［J］.Physical Chemistry Chemical Physics，2022，24（42）：26061-26069.

［112］Hori Y.Electrochemical CO_2 reduction on metal electrodes［J］.Modern Aspects of Electrochemistry，2008，42：89-189.

［113］Huynh H L，Zhu J，Zhang G，et al.Promoting effect of Fe on supported Ni catalysts in CO_2 methanation by in situ DRIFTS and DFT study［J］.Journal of Catalysis，2020，392：266-277.

［114］Mutz B，Carvalho H W P，Kleist W，et al.Dynamic transformation of small Ni particles during methanation of CO_2 under fluctuating reaction conditions monitored by operando X-ray absorption spectroscopy［J］.Journey of Physics，2016，712：012050.

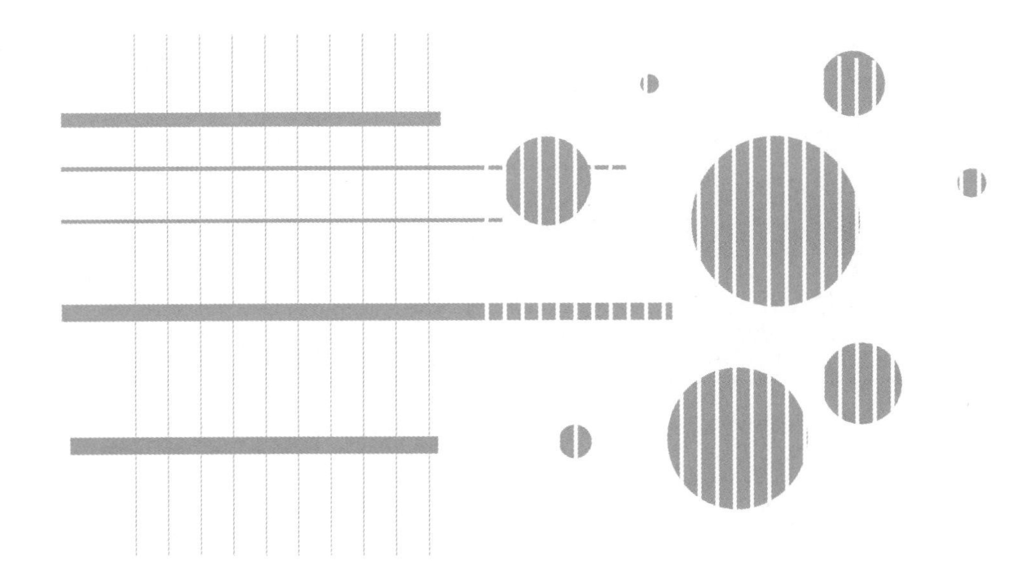

第 4 章

二氧化碳加氢制甲酸（甲酸盐）催化剂

4.1 概述

工业革命以来，化石燃料的大量消耗导致大气中 CO_2 浓度增加，引发了全球变暖、极地冰川融化等一系列环境问题，从而严重威胁人类社会的可持续发展[1-3]。在此背景下，实现碳中和已成为全人类的共同目标[4]。因此，如何合理利用大气中过量的 CO_2 成为研究热点[5]。目前，CO_2 加氢成增值化学品（特别是甲醇、甲酸和甲烷等 C_1 产品）是 CO_2 利用最突出的技术之一[6-10]，其缓解能源危机和同时解决环境问题的能力引起了研究人员的广泛关注[11，12]。尤其是甲酸（HCOOH），作为 CO_2 加氢最直接的产物，是一种重要的工业原料[13]。同时，HCOOH 因无毒、廉价、稳定、不易燃、易于储存的特性，被认为是一种很有潜力的储氢材料[14，15]。HCOOH 生产的商业工艺包括甲酸甲酯的水解或一氧化碳和水的直接合成[16]。这些传统方法消耗大量能量，同时产生危害环境的有害物质。而 CO_2 加氢制甲酸被认为是一种更经济、更环保的方法[17]。然而，由于 CO_2 的高热力学稳定性，该反应不易于进行。因此，迫切需要一种低成本、环保和高活性的催化剂来促进 HCOOH 的合成[18]。

近年来，许多主族金属基催化剂在 CO_2 加氢制 HCOOH 方面得到了广泛的研究，并对 HCOOH 合成反应具有一定的催化活性[19]。特别是环保且廉价的 Sn 基材料，由于其对 HCOO 中间体的强结合能力和催化 HCOOH 合成的高活性，通常被认为是 CO_2 加氢制 HCOOH 的优良催化剂[20-23]。此外，单原子催化剂（SAC）具有原子利用率最高、活性位点分散均匀、催化性能优异等优点[24-26]，在 CO_2 还原领域已经得到了广泛的应用[27，28]。而杂原子（B、N、S、P 等）的掺杂可以进一步调节 SAC 的电子结构，进而影响其催化活性[29-32]。特别是电负性大于 C 原子的 N 原子，它是碳基材料的重要杂原子掺杂剂[33-35]。Luo 等[36]成功制备了 Sn 单金属位点的 MNC 催化剂。Zu 等[37]在实验和理论上证明，N 掺杂石墨烯负载单原子 $Sn^{\delta+}$ 在 CO_2 加氢制 HCOOH 方面比纯石墨烯上负载单原子 $Sn^{\delta+}$ 具有更好的催化活性。已有研究表明，在催化剂合成过程中合理调节热解温度可以获得不同配位数的 $M\text{-}N_xC_y$ 催化剂[38，39]。此外，金属位点周围 N 配位数的修饰已被证明会显著影响催化剂的活性和稳定性[40]。例如，Wang 等[41]证明将 Co SAC 的 N 配位数从 4 减少到 2 可显著增强 CO_2 还原活性。Cheng 等[42]报道调整氮配位数将显著影响 Ni-N-C 催化剂的 CO_2 还原反应活性。大量研究表明，低配位 $M\text{-}N_x$（$x < 4$）位点通过空位的催化性能优于 $M\text{-}N_4$ 位点[43，44]。上述这些研究促使我们系统地研究了 Sn 基 SAC 体系中氮配位数的调整对 CO_2 加氢制 HCOOH 反应活性和选择性的影响。

4.2 Sn-N_xC_{4-x}-G 催化剂催化二氧化碳加氢制甲酸

本节采用 DFT 方法系统探讨了不同氮配位数 Sn 基 SAC 上 CO_2 加氢制 HCOOH 的反应机理和催化活性。首先，构建具有不同 N 配位数（Sn-N_xC_{4-x}-G，x=0 ～ 4）的 SnNC 结构模型，其中单个 Sn 原子嵌入具有不同 N/C 配位数的石墨烯基底中。形成能分析表明，除 Sn-C_4-G 外，所有 Sn-N_xC_{4-x}-G 在结构上都是稳定的。然后，考虑了 Sn-N_xC_{4-x}-G（x =1 ～ 4）上 CO_2 加氢制 HCOOH 反应中所有的吸附物种。接着，研究了 Sn-N_xC_{4-x}-G 上 HCOOH 合成的详细机理，在 Sn-N_xC_{4-x}-G（x=1 ～ 4）上 CO_2 加氢为 HCOOH 的最佳途径是 $CO_2^* \longrightarrow HCOO^* \longrightarrow HCOOH^*$。同时，确定 Sn-$N_xC_{4-x}$-G 催化活性的顺序为 Sn-$N_1C_3$-G > Sn-$N_2C_2$-G > Sn-$N_3C_1$-G > Sn-$N_4$-G。最终，通过计算出的 p 带中心揭示了 Sn-N_xC_{4-x}-G 上 HCOOH 合成催化活性的起源。

4.2.1 Sn-N_xC_{4-x}-G 催化剂的结构和稳定性

根据早期的研究，石墨烯主要有 3 种类型的氮掺杂，包括吡啶氮、石墨氮和吡咯氮 [45，46]。大量实验结果证明吡啶氮对氧化和还原反应具有高反应性 [47，48]。此外，当吡啶氮在温和温度下退火时它仍然保持其结构和性能 [49]。因此，我们只关注吡啶氮掺杂缺陷石墨烯。首先，构建了具有碳空位的石墨烯的非周期结构，如图 4-1 所示（书后另见彩图）。然后，将石墨烯作为基底以构建吡啶 SnNC 催化剂，其中单个 Sn 原子位于碳空位的中心，Sn 位点附近的 1 ～ 4 个碳原子被 N 原子取代，导致可能的 Sn-N_xC_{4-x}-G 结构（Sn-C_4-G、Sn-N_1C_3-G、Sn-N_2C_2-G、Sn-N_3C_1-G 和 Sn-N_4-G），如图 4-1（b）～（f）所示。由于 Sn 的原子半径大，掺杂的单个 Sn 原子导致石墨烯片上出现局部凸起，并且所有石墨基底都产生不同程度的畸变。SnNC 构型的形变是由 Sn 较大的原子半径引起的，这与 Sn 基 SAC 的其他实验和理论结果一致 [50，51]。在这

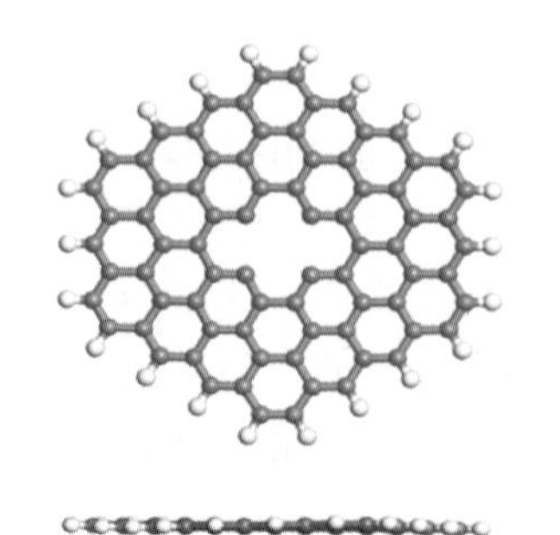
(a) 具有碳空位的石墨烯的非周期性结构

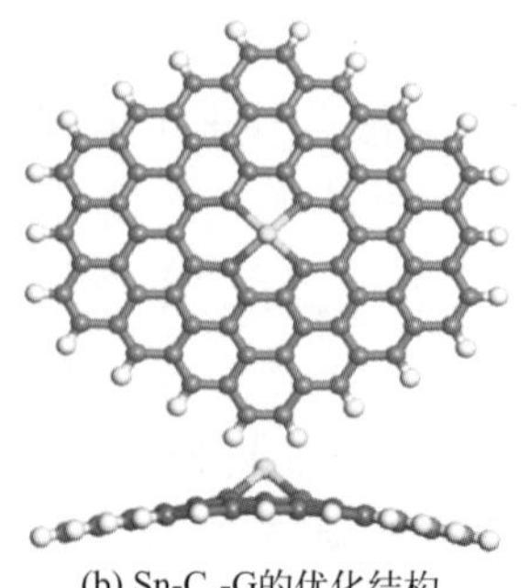
(b) Sn-C_4-G的优化结构

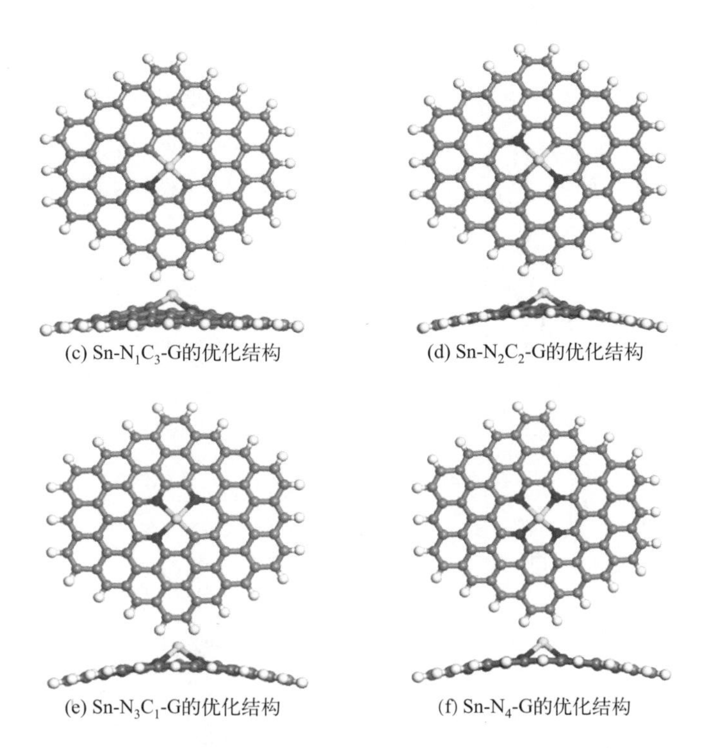

(c) Sn-N_1C_3-G的优化结构　(d) Sn-N_2C_2-G的优化结构

(e) Sn-N_3C_1-G的优化结构　(f) Sn-N_4-G的优化结构

图 4-1　具有碳空位的石墨烯的非周期性结构，Sn-C_4-G、Sn-N_1C_3-G、Sn-N_2C_2-G、Sn-N_3C_1-G 和 Sn-N_4-G 的优化结构的俯视图和侧视图（黄色、蓝色、灰色和白色球体分别表示 Sn、N、C 和 H 原子）

些报道中，研究人员采用了类似的 SnNC 理论结构来验证实验结果，并且 SnNC 理论结构得到的结果与实验结果一致。值得注意的是，添加碱性助剂可有效降低 CO_2 加氢制 HCOOH 的热力学限制 [52]。然而，从 DFT 计算的角度来看，将碱性助剂纳入整个计算系统是相当复杂的。此外，为了更好地将计算数据与不含碱性助剂的其他材料进行比较，本研究不考虑碱性助剂。

为了评估催化剂的稳定性，计算了 Sn-N_xC_{4-x}-G 的形成能（E_f）值和块体 Sn 的内聚能（E_{coh}）值，如图 4-2 所示。为了避免 Sn 原子在载体上发生团聚，N 掺杂石墨烯上 Sn 原子的 E_f 应该比块体 Sn 的 E_{coh} 更强 [53]。从图 4-2 可以清楚地看出，Sn-N_xC_{4-x}-G 的 E_f 比块体 Sn 的内聚能更负，表明对于 Sn-N_xC_{4-x}-G，Sn 原子更倾向于在载体上团聚成团簇，因此在后续研究中不再考虑 Sn-C_4-G。而对于其余的催化剂，即 Sn-N_xC_{4-x}-G（$x = 1 \sim 4$），很明显，Sn-N_xC_{4-x}-G 的 E_f 值比块体 Sn 的 E_{coh} 值更负，这意味着这些 Sn-N_xC_{4-x}-G 具有较高的热力学稳定性。此外，在这 4 种催化剂中，Sn-N_1C_3-G 的稳定性相对较弱，E_f 值为 −3.86 eV，而 Sn-N_2C_2-G 的稳定性最好，E_f 值为 −6.96 eV。综上所述，除 Sn-C_4-G 外的 Sn-N_xC_{4-x}-G 催化剂具有良好的稳定性，其催化性能值得进一步研究。

由于缺乏相关的理论研究，Sn-N_xC_{4-x}-G 的活性位点仍不清楚，为了严谨起见，计算了所有 Sn-N_xC_{4-x}-G 的福井（Fukui）指数以确定相应的活性位点。Fukui（−）

指数正值较大的区域适合亲电攻击，并表现出供电子特性[54]。众所周知，在 CO_2 还原过程中，电子从催化剂表面转移到吸附的中间体上，因此我们只研究 Fukui（−）指数。Fukui（−）指数较大的位点活性较高，可作为合适的吸附位点。我们计算了每个 Sn-N_xC_{4-x}-G 上中心 Sn 原子以及第一配位球和第二配位球中所有原子的 Fukui(−)指数值，如图 4-3 所示（书后另见彩图）。可以看出，对于所有 Sn-N_xC_{4-x}-G，Sn 原子的 Fukui(−) 指数正值大于它的 4 个配位原子，表明 Sn 原子更容易成为活性位点，更倾向于向吸附中间体提供电子。

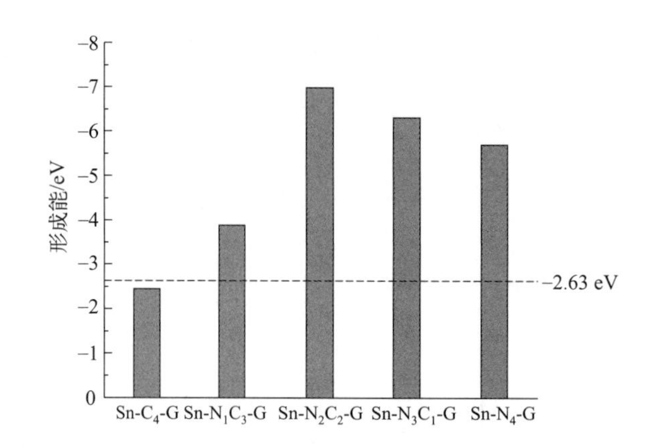

图 4-2 Sn-N_xC_{4-x}-G 的形成能（虚线表示块体 Sn 的 E_{coh}）

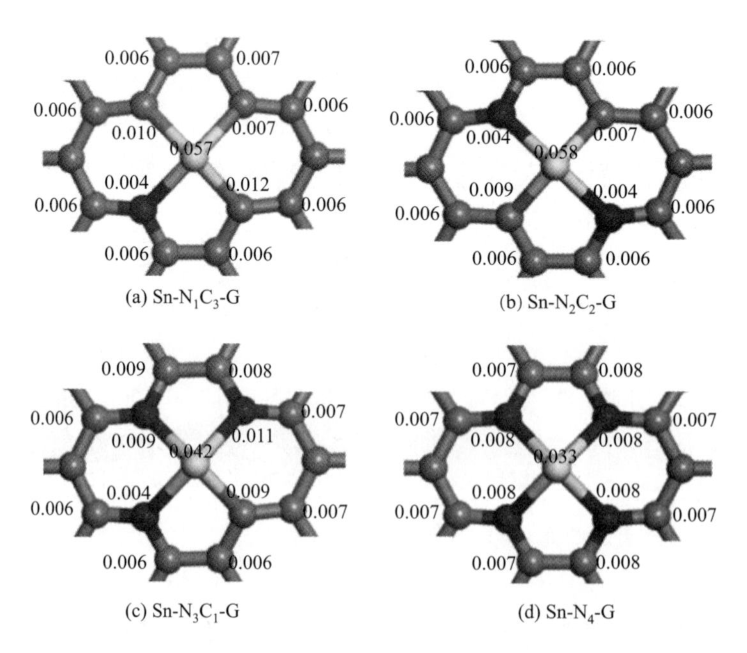

图 4-3 Sn-N_1C_3-G、Sn-N_2C_2-G、Sn-N_3C_1-G 和 Sn-N_4-G 的相关原子的福井指数

4.2.2　Sn-N_xC_{4-x}-G 催化剂上中间体的吸附

众所周知，反应物种的吸附在催化剂的催化性能中起着核心作用。因此，本小节考虑了所有相关反应物质在 Sn-N_xC_{4-x}-G 上的吸附。CO_2 在 Sn-N_xC_{4-x}-G 上加氢生成 HCOOH 的所有反应物质的最佳吸附结构如图 4-4 所示（书后另见彩图），相应的 E_{ads} 值如图 4-5 所示。可以清楚地看到，对于 Sn-N_xC_{4-x}-G，调整 N 配位数对反应物种（H_2 和 CO_2）和产物（HCOOH）的 E_{ads} 值影响不大，但对中间体（$HCOO^*$ 和 $COOH^*$）的 E_{ads} 值有显著影响。

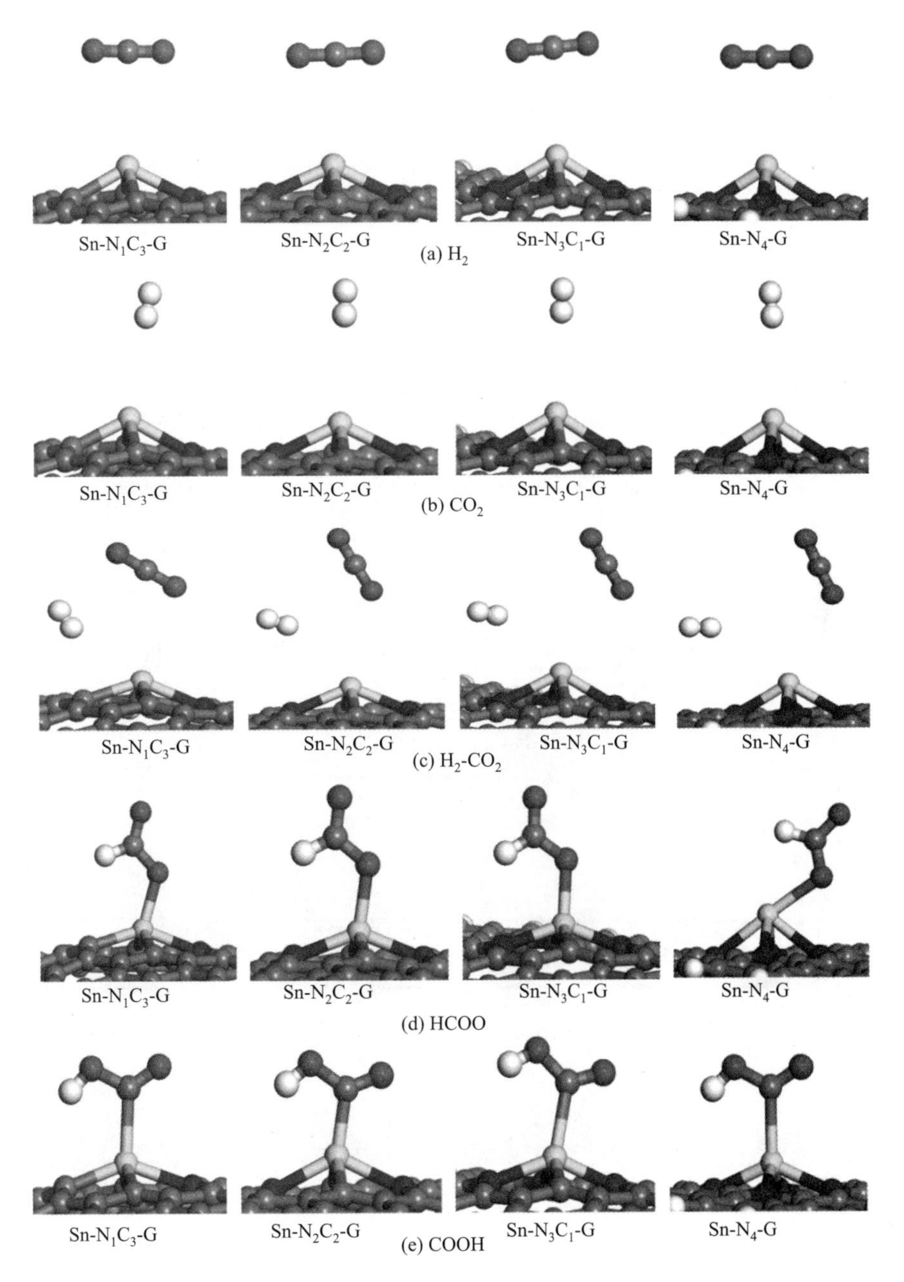

图 4-4

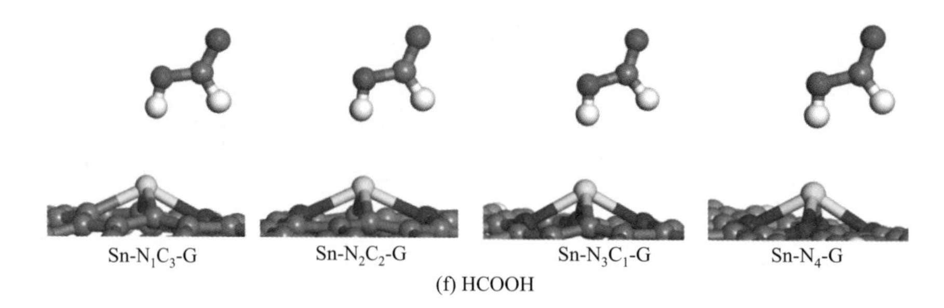

(f) HCOOH

图 4-4　H_2、CO_2、H_2-CO_2、HCOO、COOH 和 HCOOH 在 Sn-N_xC_{4-x}-G 上的最优吸附结构

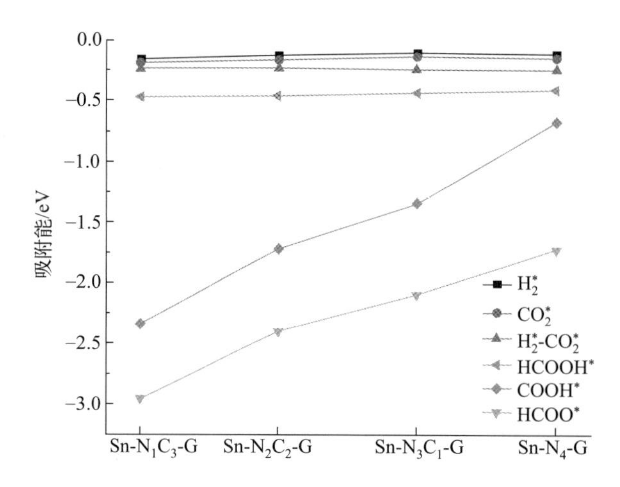

图 4-5　Sn-N_xC_{4-x}-G 上 HCOOH 合成过程的所有物种的吸附能（E_{ads}）

Sn-N_1C_3-G、Sn-N_2C_2-G、Sn-N_3C_1-G 和 Sn-N_4-G 上的 CO_2^* 的 E_{ads} 值分别为 −0.19 eV、−0.17 eV、−0.16 eV 和 −0.15 eV，与 H_2^* 的 E_{ads} 值（−0.16 eV、−0.13 eV、−0.12 eV 和 −0.12 eV）非常接近，这意味着 H_2^* 和 CO_2^* 在 Sn-N_xC_{4-x}-G 上的吸附能力相似。最稳定的优化结构、相应的结构参数以及 CO_2^* 和 H_2^* 吸附在 Sn-N_xC_{4-x}-G 上的电荷转移如图 4-6 所示（书后另见彩图）。

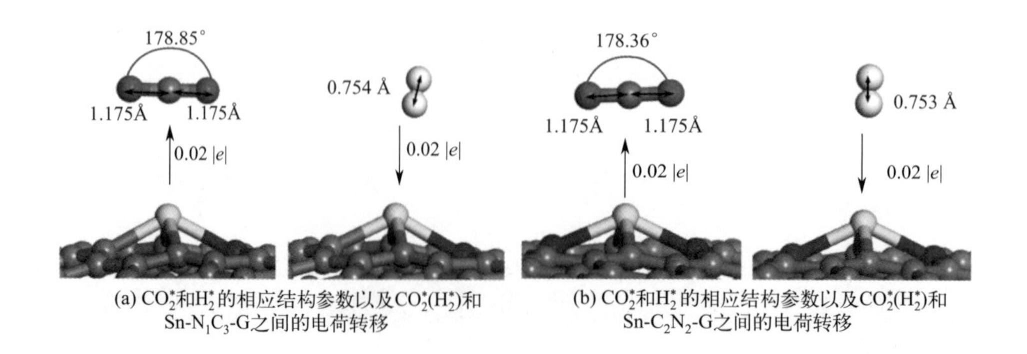

(a) CO_2^*和H_2^*的相应结构参数以及CO_2^*(H_2^*)和Sn-N_1C_3-G之间的电荷转移
(b) CO_2^*和H_2^*的相应结构参数以及CO_2^*(H_2^*)和Sn-C_2N_2-G之间的电荷转移

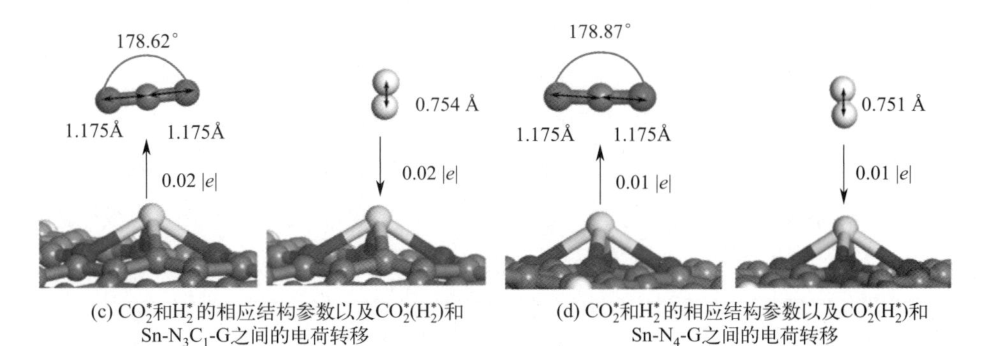

图 4-6　CO_2^* 和 H_2^* 的相应结构参数以及 CO_2^*（H_2^*）和 $Sn-N_1C_3-G$、$Sn-N_2C_2-G$、$Sn-N_3C_1-G$、$Sn-N_4-G$ 之间的电荷转移

对于 $Sn-N_1C_3-G$、$Sn-N_2C_2-G$、$Sn-N_3C_1-G$ 和 $Sn-N_4-G$ 上的 CO_2^*，O—C—O 角分别为 178.85°、178.36°、178.62° 和 178.87°。同时，与吸附前的 CO_2 分子相比 CO_2^* 的 C—O 键长几乎没有变化（1.175 Å）。这一结果表明，CO_2^* 仍然保持近乎线性的构型。此外，与吸附前的 H_2 分子键长（0.748 Å）相比，H_2 吸附后的 H—H 键长同样几乎没有变化。根据对 Mulliken 电荷的进一步分析，$Sn-N_xC_{4-x}-G$ 和 H_2^* 或 CO_2^* 之间只有最少数量的电子转移。上述分析结果表明，$Sn-N_xC_{4-x}-G$ 上的 CO_2 和 H_2 分子倾向于物理吸附。

对于 H_2^* 和 CO_2^* 的共吸附，计算得出 H_2^*—CO_2^* 在 $Sn-N_1C_3-G$、$Sn-N_2C_2-G$、$Sn-N_3C_1-G$、$Sn-N_4-G$ 上的 E_{ads} 值分别为 −0.24 eV、−0.24 eV、−0.25 eV 和 −0.26 eV，比 $Sn-N_xC_{4-x}-G$ 上的单独吸附 H_2^* 或 CO_2^* 的吸附能值更负。结果表明，与单独吸附的 CO_2^* 或 H_2^* 相比，H_2^*-CO_2^* 的共吸附与 $Sn-N_xC_{4-x}-G$ 具有更强的相互作用。

在本研究中，我们计算出 $HCOO^*$ 在 $Sn-N_1C_3-G$、$Sn-N_2C_2-G$、$Sn-N_3C_1-G$ 和 $Sn-N_4-G$ 上的 E_{ads} 值分别为 −2.96 eV、−2.40 eV、−2.10 eV 和 −1.73 eV。可以清楚地看到，随着 N 配位数的增加，$Sn-N_xC_{4-x}-G$ 对 $HCOO^*$ 的吸附能逐渐降低。此外，$Sn-N_1C_3-G$、$Sn-N_2C_2-G$、$Sn-N_3C_1-G$ 和 $Sn-N_4-G$ 上的 $COOH^*$ 的 E_{ads} 值分别计算为 −2.34 eV、−1.72 eV、−1.35 eV 和 −0.68 eV，这意味着 $COOH^*$ 在 $Sn-N_xC_{4-x}-G$ 上的吸附能变化趋势与 $HCOO^*$ 相同。此外，在 $Sn-N_xC_{4-x}-G$ 上 $HCOO^*$ 的 E_{ads} 值比 $COOH^*$ 的更负，因此可以预测 $HCOO^*$ 可能是 CO_2 加氢反应中优先生成的物种。此外，对于 $HCOOH^*$，可以看出 4 种催化剂对 $HCOOH^*$ 的吸附都较弱（−0.47 ~ −0.41 eV），这表明 $HCOOH^*$ 很容易从 $Sn-N_xC_{4-x}-G$ 中解吸。此外，$HCOOH^*$ 在 $Sn-N_xC_{4-x}-G$ 上的吸附构型与一些报道的催化剂相似，如 Pt 掺杂氮化硼纳米片和 Cu/m-VacG[55，56]。

4.2.3　$Sn-N_xC_{4-x}-G$ 催化剂上合成甲酸的反应机理

评估了 CO_2 加氢制 HCOOH 的 Eley-Rideal（ER，艾雷 - 里迪尔）和 Langmuir-

Hinshelwood（LH）反应机理，相关可能的反应路径示意如图 4-7 所示。对于 LH 机制，当反应物质（CO_2^* 和 H_2^*）都吸附在催化剂上时发生，而 ER 机制发生在气态分子与预吸附物质反应时。反应物质的不同吸附态会产生 ER 或 LH 机理。比较单个分子吸附构型和共吸附构型的 E_{ads} 值可以帮助我们确定哪种机制是有利的[57]。CO_2^* 的 E_{ads} 值与 Sn-N_xC_{4-x}-G 上 H_2^* 的 E_{ads} 值非常接近，这意味着 CO_2 和 H_2 的吸附不太可能触发 ER 机制。此外，与单个分子吸附相比，CO_2^* 和 H_2^* 的共吸附在能量上更有利。因此，可以合理地推测 CO_2^* 加氢反应可能从 H_2^* 和 CO_2^* 的共吸附开始。

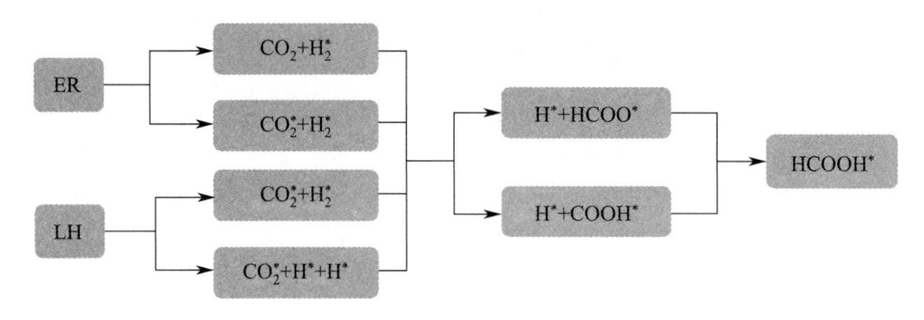

图 4-7　沿 ER 或 LH 机理的可能反应路径示意

对于 LH 机理，讨论了 H_2^* 直接解离的可能性，并计算了 Sn-N_xC_{4-x}-G 上 H—H 键解离的相应活化势垒，如图 4-8 所示（书后另见彩图）。显然，N 配位数越大，Sn-N_xC_{4-x}-G 上 H_2 解离的 E_a 值越大。而且可以看出，在 4 种催化剂上实现 H—H 键裂解需要极高的 E_a 值（2.38 ～ 3.28 eV），这在中等温度下是相当困难的。因此，在 Sn-N_xC_{4-x}-G 上直接解离 H_2^* 进行 CO_2^* 加氢是不可行的。根据上述分析，推测 CO_2 加氢制 HCOOH 可能遵循 H_2^* 和 CO_2^* 共吸附的 LH 机理。

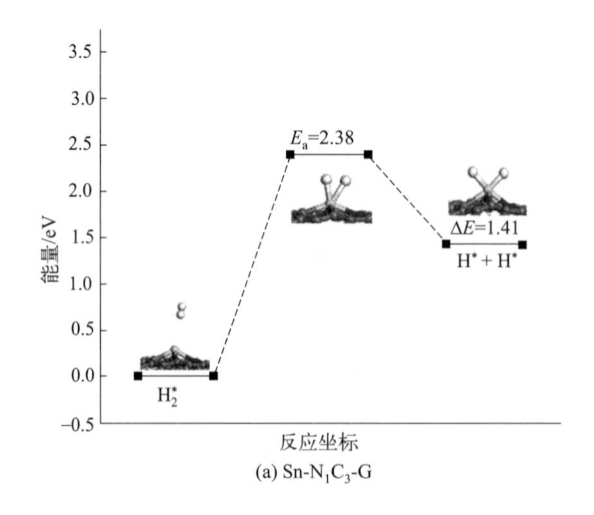

(a) Sn-N_1C_3-G

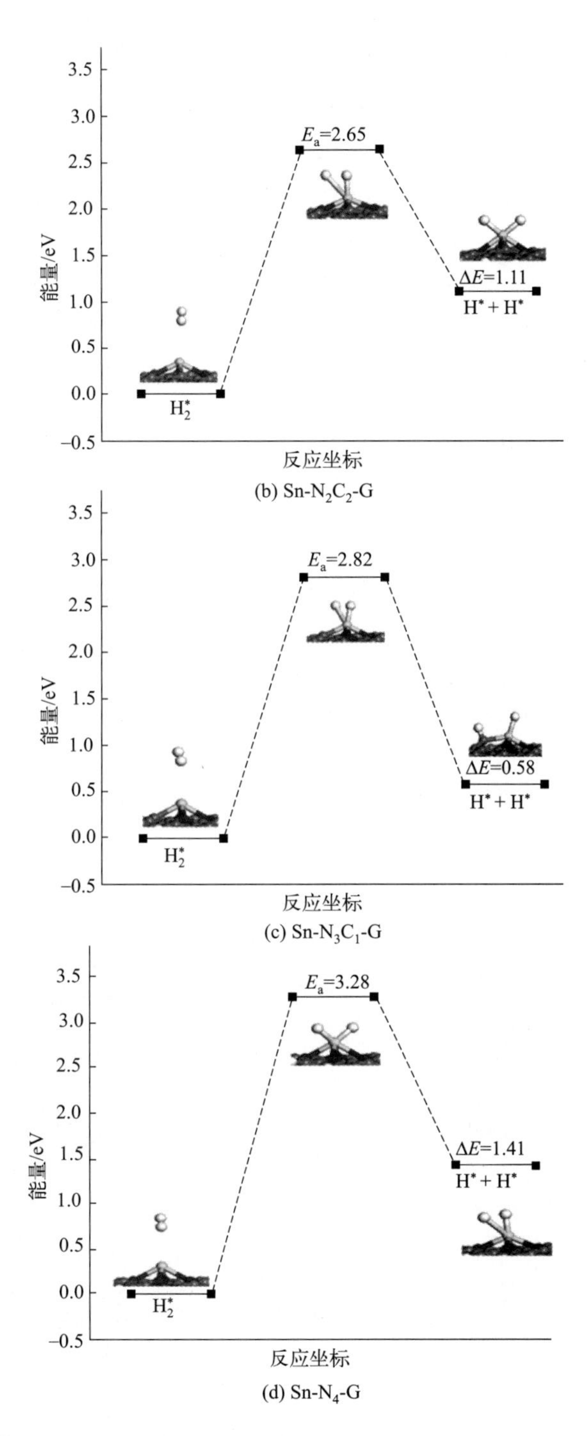

图 4-8　H_2^* 解离的势能以及 IS、TS 和 FS 在 Sn-N_1C_3-G、Sn-N_2C_2-G、Sn-N_3C_1-G 和 Sn-N_4-G 上的最优构型

对于 CO_2^* 的第一步加氢，可能形成反应物种 $HCOO^*$ 或 $COOH^*$。$HCOO^*$ 由 H^* 进攻 CO_2^* 的 C 原子形成，$HCOO^*$ 通过 O 原子吸附在催化剂上。$COOH^*$ 的形成是

H^*攻击CO_2^*的O原子，然后$COOH^*$通过C原子吸附在催化剂上，在这种情况下$COOH^*$可以进一步氢化以形成HCOOH，或通过逆水煤气反应（RWGS）生成H_2O和CO。为了确定最优的路径，综合探索了CO_2通过$COOH^*$和$HCOO^*$路径加氢转化为HCOOH的机理，并研究了每个基本反应步骤的TS，得到了相应的E_a和ΔE值。CO_2和H_2在Sn-N_xC_{4-x}-G上共吸附后，一个H_2^*的H原子与金属原子相连，另一个H原子与CO_2^*接触，可生成H^*+$HCOO^*$或H^*+$COOH^*$，如图4-9所示（书后

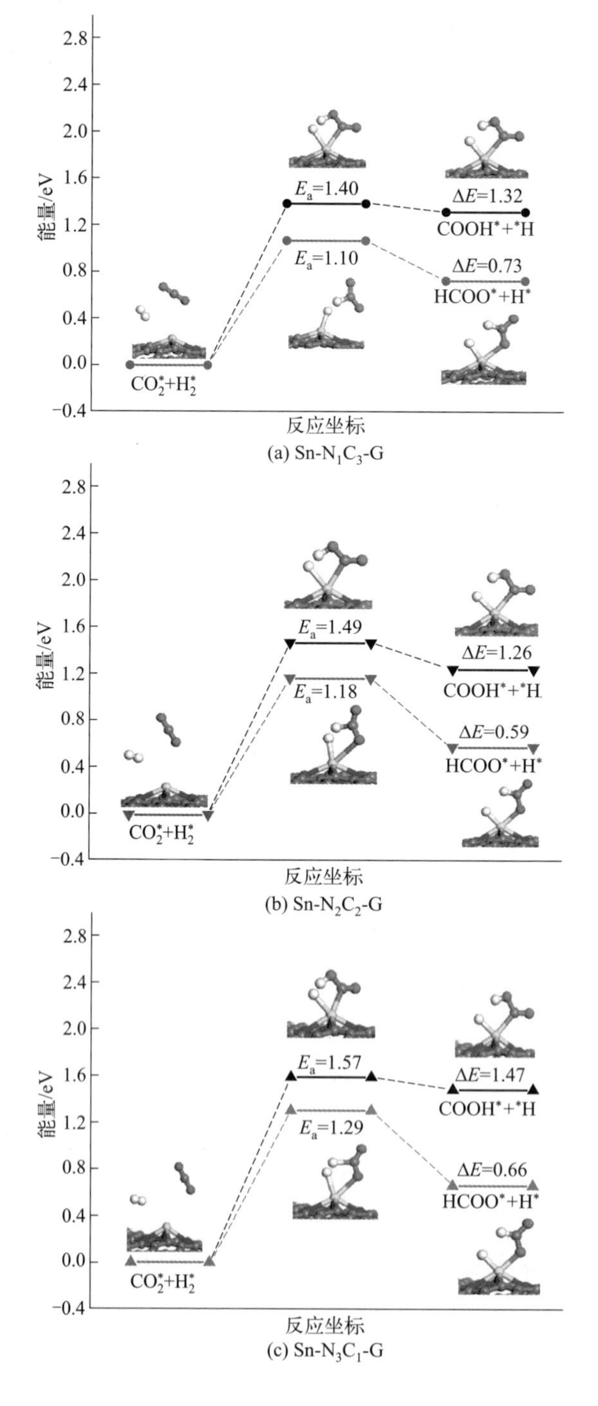

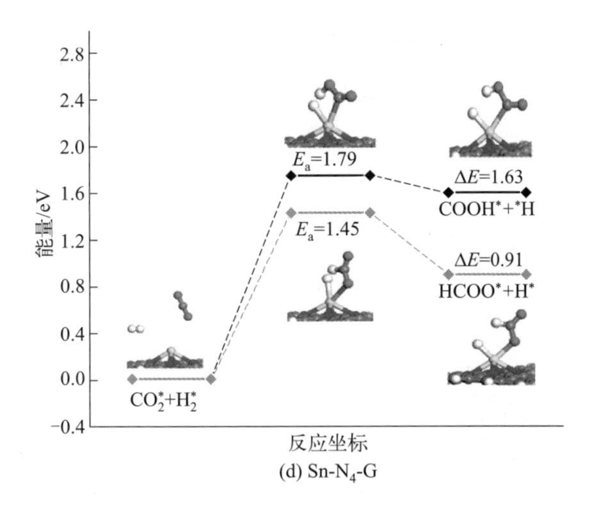

图 4-9　CO_2^* 加氢的势能以及 IS、TS 和 FS 在 $Sn-N_1C_3-G$、$Sn-N_2C_2-G$、$Sn-N_3C_1-G$ 和 $Sn-N_4-G$ 上的最优构型

另见彩图）。对于 $Sn-N_1C_3-G$、$Sn-N_2C_2-G$、$Sn-N_3C_1-G$ 和 $Sn-N_4-G$，计算出的 $HCOO^*$ 形成的 E_a 值分别为 1.10 eV、1.18 eV、1.29 eV 和 1.45 eV。$COOH^*$ 形成的 E_a 值分别为 1.40 eV、1.49 eV、1.57 eV 和 1.79 eV。结果表明，对于这 4 种催化剂，$CO_2^* \longrightarrow HCOO^*$ 步骤的 E_a 值低于 $CO_2^* + H_2^* \longrightarrow COOH^* + H^*$ 的 E_a 值，这表明从动力学角度来看，前者比后者更有利。这意味着 $COOH^*$ 和 RWGS 反应的进一步氢化不太可能在 $Sn-N_xC_{4-x}-G$ 上发生。一些研究证明，CO_2 还原反应在 SnNC 催化剂上生成甲酸盐而不是羧酸盐。例如，Xie 等 [58] 已经确定甲酸盐物种是通过 Sn-SAC 纳米阵列上的 CO_2 还原反应形成的。Zu 等 [37] 已经确认 CO_2 可以在 N 掺杂石墨烯催化剂上负载的单原子 $Sn^{\delta+}$ 上还原为甲酸盐。这些结论可以在一定程度上支持我们的结果。基于上述分析，后续研究中仅考虑 $HCOO^*$ 的进一步氢化。

接下来，H^* 与 $HCOO^*$ 的 O 原子相互作用形成 $HCOOH^*$，其分别克服了 $Sn-N_1C_3-G$、$Sn-N_2C_2-G$、$Sn-N_3C_1-G$ 和 $Sn-N_4-G$ 的 0.65 eV、1.23 eV、1.32 eV 和 1.42 eV 的能垒，如图 4-10 所示（书后另见彩图）。研究发现，N 配位数越大，$Sn-N_xC_{4-x}-G$ 上形成 $HCOOH^*$ 的 E_a 值越大，特别是 $Sn-N_1C_3-G$ 在 $HCOO^*$ 加氢生成 $HCOOH^*$ 时 E_a 值最低，因此表现出最佳的活性。计算出的 $HCOOH^*$ 形成的 ΔE 值均为负值，这意味着 $Sn-N_xC_{4-x}-G$ 上的 $HCOO^*$ 到 $HCOOH^*$ 在热力学上是有利的。一般来说，负 ΔE 表示放热反应，而正 ΔE 表示吸热反应。

基于上述分析，$Sn-N_xC_{4-x}-G$ 上 CO_2 加氢制 HCOOH 反应的最优路径是 $CO_2^* + H_2^* \longrightarrow HCOO^* + H^* \longrightarrow HCOOH^*$，如图 4-11 所示。结果表明，$Sn-N_xC_{4-x}-G$（$x = 1 \sim 4$）能有效催化 CO_2 加氢制 HCOOH，并且催化活性随着配位 N 原子数的增加而降低。此外，还研究了 $Sn-N_xC_{4-x}-G$ 上的限速步骤（RDS）。对于 $Sn-N_1C_3-G$ 和 $Sn-N_4-G$，它们的 RDS 为 $CO_2^* + H_2^* \longrightarrow HCOO^* + H^*$，而 $Sn-N_2C_2-G$ 和 $Sn-N_3C_1-G$ 的 RDS

被确定为 $HCOO^{*} + H^{*} \longrightarrow HCOOH^{*}$。虽然 Sn-$N_xC_{4-x}$-G 体系在我们的研究中具有相当相似的活性位点结构，但 N 配位数的变化可能会影响活性中心的电子结构，

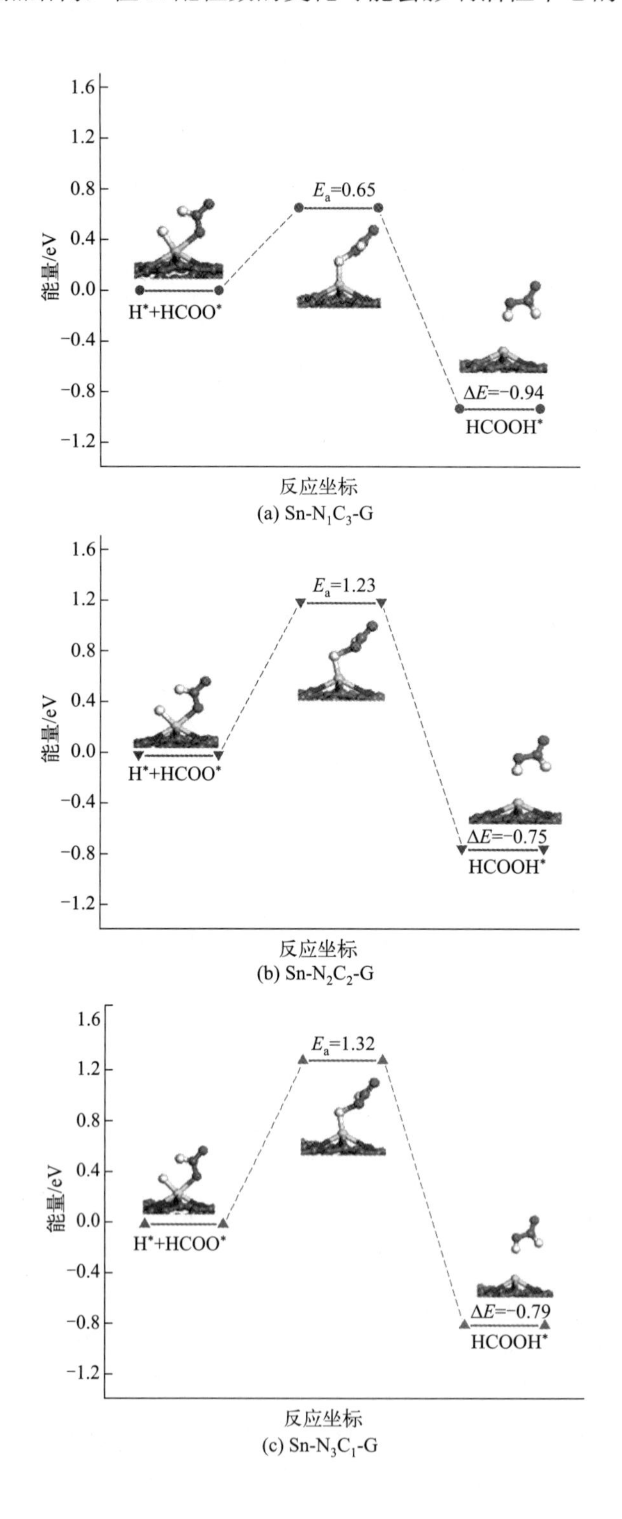

(a) Sn-N_1C_3-G

(b) Sn-N_2C_2-G

(c) Sn-N_3C_1-G

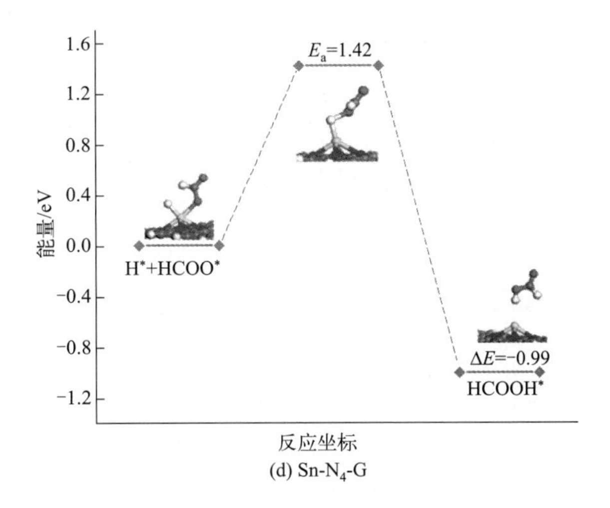

图 4-10　$HCOO^*$ 加氢的势能以及 IS、TS 和 FS 在 Sn-N_1C_3-G、Sn-N_2C_2-G、Sn-N_3C_1-G 和 Sn-N_4-G 上的最优构型

进而影响催化剂的反应活化势垒。先前的一些研究已经证明，局部配位环境的变化显著影响 Sn-SAC 在 CO_2 还原反应中的活性和选择性 [59]。Liu 等 [60] 发现改变金属原子的 N 配位数会导致 RDS 反应的变化。SnN_1C_3-G 是这项研究中最活跃的催化剂。在 Sn-N_1C_3-G 上的 RDS 的 E_a 值为 1.10 eV，并且低于已报道的催化剂，如 TiO_2 负载的 Rh_2 团簇（1.54 eV）[61]。因此，Sn-N_1C_3-G 对 CO_2 加氢制 HCOOH 具有良好的催化活性。

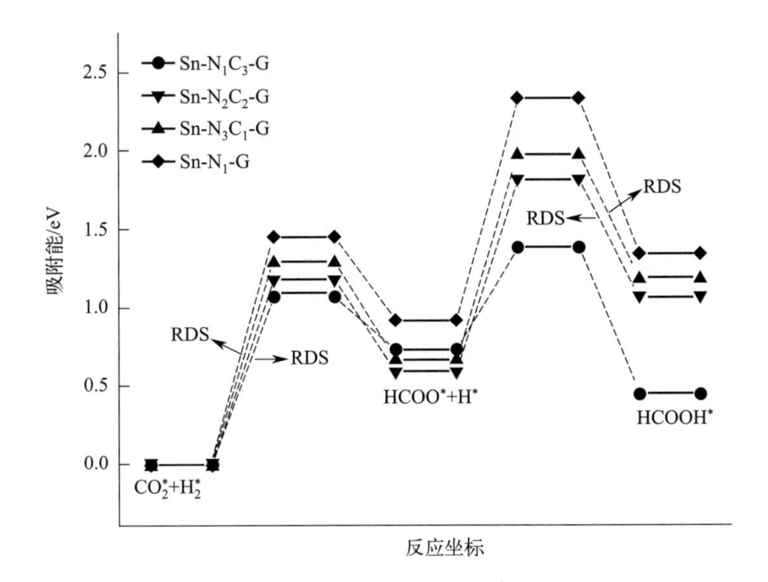

图 4-11　在 Sn-N_xC_{4-x}-G 上合成 HCOOH 的最佳反应途径

4.2.4　Sn-N_xC_{4-x}-G 催化剂的活性起源分析

为了进一步揭示 Sn-N_xC_{4-x}-G 催化活性的起源，计算了 Sn-p 的 PDOS 和 Sn-N_xC_{4-x}-G 上相应的 p 带中心（ε_p），如图 4-12（a）所示。显然，Sn 原子 ε_p 值的变化

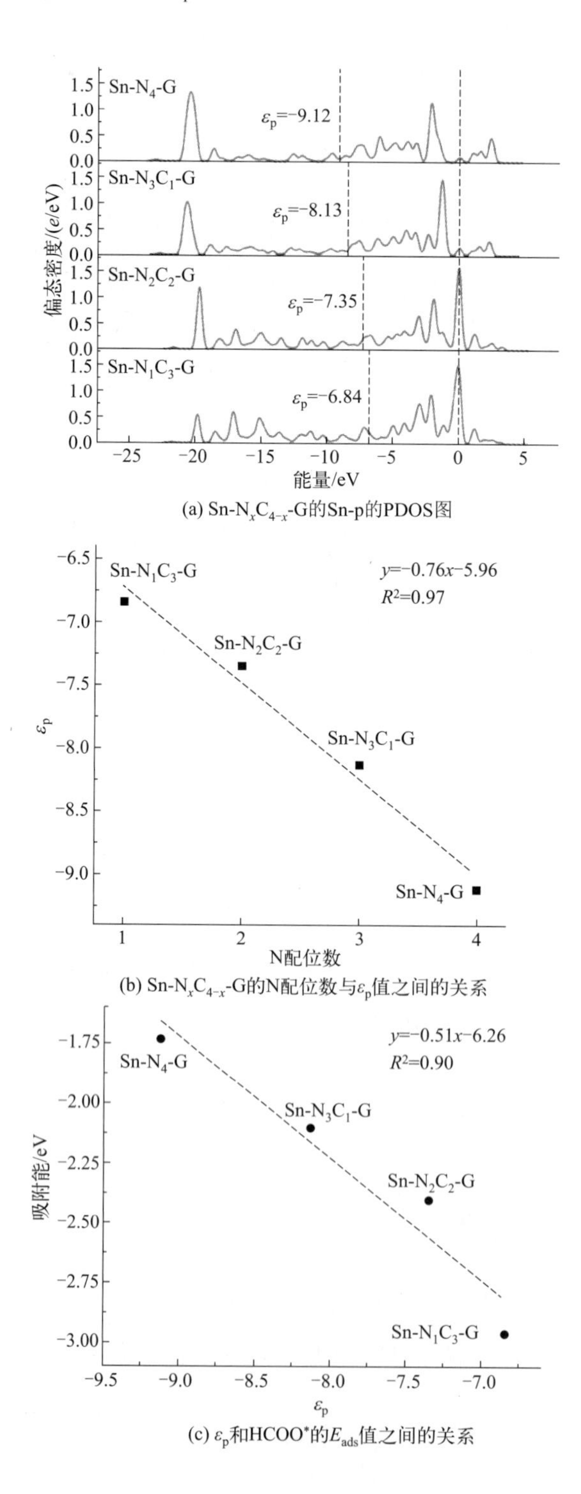

(a) Sn-N_xC_{4-x}-G的Sn-p的PDOS图

(b) Sn-N_xC_{4-x}-G的N配位数与ε_p值之间的关系

(c) ε_p和$HCOO^*$的E_{ads}值之间的关系

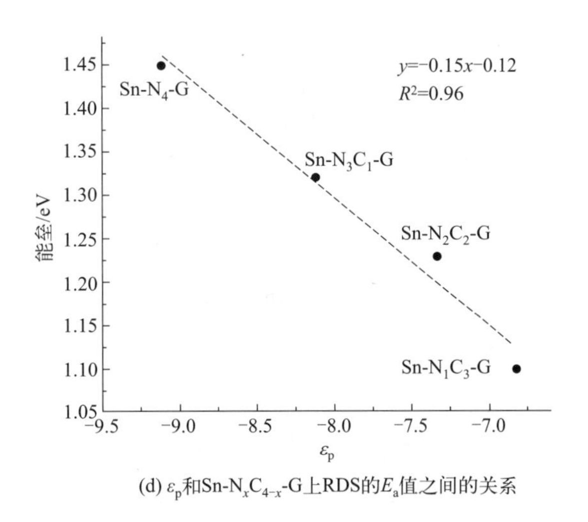

(d) ε_p和Sn-N$_x$C$_{4-x}$-G上RDS的E_a值之间的关系

图 4-12　Sn-N$_x$C$_{4-x}$-G 的 Sn-p 的 PDOS 图（费米能级设置为 0）；Sn-N$_x$C$_{4-x}$-G 的 N 配位数与 ε_p 值之间的关系；ε_p 和 HCOO* 的 E_{ads} 值之间的关系；ε_p 和 Sn-N$_x$C$_{4-x}$-G 上 RDS 的 E_a 值之间的关系

受 N 配位环境的影响，即 N 配位数的增加导致 ε_p 逐渐远离费米能级。此外，N 配位数与 Sn-N$_x$C$_{4-x}$-G 的 ε_p 值之间存在相当强的线性关系，决定系数（R^2）为 0.97，如图 4-12（b）所示。

众所周知，关键反应物质的吸附强度和整个反应的活化势垒与活性中心金属的电子结构密切相关。因此，分别研究了 Sn-N$_x$C$_{4-x}$-G 上 HCOO* 的 ε_p 和 E_{ads} 值以及 RDS 的 E_a 值之间的关系，如图 4-12（c）和（d）所示。可以发现 ε_p 越接近费米能级（ε_p 值越大），HCOO* 在 Sn-N$_x$C$_{4-x}$-G 上的 E_{ads} 值越负，而 Sn-N$_x$C$_{4-x}$-G 上 RDS 对应的 E_a 值越小。此外，在 Sn-N$_x$C$_{4-x}$-G 上，ε_p 与 HCOO* 的相应 E_{ads} 值之间存在良好的线性相关性，R^2 为 0.90。同样，在 Sn-N$_x$C$_{4-x}$-G 上，ε_p 与 RDS 的相应 E_a 值之间的相关性相对较强（R^2=0.96）。因此，Sn-N$_x$C$_{4-x}$-G 上 Sn 原子的 ε_p 影响其与 HCOOH 合成过程中关键反应物质的结合能力，进而影响其催化活性。基于上述分析，Sn 原子的 ε_p 可以作为预测 Sn-N$_x$C$_{4-x}$-G 体系 HCOOH 合成活性的良好描述符。

4.3　Sn 基双原子催化剂催化二氧化碳加氢制甲酸

本节研究了 HCOOH 在一系列 Sn-M 双原子催化剂（DAC）（M = Fe、Co、Ni、Cu、Zn）上合成的详细机理。首先，通过形成能（E_f）分析发现，所有 SnMN$_6$/G 在结构上都是稳定的。并且，通过 Fukui（−）指数分析确定主反应位点为 SnMN$_6$/G 上的 Sn 原子。随后，研究了这几种 DAC 上反应中间体的吸附行为，可以看到，相比其他反应中间体，催化剂对 *HCOO 的吸附最强。我们进一步研究几种 DAC 上 CO_2 加氢的详细机理，结果表明 CO_2 在 5 种催化剂上的最优加氢路径相同，为

$CO_2^* + H_2^* \longrightarrow HCOO^* + H^* \longrightarrow {}^*HCOOH$。而且，SnMN$_6$/G的催化活性顺序由强到弱确定为SnZnN$_6$/G、SnNiN$_6$/G、SnCoN$_6$/G、SnCuN$_6$/G、SnFeN$_6$/G。在所有研究的SnMN$_6$/G催化剂中，SnZnN$_6$/G表现出最高的催化活性，RDS的能垒最低（0.98 eV）。

4.3.1 SnMN$_6$/G催化剂的结构模型和稳定性

首先，构建了石墨烯的非周期结构，随后从原始石墨烯中心去除4个C原子以获得可以容纳金属二聚体的空位。此外，围绕空位的6个碳原子被N原子取代。选择Sn和一系列TM（过渡金属Fe、Co、Ni、Cu和Zn）作为掺杂原子，建立以N掺杂石墨烯（SnMN$_6$/G）中Sn-M（M = Fe、Co、Ni、Cu和Zn）为位点的5个模型，如图4-13所示（书后另见彩图）。从侧视图可以看出，TM仍然位于石墨烯平面中，只有Sn原子上发生凸起，同时石墨烯发生局部变形。

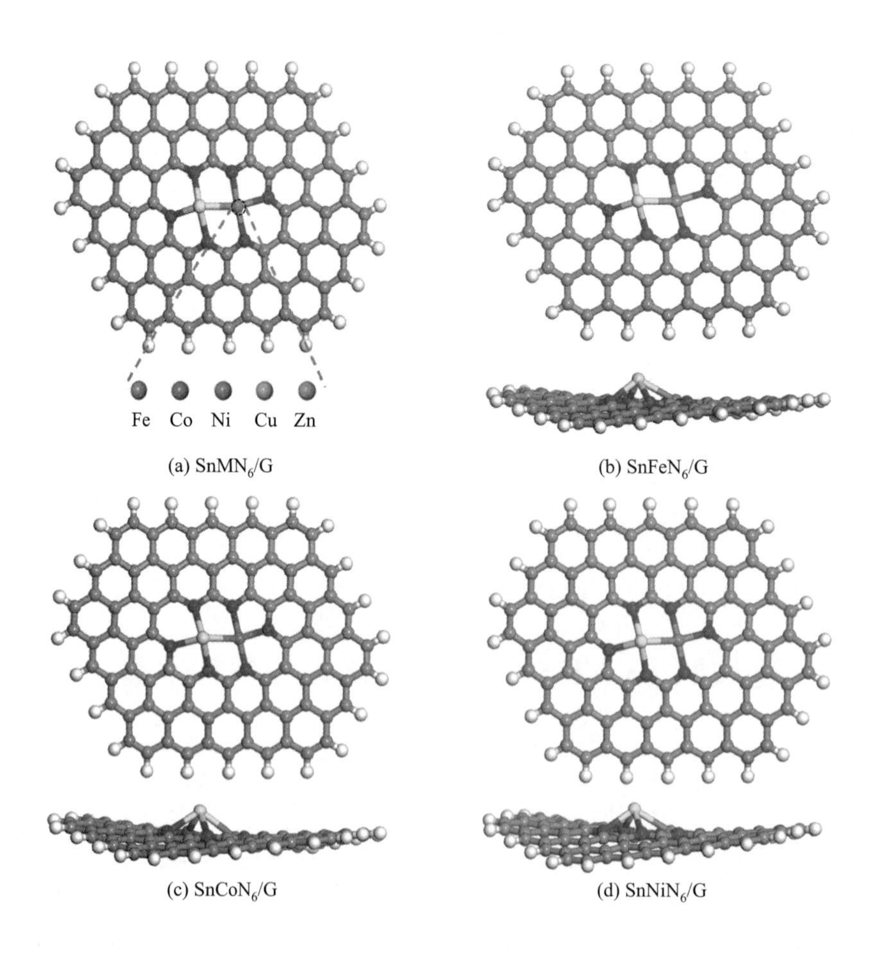

(a) SnMN$_6$/G　(b) SnFeN$_6$/G

(c) SnCoN$_6$/G　(d) SnNiN$_6$/G

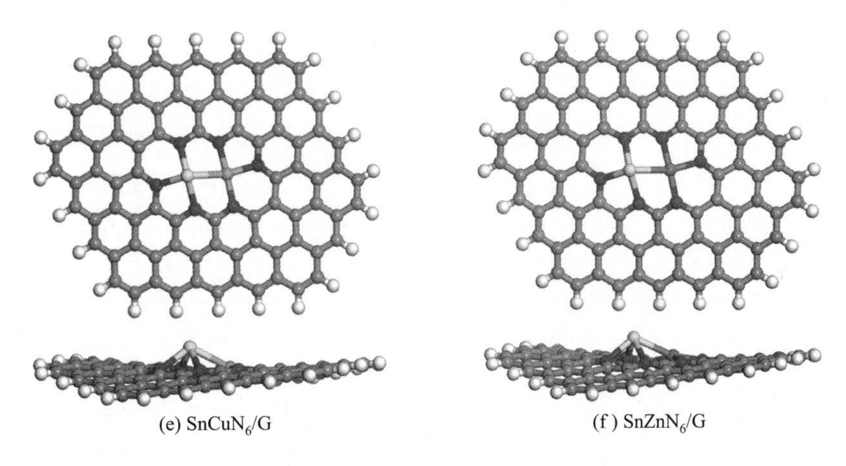

图 4-13 $SnMN_6/G$、$SnFeN_6/G$、$SnCoN_6/G$、$SnNiN_6/G$、$SnCuN_6/G$、$SnZnN_6/G$ 优化结构的俯视图和侧视图（Sn、N、C 和 H 原子分别为图中的黄、蓝、灰和白色球体）

由于 DAC 在制备和催化过程中的团聚会导致催化剂活性降低。因此，为了评估 $SnMN_6/G$ 的结构稳定性，计算 $SnMN_6/G$ 的 E_f 和块体金属（Sn、Fe、Co、Ni、Cu 和 Zn）的 E_{coh} 值，结果如图 4-14 所示。为了避免金属原子的团聚，$SnMN_6/G$ 的 E_f 应强于块体金属的 E_{coh}。很明显，$SnMN_6/G$ 的 E_f 值比孤立金属的 E_{coh} 值更负，这意味着这些 $SnMN_6/G$ 具有很高的热力学稳定性。在这 5 种 $SnMN_6/G$ 中，$SnCoN_6/G$ 的稳定性相对较弱，E_f 值为 −6.49 eV。此外，与其他 $SnMN_6/G$ 相比，$SnCuN_6/G$ 的 E_f 值为 −7.14 eV，所以具有最佳的稳定性。可以得出结论，由于这 5 种 $SnMN_6/G$ 催化剂的 E_f 都为负，因此催化剂本身具有良好的稳定性，其催化性能值得进一步研究。

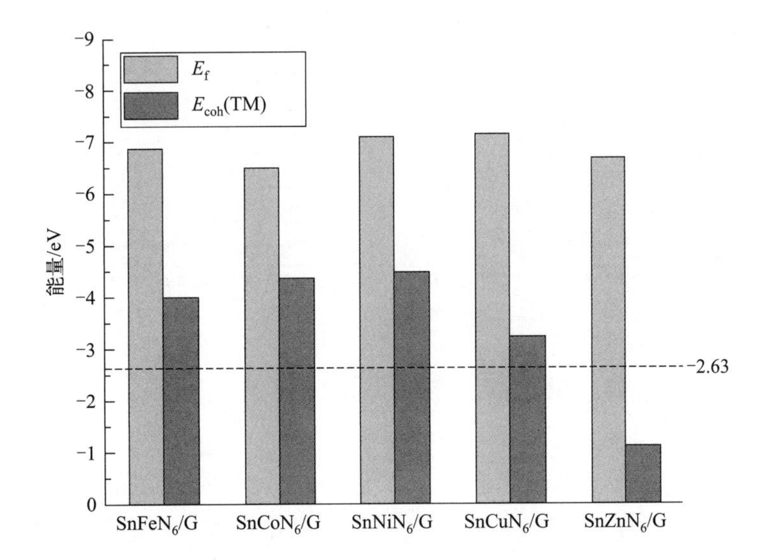

图 4-14 $SnMN_6/G$ 的 E_f 和游离 TM 的 E_{coh}（虚线为 Sn 的 E_{coh}，TM = Fe、Co、Ni、Cu、Zn）

为了进一步揭示 Sn 和 TM 原子之间的相互作用，计算了其晶体轨道哈密顿布局（COHP）及其积分值（ICOHP），如图 4-15 所示。对于 Sn—Fe、Sn—Co、Sn—Ni、Sn—Cu 和 Sn—Zn 键，ICOHP 分别为 −0.80 eV、−0.88 eV、−0.96 eV、−1.07 eV 和−1.21 eV。应该注意的是，更负的ICOHP值代表更强的Sn—TM相互作用。因此，键合强度由高到低为 Sn—Zn ＞ Sn—Cu ＞ Sn—Ni ＞ Sn—Co ＞ Sn—Fe。显然，随着原子序数的增加 Sn 和 TM 原子之间的键合强度也逐渐增加。

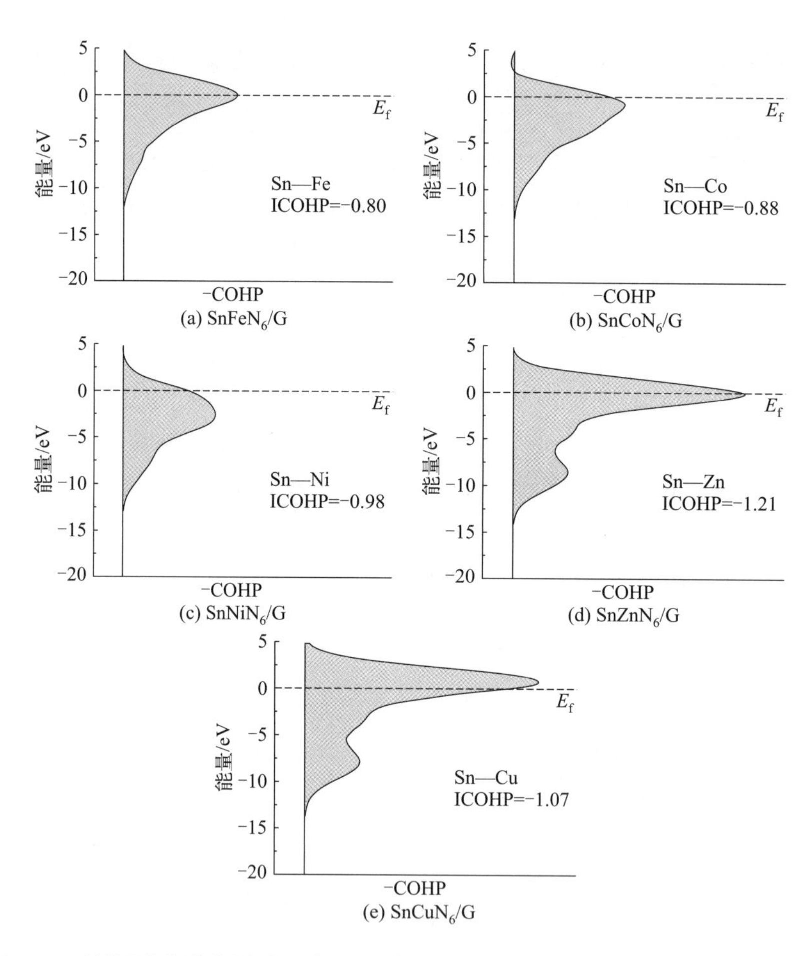

图 4−15 Sn—TM 键的晶体轨道哈密顿布局（COHP）及其积分值（ICOHP）（TM = Fe、Co、Ni、Cu、Zn）

4.3.2 SnMN$_6$/G 催化剂上反应物种的吸附

一个区域是否适合亲电攻击及其供电子的能力可以通过 Fukui（−）指数来确定，Fukui（−）指数的正值越高，该区域就越适合亲电攻击，同时表现出供电子特性。因此，计算了 Sn 原子和每个 SnMN$_6$/G 上第一壳层中所有原子的 Fukui（−）指数值，如图 4-16 所示（书后另见彩图）。在除 SnCuN$_6$/G 以外的所有 SnMN$_6$/G 上，

Sn 原子和 TM 原子的 Fukui（−）指数值比 6 个配位 N 原子的 Fukui（−）指数值更正。对于 $SnCuN_6$/G，Cu 原子的 Fukui（−）指数值与配位 N 原子的 Fukui（−）指数值非常接近。此外，对于这 5 个 $SnMN_6$/G，Sn 原子上的 Fukui（−）指数值大于 TM 上的 Fukui（−）指数值。基于上述讨论，推断 Sn 位点是 $SnMN_6$/G 上 HCOOH 合成的主要活性位点，这与 Xie 等[58] 关于 Ni—Sn 原子对催化剂 CO_2 还原反应的研究结果一致。接着，我们继续研究了所有相关反应物种在 $SnMN_6$/G 上的吸附行为。

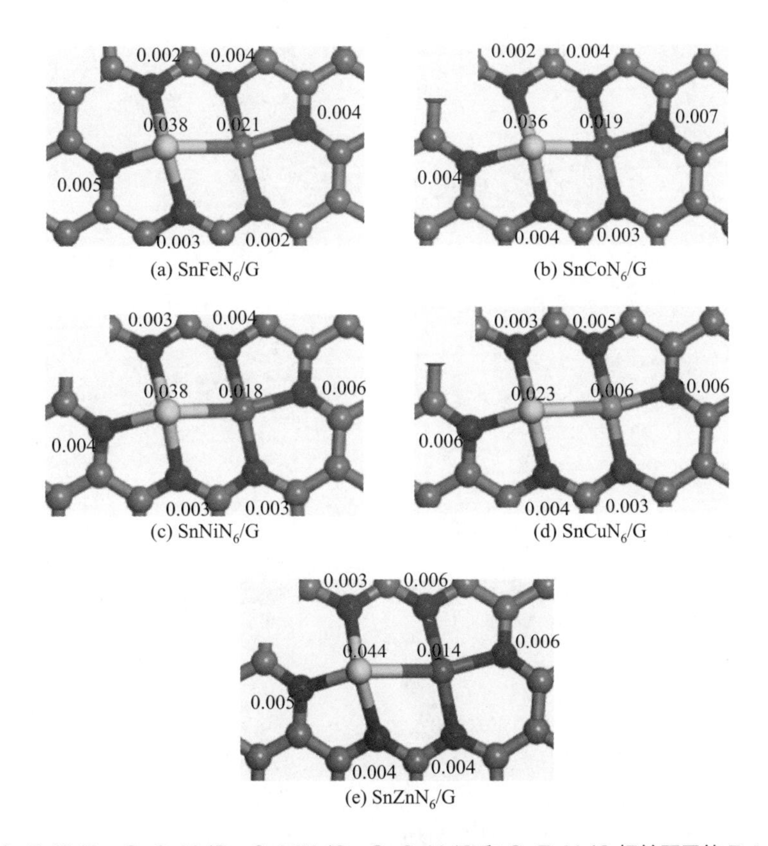

(a) $SnFeN_6$/G　(b) $SnCoN_6$/G　(c) $SnNiN_6$/G　(d) $SnCuN_6$/G　(e) $SnZnN_6$/G

图 4-16　$SnFeN_6$/G、$SnCoN_6$/G、$SnNiN_6$/G、$SnCuN_6$/G 和 $SnZnN_6$/G 相关原子的 Fukui（−）指数

4.3.2.1　H_2 和 CO_2 的吸附

已经证明反应物在催化剂表面上的吸附在其催化反应过程中起着核心作用，因此本小节将首先考虑相关反应物（H_2 和 CO_2）在 $SnMN_6$/G（M = Fe、Co、Ni、Cu、Zn）上的吸附，想要的吸附构型如图 4-17 所示（书后另见彩图）。至此，计算相应的 E_{ads} 值，如图 4-18 所示，可以观察到，对于这些 $SnMN_6$/G，由于负载的 TM 不同，它们对反应物种（H_2 和 CO_2）和产物（HCOOH）的吸附强度非常接近。此外，

HCOO* 和 COOH* 的 E_{ads} 值存在显著差异。

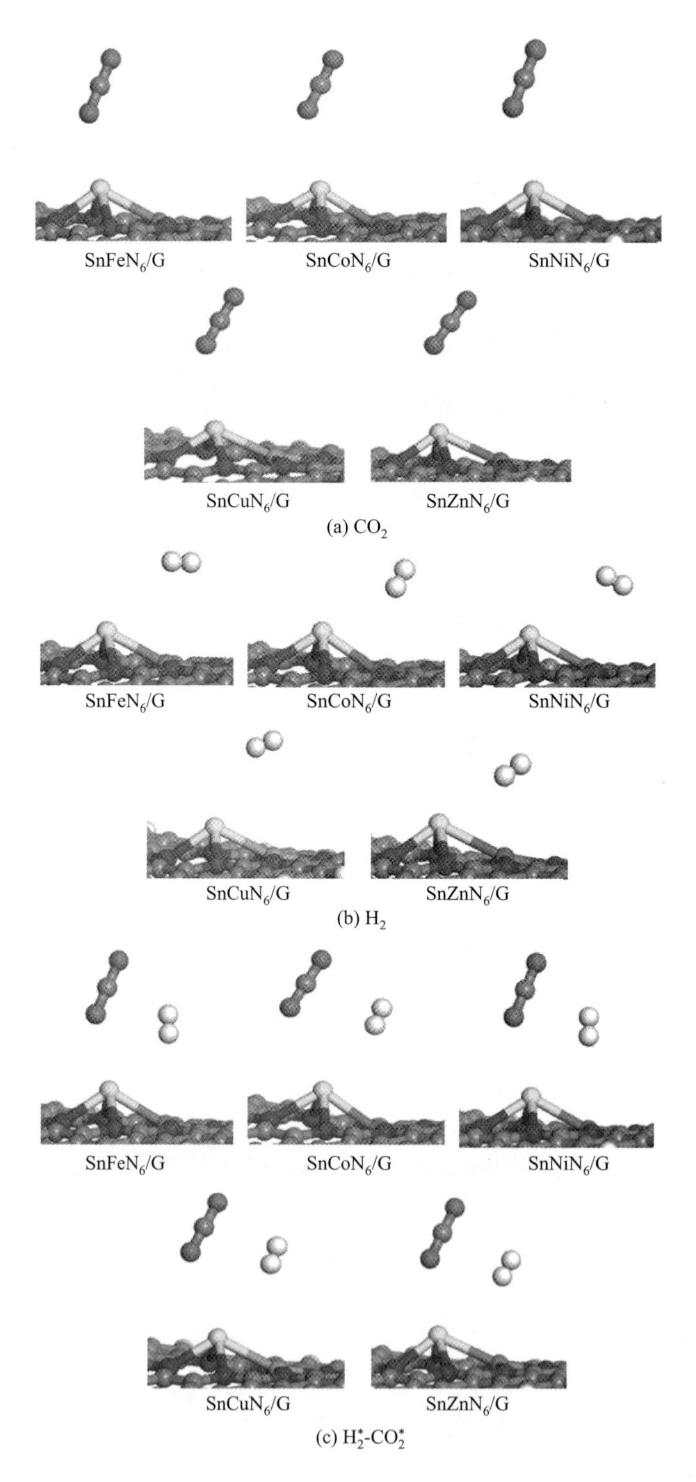

图 4-17　CO_2、H_2、H_2^*-CO_2^* 在 $SnMN_6/G$（M = Fe、Co、Ni、Cu、Zn）上的吸附构型

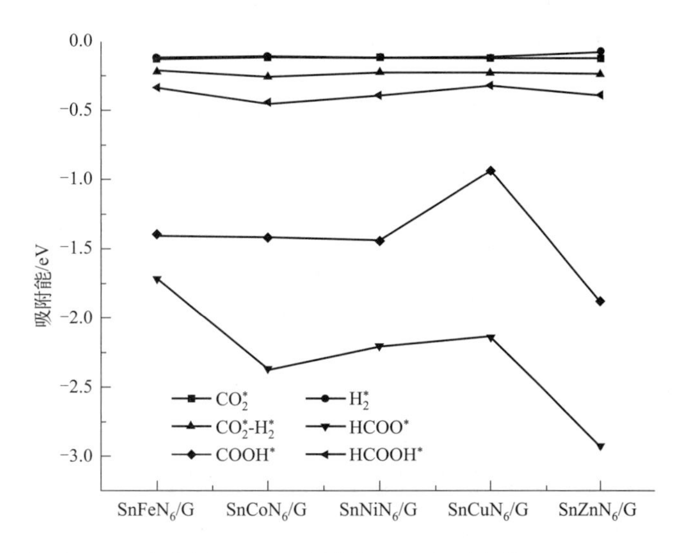

图 4-18　参与 CO_2 加氢制 HCOOH 过程的所有反应中间体在 $SnMN_6/G$ 上的 E_{ads}

CO_2^* 在 $SnFeN_6/G$、$SnCoN_6/G$、$SnNiN_6/G$、$SnCuN_6/G$ 和 $SnZnN_6/G$ 上的 E_{ads} 值分别为 −0.13 eV、−0.12 eV、−0.12 eV、−0.13 eV 和 −0.13 eV，非常接近 H_2^* 的 E_{ads} 值（−0.12 eV、−0.11 eV、−0.12 eV、−0.12 eV 和 −0.08 eV）。这表明 H_2^* 和 CO_2^* 在所有 $SnMN_6/G$ 上的吸附能力相似。图 4-19（书后另见彩图）显示了 CO_2^* 和 H_2^* 吸附

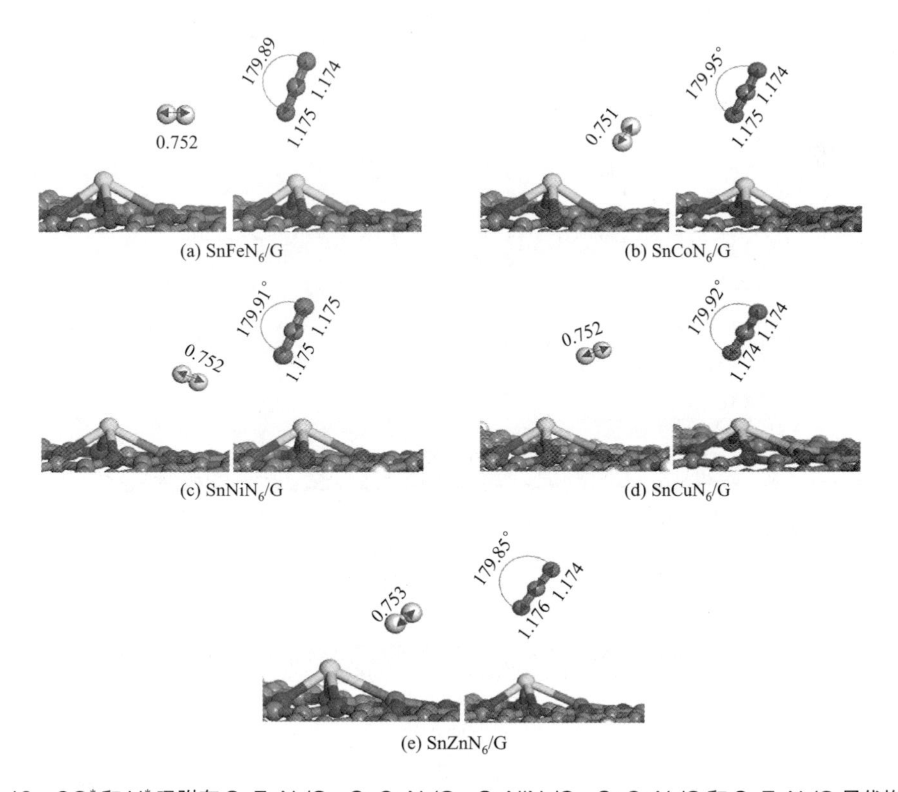

图 4-19　CO_2^* 和 H_2^* 吸附在 $SnFeN_6/G$、$SnCoN_6/G$、$SnNiN_6/G$、$SnCuN_6/G$ 和 $SnZnN_6/G$ 最优构型以及其相应的结构参数

在 $SnMN_6/G$ 上的最优构型以及其相应的结构参数。可以看出，CO_2（H_2）的结构参数在吸附后几乎保持不变。由此可知，CO_2 和 H_2 分子倾向于在 $SnMN_6/G$ 上物理吸附。而对于 CO_2^* 和 H_2^* 的共吸附来说，CO_2^* 和 H_2^* 在 $SnFeN_6/G$、$SnCoN_6/G$、$SnNiN_6/G$、$SnCuN_6/G$ 和 $SnZnN_6/G$ 上的共吸附能值分别为 −0.22 eV、−0.26 eV、−0.23 eV、−0.23 eV 和 −0.24 eV。可以观察到，这些值比单个 H_2^* 或 CO_2^* 在 $SnMN_6/G$ 上的负值更大。因此，H_2^*-CO_2^* 的共吸附强度强于单分子（CO_2/H_2）的吸附强度。

4.3.2.2　中间体 HCOO* 和 COOH* 的吸附

至于中间体 HCOO* 和 COOH*，HCOO* 在 $SnFeN_6/G$、$SnCoN_6/G$、$SnNiN_6/G$、$SnCuN_6/G$ 和 $SnZnN_6/G$ 上的 E_{ads} 值分别为 −1.72 eV、−2.37 eV、−2.21 eV、−2.14 eV 和 −2.93 eV，它们的吸附构型如图 4-20 所示（书后另见彩图）。而 $SnFeN_6/G$、$SnCoN_6/G$、

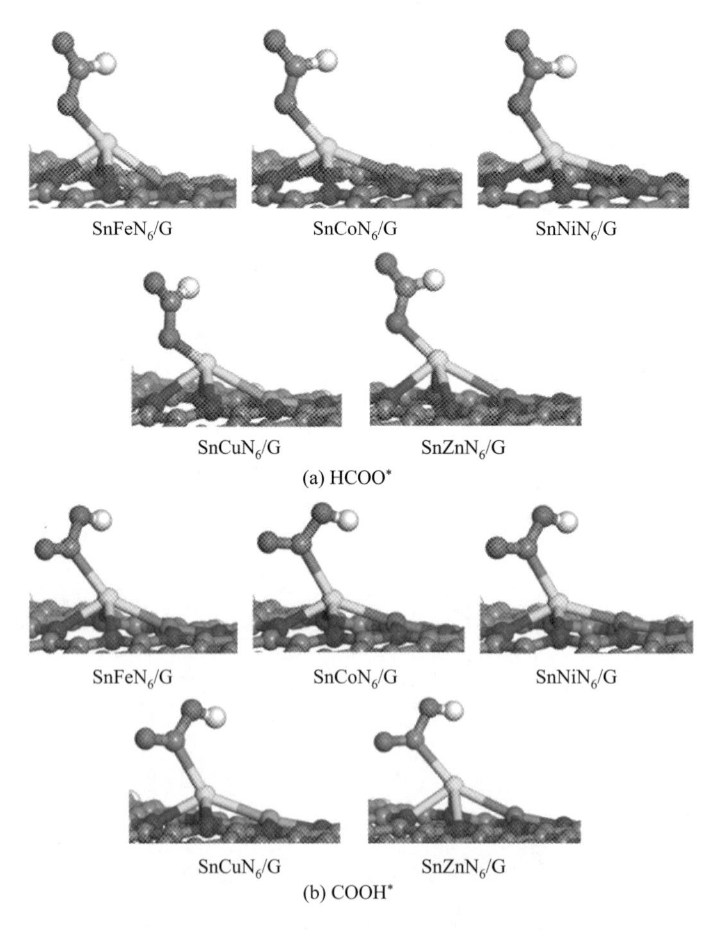

图 4-20　$SnMN_6/G$（M = Fe、Co、Ni、Cu、Zn）上 HCOO* 和 COOH* 的吸附构型

$SnNiN_6/G$、$SnCuN_6/G$ 和 $SnZnN_6/G$ 上的 $COOH^*$ 的 E_{ads} 值分别计算为 −1.40 eV、−1.42 eV、−1.44 eV、−0.94 eV 和 −1.88 eV。显然，$HCOO^*$ 在 $SnMN_6/G$ 上的 E_{ads} 值比 $COOH^*$ 在 $SnMN_6/G$ 上的 E_{ads} 值更负，这表明 $HCOO^*$ 在 $SnMN_6/G$ 上的吸附强度大于 $COOH^*$。此外，在这 5 种催化剂中 $SnZnN_6/G$ 对 $HCOO^*$ 和 $COOH^*$ 的吸附强度最强。

4.3.2.3 产物 HCOOH 的吸附

$HCOOH^*$ 在 $SnFeN_6/G$、$SnCoN_6/G$、$SnNiN_6/G$、$SnCuN_6/G$ 和 $SnZnN_6/G$ 上的 E_{ads} 值分别为 −0.34 eV、−0.45 eV、−0.39 eV、−0.31 eV 和 −0.39 eV，吸附构型如图 4-21 所示（书后另见彩图）。这表明 HCOOH 在这些催化剂上的吸附较弱，并且很容易从 $SnMN_6/G$ 上解吸。

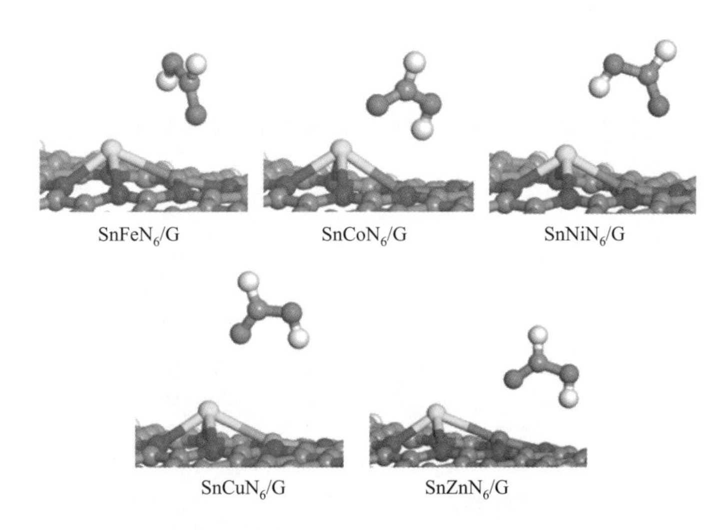

图 4-21 $HCOOH^*$ 在 $SnMN_6/G$（M = Fe、Co、Ni、Cu、Zn）上的吸附构型

4.3.3 $SnMN_6/G$ 催化剂的反应机理

在 $SnMN_6/G$ 上将 CO_2 加氢为 HCOOH，此过程遵循 ER 或 LH 机理。因此，如图 4-22 所示，进一步分析了 CO_2 与 HCOOH 关于 ER 与 LH 机理之间的竞争。当 CO_2^* 和 H_2^* 同时吸附在催化剂上时，就会发生 LH 机理，而当气态分子与预吸附物质反应时就会发生 ER 机理。为了确定更有利的机理，我们比较了单独 CO_2^* 和 H_2^* 的 E_{ads} 值以及它们共吸附的 E_{ads}。CO_2^* 的 E_{ads} 值在 $SnMN_6/G$ 上非常接近 H_2^*，表明单独吸附 CO_2^* 和 H_2^* 不太可能触发 ER 机理，而共吸附的 E_{ads} 值要比单分子的 E_{ads} 值更负，可以看出，CO_2^* 和 H_2^* 的共吸附比单个分子的吸附在能量上更有利。因此，推测 CO_2^*

加氢始于 H_2^* 和 CO_2^* 的共吸附，即 CO_2^* 的加氢遵循 Sn 上的 LH 机理。对于 LH 机理，进一步计算 H_2 解离的 E_a 以确定具体的反应机理，如图 4-23 所示（书后另见彩图）。计算结果表明，H_2 在 $SnMN_6$/G 上解离需要较大的能垒，这意味着 H_2 在 $SnMN_6$/G 上发生解离的可能性不大。基于上述分析，推测在 $SnMN_6$/G 上 CO_2 加氢遵循 LH 机理，反应从 $CO_2^* + H_2^*$ 开始。

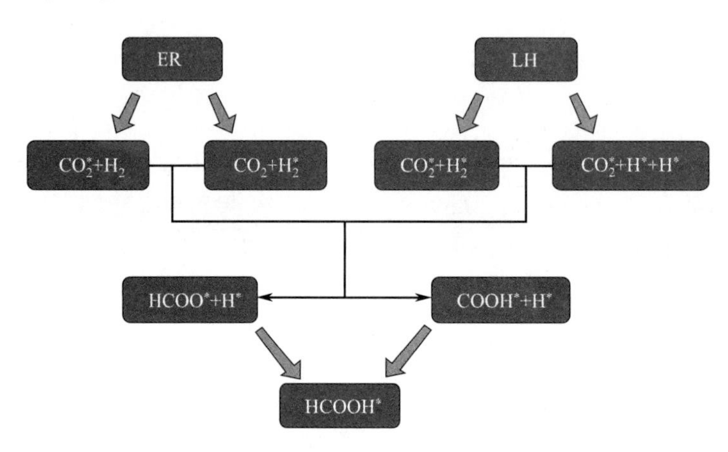

图 4-22　CO_2 沿 ER 或 LH 机理加氢为 HCOOH 的示意

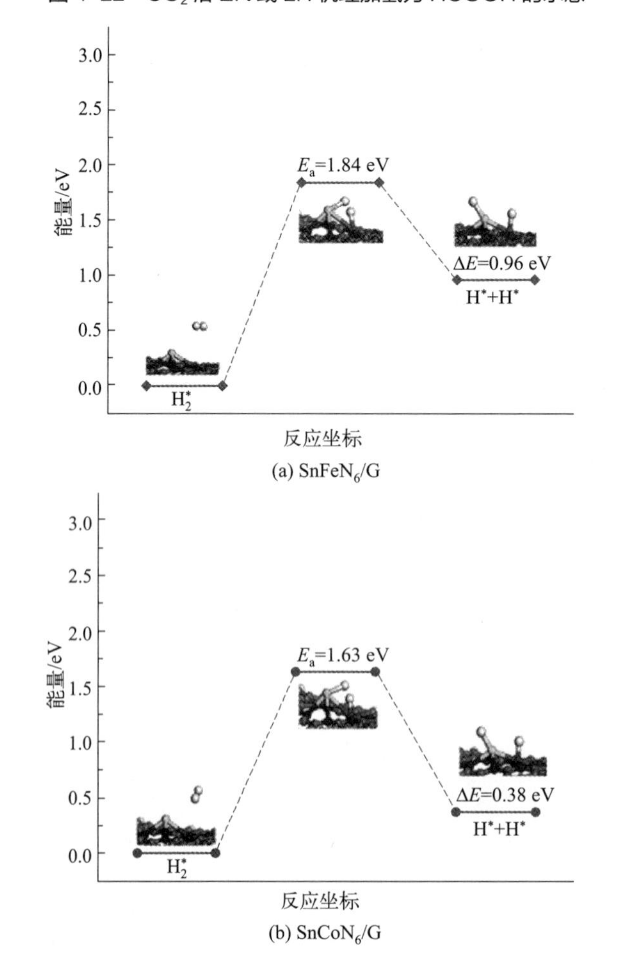

(a) $SnFeN_6$/G

(b) $SnCoN_6$/G

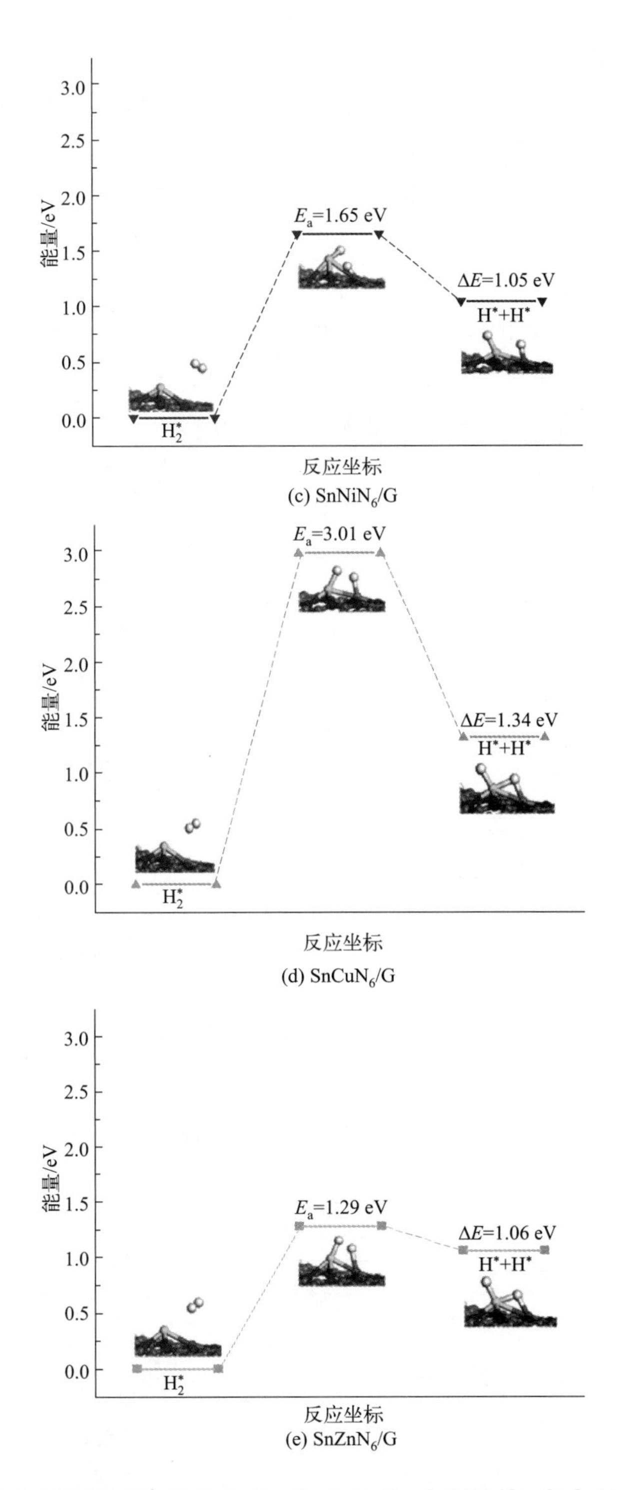

图 4-23　H_2^* 解离的 IS、TS 和 FS 在 $SnFeN_6$/G、$SnCoN_6$/G、$SnNiN_6$/G、$SnCuN_6$/G、$SnZnN_6$/G 上对应的最优结构以及其势能分布

随后，讨论了 $HCOO^*$ 和 $COOH^*$ 的形成与 CO_2 加氢的可能反应路径。$HCOO^*$

是通过 H^* 攻击 CO_2^* 的 C 原子生成的，而 $COOH^*$ 是通过 H^* 攻击 CO_2^* 的 O 原子生成的。为了确定最优路径，我们分别探索了在 $SnMN_6/G$ 上的 $COOH^*$ 和 $HCOO^*$ 路径来研究合成 HCOOH 的机理。与此同时，我们还研究了每个基元反应步骤的 TS，以得出相应的 E_a 和 ΔE 值。CO_2 和 H_2 在 $SnMN_6/G$ 上共吸附后，H_2^* 的一个 H 原子与金属原子连接，而另一个 H 原子与 CO_2^* 接触，形成 H^*+HCOO^* 或 H^*+COOH^*，如图 4-24 所示（书后另见彩图）。

对于 $SnFeN_6/G$、$SnCoN_6/G$、$SnNiN_6/G$、$SnCuN_6/G$ 和 $SnZnN_6/G$，计算出 CO_2^* 加氢制 $HCOO^*$ 的 E_a 值分别为 1.57 eV、1.29 eV、1.18 eV、1.53 eV 和 0.98 eV。同时，CO_2^* 加氢生成 $COOH^*$ 的 E_a 值分别为 2.33 eV、1.60 eV、1.59 eV、2.03 eV 和 2.33 eV。显然，对于所有 $SnMN_6/G$ 来说，$COOH^*$ 形成的 E_a 值明显大于 $HCOO^*$ 形成的 E_a 值。

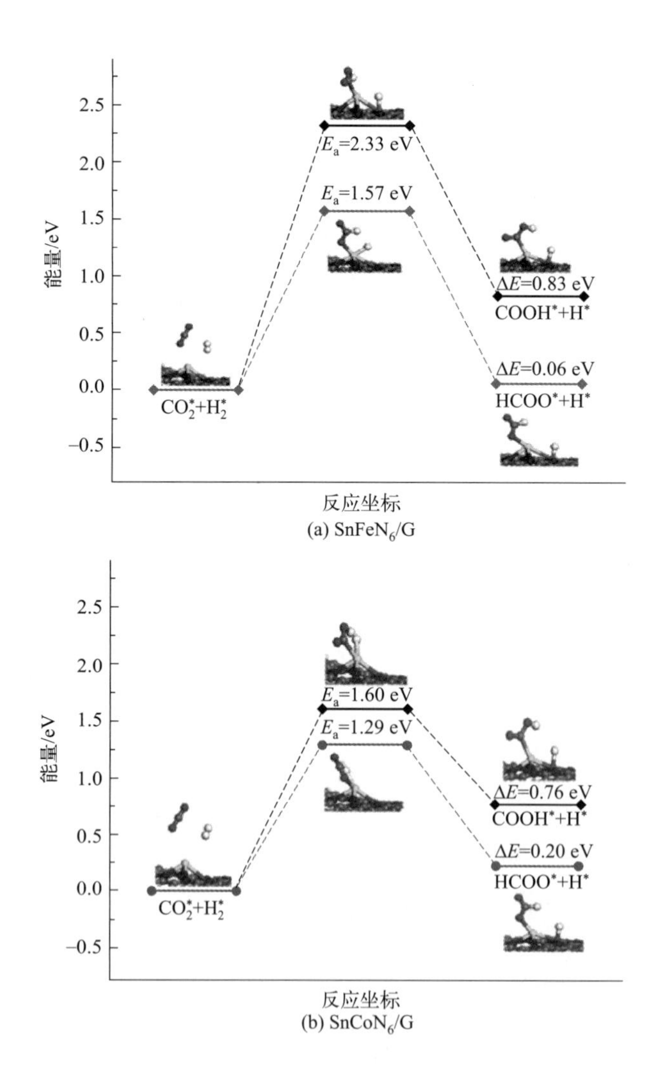

(a) $SnFeN_6/G$

(b) $SnCoN_6/G$

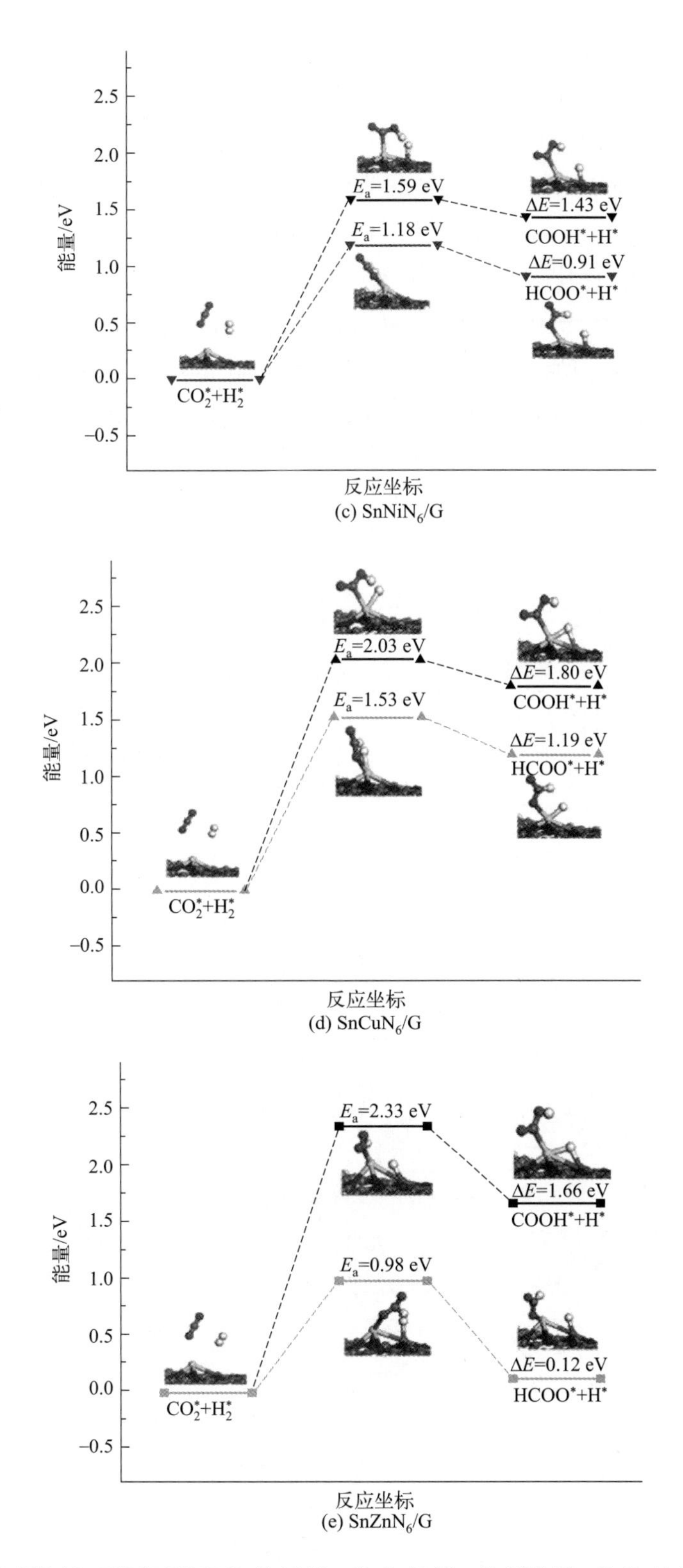

图 4-24　CO_2^* 加氢的 IS、TS 和 FS 在 $SnFeN_6$/G、$SnCoN_6$/G、$SnNiN_6$/G、$SnCuN_6$/G、$SnZnN_6$/G 上对应的最优结构以及势能分布

并且观察到形成 $HCOO^*$ 所需的 ΔE 远小于 $SnMN_6/G$ 上 $COOH^*$ 形成所需的 ΔE。这表明 CO_2^* 生成 $HCOO^*$ 在动力学和热力学上比生成 $COOH^*$ 更有利。因此，$COOH^*$ 的氢化在后续研究中将不被考虑在内。

综上所述，后续将只考虑 $HCOO^*$ 在 $SnMN_6/G$ 上进一步加氢制 $HCOOH^*$，如图 4-25 所示（书后另见彩图）。$HCOO^*$ 与 $HCOOH^*$ 的 E_a 分别为 0.02 eV、0.08 eV、0.15 eV、0.03 eV 和 0.24 eV，$HCOOH^*$ 形成的 ΔE 值分别为 −0.84 eV、−0.53 eV、−1.05 eV、−1.34 eV 和 −0.41 eV。可以看出，在这 5 种催化剂上 $HCOO^*$ 加氢生成 HCOOH 的 E_a 相当低。此外，获得的 $HCOOH^*$ 形成的 ΔE 值在 $SnMN_6/G$ 上为负值，ΔE 为负值表示放热反应，这意味着 $SnMN_6/G$ 上的 $HCOO^*$ 到 $HCOOH^*$ 在热力学上是有利的。

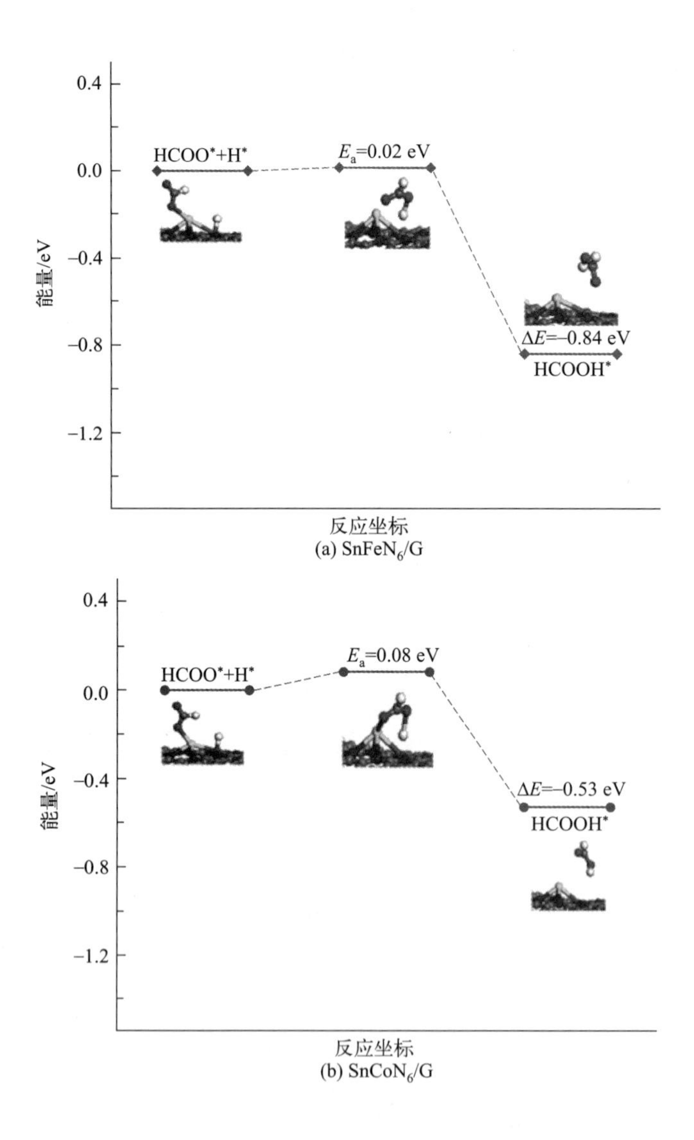

(a) $SnFeN_6/G$

(b) $SnCoN_6/G$

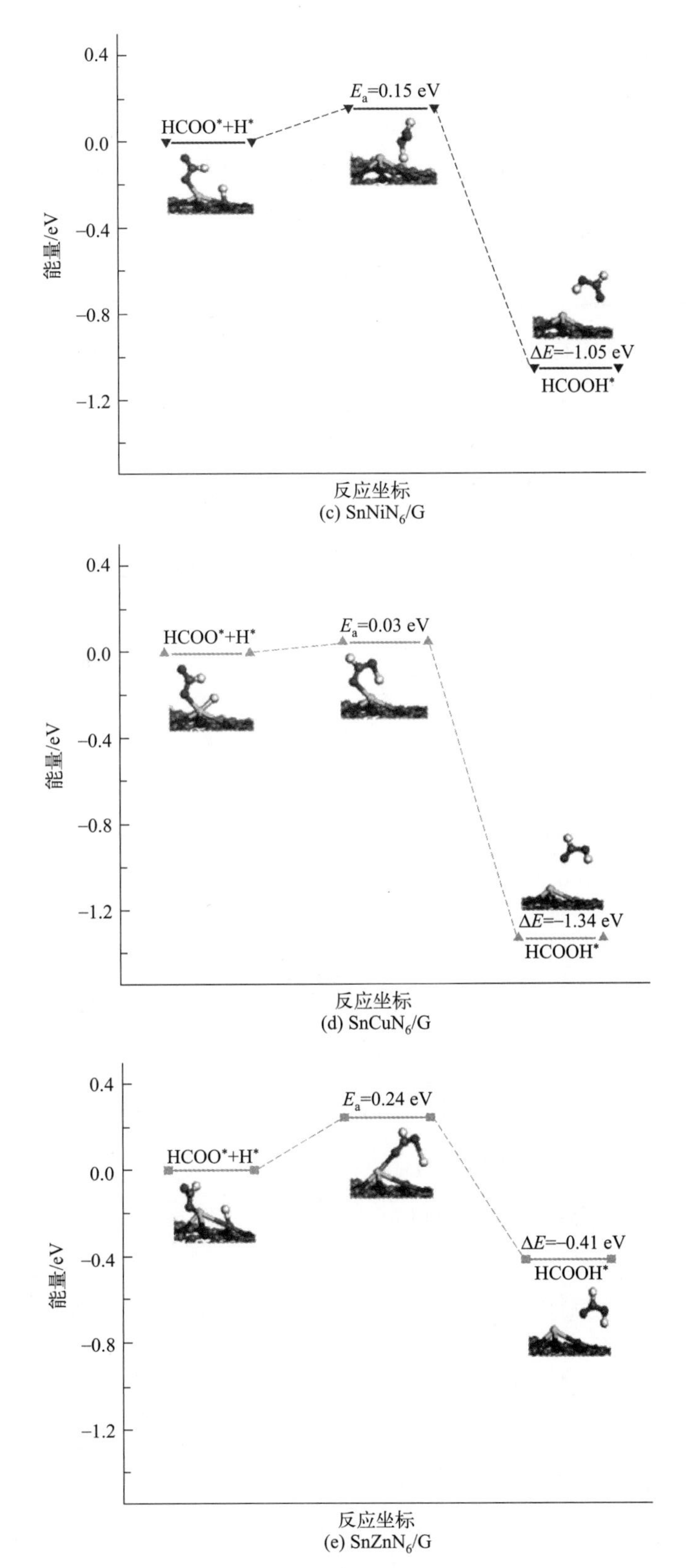

图4-25 $HCOO^*$加氢制$HCOOH^*$的IS、TS和FS在$SnFeN_6/G$、$SnCoN_6/G$、$SnNiN_6/G$、$SnCuN_6/G$、$SnZnN_6/G$上最优结构以及势能分布

以上对反应途径的分析表明，在 $SnMN_6/G$ 上沿 HCOOH 合成的最优路径是 $CO_2^* \longrightarrow HCOO^* \longrightarrow HCOOH^*$，如图 4-26 所示（书后另见彩图）。可以发现 $SnMN_6/G$ 可以有效地催化 CO_2 转化为 HCOOH。此外，还研究了 $SnMN_6/G$ 上的限速步骤（RDS）。可以发现，这 5 种催化剂的 RDS 都是 $CO_2^* \longrightarrow HCOO^*$。这 5 个 $SnMN_6/G$ 中，$SnZnN_6/G$ 在 CO_2 加氢制 HCOOH 的反应路径上表现出最佳的催化活性。此外，$SnZnN_6/G$ 上的 RDS 值为 0.98 eV，低于一些已报道的催化剂，例如氢覆盖的 Pd(111)（1.40 eV）、$Fe_xZr_{1-x}O_2$（1.59 eV）、TiO_2 负载的 Ru_2 团簇（1.10 eV）。并且 $SnZnN_6/G$ 的催化活性优于 $Sn\text{-}N_1C_3\text{-}G$（1.10 eV），是 SnNC 体系中活性最高的催化剂，表明 $SnZnN_6/G$ 的活性优于其他 Sn 基催化剂。上述分析表明，将 Sn 与合适的 TM 结合构建 Sn-M DAC 可以有效调节催化性能，增强催化活性。

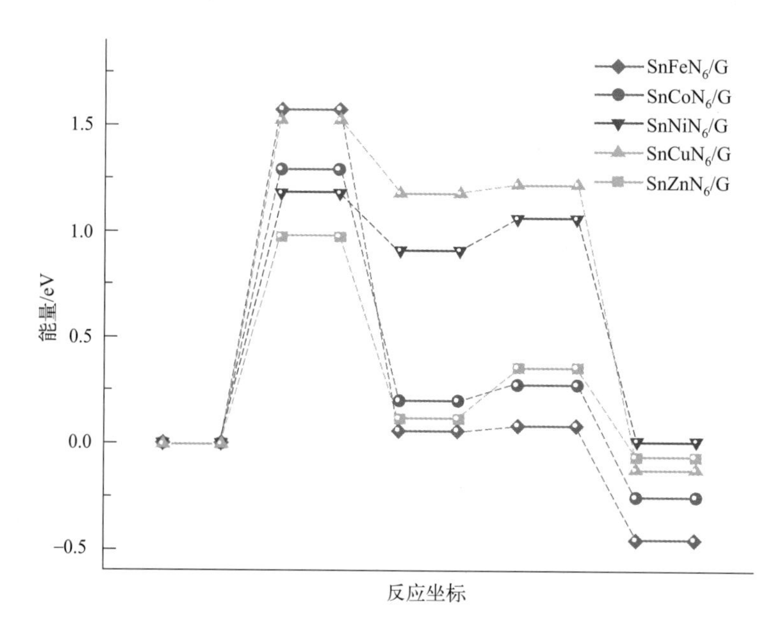

图 4-26 在 $SnMN_6/G$ 上合成 HCOOH 的最优反应途径

4.3.4 $SnMN_6/G$ 催化剂的活性起源分析

众所周知，电荷转移对于催化反应非常重要。因此，为了探究催化剂活性的起源，以 $SnZnN_6/G$ 为例，进行了 Mulliken 电荷分析，研究了 CO_2 加氢生成 HCOOH 过程中电子转移的过程。催化剂可分为 3 个部分，即参与每个基元反应的反应中间体（部分 1）、$SnZnN_6$（部分 2）以及石墨烯片（部分 3），如图 4-27（a）所示（书后另见彩图），相应的电荷量如图 4-27（b）所示（书后另见彩图）。其余 4 个 $SnMN_6/G$ 的 3 个部分的电荷量如图 4-28 所示，可以看出它们具有相似的模式。也就是说，在整个反应过程中部分 1 和部分 3 表现出明显的电荷波动，而在整个反应过程中部分 2 的电荷波动非常小。值得注意的是，与其他 $SnMN_6/G$ 相比，$SnZnN_6/G$ 在反应过程中表现出更强的电荷波动。因此，有理由推测，强烈的电荷波动可以在一定程度上促进 CO_2 的还原反应过程。

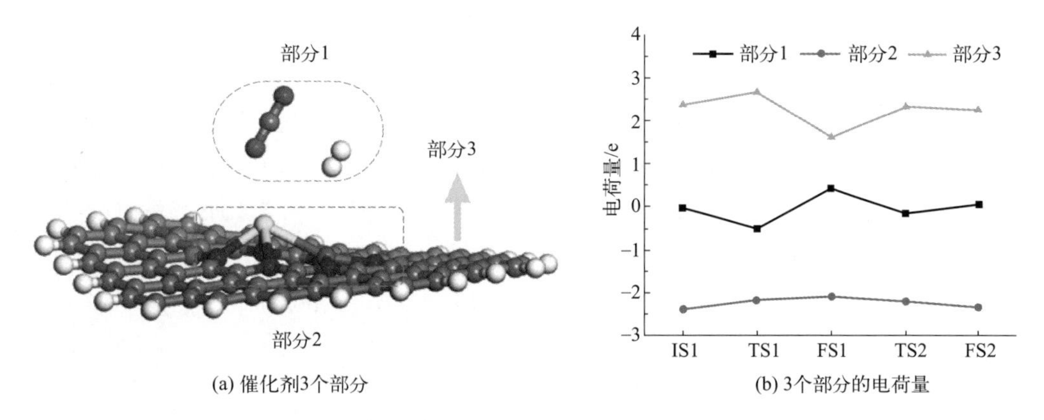

图 4-27 将 $SnZnN_6/G$ 上吸附 CO_2^* 和 H_2^* 的结构分为 3 个部分和通过对 $SnZnN_6/G$ 进行 Mulliken 电荷分析获得 HCOOH 合成过程的 3 个部分的电荷量

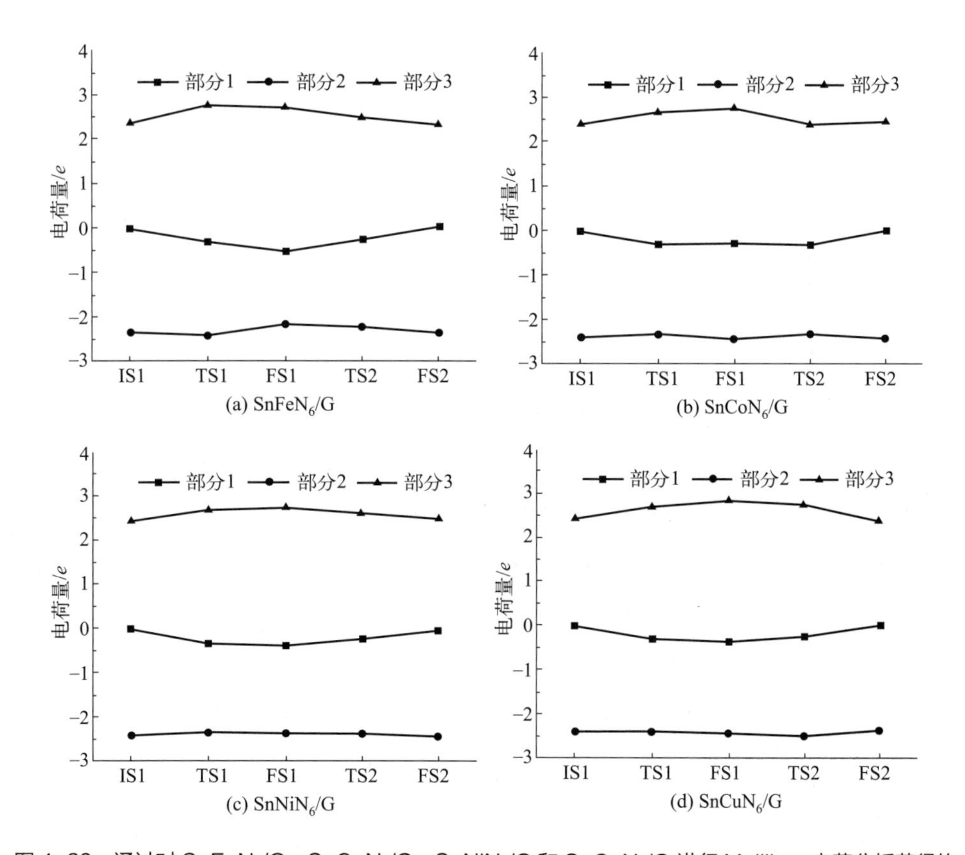

图 4-28 通过对 $SnFeN_6/G$、$SnCoN_6/G$、$SnNiN_6/G$ 和 $SnCuN_6/G$ 进行 Mulliken 电荷分析获得的 HCOOH 合成过程中 3 个部分的电荷量

一般来说，相邻元素具有类似的性质。Cu 是 Zn 的邻近元素，但 $SnCuN_6/G$ 上 RDS 的 E_a 值远高于 $SnZnN_6/G$ 上的 E_a 值。为了解决这个问题，并更好地了解在 $SnMN_6/G$ 上的 HCOOH 合成反应过程中 TM 的作用，对于 $SnMN_6/G$ 上的 FS1（$HCOO^*+H^*$），通过计算 ICOHP 来评估 H^* 与金属原子（Sn、Fe、Co、Ni、Cu、Zn）之间的键合强度，如表 4-1 所列。H—Cu 在 $SnCuN_6/G$ 上的 ICOHP 值为 0.21 eV，H—Sn 的 ICOHP 值为 −2.19 eV，表明 H 与 Sn 原子键合，而 H 未与 Cu 键合。对于 $SnCoN_6/G$，$SnCoN_6/G$ 上 H—Co 的 ICOHP 值为 −1.71 eV，H—Sn 的 ICOHP 值为 0.03 eV。对于其余 3 个 $SnMN_6/G$，可以清楚地看到 H—Sn 和 H—TM 的 ICOHP 值均为负值，H—TM 的 ICOHP 值比 H—Sn 的 ICOHP 值更负，表明 H 和 TM 之间的键合强度更强。基于上述分析，$SnCuN_6/G$ 中，Cu 原子仅作为 $SnCuN_6/G$ 上电子性质变化的辅助剂，不参与反应，这也与之前 Fukui（−）指数的计算结果一致，即 Cu 原子与配位 N 原子的 Fukui（−）指数值非常接近。因此，除 $SnCuN_6/G$ 外，其余 $SnMN_6/G$ 上的 TM 都会在反应过程中提供额外的吸附位点。

表 4-1 对于 $SnMN_6/G$ 上的“H^*+HCOO^*”，H—Sn 和 H—TM 的 ICOHP 值 单位：eV

项目	H-Sn	H-TM
$SnFeN_6/G$	−0.20	−1.34
$SnCoN_6/G$	0.03	−1.71
$SnNiN_6/G$	−0.38	−1.16
$SnCuN_6/G$	−2.19	0.21
$SnZnN_6/G$	−0.21	−1.62

4.4 应用案例分析

根据本章所介绍的一系列研究，我们从分子 / 原子水平研究了锡基催化剂制甲酸的催化机理，首先深入探讨了不同氮配位数的 Sn 单原子催化剂在 CO_2 加氢制备 HCOOH 过程中的机理。发现随着 N 配位数的降低，催化剂的活性提高，其中 Sn-N_1C_3-G 的活性最高，其 RDS 能垒为 1.10 eV。通过计算 p 带中心，揭示了 HCOOH 合成的催化活性与 p 带中心值的关联，为评估催化剂性能提供了新的视角。其次，针对 Sn 基双原子催化剂的 CO_2 加氢过程，通过吸附能和基元反应的分析，确定了生成 HCOOH 的最优路径，并得出 $SnZnN_6/G$ 具有最低的 RDS 能垒（0.98 eV），表明其催化活性最强。这些研究结果不仅丰富了对单 / 双原子催化剂的理解，也为设计和优化高性能催化剂提供了重要指导。

相应地，类似的实验工作也支持了我们的理论研究结果。例如，Zu 等[37]首次设计了带正电荷的单原子金属电催化剂，以降低过电位，从而加速 CO_2 电化学还原性能。以低成本金属 Sn 为例，首次通过快速冷冻 - 真空干燥 - 煅烧方法成功制备了氮掺杂石墨烯上的 $Sn^{\delta+}$ 单原子催化剂。同步辐射 X 射线吸收精细结构（XAFS）和高角度环形暗场扫描透射电子显微镜（HAADF-STEM）揭示了原子分散的 Sn 原子带有轻微的正电荷，这有助于稳定 $^*CO_2^-$ 和 $^*HCOO^-$，从而使 CO_2 活化和质子化能够自发进行，这一点通过原位傅里叶变换红外光谱（FTIR）和吉布斯自由能计算得到了验证，如图 4-29 所示（书后另见彩图）。同样，与前文发现不同氮配位数的 Sn 单原子催化剂上倾向于经历甲酸盐路径产生 HCOOH 的结果一致。此外，掺杂的氮原子通过削弱 Sn 和 $^*HCOO^-$ 之间的键合强度，有利于速率决定的甲酸盐脱附步骤，这一点通过它们延长的键长和脱附能从 2.16 eV 降低到 1.01 eV 得到了证实。结果，氮掺杂石墨烯上的单原子 $Sn^{\delta+}$ 对 CO_2 电化学还原成甲酸盐表现出非常低的起始过电位，低至 60 mV。同样，由于低过电位和 100% 的 Sn 原子利用率，氮掺杂石墨烯上的单原子 $Sn^{\delta+}$ 在甲酸盐形成上达到了新的 TOF 纪录，高达 11930 h^{-1}。此外，相对较短的Sn—N键长赋予了氮掺杂石墨烯上的单原子 $Sn^{\delta+}$ 出色的超稳定性，这一点通过 200 h 电催化期间几乎不变的电流密度和法拉第效率得到了证实。

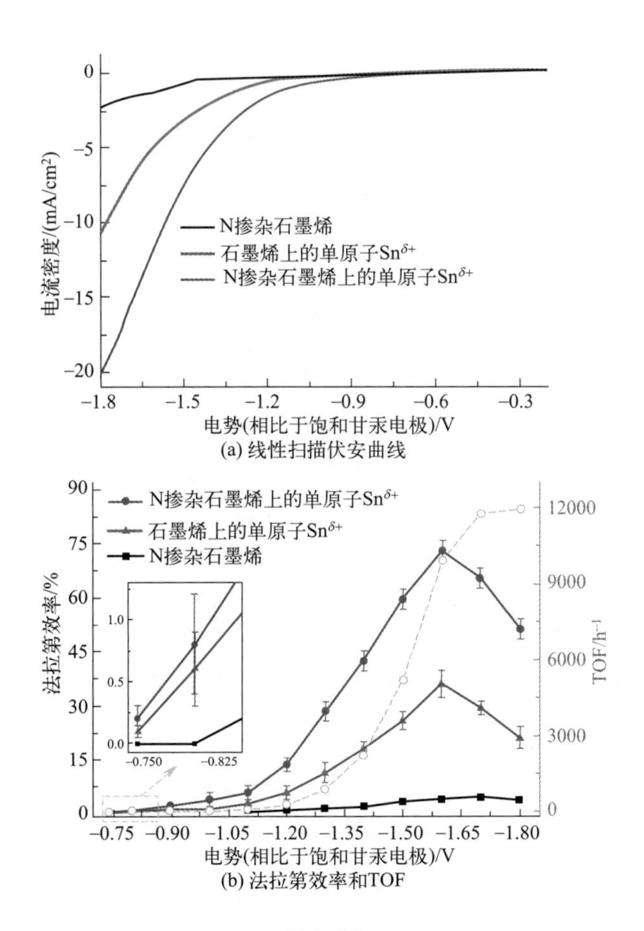

图 4−29

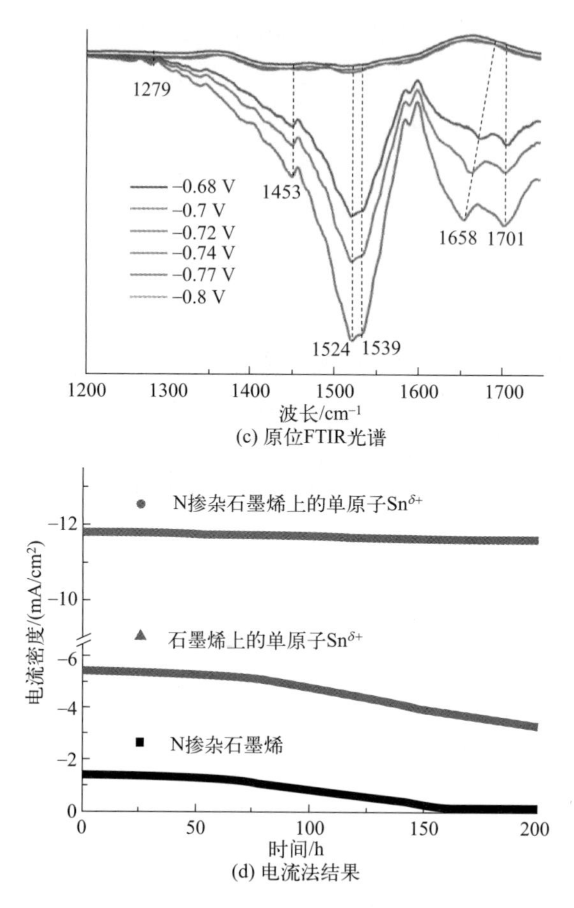

(c) 原位FTIR光谱

(d) 电流法结果

图 4-29　在 CO_2 饱和的 0.25 m $KHCO_3$ 水溶液中的线性扫描伏安曲线；甲酸盐在每次施加电势 4 h 下的法拉第效率和 TOF；单原子 $Sn^{\delta+}$ 在 N 掺杂石墨烯上不同电位下的电化学原位 FTIR 光谱；−1.6 V 电位下的计时电流法结果

此外，Xie 等 [58] 合成了原子级的 NiSn 双位点并精确地锚定在碳纳米片阵列结构上，见图 4-30（书后另见彩图）。高角度环形暗场扫描透射电子显微镜（HAADF-STEM）和扩展 X 射线吸收精细结构（EXAFS）证实了 NiSn 原子对的微观结构：Ni 和 Sn 都与 4 个氮原子（N_4-Ni-Sn-N_4）配位。所制备的 NiSn 原子对电催化剂在同时提高 CO_2RR 到甲酸盐的活性和选择性方面表现出卓越的性能，转换频率为 4752 h^{-1}，活性位点的极高利用率为 57.9%。值得注意的是，甲酸盐的产率达到 36.7 mol/（h · g_{Sn}）。DFT 计算结合原位 ATR-IR 光谱学表明，由于 Ni 的引入，独特的 NiSn 原子对结构显著促进了 CO_2 在 Sn 位点上的吸附，随后转化为 *OCHO 中间体，然后产生甲酸盐。另外，我们计算的 Sn 基双原子催化剂结果也表明 Sn 位点是生成 HCOOH 的活性位点，而相邻的金属位点对 Sn 具有重要的协同作用。

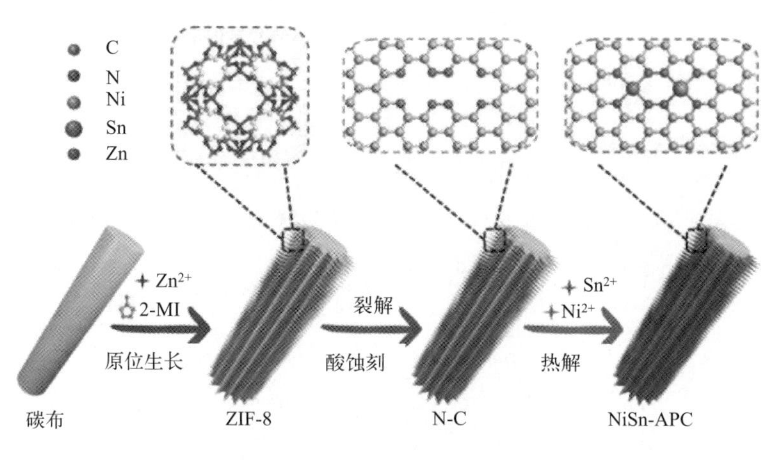

图 4-30　NiSn-APC 合成示意

参考文献

[1] Jiang X，Nie X W，Guo X W，et al. Recent advances in carbon dioxide hydrogenation to methanol via heterogeneous catalysis［J］. Chemical Reviews，2020，120：7984-8034.

[2] Hansen J，Ruedy R，Sato M，et al. Global surface temperature change［J］. Reviews of Geophysics，2010，48：RG4004.

[3] Kang L M，Chen X，Ke Q. Theoretical study on the synthesis of methane by CO_2 hydrogenation on Ni_3Fe（111）surface［J］. Journal of Natural Gas Science and Engineering，2021，94：104114.

[4] Jia Z J，Lin B Q. How to achieve the first step of the carbon-neutrality 2060 target in China：The coal substitution perspective［J］. Energy，2021，233：121179.

[5] Tapia J F D，Lee J Y，Ooi R E H，et al. A review of optimization and decision-making models for the planning of CO_2 capture，utilization and storage（CCUS）systems［J］. Sustainable Production and Consumption，2018，13：1-15.

[6] Chen Q，Chen X，Ke Q. Mechanism of CO_2 hydrogenation to methanol on the W-doped Rh（111）surface unveiled by first-principles calculation［J］. Physicochemical and Engineering Aspects，2022，638：128332.

[7] Ali S，Iqbal R，Khan A，et al. Stability and catalytic performance of single-atom catalysts supported on doped and defective graphene for CO_2 hydrogenation to formic acid：A first-principles study［J］. ACS Applied Nano Materials，2021，4：6893-6902.

[8] Singh S，Modak A，Pant K K，et al. MoS_2-nanosheets-based catalysts for photocatalytic CO_2 reduction：A review［J］. ACS Applied Nano Materials，2021，4：8644-8667.

[9] Liu J S，Qiao Q G，Chen X，et al. PdZn bimetallic nanoparticles for CO_2 hydrogenation to methanol：Performance and mechanism［J］. Colloids and Surfaces A：Physicochemical and Engineering Aspects，2021，622：126723.

[10] Wang M Y，Shi H，Tian M，et al. Single nickel atom-modified phosphorene nanosheets for electrocatalytic CO_2 reduction [J]. ACS Applied Nano Materials，2021，4：11017-11030

[11] Wang W，Wang S P，Ma X B，et al. Recent advances in catalytic hydrogenation of carbon dioxide [J]. Chemical Society Reviews，2011，40：3703-3727.

[12] Álvarez A，Bansode A，Urakawa A，et al. Kapteijn. Challenges in the greener production of formates/formic acid，methanol，and DME by heterogeneously catalyzed CO_2 hydrogenation processes [J]. Chemical reviews，2017，117：9804-9838.

[13] Kondratenko E V，Mul G，Baltrusaitis J，et al. Status and perspectives of CO_2 conversion into fuels and chemicals by catalytic，photocatalytic and electrocatalytic processes [J]. Energy & environmental science，2013，6：3112-3135.

[14] Guo X Z，Zhang H H，Yang H C，et al. Single Ni supported on $Ti_3C_2O_2$ for uninterrupted CO_2 catalytic hydrogenation to formic acid：A DFT study [J]. Separation Purification Technology，2021，279：119722.

[15] Sun Q M，Wang N，Xu Q，et al. Nanopore-supported metal nanocatalysts for efficient hydrogen generation from liquid-phase chemical hydrogen storage materials [J]. Advanced Materials，2020，32：2001818.

[16] Hao C Y，Wang S P，Li M S，et al. Hydrogenation of CO_2 to formic acid on supported ruthenium catalysts [J]. Catalysis Today，2011，160：184-190.

[17] Sirijaraensre J，Limtrakul J. Hydrogenation of CO_2 to formic acid over a Cu-embedded graphene：A DFT study [J]. Applied Surface Science，2016，364：241-248.

[18] Sakakura T，Choi J C，Yasuda H. Transformation of carbon dioxide [J]. Chemical reviews，2007，107：2365-2387.

[19] Han N，Ding P，He L，et al. Promises of main group metal-based nanostructured materials for electrochemical CO_2 reduction to formate [J]. Advanced Energy Materials，2020，10：1902338.

[20] Fu Y，Li Y，Zhang X，et al.Wilkinson. Novel hierarchical SnO_2 microsphere catalyst coated on gas diffusion electrode for enhancing energy efficiency of CO_2 reduction to formate fuel [J]. Applied Energy，2016，175：536-544.

[21] Li F W，Chen L，Knowles G P，et al. Hierarchical mesoporous SnO_2 nanosheets on carbon cloth：A robust and flexible electrocatalyst for CO_2 reduction with high efficiency and selectivity[J]. Angewandte Chemie，2017，129：520-524.

[22] Zhao Y，Liang J J，Wang C Y，et al. Tunable and efficient tin modified nitrogen-doped carbon nanofibers for electrochemical reduction of aqueous carbon dioxide [J]. Advanced Energy Materials，2018，8：1702524.

[23] An X，Li S，Hao H，et al. Common strategies for improving the performances of tin and bismuth-based catalysts in the electrocatalytic reduction of CO_2 to formic acid/formate [J]. Renewable and Sustainable Energy Reviews，2021，143：110952.

[24] Zhang Y Z，Chen X，Zhang H，et al. Screening of catalytic oxygen reduction reaction activity of 2,9-dihalo-1,10-phenanthroline metal complexes：The role of transition metals and halogen substitution [J]. Journal of Colloid and Interface Science，2022，609：130-138.

[25] Wang A Q，Li J，Zhang T. Heterogeneous single-atom catalysis [J]. Nature Reviews Chemistry，2018，2：65-81.

[26] Lyu H H，Ma C L，Zhao J，et al. Novel one-step calcination tailored single-atom iron and nitrogen co-doped carbon material catalyst for the selective reduction of CO_2 to CO [J]. Separation and Purification Technology，2022，303：122221.

[27] Li M H，Wang H F，Luo W，et al. Heterogeneous single-atom catalysts for electrochemical CO_2 reduction reaction [J]. Advanced Materials，2020，32：2001848.

[28] Wang Q Y，Cai C，Dai M Y，et al. Recent advances in strategies for improving the performance of CO_2 reduction reaction on single atom catalysts [J]. Small Science，2021，1：2000028.

[29] Ren C J，Wen L，Magagula S，et al. Relative efficacy of Co-X_4 embedded graphene（X = N，S，B，and P）electrocatalysts towards hydrogen evolution reaction：is nitrogen really the best choice [J]. ChemCatChem，2020，12：536-543.

[30] Fan M M，Cui J W，Wu J J，et al. Improving the catalytic activity of carbon-supported single atom catalysts by polynary metal or heteroatom doping [J]. Small，2020，16：1906782.

[31] Chen X，Ge F，Chang J B，et al. Exploring the catalytic activity of metal-fullerene $C_{58}M$（M=Mn，Fe Co，Ni，and Cu）toward oxygen reduction and CO oxidation by density functional theory [J]. International Journal of Energy Research，2019，43：7375-7383.

[32] Chen X，Qiao Q G，An L，et al. Why do boron and nitrogen doped α-and γ-graphyne exhibit different oxygen reduction mechanism：A first-principles study [J]. The Journal of Physical Chemistry C，2015，119：11493-11498.

[33] Zhang Y，Fang L，Cao Z X. Atomically dispersed Cu and Fe on N-doped carbon materials for CO_2 electroreduction：Insight into the curvature effect on activity and selectivity [J]. RSC advances，2020，10：43075-43084.

[34] Chen X，Chang J B，Ke Q. Probing the activity of pure and N-doped fullerenes towards oxygen reduction reaction by density functional theory [J]. Carbon，2018，126：53-57.

[35] Liang S Y，Huang L，Gao Y S，et al. Electrochemical reduction of CO_2 to CO over transition metal/N-doped carbon catalysts：The active sites and reaction mechanism [J]. Advanced Science，2021，8：2102886.

[36] Luo F，Roy A，Silvioli L，et al. *P*-block single metal-site tin-nitrogen-doped carbon fuel cell cathode catalyst for the oxygen reduction reaction [J]. Nature Materials，2020，19：1215-1223.

[37] Zu X L，Li X D，Liu W，et al. Efficient and robust carbon dioxide electroreduction enabled by atomically dispersed $Sn^{\delta+}$ sites [J]. Advanced Materials，2019，31：1808135.

[38] Gong Y N，Jiao L，Qian Y Y，et al. Regulating the coordination environment of MOF-templated

single-atom nickel electrocatalysts for boosting CO_2 reduction [J]. Angewandte Chemie，2020，132：2727-2731.

[39] Yang X，Cheng J，Yang X，et al. Boosting electrochemical CO_2 reduction by controlling coordination environment in atomically dispersed Ni@N_xC_y catalysts [J]. ACS Sustainable Chemistry & Engineering，2021，9：6438-6445.

[40] Nguyen T N，Salehi M，Le Q V，et al. Fundamentals of electrochemical CO_2 reduction on single-metal-atom catalysts [J]. ACS Catalysis，2020，10：10068-10095.

[41] Wang X，Chen Z，Zhao X Y，et al. Regulation of coordination number over single Co sites：Triggering the efficient electroreduction of CO_2 [J]. Angewandte Chemie，2018，130：1962-1966.

[42] Cheng Y，Zhao S Y，Li H B，et al. Unsaturated edge-anchored Ni single atoms on porous microwave exfoliated graphene oxide for electrochemical CO_2 [J]. Applied Catalysis B：Environmental，2019，243：294-303.

[43] Li R Z，Wang D S. Understanding the structure-performance relationship of active sites at atomic scale [J]. Nano Research，2022，15：6888-6923.

[44] Tian S B，Peng C，Dong J C，et al. High-loading single-atomic-site silver catalysts with an Ag_1-C_2N_1 structure showing superior performance for epoxidation of styrene [J]. ACS Catalysis，2021，11：4946-4954.

[45] Zhang S，Tsuzuki S，Ueno K，et al. Upper limit of nitrogen content in carbon materials [J]. Angewandte Chemie International Edition，2015，54：1302-1306.

[46] Zhao L Y，He R，Rim K T，et al. Visualizing individual nitrogen dopants in monolayer graphene [J]. Science，2011，333：999-1003.

[47] Rao C V，Cabrera C R，Ishikawa Y. In Search of the active site in nitrogen-doped carbon nanotube electrodes for the oxygen reduction reaction [J]. Journal of Physical Chemistry Letters，2010，1：2622-2627.

[48] Xing T，Zheng Y，Li L H，et al. Observation of active sites for oxygen reduction reaction on nitrogen-doped multilayer graphene [J]. ACS Nano，2014，8：6856-6862.

[49] Liu H T，Liu Y Q，Zhu D B. Chemical doping of graphene [J]. Journal of Materials Chemistry，2011，21：3335-3345.

[50] Xiao C，Song W，Liang J，et al. *P*-block tin single atom catalyst for improved electrochemistry in a lithium-sulfur battery：A theoretical and experimental study [J]. Journal of Materials Chemistry A，2022，10：3667-3677.

[51] Chen Y，Sun F，Tang Q. The active structure of *P*-block SnNC single-atom electrocatalysts for the oxygen reduction reaction [J]. Physical Chemistry Chemical Physics，2022，24：27302-27311.

[52] Sun R，Liao Y，Bai S T，et al. Heterogeneous catalysts for CO_2 hydrogenation to formic acid/formate：From nanoscale to single atom [J]. Energy & Environmental Science，2021，14：

1247-1285.

［53］Yang X，Zhang R Q，Ni J. Stable calcium adsorbates on carbon nanostructures：Applications for high-capacity hydrogen storage［J］. Physical Review B，2009，79：075431.

［54］Gusarov S，Stoyanov S，Siahrostami S. Development of Fukui function based descriptors for a machine learning study of CO_2 reduction［J］. Journal of Physical Chemistry C，2020，124：10079-10084.

［55］Ali S，Iqbal R，Khan A，et al. Stability and catalytic performance of single-atom catalysts supported on doped and defective graphene for CO_2 hydrogenation to formic acid：A first-principles study［J］. ACS Applied Nano Materials，2021，4：6893-6902.

［56］Injongkol Y，Intayot R，Yodsin N，et al. Mechanistic insight into catalytic carbon dioxide hydrogenation to formic acid over Pt-doped boron nitride nanosheets［J］. Molecular Catalysis，2021，510：111675.

［57］Xu X，Li J，Xu H，et al. DFT investigation of Ni-doped graphene：Catalytic ability to CO oxidation［J］. New Journal of Chemistry，2016，40：9361-9369.

［58］Xie W，Li H，Cui G，et al. NiSn atomic pair on an integrated electrode for synergistic electrocatalytic CO_2 reduction［J］. Angewandte Chemie，2021，133：7458-7464.

［59］Ni W，Gao Y，Lin Y，et al. Nonnitrogen coordination environment steering electrochemical CO_2-to-CO conversion over single-atom tin catalysts in a wide potential window［J］. ACS Catalysis，2021，11：5212-5221.

［60］Liu F，Zhu G，Yang D，et al. Systematic Exploration of N，C configurational effects on the ORR performance of Fe-N doped graphene catalysts based on DFT calculations［J］. RSC Advances，2019，9：22656-22667.

［61］Ghoshal S，Roy P，Pramanik A，et al. Ru/Rh catalyzed selective hydrogenation of CO_2 to formic acid：A first principles microkinetics analysis［J］. Catalysis Science & Technology，2022，12：7219-7232.

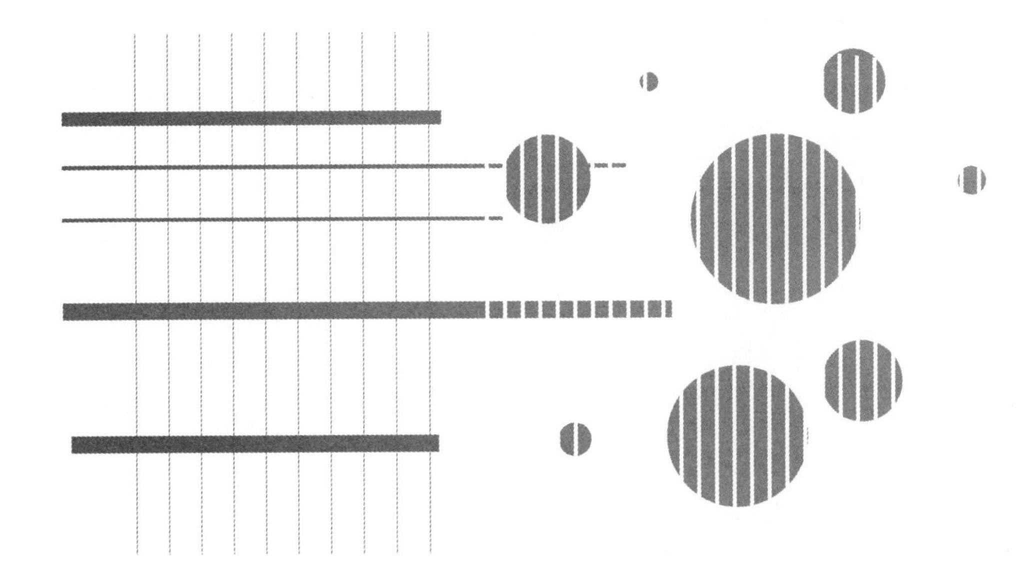

第 5 章

二氧化碳加氢制多碳产物催化剂

5.1 概述

随着 CO_2 排放的逐年增加和能源需求的日益增长，将 CO_2 电还原为更高价值的化学品被认为是一种绿色、可持续的策略。目前，铜（Cu）是唯一一种可以催化生产各种含氧化合物和烃类化合物燃料的金属多相催化剂，包括乙烯（C_2H_4）、乙醇（C_2H_5OH）和丙醇（C_3H_7OH）[1-3]。考虑到这种独特的性质，Cu 基材料在 CO_2 减排领域引起了相当大的关注。然而，CO_2RR 是一种典型的三相反应，涉及气体原料、液体电解质和固体电极，以及复杂的热力学和动力学过程，导致许多不同的反应路径、中间体和产物[4]。就热力学而言，CO_2 在环境条件下是一种高度稳定的分子，因为它具有强的化学键和线性几何结构，这使得它在 CO_2RR 过程中很难被激活，并导致反应活性低[5]。在动力学方面，通过各种反应中间体的耦合，最终产物有许多不同的形成路径，导致 CO_2RR 的选择性较差。CO_2RR 的热力学主要基于 CO_2RR 反应物和产物的标准吉布斯自由能[6]。典型的电化学反应方程，包括 CO_2RR 中的关键半反应、HER、相应的标准氧化还原电位和产物分布[7]，如表 5-1 所列。激活 CO_2 和引发 CO_2RR 需要 −1.9 V 的标准电位，该电势远比产生大多数 CO_2 还原产物所需的电势更负，在反应过程中导致较高的过电势。此外，在热力学上有利的质子化过程中，大多数 C_{2+} 产物通常比 C_1 产物具有更正的标准电势，这表明产生高价值 C_{2+} 产物的热力学可行性。然而，由于高的动力学势垒，C_{2+} 产物的产生比 C_1 产物更困难，通常需要更大的过电势[8]。因此，就所施加的电势而言，C_1 产物通常比 C_{2+} 产物优先产生[9]。在大多数情况下，随着施加电势的增加（朝向更负的电势），首先产生 CO 和 HCOOH，随后是 CH_3OH 和 CH_4，然后产生 C_{2+} 产物，如 C_2H_4、C_2H_6 和 C_2H_5OH[10]。

表 5-1　在 1 atm（1 atm=101.3 kPa）、25 ℃、pH 值为 7 的 1.0 mol/L 电解质水溶液中 CO_2 还原的标准电极电位

反应（1 atm、pH=1、25 ℃、液体）	电势［相比于 SHE（标准氢电极）］/V	产物
$CO_2(g)+e^- = CO_2^- \cdot (ads)$	−1.900	
$CO_2(g)+4H^++4e^- = C(s)+2H_2O(l)$	−0.200	C
$CO_2(g)+2H_2O(l)+4e^- = C(s)+4OH^-$	−1.040	
$CO_2(g)+2H^++2e^- = HCOOH(aq)$	−0.610	HCOOH
$CO_2(g)+2H_2O(l)+2e^- = HCOO^-(aq)+OH^-$	−1.491	$HCOO^-$
$CO_2(g)+2H^++2e^- = CO(g)+H_2O(l)$	−0.530	CO
$CO_2(g)+H_2O(l)+2e^- = CO(g)+2OH^-$	−1.347	
$CO_2(g)+3H_2O(l)+4e^- = HCHO(aq)+4OH^-$	−0.480	HCHO
$CO_2(g)+4H^++4e^- = HCHO(aq)+H_2O(l)$	−1.311	
$CO_2(g)+6H^++6e^- = CH_3OH(aq)+H_2O(l)$	−0.380	CH_3OH

续表

反应（1 atm、pH=1、25 ℃、液体）	电势［相比于 SHE（标准氢电极）］/V	产物
$CO_2(g) + 5H_2O(l) + 6e^- = CH_3OH(aq) + 6OH^-$	−1.225	
$CO_2(g) + 8H^+ + 8e^- = CH_4(g) + 2H_2O(l)$	−0.240	CH_4
$CO_2(g) + 6H_2O(l) + 8e^- = CH_4(g) + 8OH^-$	−1.072	
$2CO_2(g) + 2H^+ + 2e^- = H_2C_2O_4(aq)$	−0.913	HOOCCOOH
$2CO_2(g) + 2e^- = C_2O_4^{2-}(aq)$	−1.003	$C_2O_4^{2-}$
$2CO_2(g) + 12H^+ + 12e^- = C_2H_4(g) + 4H_2O(l)$	−0.349	C_2H_4
$2CO_2(g) + 8H_2O(l) + 12e^- = C_2H_4(g) + 12OH^-$	−1.177	
$2CO_2(g) + 12H^+ + 12e^- = C_2H_5OH(aq) + 3H_2O(l)$	−0.329	C_2H_5OH
$2CO_2(g) + 9H_2O(l) + 12e^- = C_2H_5OH(aq) + 12OH^-$	−1.157	
$2CO_2(g) + 14H^+ + 14e^- = C_2H_6(g) + 4H_2O(l)$	−0.270	
$3CO_2(g) + 18H^+ + 18e^- = n\text{-}C_3H_7OH(aq) + 5H_2O(l)$	−0.310	$n\text{-}C_3H_7OH$
$2H^+ + 2e^- = H_2$	−0.414	H_2

注：g 表示气体，l 表示液体，s 表示固体，ads 表示固体表面吸附的一种化学物质，aq 表示自由水溶液中的一种化学物质。

C_{2+} 产物是由关键中间体如 $^*CO$、$^*CHO$ 和 $^*COH$ 经历非常复杂的质子耦合电子转移过程形成的，具体而言是通过 $^*CO$、$^*CHO$ 和 $^*COH$ 中间体的二聚化，形成 C_{2+} 产物的关键中间体，如 $^*COCO$、$^*COCHO$ 和 $^*COCOOH$。$^*COCO$ 中间体是由两个 $^*CO$ 的耦合产生的，这是 C_{2+} 产物的另一个速率决定步骤。$^*COCHO$ 和 $^*COCOH$ 可以分别通过 $^*COCO$ 与 H^+/e^- 对或 $^*CO$ 与 $^*CHO$ 和 $^*COH$ 直接反应获得。尽管 C_2H_4、C_2H_5OH 和 C_3H_7OH 等典型的 C_{2+} 产物可以由相同的中间体产生，但它们通常具有不同的能垒和优选的形成路径 [10]。例如，C_2H_4 通常通过以下路径形成，即 $^*COCHO \longrightarrow {}^*CCHO \longrightarrow {}^*CHCHO \longrightarrow {}^*CH_2CHO \longrightarrow C_2H_4$。与其他路径相比，该路径所涉及的步骤使 C_2H_4 成为水溶液体系中的主要 C_{2+} 产物 [11]。相反，$^*COCOH$ 途径，即 $^*COCOH \longrightarrow {}^*CCOH \longrightarrow {}^*CHCOH \longrightarrow {}^*CHCH_2OH \longrightarrow {}^*CH_2CH_2OH \longrightarrow C_2H_5OH$ 有利于 C_2H_5OH 的产生。如果 $^*CO$ 和 $^*COCOH$ 直接相互反应形成 $^*COCOHCO$ 中间体，最后形成的 C_3H_7OH 是报道最多的 C_3 产物 [12]。值得注意的是，每种产物并不是只有一条路径，因为在反应过程中中间体可以转变为其他中间体。例如，$^*CH_2CHO$ 也可以转化为 $^*CH_3CHO$，然后在某些条件下形成 C_2H_5OH[13]。此外，新产生的气态 CO 还可以作为原料，通过在 Cu 基催化剂上进行更深的还原，生成不同的烃类化合物、醇类和羰基化合物 [14]。尽管对 Cu 基催化剂的 CO_2RR 机理进行了大量研究，但在分子水平上，详细的机理仍有许多不清楚甚至有争议的方面。同时，尽管基于实验研究或理论计算提出了 CO_2RR 在 Cu 基催化剂上的各种反应路径（图 5-1，书后另见彩图），但事实是由于现有实验仪器难以捕获中间体，仅确定了少数可能的中间体，完整的反应路径尚待实验证实 [7]。

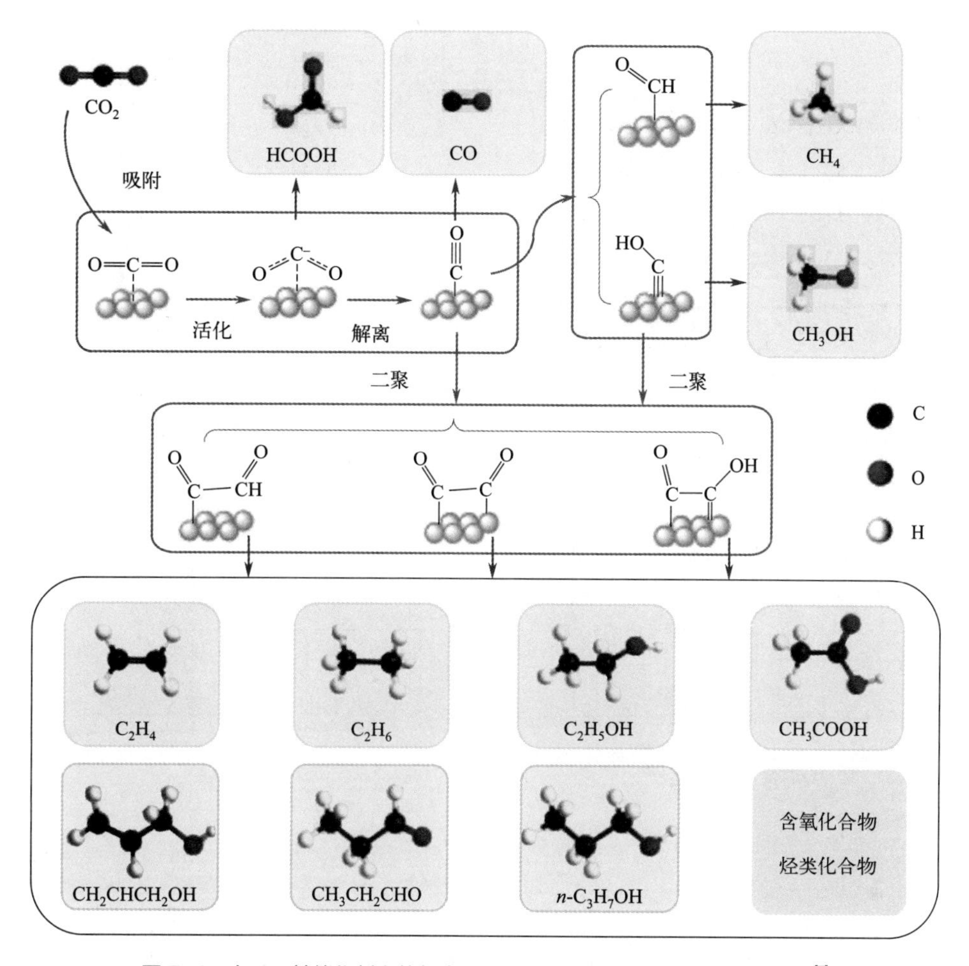

图 5-1　在 Cu 基催化剂上从气态 CO_2 到 C_{2+} 产物的可能反应路径示意[7]

5.2　二氧化碳加氢制乙烯

Chen 等[15]报道了一种高效的原位适应性制备具有丰富活性位点的 TA-Cu 的策略，用于高效的 C_2H_4 电合成。线性扫描伏安法（LSV）极化曲线显示，在相同条件下，用 CO_2 吹扫的 TA-Cu 的响应电流远高于在 Ar 气氛中的响应电流，这初步表明 TA-Cu 对 CO_2RR 有更好的能力。随后，进行恒电位电解以探索产物的选择性。在气相色谱（GC）中对气体产物的 FE 进行定量分析，而液相产物通过核磁共振（NMR）进行定量分析。TA-Cu 在不同电位下对 C_2H_4 表现出优异的选择性，最大 FE 为 63.6%，而对 CO 则观察到较低的 FE（20% ～ 30%）（图 5-2）。此外，检测到小于 10% 的 H_2 和微量的 CH_4，以及少量的液体产物，如乙醇、乙酸盐和甲酸盐。TA-Cu 的 C_2H_4 部分的最大电流密度达到了 $j_{C_2H_4}$=465 mA/cm^2，在 iR 补偿之后，仅需要 0.7 V 的过电势就可以实现 63.6% 的 C_2H_4 选择性。

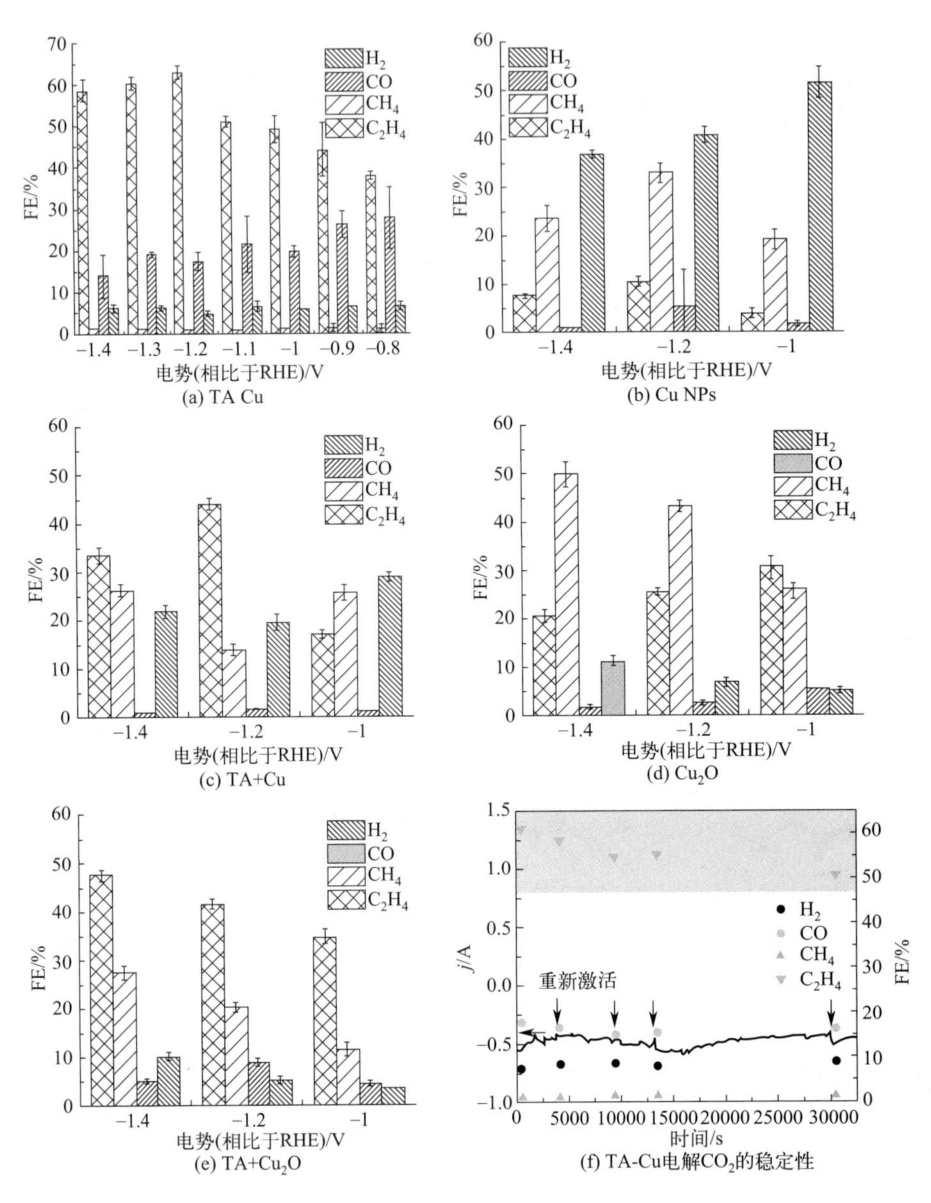

图 5-2 TA Cu、Cu NPs、TA+Cu、Cu_2O、TA+Cu_2O 在施加不同电位下得到的各种气体还原产物的法拉第效率以及 TA-Cu 电解 CO_2 的稳定性

RHE—电逆氢电极

进一步采用 DFT 计算来分析 CO_2RR 路径（图 5-3，书后另见彩图）。作为一种关键中间体，*CO 是通过两个质子 - 电子耦合转移过程在 Cu 表面产生的［图 5-3（a)］。假设 CO_2 还原为 C_2H_4 的典型机理为两种 *CO 吸附，其中一种为 *CO 加氢，随后 *CO 和 *COH 二聚化生成 *OCCOH 的反应路径。通常，*OCCO 通过 CO 二聚化触发 C_2H_4 路径（红线）。如图 5-3（b）所示，在 TA-Cu 界面上观察到 RDS 的能垒为 0.834 eV 低于 Cu 界面（$^*CO+^*CO \longrightarrow ^*CO+^*COH$），该路径比其他路径更有优势。$Cu^{\delta+}/Cu^0$ 物种在 TA-Cu 界面显示出适度的偶联位点距离，并优化了 *CO 中间体

二聚的动力学能垒。Cu 的 d 带中心右移（1.62 eV ⟶ 2.65 eV）[图 5-3（c）]，表明 TA-Cu 有利于吸收 *CO 中间体。差分电荷密度表明，$Cu^{\delta+}$ 的产生源于电子从 TA 分子和 Cu 原子转移到中间 O 原子［图 5-3（d）]。此外，从头算分子动力学模拟表明，改性苯环分子的 O 与吸附在 Cu（111）表面的 *COH 的 H 持续形成氢键（1.546 Å）［图 5-3（e）]。在 *CO+*COH 和羟基之间形成氢键，这稳定了中间体（*CO+*COH）并促进了它们在 TA-Cu 界面上的偶联。Bader 分析表明，与吸附的 TA 分子相邻的 Cu 原子被部分氧化（+0.29 *e*），并且随着 Cu 原子远离 TA 分子，氧化程度逐渐降低。因此，提出 TA 诱导的自适应 $Cu^{\delta+}/Cu^{0}$ 界面有利于 CO_2RR 产生 C_2H_4［图 5-3（g）]。虽然 Cu 催化剂对 C_2H_4 表现出较低的活性和选择性，因为 C—C 偶联是一个缓慢的步骤，但重建的 TA-Cu 促进了 $Cu^{\delta+}/Cu^{0}$ 界面的形成，以降低 C—C 偶联的能垒。此外，TA 中的 OH 基团可以通过氢键稳定关键的 *COH 中间体。部分氧化的 Cu 和氢键的协同作用促进了关键步骤（*CO+*CO ⟶ *CO+*COH）并促进了 C_2H_4 的选择性。

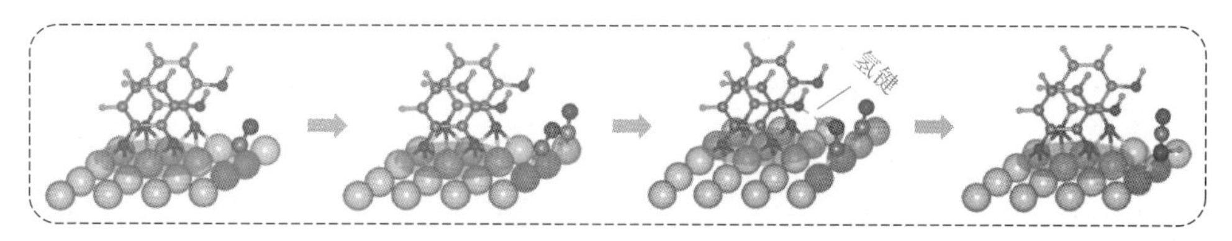

(a) TA-Cu界面上C_2H_4生成路径的中间体的优化结构

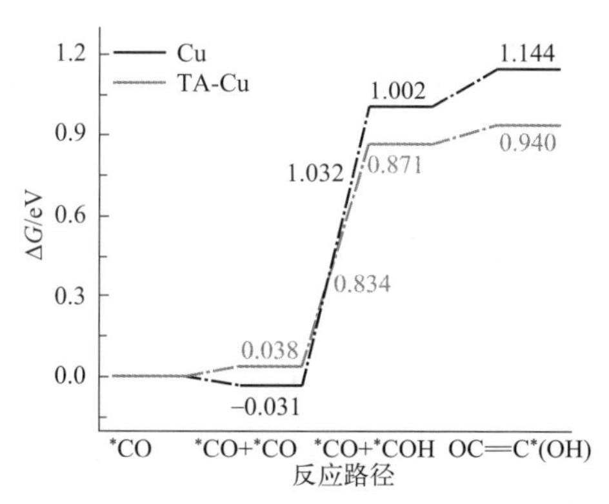

(b) Cu(111)和TA-Cu上*CO到*OCCOH的反应自由能图

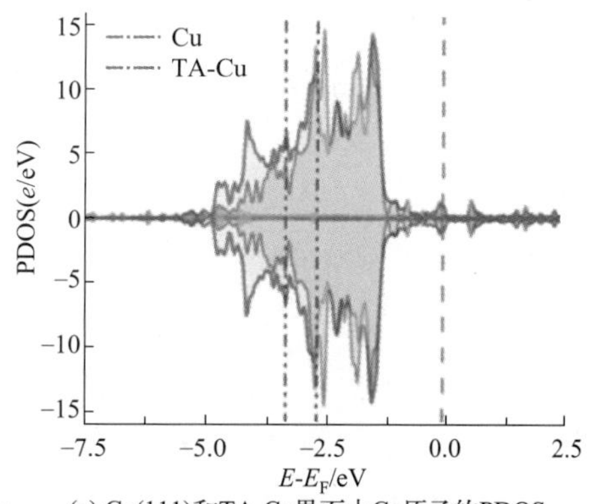

(c) Cu(111)和TA-Cu界面中Cu原子的PDOS

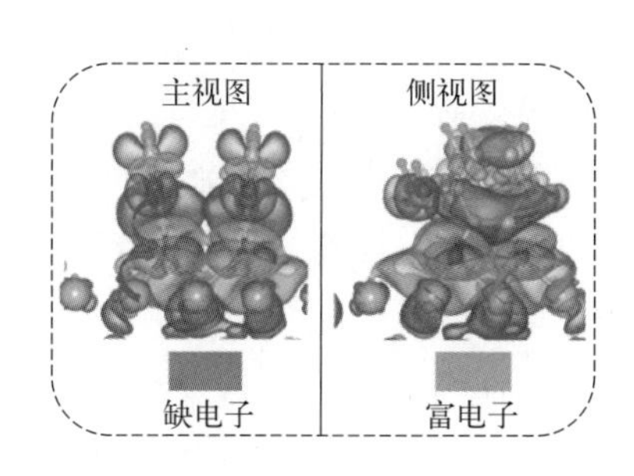

(d) TA分子修饰Cu(111)表面的差分电荷密度

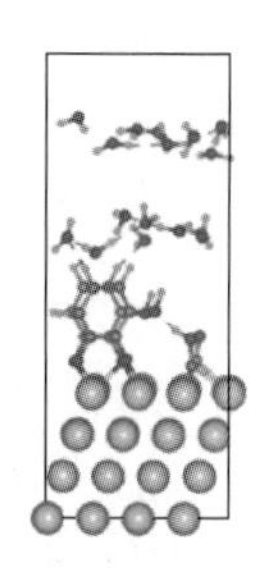

(e) 298.15 K下从头算分子动力学模拟得出的2 ps下的结构

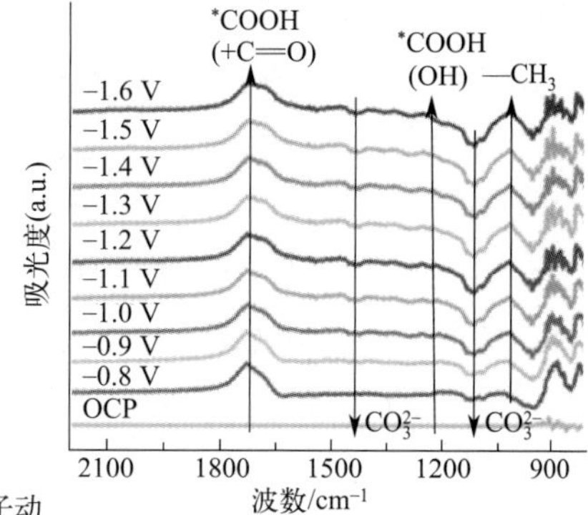

(f) CO_2RR过程中TA-Cu的原位ATR-FTIR

图 5-3

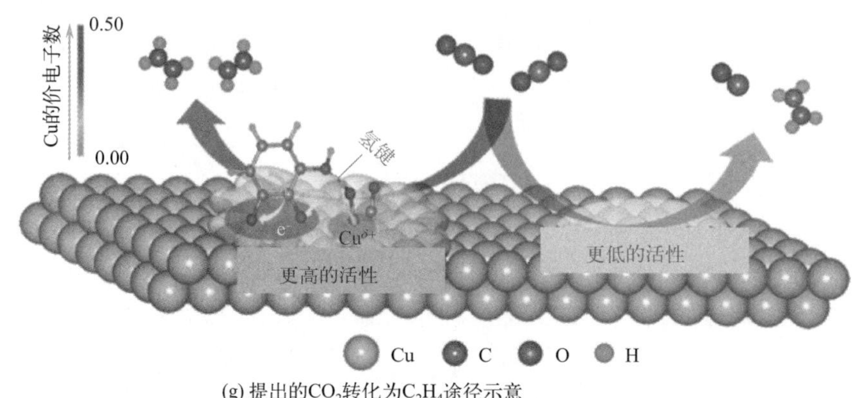

(g) 提出的CO_2转化为C_2H_4途径示意

图 5-3 CO_2RR 途径分析

另外，Wang 等[16]结合金属 Cu 在 CO_2 还原上的优势，详细地研究了 Cu 二聚体锚定在 g-CN（Cu_2@CN）单层上作为 CO_2 还原电催化剂的性能及机理。C_2 产物的生成可以通过两种可能的路径进行，即两个 CO 分子的直接耦合、CO 与预吸附中间体之间的耦合。图 5-4 显示了 CO_2 还原生成 C_2 产物的最佳反应路径的吉布斯自由能，计算表明 *COOH 氢化形成的 *CO 中间体同时与两个 Cu 原子相互作用，这一结果使其极易与另一个 CO 分子耦合形成 *COCO 中间体。同时，这也表明每个 Cu 原子均具有独立与 *CO 相互作用的潜力。如预期，在 Cu_2@CN 单层上直接二聚化得到 *COCO 所需 ΔG 值为 0.42 eV，远低于 *CO 加氢至 *CHO 和 *COH 所需 ΔG 值（分别为 1.02 eV 和 1.43 eV），表明 CO 二聚化是可行路径。随后，*COCO 中间体中的 O 原子可以被继续氢化形成 *COCOH 中间体，伴随的能量增加 0.49 eV。形成的 *COCOH 可以进一步被氢化为 $^*C_2O$ 中间体同时释放一个 H_2O 分子。形成的 $^*C_2O$ 可以通过 4 个质子电子对氢化形成 $^*CH_2CHOH$ 中间体。然后，形成的 $^*CH_2CHOH$ 中间体可以遵循 $^*CH_2CHOH \longrightarrow {}^*CH_2CH_2OH \longrightarrow CH_3CH_2OH$ 路径得到 CH_3CH_2OH，也可以遵循 $^*CH_2CHOH \longrightarrow {}^*C_2H_3 \longrightarrow C_2H_4$ 路径生成 C_2H_4。由于 $^*CH_2CH_2OH$ 形成所需 ΔG 值（0.38 eV）高于 $^*C_2H_3$ 形成所需 ΔG 值（0.09 eV），因此，从热力学角度而言，在该体系中 C_2H_4 的形成更为有利。上述结果表明，Cu_2@CN 单层上生成 C_2 产物最有利的反应路径是：$CO_2 \longrightarrow {}^*COOH \longrightarrow {}^*CO \longrightarrow {}^*COCO \longrightarrow {}^*COCOH \longrightarrow {}^*C_2O \longrightarrow CHCO \longrightarrow {}^*CH_2CO \longrightarrow {}^*CH_2CHO \longrightarrow {}^*CH_2CHOH \longrightarrow {}^*C_2H_3 \longrightarrow C_2H_4$。在整个 C_2 反应路径中，CO_2 可以通过 CO 二聚化电化学还原为 C_2H_4，限速步骤 ΔG 值为 0.52 eV，该值低于在 Cu 二聚体锚定在 C_2N 单层（0.76 eV）[17]和无金属硼掺杂的石墨炔（0.60 eV）[18]上，表明 Cu_2@CN 单层是用于生成 C_2H_4 有前景的电催化剂。总而言之，这为设计新型高效的获得 C_2 产物的电催化剂提供了新的研究思路。

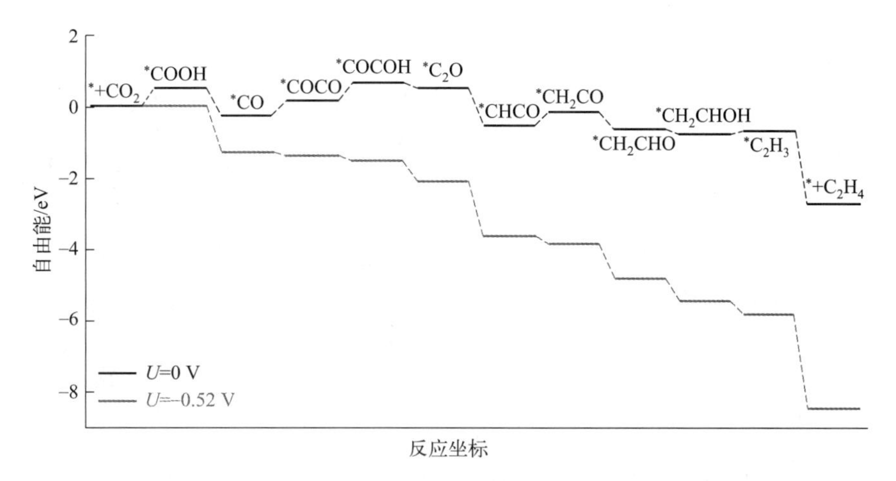

图 5-4　Cu_2@CN 单层作为电催化剂将 CO_2 还原为最有利的 C_2 产物的吉布斯自由能

5.3　二氧化碳加氢制乙醇

Chang 等[19]研究了 Cu（711）表面上 CO_2RR 对 C_2 产物的独特高选择性。首先，探索了 *CO 在 Cu（711）表面上的二聚化。在图 5-5 中（书后另见彩图），二聚体 A 和二聚体 B 路径在 Cu（711）表面上形成 C—C 键的能垒（E_a）分别为 2.22 eV 和 1.69 eV，反应能分别为 1.66 eV 和 1.42 eV。由于 Cu（711）表面由 Cu（100）和 Cu（111）晶面组成，进一步比较了 Cu（711）表面和低指数晶面的计算结果。根据先前的研究，CO 二聚在 Cu（100）和 Cu（111）上的能垒分别为 1.70 eV 和 1.22 eV[20，21]。进一步的电子分析，表明两个 *CO 分子之间的排斥偶极 - 偶极相互作用抑制了末端结构的二聚化。然而，在 Cu（711）表面上还没有发现通过 BHB″ 路径形成 OCCO。总的来说，OCCO 不是一种在 Cu（711）表面上稳定的热力学产物，这意味着 CO 二聚反应不容易在 Cu（711）上进行。然而，除了反应路径 2CO ⟶ OCCO ⟶ COCOH，还需要考虑可能的竞争路径 2CO ⟶ CO+COH/CHO ⟶ OCCOH/OCCHO。因此，进一步研究了 OCCOH 在 Cu（711）表面上可能的键合性质。

具体来说，在 Cu（711）表面上具有不同构型的二聚体 A 和二聚体 B 的 *CO 和 *COH 是比 2CO 的二聚更可行。除了 0.35 ～ 0.70 eV 可接近的势垒外，在 Cu（711）表面上 *OCCOH 中间体在热力学上有利。同样，也考虑了 CO—CHO 在 Cu（711）表面上的二聚作用。发现 CHO 中间体是不稳定的，不容易在 Cu（711）表面上产生。另一方面，它在 Cu（100）表面上占主导地位[22]，但随后 CO 和 CHO 的二聚需要克服 0.77 eV 的能垒和 0.26 eV 的反应能。换句话说，这个过程被认为在 Cu（100）表面上在热力学上是不利的（$\Delta G > 0$）。因此，结果表明 CO—COH 耦合的能垒为 0.35 ～ 0.70 eV，OCCOH 中间体的形成在热力学上是有利的。在表 5-2 中列出了 Cu（100）、Cu（111）和 Cu（711）上各种 C—C 二聚化路径的详细计

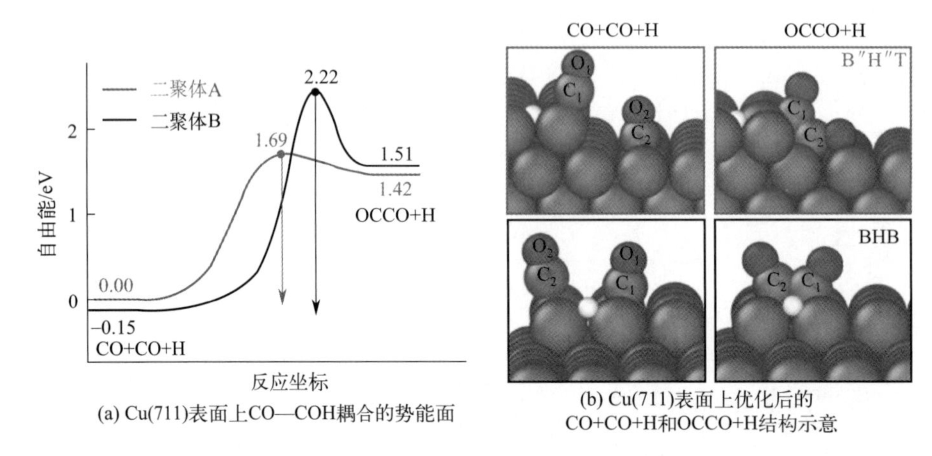

(a) Cu(711)表面上CO—COH耦合的势能面

(b) Cu(711)表面上优化后的CO+CO+H和OCCO+H结构示意

图 5-5 Cu(711)表面上 CO—COH 耦合的势能面及 Cu(711)表面上优化后的 CO+CO+H 和 OCCO+H 结构示意

算能垒。与 Cu（111）和 Cu（100）相比，Cu（711）具有高的 C_2/C_1 生成比。这一结果说明具有边界效应的 Cu 高指数晶面的增加不仅抑制了 C_1 的产率，而且对 C_2 产物具有更高的选择性。

表 5-2 计算 Cu(100)、Cu(111) 和 Cu(711) 表面上不同反应路径在 0 V（RHE，可逆氢电极）下 C—C 耦合的能垒

晶面	反应路径	活化能 /eV	反应能 /eV
Cu（100）	CO*+CO*	1.22	1.00
	CO*+COH*	1.52	0.94
	CO*+CHO*	0.77	0.26
Cu（111）	CO*+CO*	1.70	1.64
	CO*+COH*	0.87	0.16
Cu（711）	CO*+CO*	1.69（B″H″T）；2.22（BHB）	1.42（B″H″T）；1.51（BHB）
	CO*+COH*	0.69（B″H″T）；0.35（BHB）	−0.13（B″H″T）；−0.69（BHB）

此外，Zhang 等[23] 证明了吸附物种和电极表面的几何和电子结构在 CO_2RR 中起着至关重要的作用。Au 表面的 Cu 单层负载具有优异的电催化性能，促进 CO_2 还原为 CH_3CH_2OH 和 CH_2CH_2，并有助于 *CO 和 *CHO 物种的 C—C 耦合反应。具体而言，首先 CO_2 在 Cu/Au 表面吸附，然后通过质子和电子转移步骤形成 CO。吸附在催化剂上的单个 *CO 分子可以连续还原为 CH_3OH，并且吸附在表面上的高覆盖率 CO 可以更容易地还原为共同吸附的 *CO 和 *CHO。随后，通过耦合得到 *COCHO 和 *CHOCHO。Cu/Au 表面 *CHOCHO 还原的详细反应机理如图 5-6 所示，*CHOCHO 将通过两个不同表面上的 $^*CH_2OCHO$ 和 $^*CH_2OHCHO$ 以较低的反应能还

原为 $^*CH_2CHO$。在图 5-6（a）中，Cu/Au（111）表面上，CH_3CH_2OH 的路径具有较低的热力学反应能，$^*CH_3CHO$ 和 $^*CH_2CH_2O$ 的形成具有相似的反应能，并且它们都可以以较低的反应能还原为 $^*CH_3CH_2O$。如图 5-6（b）所示，$^*CH_2CHO$ 在 Cu/Au（100）表面的吸附可以分别通过 $^*CH_3CHO$ 和 $^*CH_3CH_2O$ 中间体以及 $^*CH_2CHOH$ 和 $^*CH_2CH$ 中间体产生 CH_3CH_2OH 与 CH_2CH_2 混合物。根据反应能，两种产物的法拉第效率基本相等。此外，$^*CH_2CHO$ 的还原和 CH_3CH_2OH 的形成分别是 Cu/Au（100）和 Cu/Au（111）限速步骤。结果表明，表面应力会影响 CO_2RR 的性能。根据电极和吸附质之间的轨道相互作用以及吸附质的表面覆盖率来预测反应性能，由此可以通

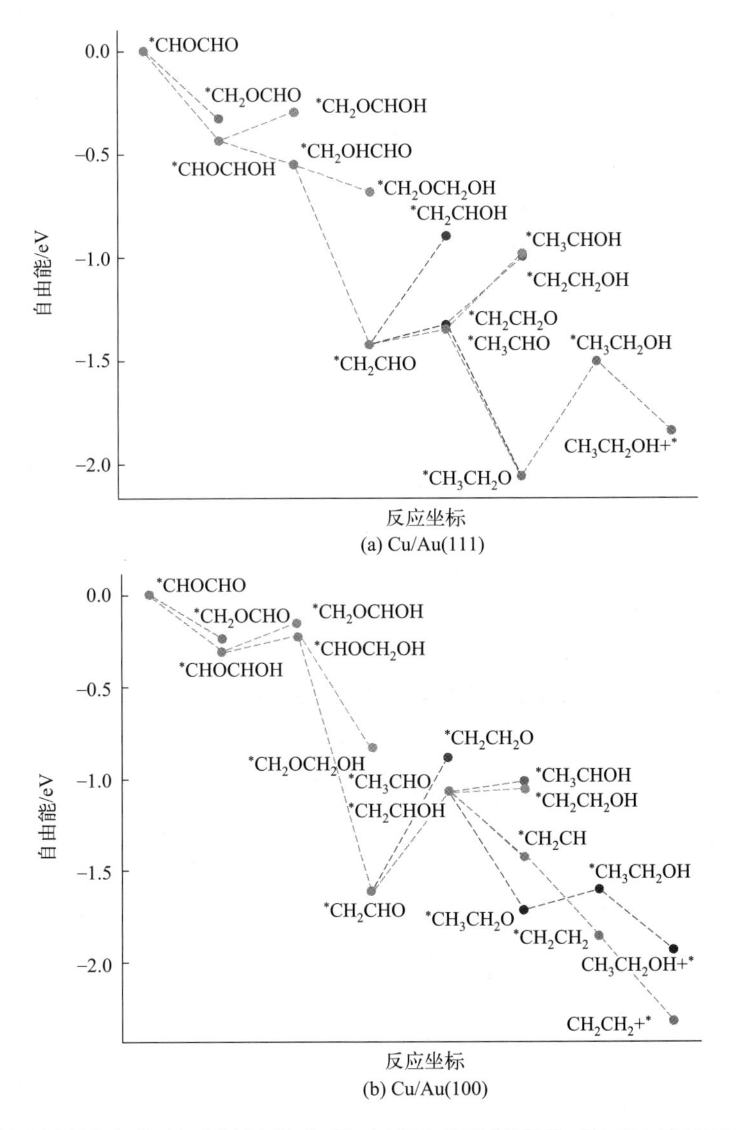

图 5-6　$^*CHOCHO$ 在 Cu/Au（111）和 Cu/Au（100）表面上还原为 CH_3CH_2OH 和 CH_2CH_2 的吉布斯自由能

过构建双金属界面来调整这些特性。

5.4　二氧化碳加氢制丙醇

Zhang 等[24] 通过原位氧化刻蚀法制备了具有中空内部的 Cu_2O 纳米晶体，并验证了其作为 CO_2RR 电催化剂的应用。线性扫描伏安（LSV）曲线（图 5-7）显示 Cu_2O HNC 催化剂比 Cu SNC 具有更高的总电流密度，表明其具有更好的 CO_2RR 活性。此外，如图 5-8（a）和（b）所示（书后另见彩图），Cu_2O HNC 产氢率的下降可能是由于腔体的存在显著竞争反应（HER），而我们发现 C_{2+} 对 Cu_2O HNC 的催化选择性显著提高，其中在 −1.68 V 时，C_2H_4、C_2H_5OH、乙酸和正丙醇分别占 37.0%、23.1%、10.6% 和 5.3%。因此，在 −1.68 V 下，Cu_2O HNC 的 C_{2+} FE 达到 75.9%，如图 5-8（c）所示（书后另见彩图），而 Cu SNC 仅获得 66.4% 的 $FE_{C_{2+}}$。我们还比较了这两种催化剂的 C_{2+} 化合物的几何电流密度，如图 5-8（d）所示（书后另见彩图）。值得注意的是，在 −2.08 V 相比于 RHE 时，Cu_2O HNC 对 C_{2+} 的最大可获得偏电流密

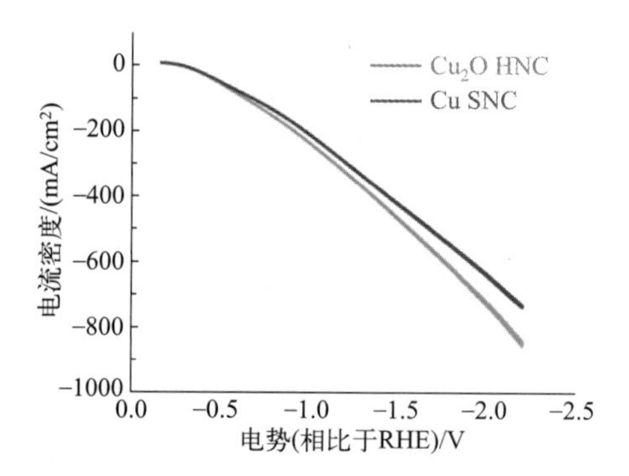

图 5-7　在 3 mol/L KOH 电解质和 CO_2 气体的流动电池中扫描速率为 50 mV/s 的 Cu_2O HNC 和 Cu SNC 催化剂的 LSV 曲线

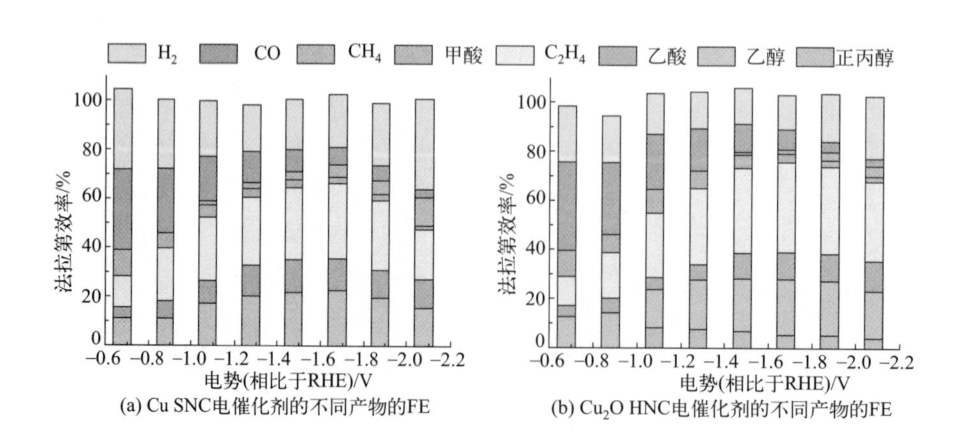

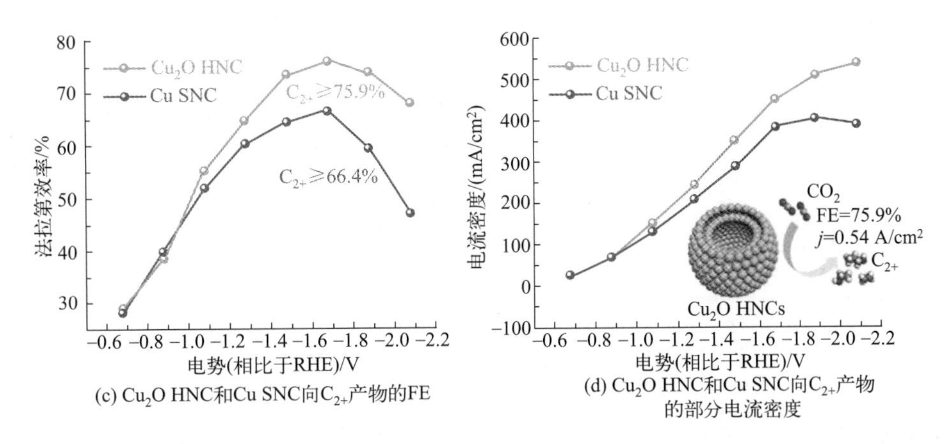

(c) Cu_2O HNC和Cu SNC向C_{2+}产物的FE　(d) Cu_2O HNC和Cu SNC向C_{2+}产物的部分电流密度

图 5-8　在 3 mol/L KOH 电解液中的电催化 CO_2RR 性能，比较 Cu SNC 和 Cu_2O HNC 电催化剂的不同产物的 FE；在 −0.68 ~ −2.08 V_{RHE} 的施加电压下，Cu_2O HNC 和 Cu SNC 向 C_{2+} 产物的 FE 和部分电流密度

度为 536 mA/cm^2，高于 Cu SNC 电极（389 mA/cm^2）。尤其是，由于生产 C_{3+} 的 C—C 耦合步骤增加，Cu_2O 催化剂可以高达 8.21% 的法拉第效率产生 C_3H_7OH。

为了获得 CO 覆盖和结构形貌对 Cu_2O 催化剂上 C—C 耦合步骤的影响，对生成 C_{2+} 产物的主要路径进行了 DFT 计算。两种类型的 Cu_2O，即（111）表面和（310）表面被考虑。比较了每个单胞有 2 个和 3 个 CO 分子的反应的活化能和反应能，这分别是高和低的 CO 覆盖率模型。最优中间体的能量曲线和过渡态被展示在图 5-9（书后另见彩图）中。3 个 CO 分子的 C—C 耦合的活化能在（111）表面为 0.35 eV，在（310）表面为 0.48 eV，远低于两个 CO 分子在（111）表面和（310）表面的能量（分别为 0.76 eV 和 0.75 eV），这意味着高浓度的 CO 可以改善反应。此外，还注意到，在 2 个或 3 个 CO 分子的覆盖下，不同表面上的过程具有相当的活化能。但是 C—C 耦合在（310）表面上的反应能比在（111）表面上的低，这表明（310）表面在热力学上比（111）表面更有利于 C_2 产物的形成。这种显著的 C_{2+} 生产性能是

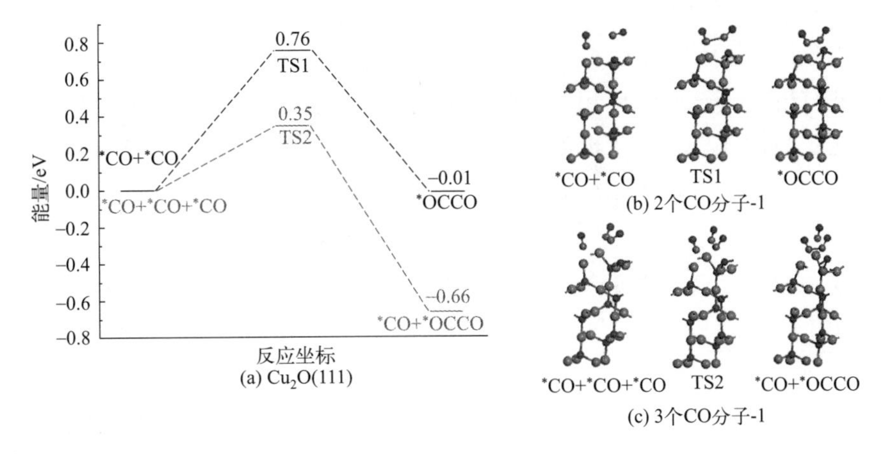

(a) $Cu_2O(111)$　(b) 2个CO分子-1　(c) 3个CO分子-1

图 5-9

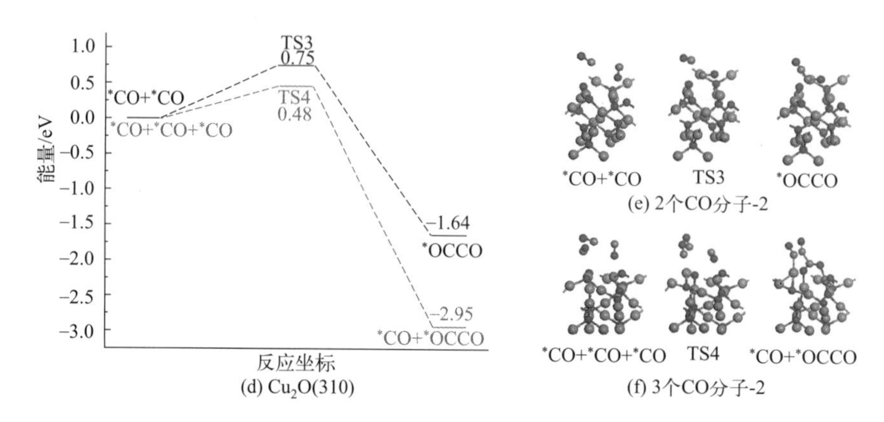

图 5-9 Cu_2O（111）和 Cu_2O（310）上的 C—C 耦合步骤的能量分布；中间体的相应结构 2 个 CO 分子和 3 个 CO 分子的过渡态（TS）（灰色表示 C，红色表示 O，浅红色表示 Cu，“*”表示吸附质）

由具有丰富缺陷位点和丰富阶梯面的空心 Cu_2O 所实现的，这表明晶体工程策略能提高 CO_2RR 的活性和选择性。

此外，Peng 等[25]证明六方 CuS（100）平面中形成的双硫空位（DSV）可以作为生产 C_3H_7OH 的活性位点，DFT 计算表明 CuS（100）上的 DSV 允许在两个相邻的共面空位附近富集负电荷，并且可以稳定 $OCCO^*$ 二聚体，吸附能降低 −0.35 eV。此外，它还能够与第 3 个 CO^* 进一步耦合，形成多段线 OC—COCO 三聚体，能量降低至 −0.23 eV。因此，富含 DSV 的 Cu_x（100）位点之所以能够稳定 $OCCO^*$，促进 CO—OCCO 耦合，是由于相邻两个硫空位（即 DSV）的协同作用，包括富集的负电荷密度以吸附 3 个 CO^*，相邻 Cu 原子之间的距离（< 3 Å）使 CO—CO 耦合，以及合适的空间使 $OCCOCO^*$ 的集中电荷松弛。因此可知在六方硫化铜上形成的双硫空位可以作为稳定 CO^* 和 $OCCO^*$ 二聚体的有效电催化中心，并进一步使 CO—OCCO 偶联形成 C_3 物种，这在具有单硫空位或无硫空位的 CuS 上是无法实现的。

进一步在实验上来验证此结论。他们通过电化学锂调节策略实验合成了双硫空位，在此过程中，硫空位的密度通过充电 / 放电循环次数得到了很好的调节。通过气相色谱（GC）和 ^1H 核磁共振（^1H-NMR）来分别测定气体和液体产物，CuS_x-DSV 的液体产物的 ^1H-NMR 光谱在 0.77 左右的化学位移处显示出清晰的三重态，对应 C_3H_7OH 的甲基氢。CuS_x-DSV 催化剂对 C_3H_7OH 的选择性明显增强，在 −1.05 V 时，$FE_{n\text{-PrOH}}$ 峰值为 15.4%±1%，相应的分电流密度（$j_{n\text{-PrOH}}$）为（3.1±0.2）mA/cm^2，如图 5-10（a）所示。与没有硫空位的 CuS 催化剂［（0.32±0.14）mA/cm^2］相比，该 $j_{n\text{-PrOH}}$ 值提高了近 10 倍。此外，气相色谱 - 质谱（GC-MS）光谱显示碎片离子与 C_3H_7OH 的标准数据库匹配良好。为了进一步证实 C_3H_7OH 的形成，还进行了 $^{13}CO_2$ 同位素标记实验，并通过 ^1H-NMR 对产物进行了分析。与以 $^{12}CO_2$ 为原料在 0.77×10^{-6} 和 0.83×10^{-6} 处的原始三重峰相比，当

使用 $^{13}CO_2$ 作为原料23时，在 0.64×10^{-6} 和 0.84×10^{-6} 附近观察到另外的两个弱峰，以及在 8.08×10^{-6} 和 8.57×10^{-6} 处的双峰，表明存在正丙醇的—$^{13}CH_3$ 基团和—$^{13}COOH$ 基团。以1.03和1.43为中心的化学位移对应—$^{13}CH_2$- 正丙醇上的基团和乙醇上的—$^{13}CH_3$ 23。CuS_x-DSV催化剂对 C_2H_5OH 的选择性相对较低（FE约4%）是因为进一步的 C_1 ~ C_2 偶联形成正丙醇消耗 $^*C_2$ 中间体。相比之下，CuS催化剂对正丙醇（2.3%±0.9%）以及其他可能的产物包括CO、CH_4、C_2H_4、CH_3OH、CH_3COOH（均＜1%）的选择性可以忽略不计。CuS_x-1循环催化剂显示出比CuS更高的 $FE_{n\text{-PrOH}}$，但比 CuS_x-DSV更低，这归因于与 Li^+ 的转化反应不足导致DSV位点浓度较低。通过调节循环次数，C_3H_7OH 的选择性（即在所有 CO_2RR 产物中的百分比，$C_1+C_2+C_3$）从4%增加到22%，增加了5.5倍［图5-10（b）］。然而，当更多的锂电化学调节循环应用时，即100个循环，$FE_{n\text{-PrOH}}$ 和 $FE_{n\text{-PrOH}}/FE_{C_1+C_2+C_3}$ 值都下降，这归因于形成的DSV位点的破坏。与H型电解槽中的可逆氢电极相比，富含双硫空位的 CuS_x-DSV在−1.05 V下对正丙醇表现出15.4%±1%的法拉第效率，在流动型电解槽中，在−0.85 V下表现出9.9 mA/cm^2 的高电流密度，CuS_x-DSV与目前报道的电化学 CO_2 还原为 C_3H_7OH 的最好的催化剂的催化性能相当。

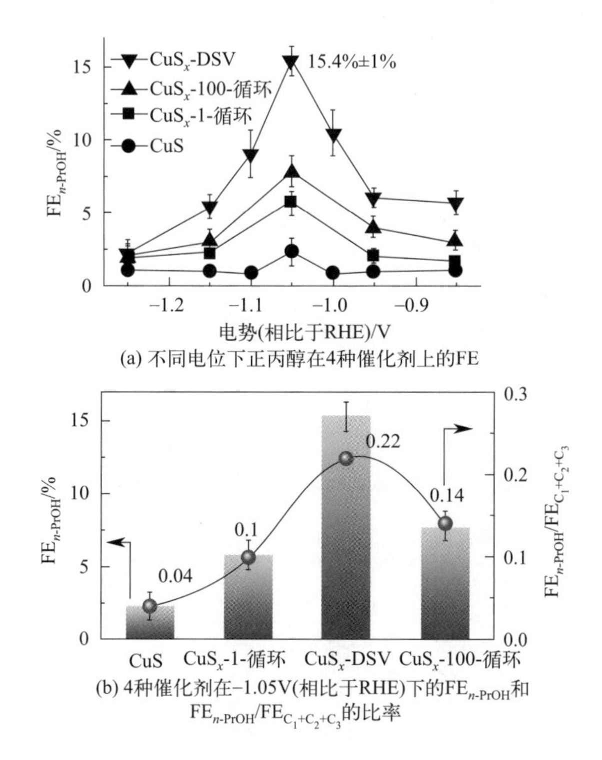

图5-10　不同电位下正丙醇在4种催化剂上的FE；4种催化剂在−1.05 V（相比于RHE）下的 $FE_{n\text{-PrOH}}$ 和 $FE_{n\text{-PrOH}}/FE_{C_1+C_2+C_3}$ 的比率

5.5 应用案例分析

根据本章所介绍的一系列研究，我们主要综述了一些 Cu 基催化剂制多碳产物的催化机理。这些研究涵盖了从基础的表面科学到复杂的催化反应过程，旨在深入理解 Cu 基催化剂在多碳化合物合成中的作用机制。

相应地，类似的实验工作也支持了上述的理论研究结果。例如，先前 Hahn 等 [26] 报道了在大尺寸（约 6 cm^2）单晶衬底上物理气相沉积 Cu 薄膜，并使用 X 射线衍射（XRD）确认，Cu 薄膜在 Al_2O_3（0001）、Si（100）和 Si（111）平面外分别外延生长（111）、（100）和（751）晶面。XRD 结果也表明，使用不同的单晶衬底取向，Cu 可以在低和高 Miller（密勒）指数方向上外延生长，同时就配位数而言，不同的铜表面可以按 Cu（751）≤ Cu（100）＜ Cu（111）的顺序排列。在块和表面结构表征之后，在电化学电池中测试 Cu（111）、Cu（100）和 Cu（751）的 CO_2 还原选择性和活性。为了检查不同 Cu 表面的 C—C 耦合选择性，产物的电流效率根据给定产物中的碳数分为 C_1、C_2 和 C_3 三类（图 5-11，书后另见彩图）。与 RHE 相比，在 −0.89 V 和 −0.97 V 时，Cu（100）和 Cu（751）对 C_2 和 C_3 产物的选择性明显高于 Cu（111），这表明 Cu（100）表面和有棱角的表面在较低的过电位下更有选择性地进行 C—C 偶联反应。此外，来自 Cu（100）和 Cu（751）的 C_2 和 C_3 产物的较大部分电流密度表明，与 Cu（111）相比，选择性的提高主要是由于 C—C 耦合的绝对速率增加，而不仅仅是 C_1 活性的降低（图 5-12）。从而也说明，由于 Cu（111）表面比 Cu（100）表面和 Cu（751）表面具有更多配位，C—C 耦合选择性与表面的配位数之间存在很强的相关性。上述理论计算的结果也揭示了在 Cu（751）和 Cu（100）表面 C—C 耦合的势垒相比于 Cu（111）更低，且 Cu（751）具有最低势垒有助于 C_2 的选择性。此外，对含氧化合物与烃类化合物选择性的分析表明，在 −0.89 V（相比于 RHE）时，Cu（751）在 3 个不同 Cu 晶面中具有最高的含氧化合物 / 烃类化合物比率。含氧化合物

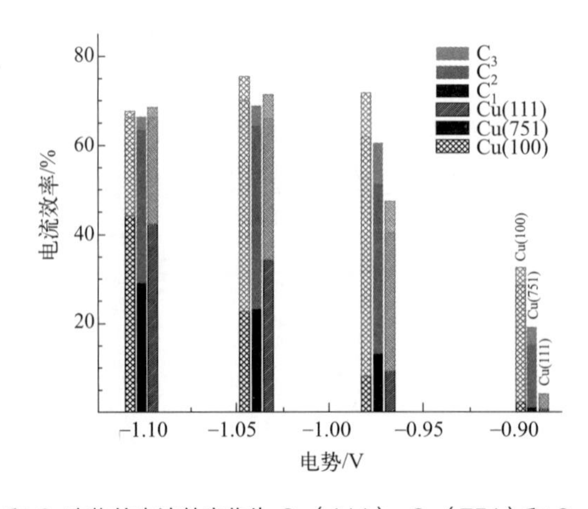

图 5-11　C_1、C_2 和 C_3 产物的电流效率作为 Cu（111）、Cu（751）和 Cu（100）电势的函数

选择性的提高与 Cu（751）最顶层上的最近邻近数量较少有关，因为在较低的过电位下，氢化物转移的势垒预计低于质子耦合电子转移的势垒。上述理论计算也表明，Cu（751）表面上通过质子化过程形成 $^*CO+^*COH$ 在热力学上比通过 C—C 二聚形成 $^*OCCO$ 更有利，$^*OCCOH$ 形成是热力学可行的（$\Delta G<0$）。

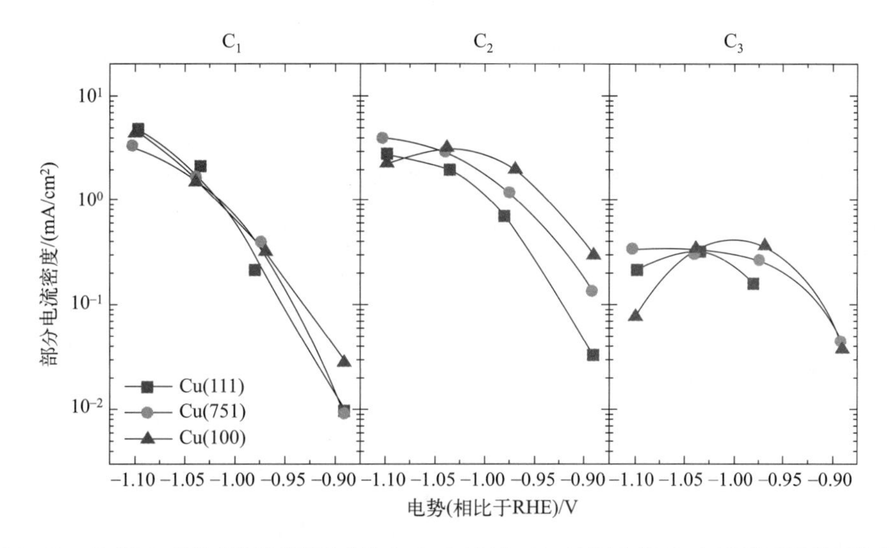

图 5-12　C_1、C_2 和 C_3 产物的部分电流密度作为 Cu（111）、Cu（751）和 Cu（100）电势的函数 [C_2 和 C_3 产物的部分电流密度的增加表明，Cu（751）和 Cu（100）对 C—C 耦合的活性高于 Cu（111）]

此外，Zhu 等 [27] 提出具有明确原子构型的双金属界面对于动态重建研究相当重要。在此，选择了外延 Au-Cu 异质结构作为模型系统。首先，通过电化学沉积在单晶 Cu 衬底上的 Au 纳米团簇，利用“种子生长”技术制备了该异质结构。如图 5-13（a）所示，Au-Cu 异质结构显示出明显的 C_{2+} 醇的产生，其正起始电位比 Cu 高 150 mV 并且比在 1.0 V 时 CO_2 到 C_{2+} 醇的转化率高 2.5 倍。我们进一步分析了烃类化合物（如甲烷和乙烯）的产量，它们遵循与 C_{2+} 醇竞争的生产路径。使用 C_{2+} 醇 / 烃类化合物的摩尔比来证明这种竞争。如图 5-13（b）所示，该比值随着过电位的下降而急剧增加，表明 C_{2+} 醇类在负电势较小的情况下更受青睐。特别是，Au-Cu 异质结构在生成醇类和抑制烃类方面优于 Cu，这体现在醇类的起始电位正偏移（Au-Cu 相对 RHE 为 −0.7 V，纯 Cu 相对 RHE 为 −0.85 V），更重要的是，C_{2+} 醇类的起效电位中 C_{2+} 醇 / 烃的比值高出 400 倍。由于将 $^*CO$ 作为 > $2e^-$ 产物的中间体，我们接下来计算 C_{2+} 醇类 /（CO+ > $2e^-$ 产物）的摩尔比来阐明 $^*CO$ 到 C_{2+} 醇类转化的电化学效率 [图 5-13（c）]。与 RHE 相比，在 −0.85 V 时，在 Au-Cu 异质结构上可以清楚地发现较高的比值，几乎是 Cu 的 6 倍，进一步证明了 C_{2+} 醇产量的优势，这与上述理论计算发现 Cu/Au（100）上有利于形成 CH_3CH_2OH 产物一致。对于耐久性测试，每种产品在 Au-Cu 上的产率和电流密度随时间的变化展示在图 5-13（d）。结果

表明这种 Au-Cu 异质结构表现出随着时间的推移略有下降的 CO_2RR 性能，例如在

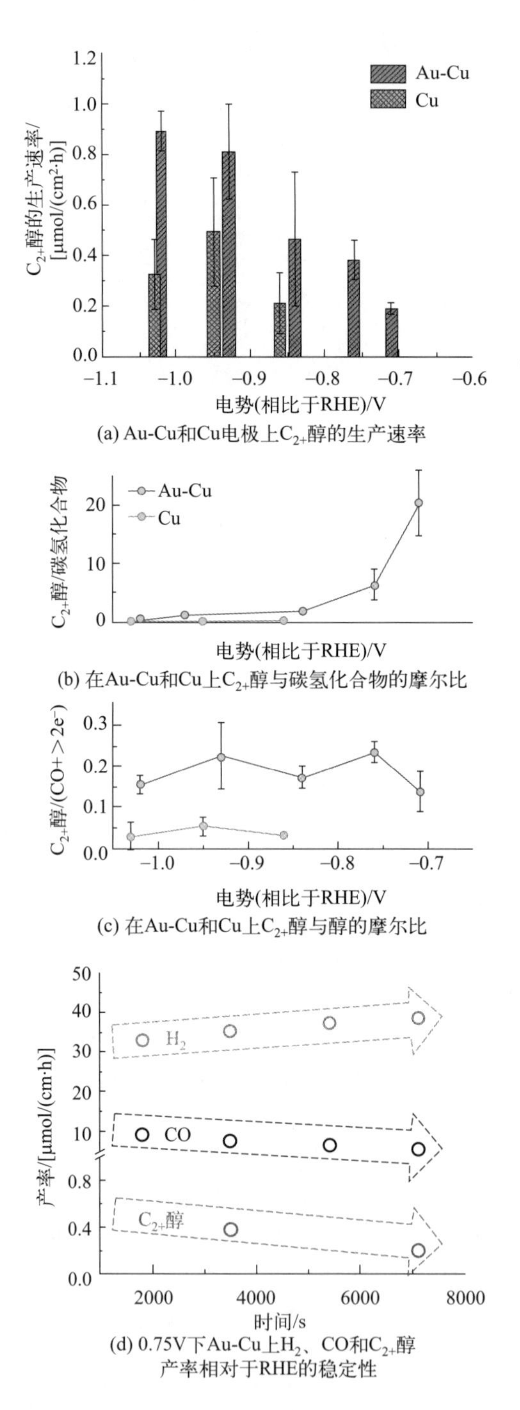

(a) Au-Cu和Cu电极上C_{2+}醇的生产速率

(b) 在Au-Cu和Cu上C_{2+}醇与碳氢化合物的摩尔比

(c) 在Au-Cu和Cu上C_{2+}醇与醇的摩尔比

(d) 0.75V下Au-Cu上H_2、CO和C_{2+}醇产率相对于RHE的稳定性

图 5-13　Au-Cu 和 Cu 电极上 C_{2+} 醇的生产速率；在 Au-Cu 和 Cu 上 C_{2+} 醇与烃类化合物和醇的摩尔比；0.75 V 下 Au-Cu 上 H_2、CO 和 C_{2+} 醇的产率相对于 RHE 的稳定性

−0.75 V 下电催化 2 h 后，CO 和 C_{2+} 醇的产率分别下降 40%（从 9.2 μmol/（cm·h）降至 5.6 μmol/（cm · h））和 49%（从 0.38 μmol/（cm · h）降至 0.20 μmol/（cm · h））。相反，作为主要竞争反应的 H_2 的产率增加了 16%。

参考文献

[1] Raciti D，Wang C. Recent advances in CO_2 reduction electrocatalysis on copper [J]. ACS Energy Letters，2018，3：1545-1556.

[2] Abdinejad M，Mirza Z，Zhang X A，et al. Enhanced electrocatalytic activity of primary amines for CO_2 reduction using copper electrodes in aqueous solution [J]. ACS Sustainable Chemistry & Engineering，2020，8：1715-1720.

[3] Kuhl K P，Cave E R，Abram D N，et al. New insights into the electrochemical reduction of carbon dioxide on metallic copper surfaces [J]. Energy & Environmental Science，2012，5：7050-7059.

[4] Pan F，Yang Y. Designing CO_2 reduction electrode materials by morphology and interface engineering [J]. Energy & Environmental Science，2020，13：2275-2309.

[5] Li K，Peng B，Peng T. Recent advances in heterogeneous photocatalytic CO_2 conversion to solar fuels [J]. ACS Catalysis，2016，6：7485-7527.

[6] Qiao J，Liu Y，Hong F，et al. A review of catalysts for the electroreduction of carbon dioxide to produce low-carbon fuels [J]. Chemical Society Reviews，2014，43：631-675.

[7] Yu J，Wang J，Ma Y，et al. Recent progresses in electrochemical carbon dioxide reduction on copper-based catalysts toward multicarbon products [J]. Advanced Functional Materials，2021，31：2102151.

[8] Wang Y，Han P，Lv X，et al. Defect and interface engineering for aqueous electrocatalytic CO_2 reduction [J]. Joule，2018，2：2551-2582.

[9] Durst J，Rudnev A，Dutta A，et al. Electrochemical CO_2 reduction-a critical view on fundamentals，materials and applications [J]. Chimia，2015，69：769-776.

[10] Fan L，Xia C，Yang F，et al. Strategies in catalysts and electrolyzer design for electrochemical CO_2 reduction toward C_{2+} products [J]. Science Advance，2020，6：eaay3111.

[11] Birdja Y Y，Pérez-Gallent E，Figueiredo M C，et al. Advances and challenges in understanding the electrocatalytic conversion of carbon dioxide to fuels [J]. Nature Energy，2019，4：732-745.

[12] Nitopi S，Bertheussen E，Scott S B，et al. Progress and perspectives of electrochemical CO_2 reduction on copper in aqueous electrolyte [J]. Chemical Reviews，2019，119：7610-7672.

[13] Kibria M G，Edwards J P，Gabardo C M，et al. Electrochemical CO_2 reduction into chemical feedstocks：From mechanistic electrocatalysis models to system design [J]. Advanced Materials，2019，31：1807166.

[14] Luc W，Fu X，Shi J，et al. Two-dimensional copper nanosheets for electrochemical reduction of carbon monoxide to acetate [J]. Nature Catalysis，2019，2：423-430.

[15] Chen S，Ye C，Wang Z，et al. Selective CO_2 reduction to ethylene mediated by adaptive smallmolecule engineering of copper-based electrocatalysts [J]. Angewandte Chemie International Edition，2023，62：e202315621.

[16] Wang C，Zhu C，Zhang M，et al. Copper dimer anchored in g-CN monolayer as an efficient electrocatalyst for CO_2 reduction reaction：A computational study [J]. Advanced Theory and Simulations，2020，3（12）：2000218.

[17] Zhao J，Zhao J，Li F，et al. Copper dimer supported on a C_2N layer as an efficient electrocatalyst for CO_2 reduction reaction：A computational study [J]. The Journal of Physical Chemistry C，2018，122（34）：19712-19721.

[18] Zhao J，Chen Z，Zhao J. Metal-free graphdiyne doped with sp-hybridized boron and nitrogen atoms at acetylenic sites for high-efficiency electroreduction of CO_2 to CH_4 and C_2H_4 [J]. Journal of Materials Chemistry A，2019，7（8）：4026-4035.

[19] Chang C，Ku M. Role of high-index facet Cu（711）surface in controlling the C_2 selectivity for CO_2 reduction reaction-a DFT study [J]. The Journal of Physical Chemistry C，2021，125：10919-10925.

[20] Durand W J，Peterson A A，Studt F，et al. Structure effects on the energetics of the electrochemical reduction of CO_2 by copper surfaces [J]. Surface Science，2011，605：1354-1359.

[21] Lum Y，Ager J W. Sequential catalysis controls selectivity in electrochemical CO_2 reduction on Cu [J]. Energy & Environmental Science，2018，11：2935-2944.

[22] Luo W，Nie X，Janik M J，et al. Facet dependence of CO_2 reduction paths on Cu electrodes [J]. ACS Catalysis，2016，6（1）：219-229.

[23] Zhang X，Feng S，Zhan C，et al. Electroreduction reaction mechanism of carbon dioxide to C_2 products via Cu/Au bimetallic catalysis：A theoretical prediction [J]. The Journal of Physical Chemistry Letters，2020，11（16）：6593-6599.

[24] Zhang H，Qiao Y，Wang Y，et al. In situ oxidative etching-enabled synthesis of hollow Cu_2O nanocrystals for efficient CO_2RR into C_{2+} products [J]. Sustainable Energy Fuels，2022，6：4860.

[25] Peng C，Luo G，Zhang J，et al. Double sulfur vacancies by lithium tuning enhance CO_2 electroreduction to n-propanol [J]. Nature Communications，2021，12：1580.

[26] Hahn C，Hatsukade T，Kim Y G，et al. Engineering Cu surfaces for the electrocatalytic conversion of CO_2：Controlling selectivity toward oxygenates and hydrocarbons [J]. Proceedings of the National Academy of Sciences of the United States of America，2017，114（23）：5918-5923.
[27] Zhu C，Zhou L，Zhang Z，et al. Dynamic restructuring of epitaxial Au-Cu biphasic interface for tandem CO_2-to-C_{2+} alcohol conversion [J]. Chem，2022，8（12）：3288-3301.

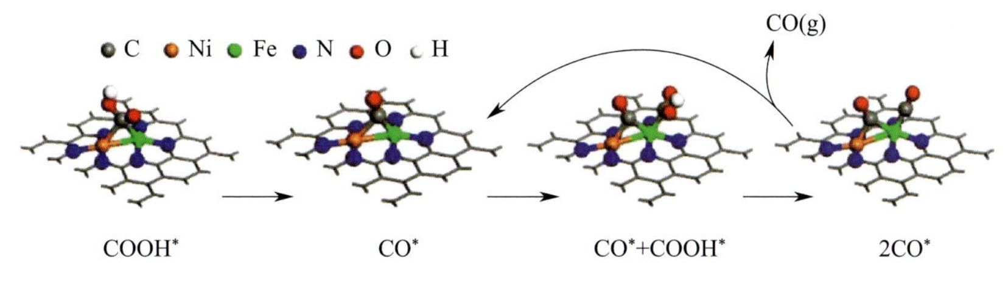

图 1-2　Fe-Ni 双原子对位点上 CO_2 电催化还原的机理 [24]

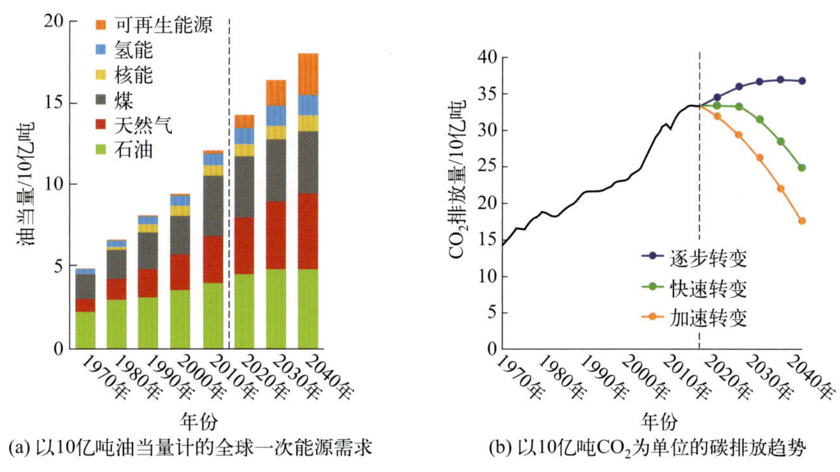

(a) 以10亿吨油当量计的全球一次能源需求　(b) 以10亿吨CO_2为单位的碳排放趋势

图 2-1　以 10 亿吨油当量计的全球一次能源需求以及以 10 亿吨 CO_2 为单位的碳排放趋势 [1]

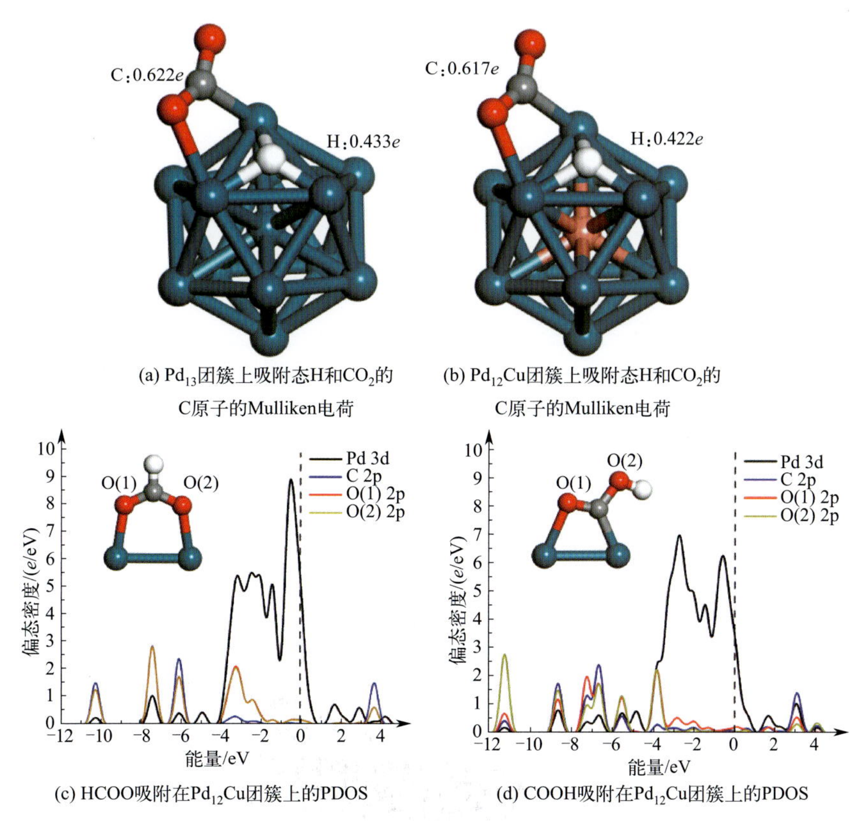

(a) Pd_{13}团簇上吸附态H和CO_2的C原子的Mulliken电荷　(b) $Pd_{12}Cu$团簇上吸附态H和CO_2的C原子的Mulliken电荷

(c) HCOO吸附在$Pd_{12}Cu$团簇上的PDOS　(d) COOH吸附在$Pd_{12}Cu$团簇上的PDOS

图 2-8　Pd_{13} 和 $Pd_{12}Cu$ 团簇上吸附态 H 和 CO_2 的 C 原子的 Mulliken 电荷以及 HCOO 和 COOH 吸附在 $Pd_{12}Cu$ 团簇上的 PDOS

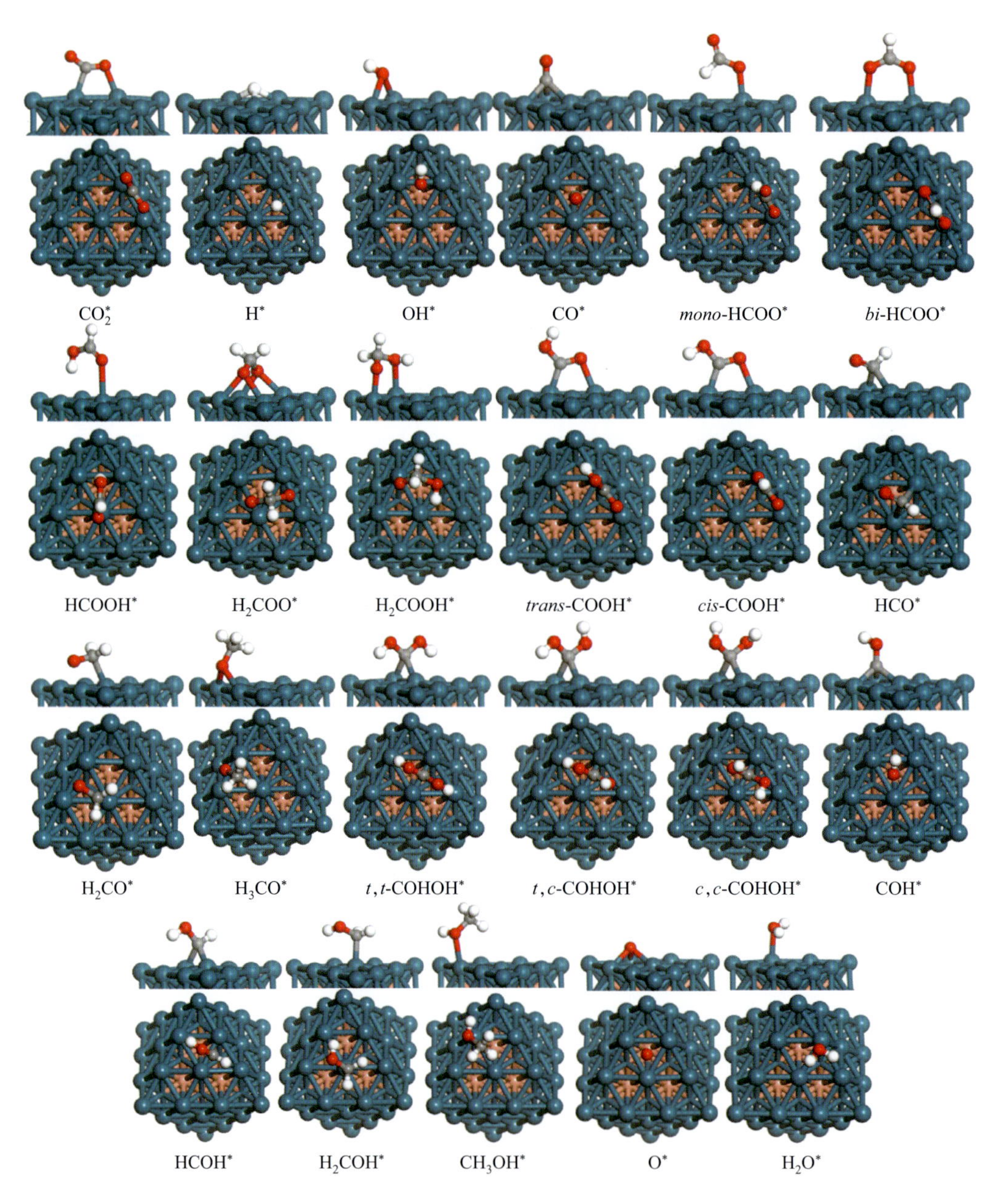

图 2-10　Cu@Pd 核壳表面上 CO_2 加氢制甲醇的反应物种最稳定的吸附构型的俯视和侧视图

橙色、蓝色、灰色、红色和白色的球分别代表 Cu、Pd、C、O 和 H 原子

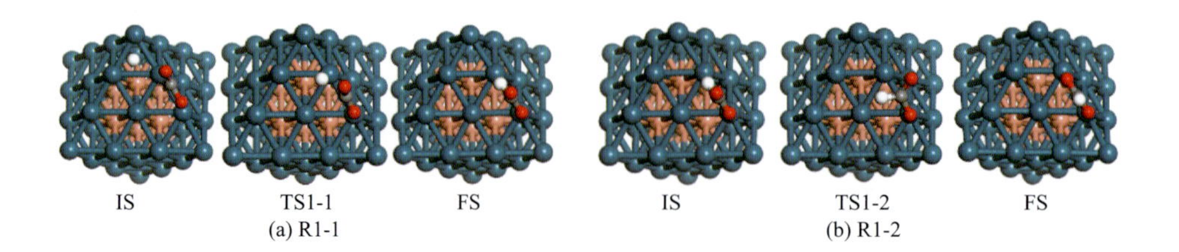

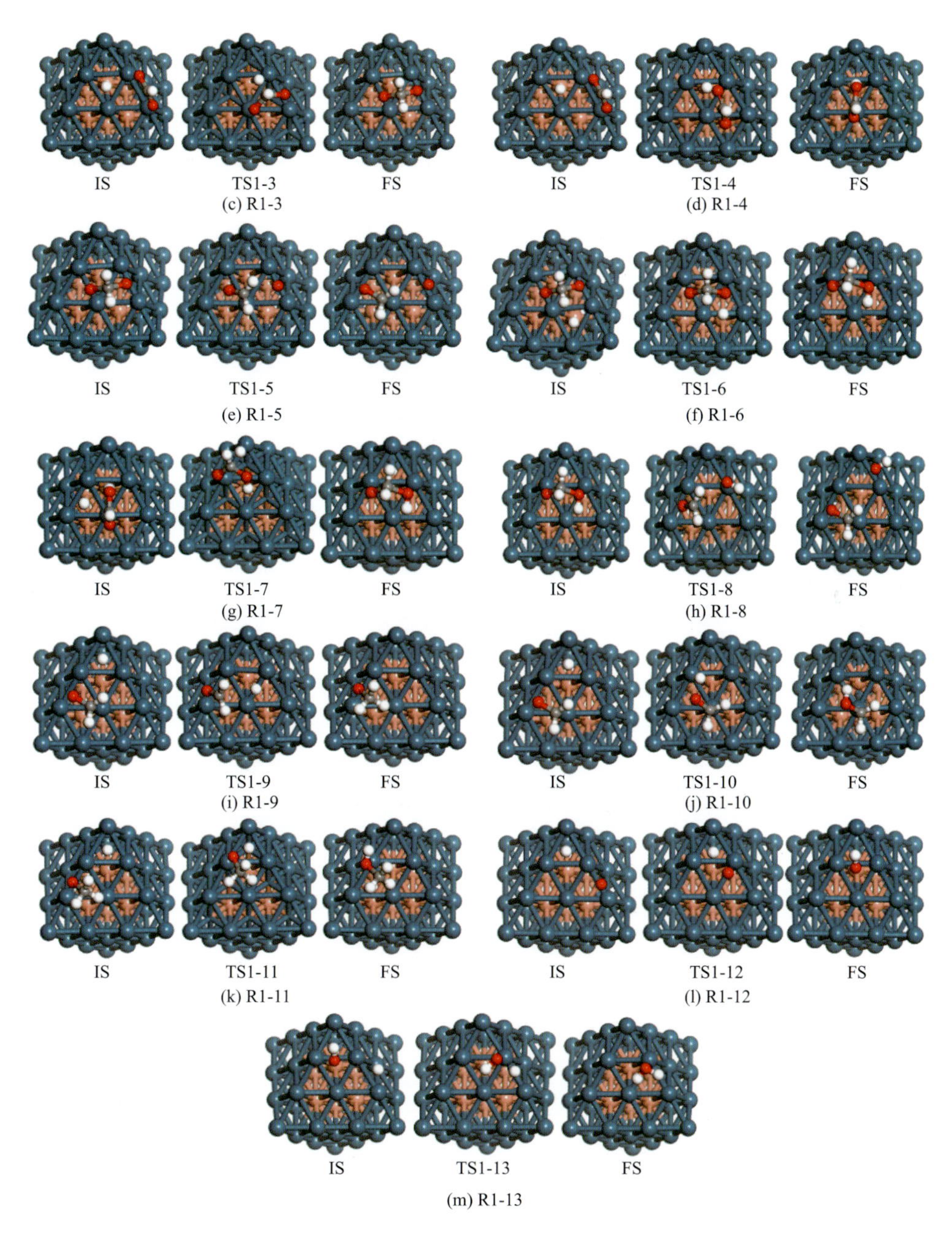

图 2-11　甲酸盐路径所涉及各个基元反应的初态（IS）、过渡态（TS）和末态（FS）的结构构型

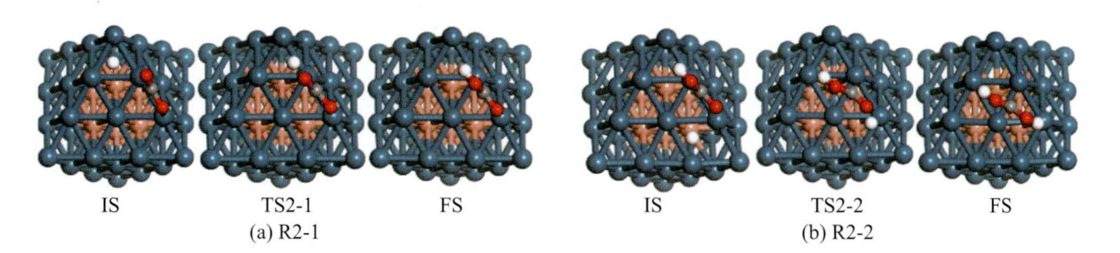

图 2-12

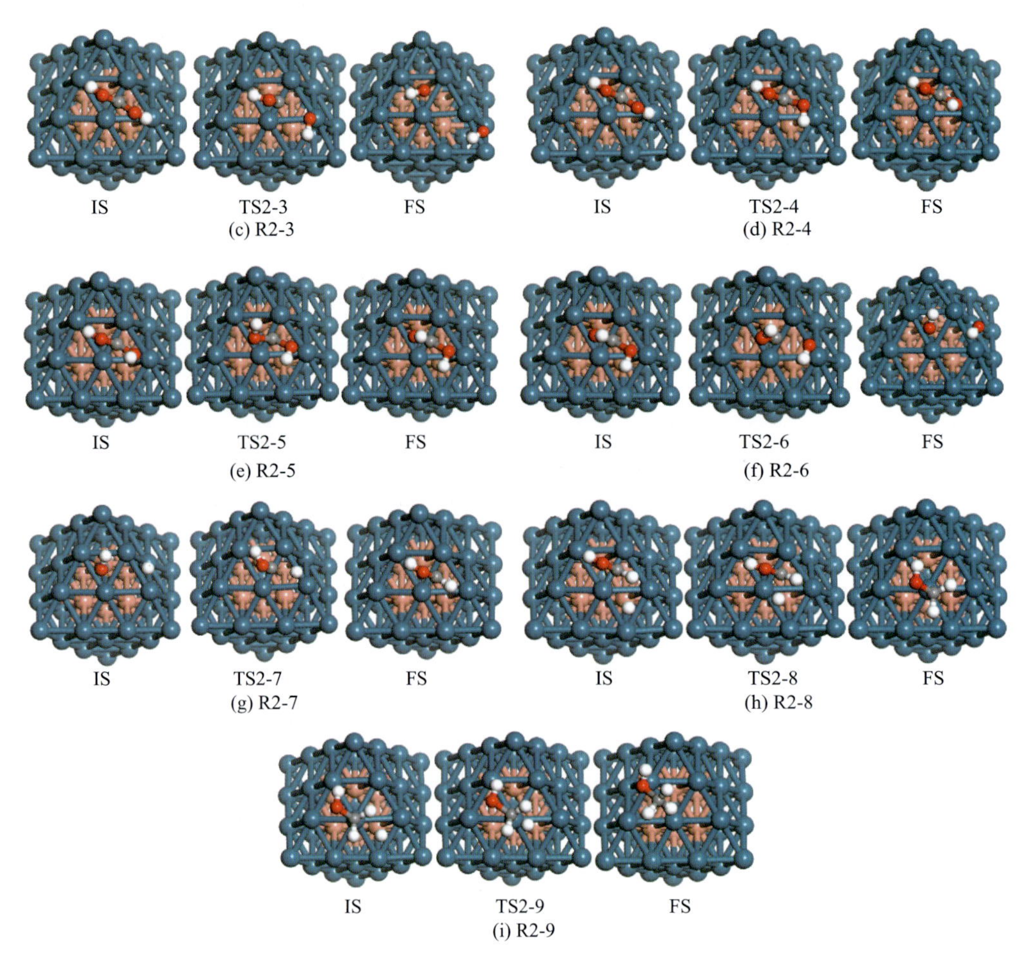

图 2-12　羧酸盐路径所涉及的每个基元反应的 IS、TS 和 FS 的结构构型

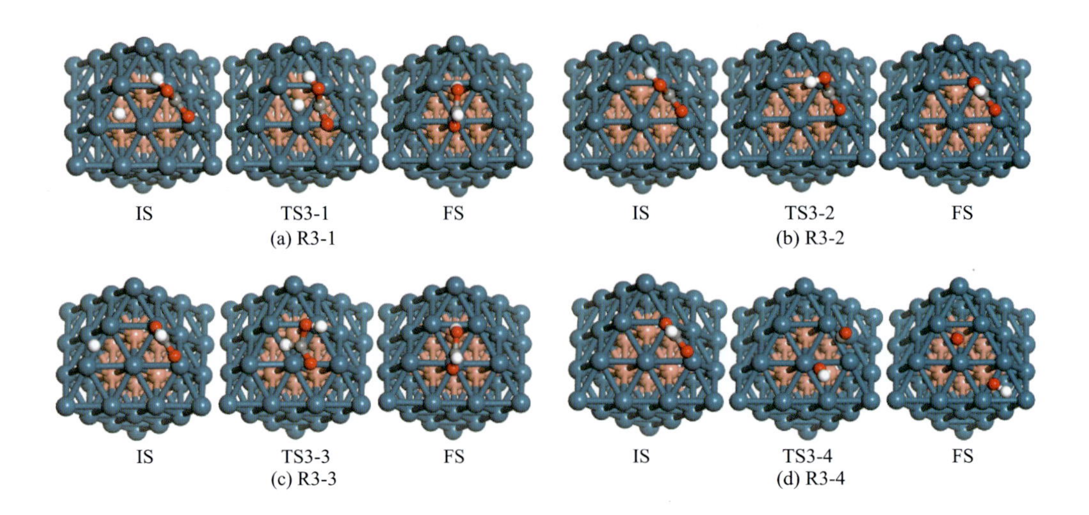

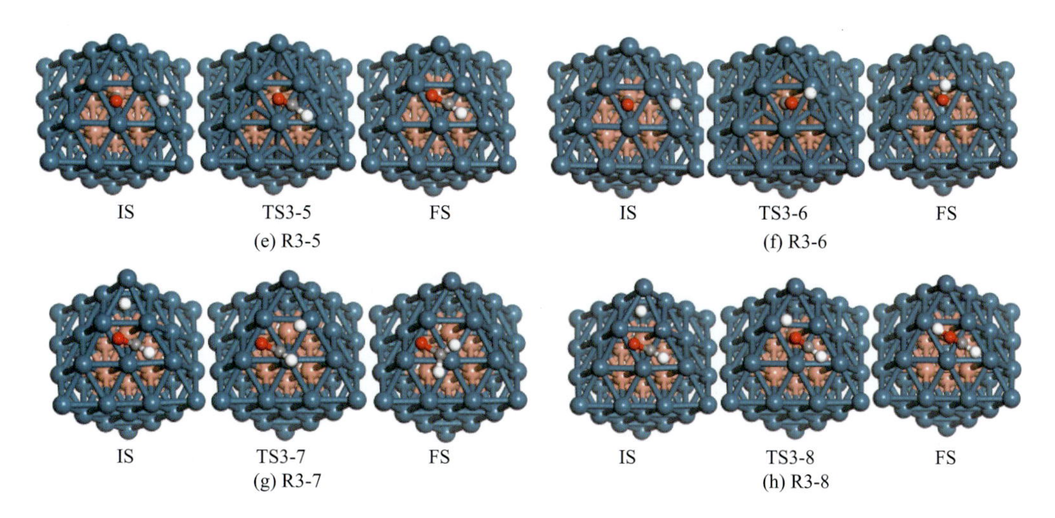

图 2-13 逆水煤气转化路径所涉及的每个基元反应的 IS、TS 和 FS 的构型

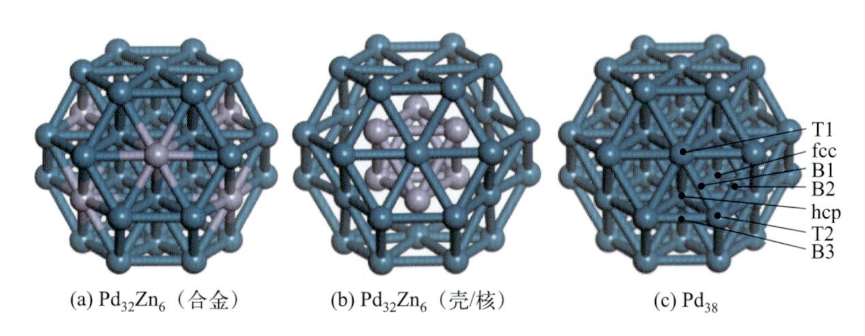

图 2-15 优化后 $Pd_{32}Zn_6$（合金）、$Pd_{32}Zn_6$（壳 / 核）和 Pd_{38} 纳米颗粒结构及其可能的活性位点

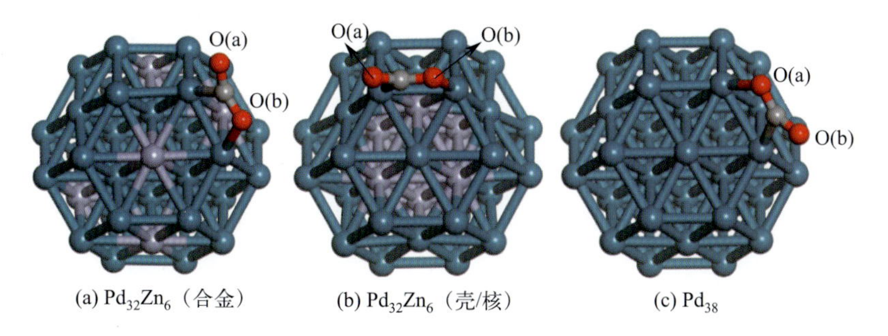

图 2-16 $Pd_{32}Zn_6$（合金）、$Pd_{32}Zn_6$（壳 / 核）和 Pd_{38} 纳米颗粒上最稳定的 CO_2 吸附构型

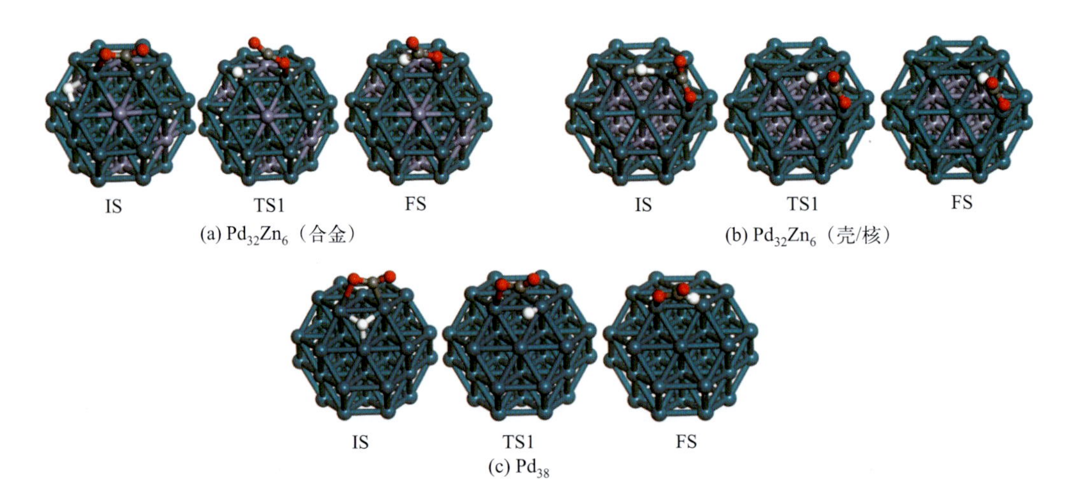

图 2-18　$Pd_{32}Zn_6$（合金）、$Pd_{32}Zn_6$（壳 / 核）和 Pd_{38} 纳米颗粒上 R1 的 IS、TS 和 FS 构型

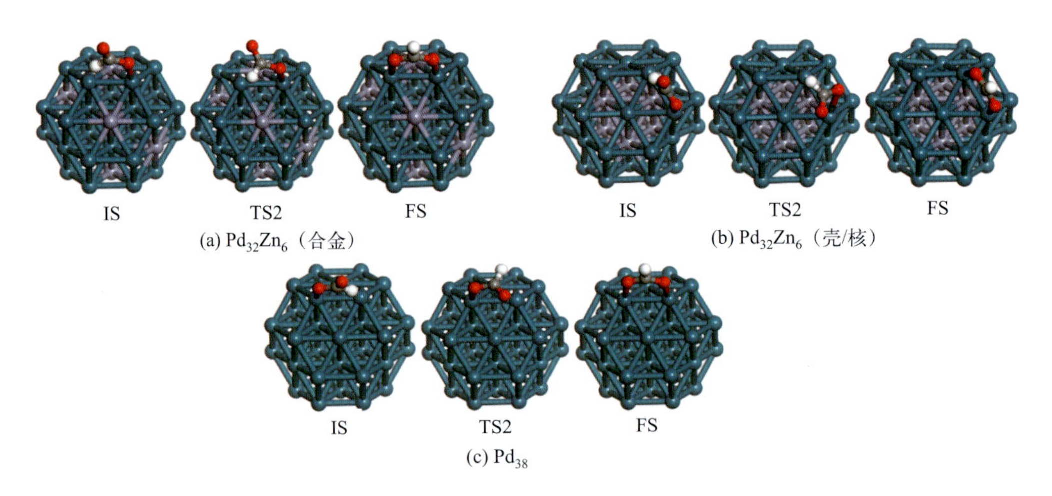

图 2-19　$Pd_{32}Zn_6$（合金）、$Pd_{32}Zn_6$（壳 / 核）和 Pd_{38} 纳米颗粒上 R2 的 IS、TS 和 FS 的构型

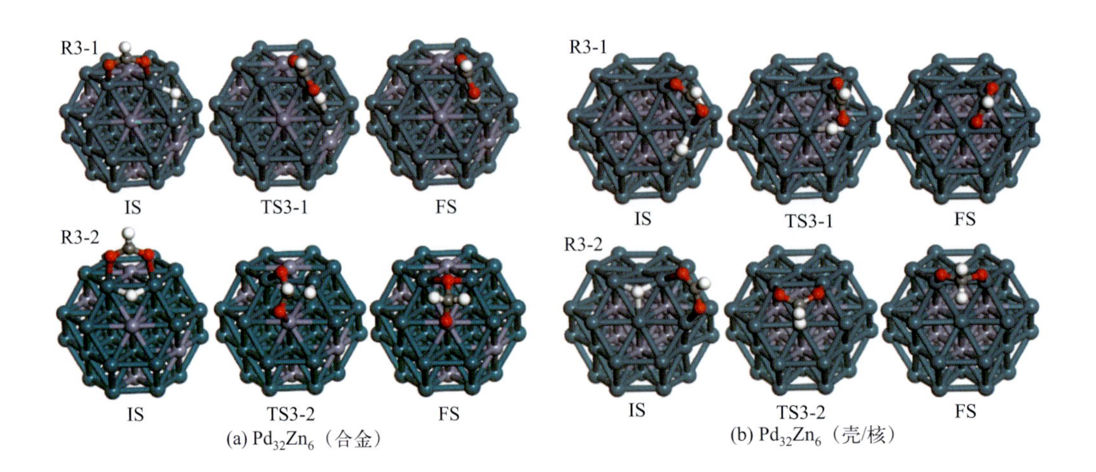

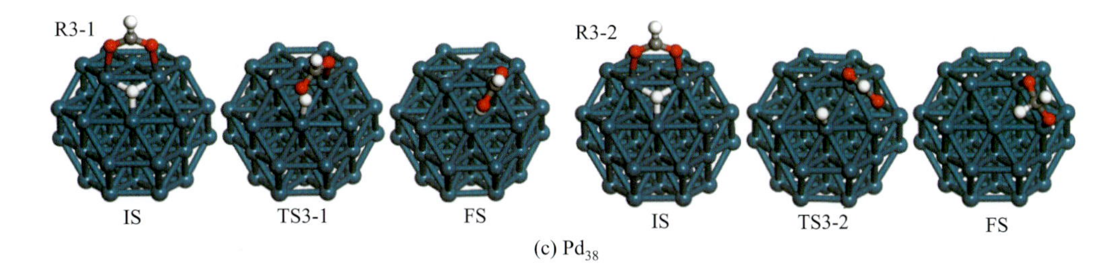

图 2-20　$Pd_{32}Zn_6$（合金）、$Pd_{32}Zn_6$（壳 / 核）和 Pd_{38} 纳米颗粒上 R3-1 和 R3-2 的 IS、TS 和 FS 的构型

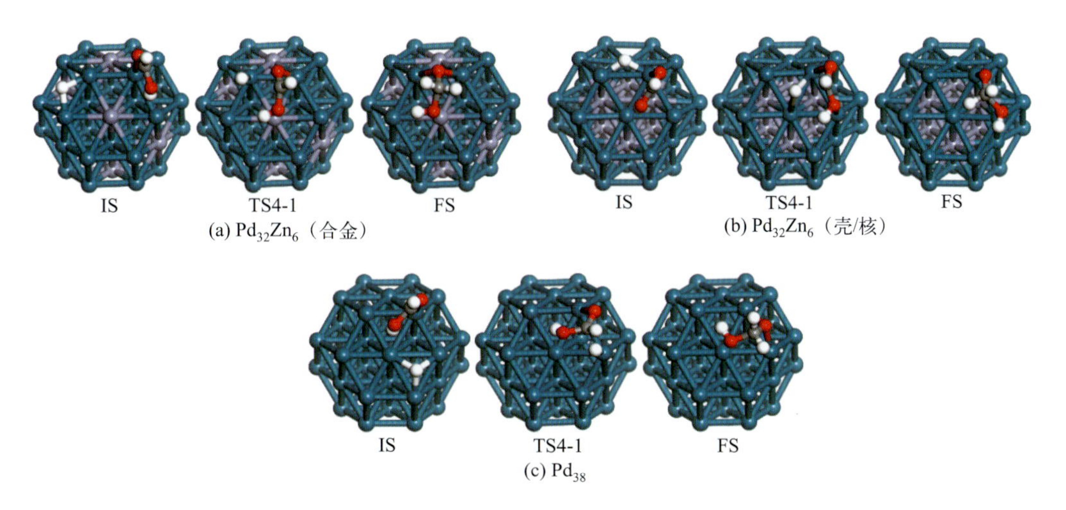

图 2-21　$Pd_{32}Zn_6$（合金）、$Pd_{32}Zn_6$（壳 / 核）和 Pd_{38} 纳米颗粒上 R4-1 的 IS、TS 和 FS 的构型

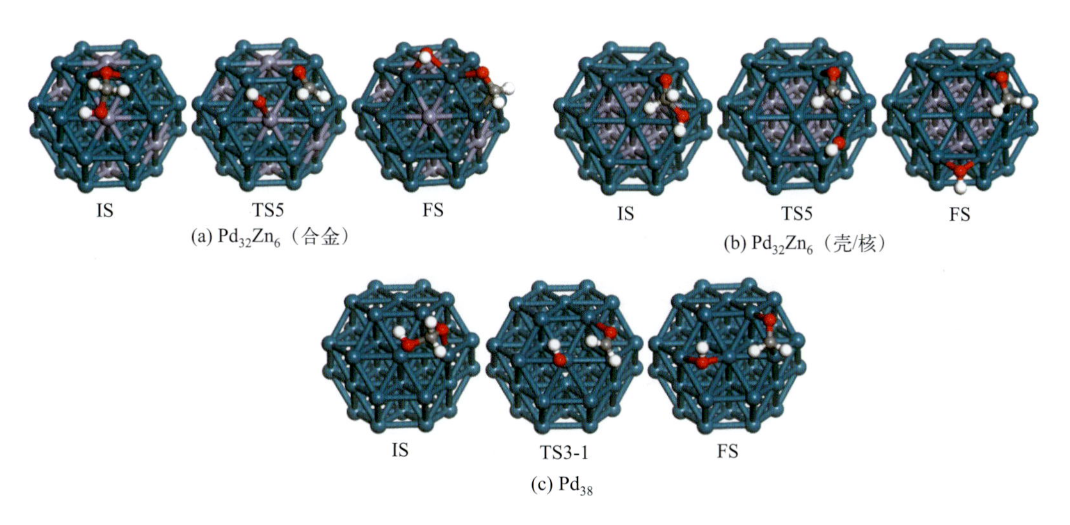

图 2-22　$Pd_{32}Zn_6$（合金）、$Pd_{32}Zn_6$（壳 / 核）和 Pd_{38} 纳米颗粒上 R5 的 IS、TS 和 FS 构型

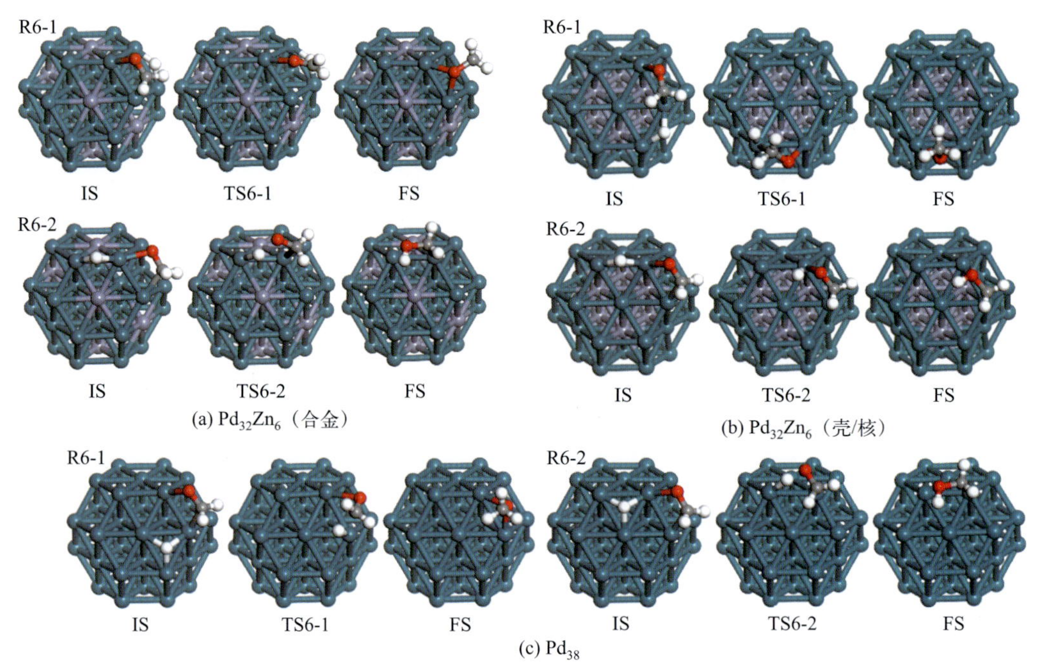

图 2-23　$Pd_{32}Zn_6$（合金）、$Pd_{32}Zn_6$（壳/核）和 Pd_{38} 纳米颗粒上 R6-1 和 R6-2 的 IS、TS 和 FS 构型

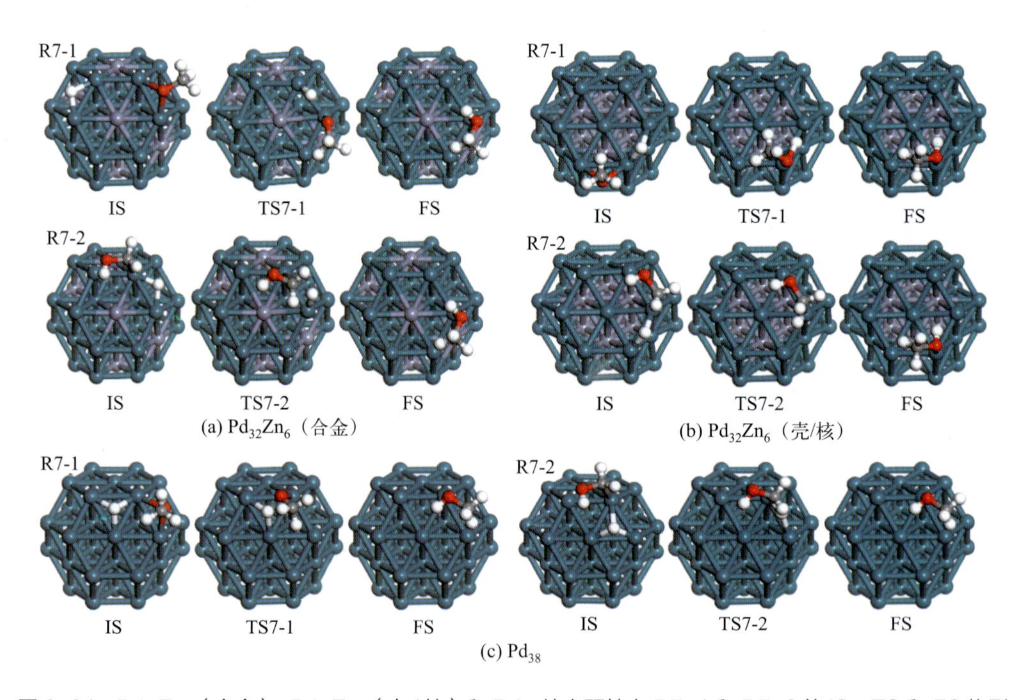

图 2-24　$Pd_{32}Zn_6$（合金）、$Pd_{32}Zn_6$（壳/核）和 Pd_{38} 纳米颗粒上 R7-1 和 R7-2 的 IS、TS 和 FS 构型

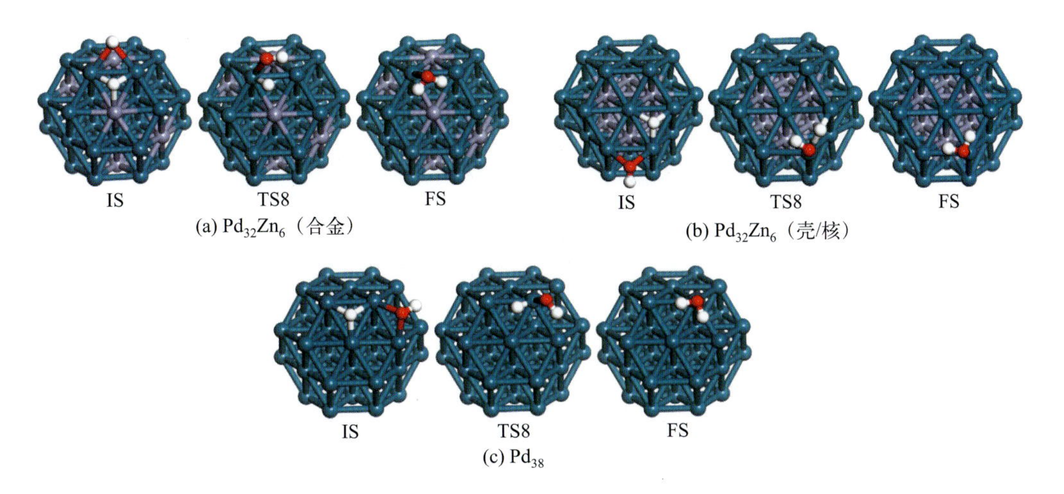

图 2-25　$Pd_{32}Zn_6$（合金）、$Pd_{32}Zn_6$（壳/核）和 Pd_{38} 纳米颗粒上 R8 的 IS、TS 和 FS 构型

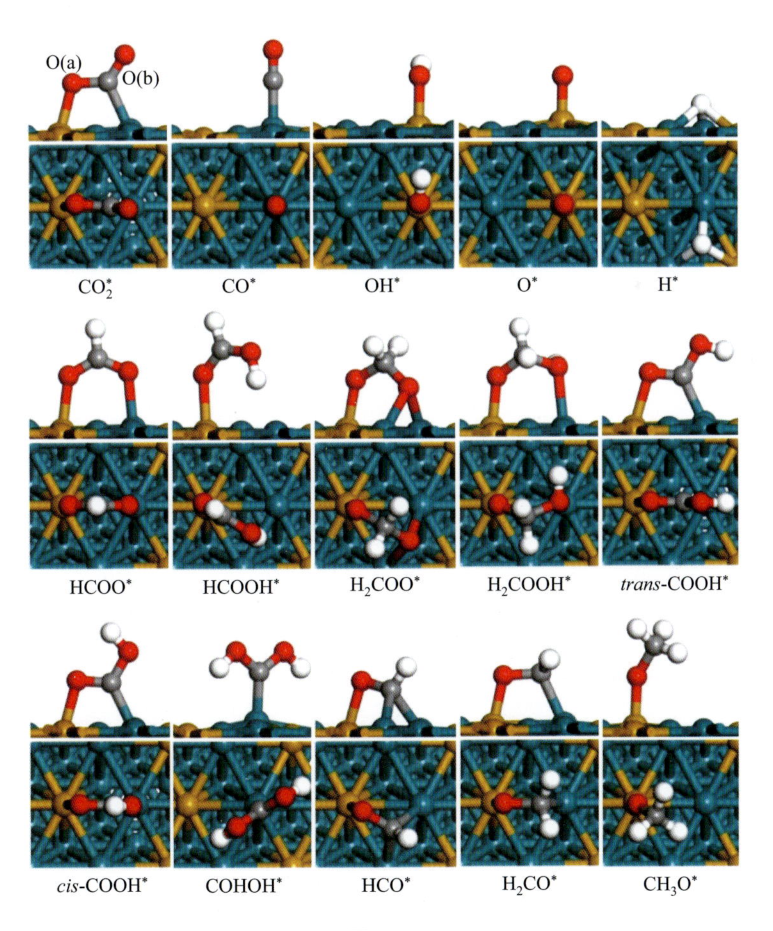

图 2-28

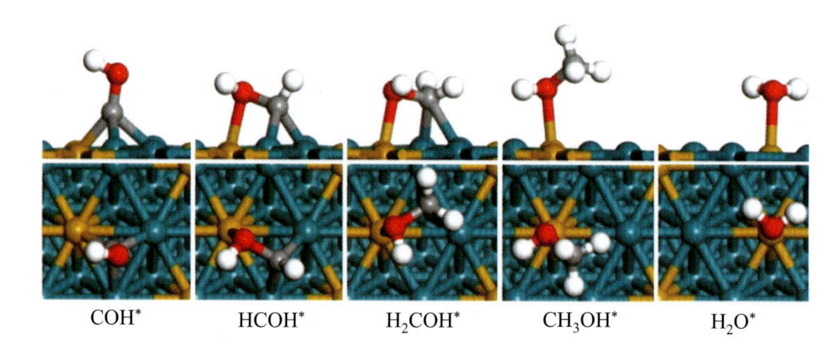

图 2-28　相关反应物种在 W 掺杂 Rh（111）表面的最佳吸附构型的侧视图和俯视图

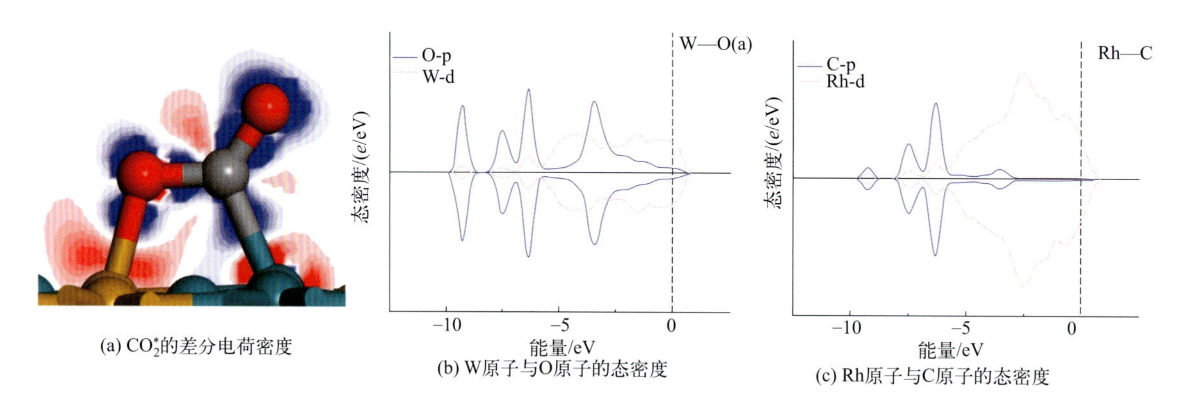

(a) CO_2^*的差分电荷密度　(b) W原子与O原子的态密度　(c) Rh原子与C原子的态密度

图 2-29　当 CO_2 吸附到 W 掺杂的 Rh（111）表面时，CO_2^* 的差分电荷密度（等值面为 0.05 e/Å^3）以及 W 原子与 O 原子和 Rh 原子与 C 原子的态密度

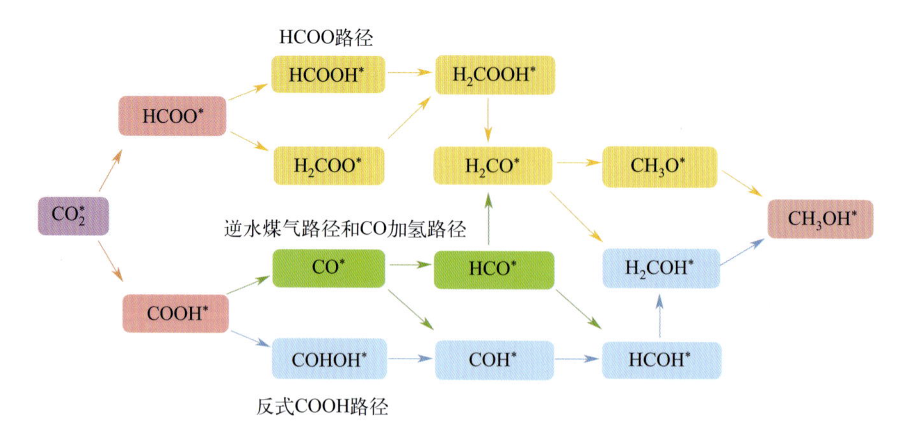

图 2-31　W 掺杂 Rh（111）表面 CO_2 甲醇化的 3 种反应路径

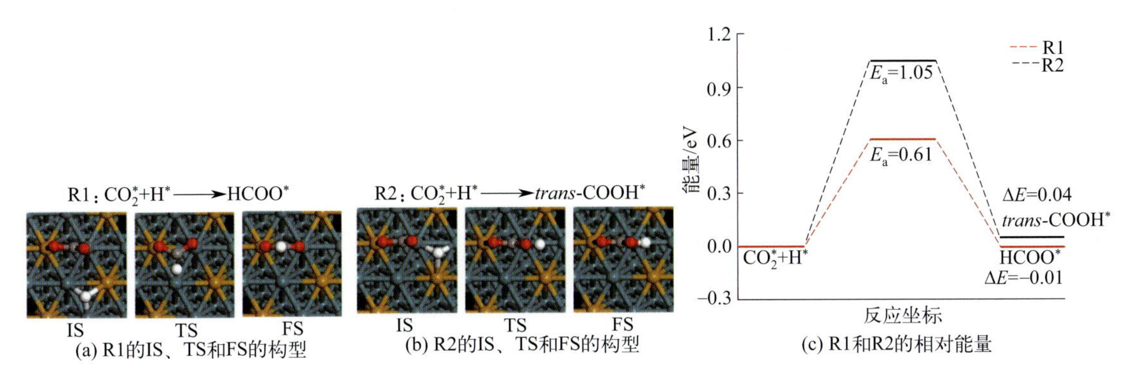

(a) R1的IS、TS和FS的构型 (b) R2的IS、TS和FS的构型 (c) R1和R2的相对能量

图 2-32 R1 和 R2 的 IS、TS 和 FS 的构型以及 R1 和 R2 的相对能量

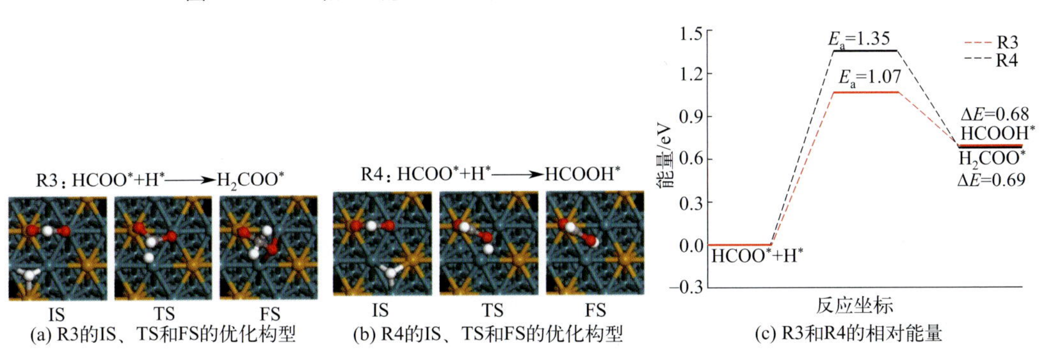

(a) R3的IS、TS和FS的优化构型 (b) R4的IS、TS和FS的优化构型 (c) R3和R4的相对能量

图 2-33 R3 和 R4 的 IS、TS 和 FS 的优化构型以及 R3 和 R4 的相对能量

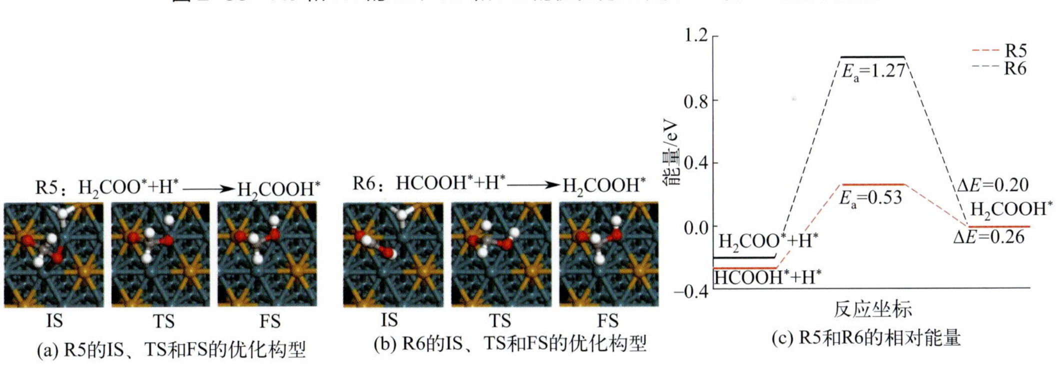

(a) R5的IS、TS和FS的优化构型 (b) R6的IS、TS和FS的优化构型 (c) R5和R6的相对能量

图 2-34 R5 和 R6 的 IS、TS 和 FS 的优化构型以及 R5 和 R6 的相对能量

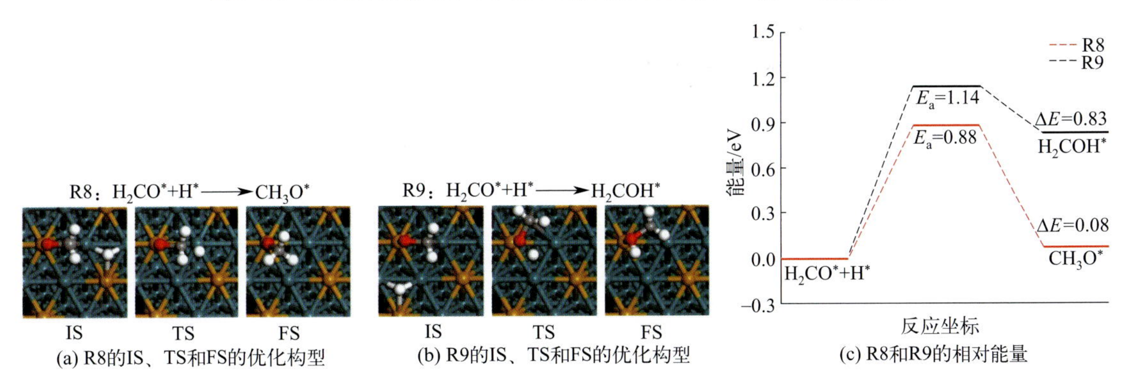

(a) R8的IS、TS和FS的优化构型 (b) R9的IS、TS和FS的优化构型 (c) R8和R9的相对能量

图 2-35 R8 和 R9 的 IS、TS 和 FS 的优化构型以及 R8 和 R9 的相对能量

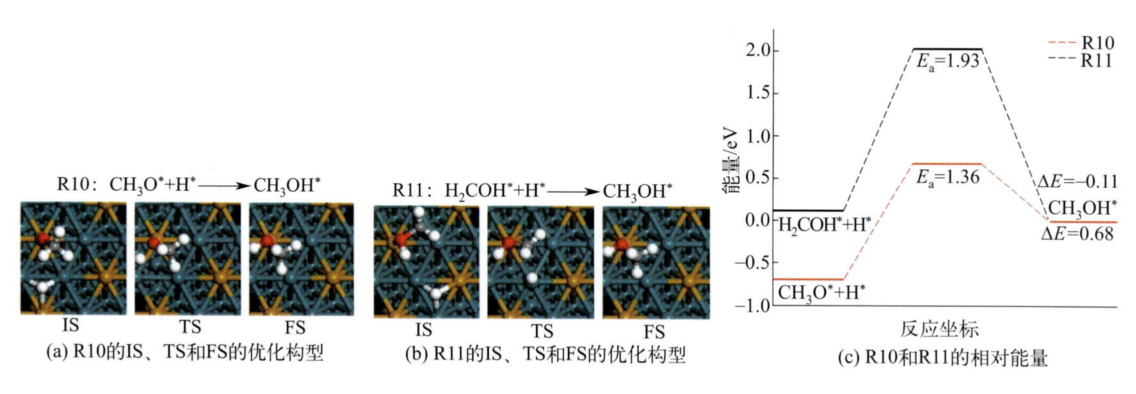

图 2-36　R10 和 R11 的 IS、TS 和 FS 的优化构型以及 R10 和 R11 的相对能量

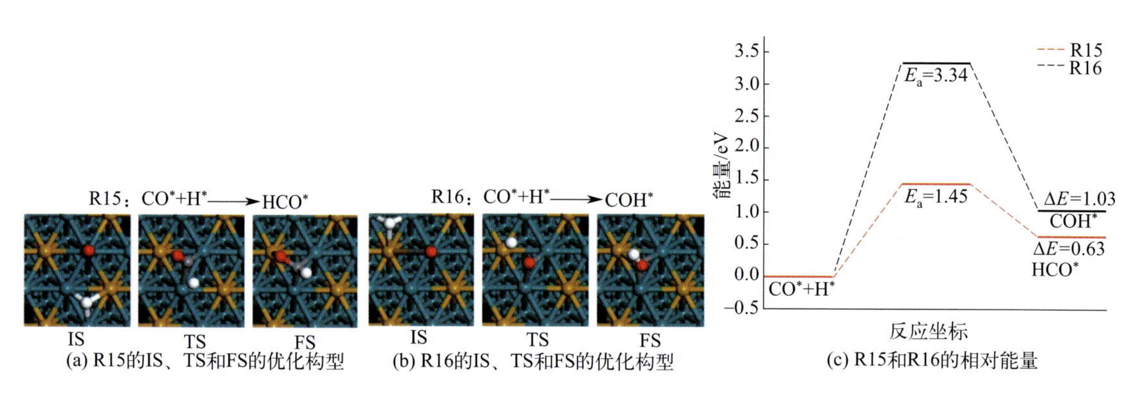

图 2-37　R15 和 R16 的 IS、TS 和 FS 的优化构型以及 R15 和 R16 的相对能量

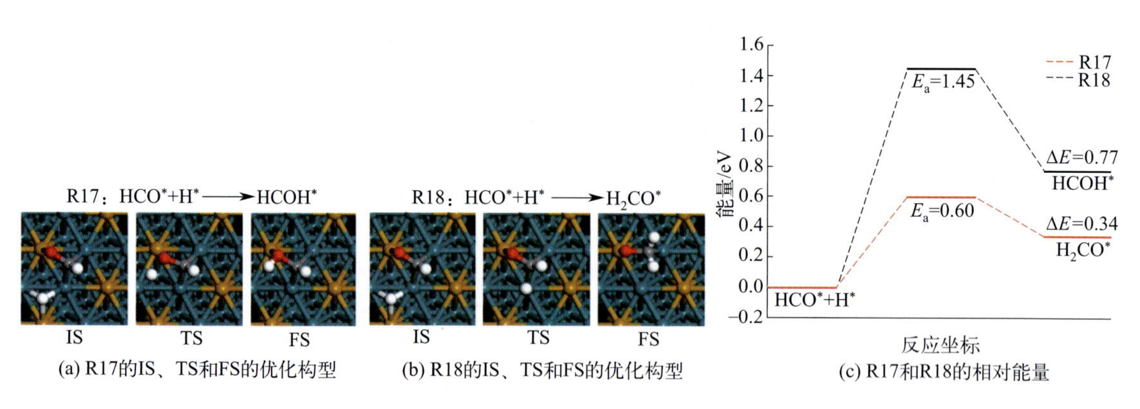

图 2-38　R17 和 R18 的 IS、TS 和 FS 的优化构型以及 R17 和 R18 的相对能量

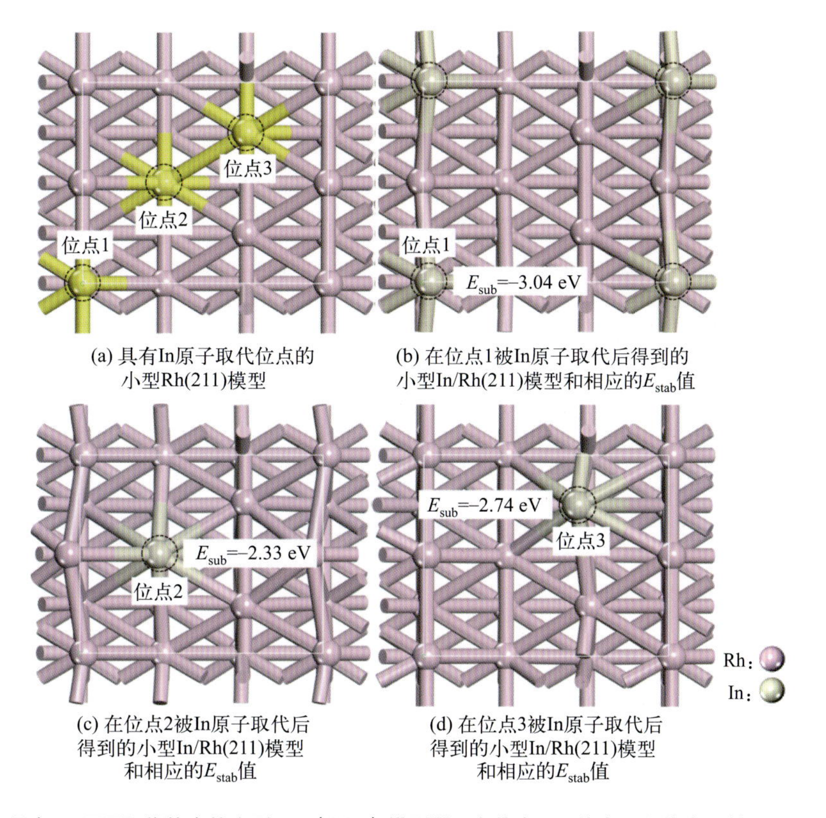

图 2-41 具有 In 原子取代位点的小型 Rh（211）模型以及在位点 1、位点 2 和位点 3 被 In 原子取代后得到的小型 In/Rh（211）模型和相应的 E_{stab} 值

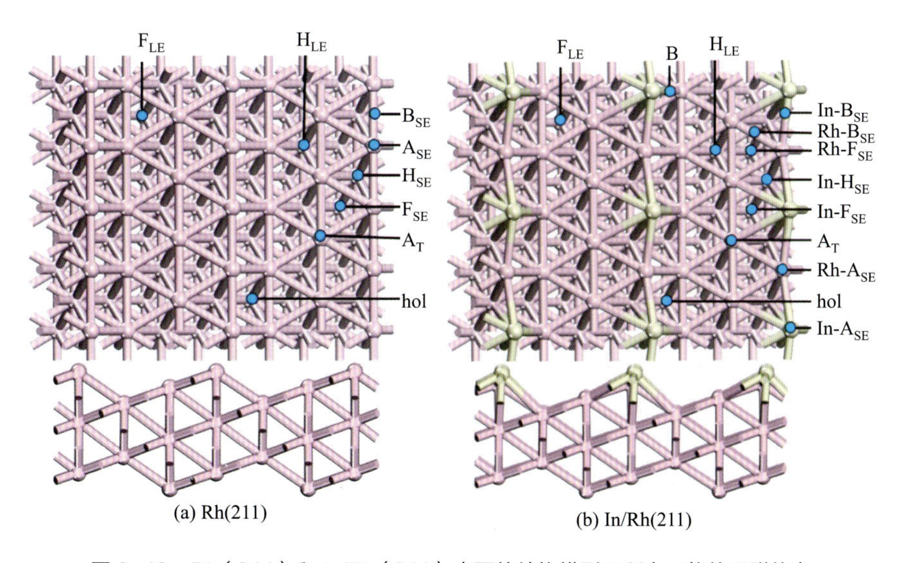

图 2-42 Rh（211）和 In/Rh（211）表面的结构模型及所有可能的吸附位点

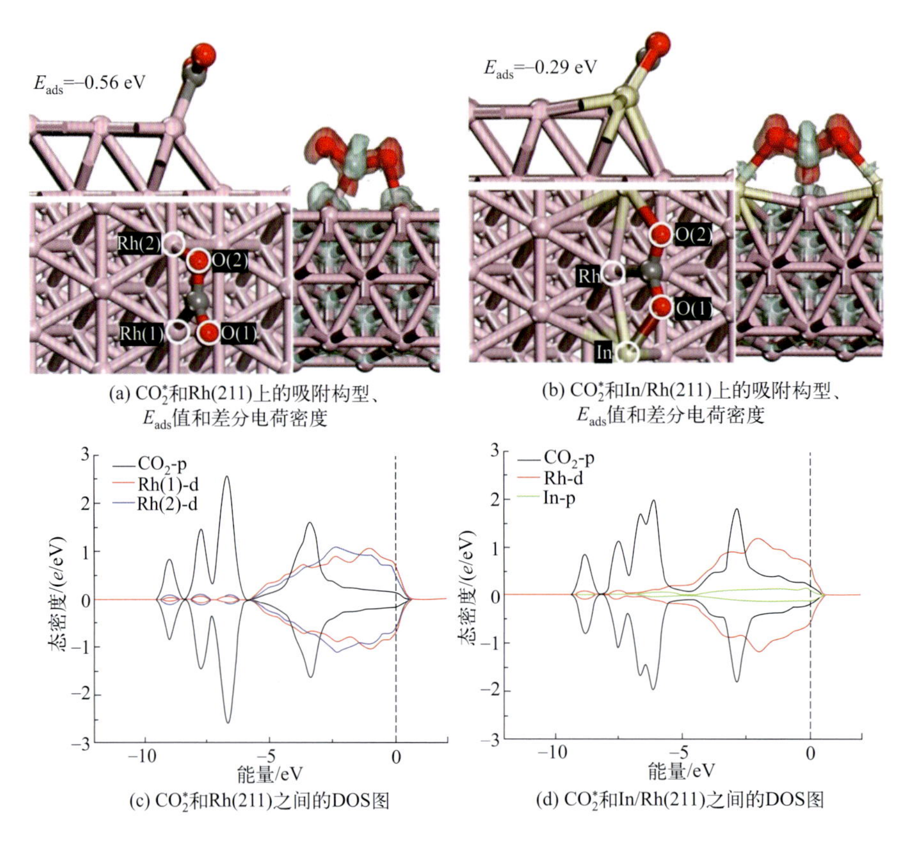

(a) CO_2^*和Rh(211)上的吸附构型、E_{ads}值和差分电荷密度

(b) CO_2^*和In/Rh(211)上的吸附构型、E_{ads}值和差分电荷密度

(c) CO_2^*和Rh(211)之间的DOS图

(d) CO_2^*和In/Rh(211)之间的DOS图

图 2-43　CO_2^* 在 Rh（211）和 In/Rh（211）上的吸附构型、E_{ads} 值和差分电荷密度（红色和绿色区域分别代表电荷累积和损耗）、CO_2^* 和 Rh（211）以及 In/Rh（211）之间的 DOS 图

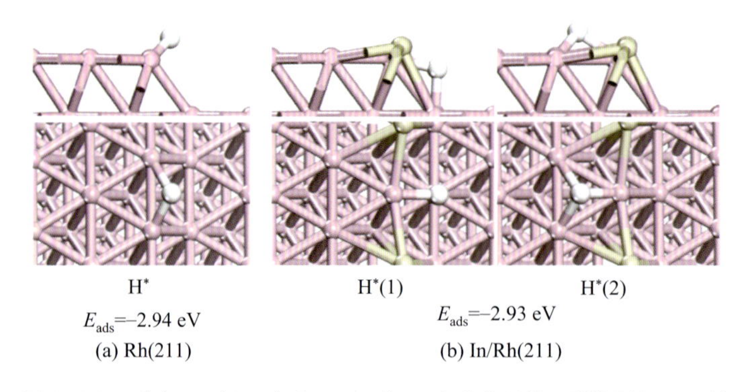

(a) Rh(211)　　(b) In/Rh(211)

图 2-44　H^* 在 Rh（211）和 In/Rh（211）上的最佳吸附构型和 E_{ads} 值

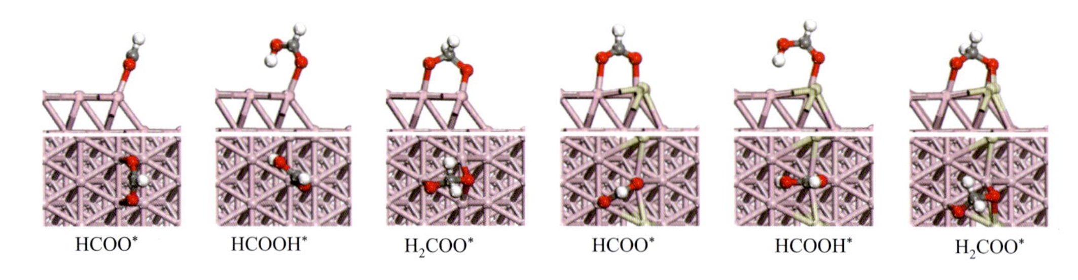

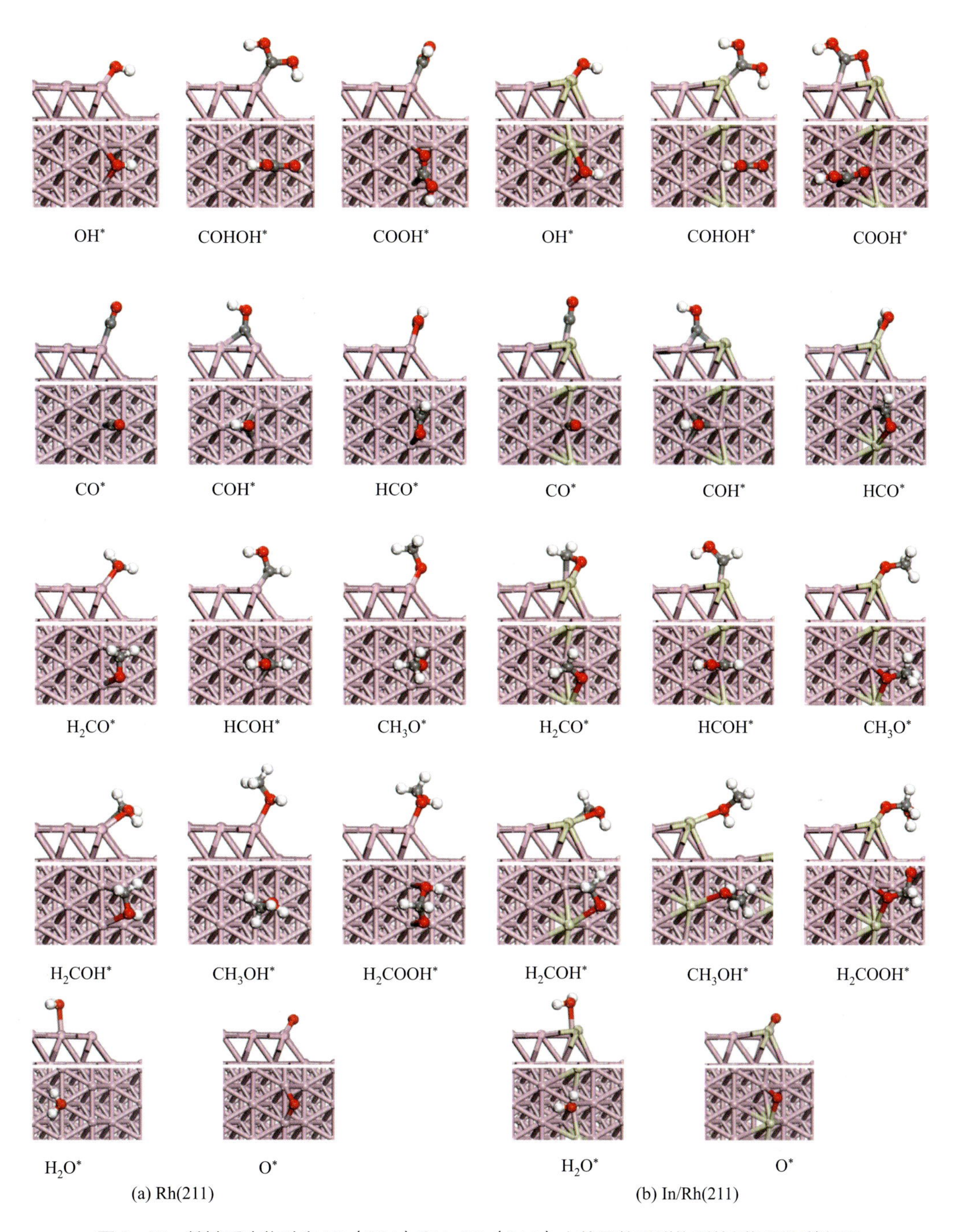

图 2-45　关键反应物种在 Rh（211）和 In/Rh（211）上的最佳吸附构型的侧视图和俯视图

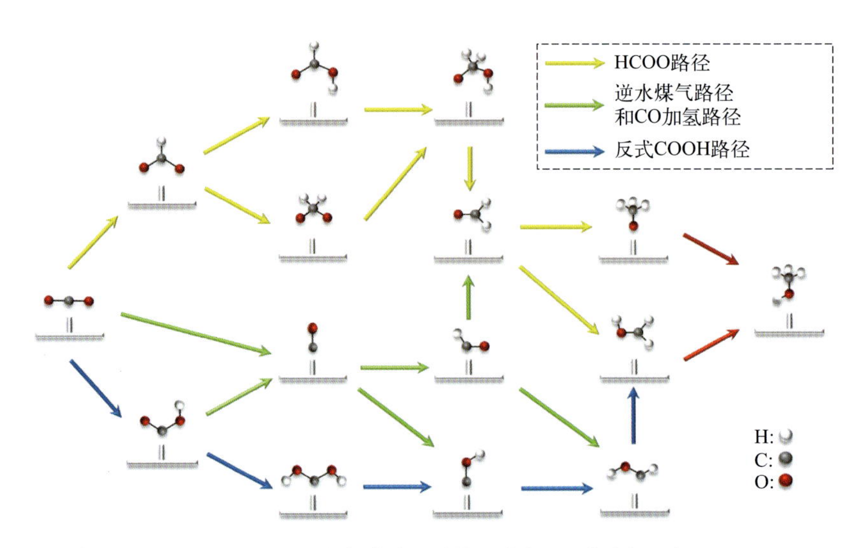

图 2-47　CO_2 加氢合成甲醇的 3 种主要反应路径示意

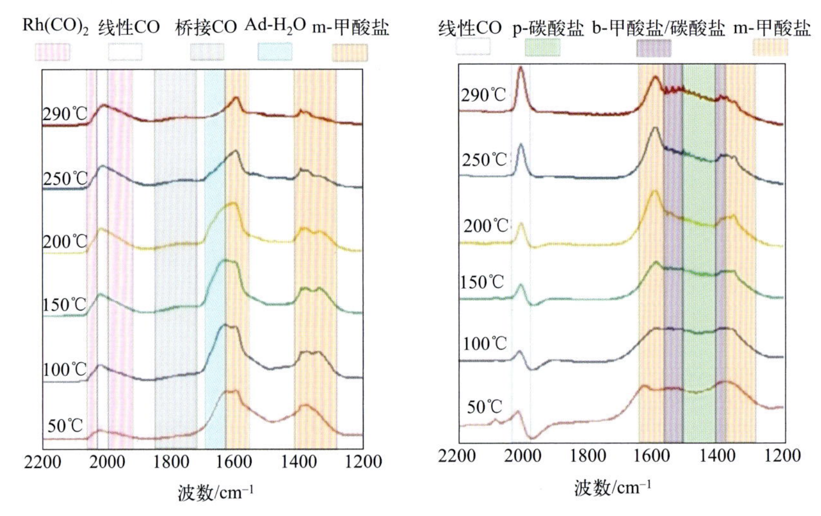

(a) 还原催化剂上吸附物种的原位红外光谱

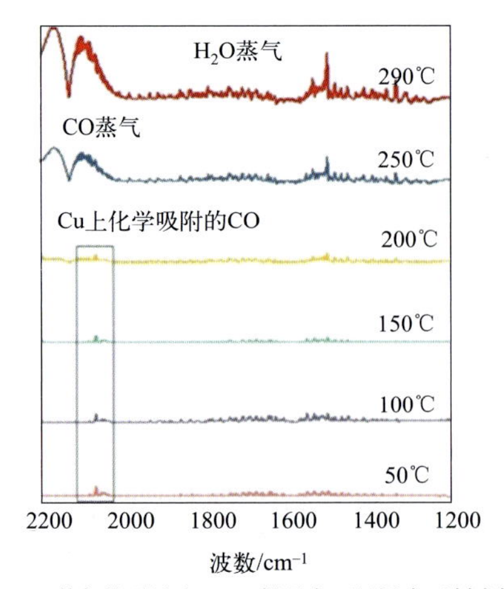

(b) 25% CO_2和75% H_2的气流通过由20 mg样品在不同温度下制成的催化剂颗粒

图 2-52　还原催化剂上吸附物种的原位红外光谱，25% CO_2 和 75% H_2 的气流通过由 20 mg 样品在不同温度下制成的催化剂颗粒

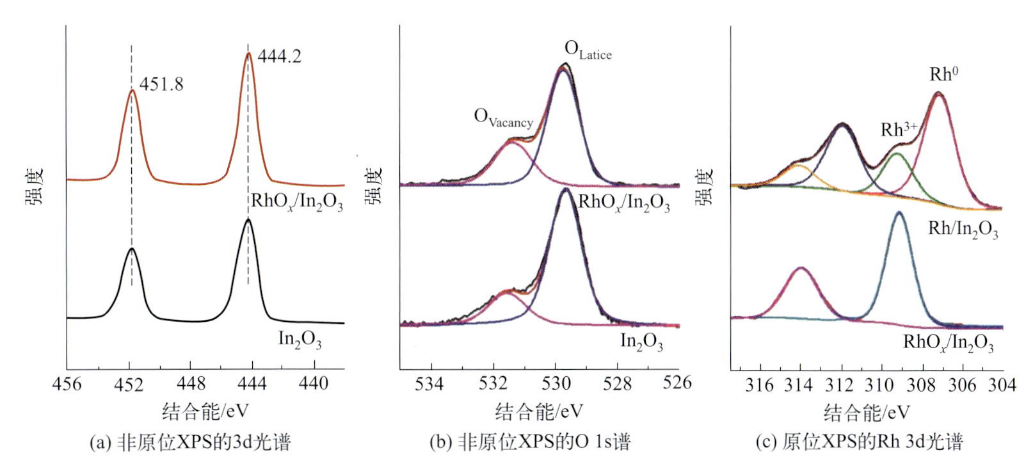

图 2-55 In_2O_3 和 RhO_x/In_2O_3 催化剂的原位和非原位 XPS 光谱

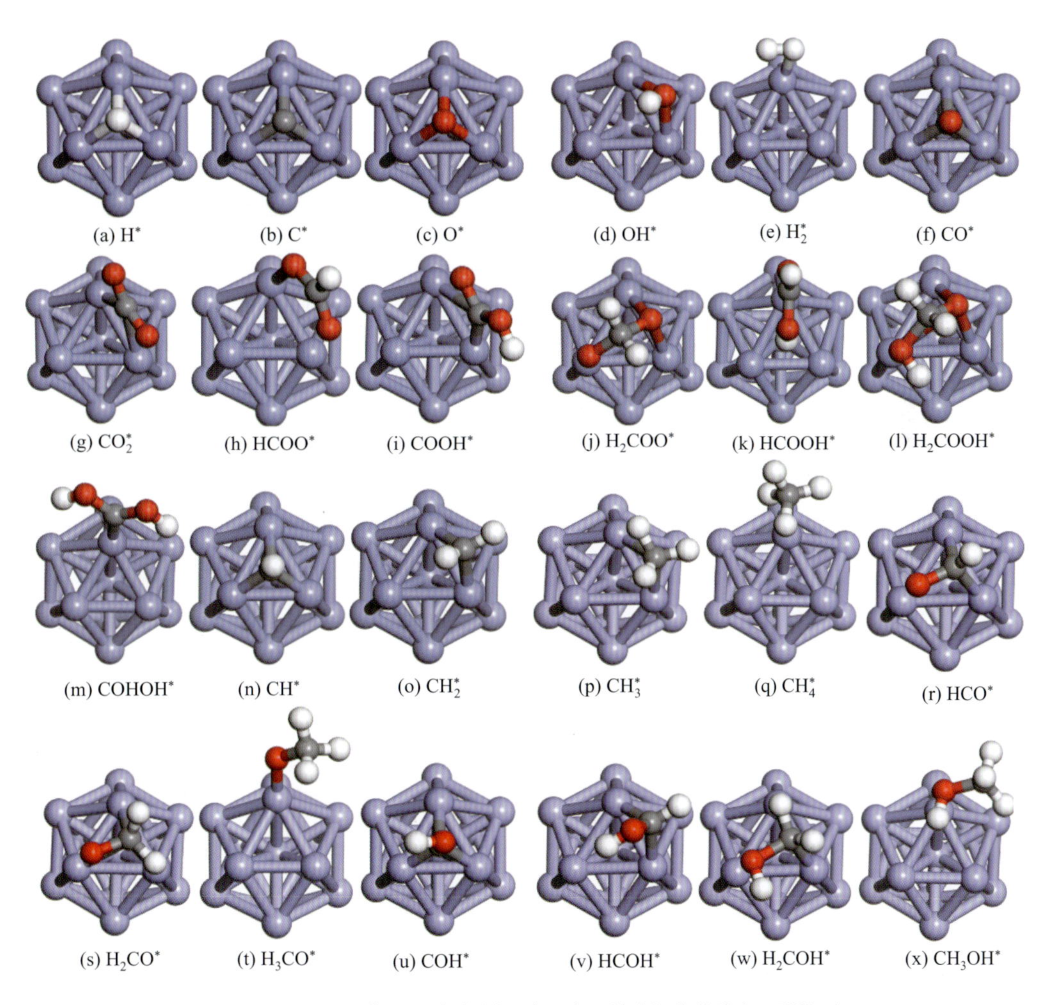

图 3-1 Ni_{13} 团簇 CO_2 加氢过程中所有可能中间体的稳定吸附构型

其中紫色、灰色、白色和红色的球分别代表 Ni、C、H 和 O 原子

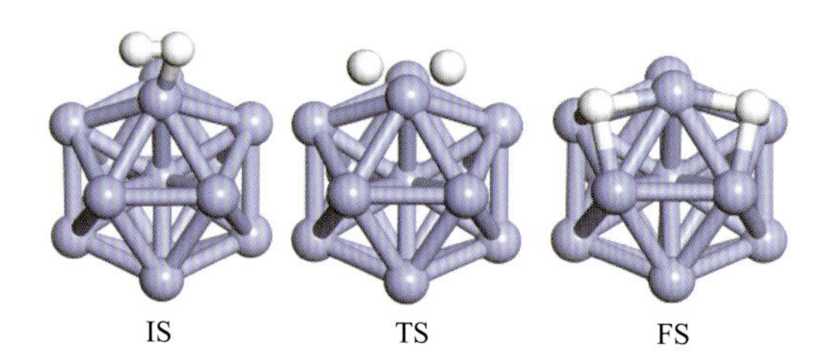

图 3-2　H_2^* 分解（R1）的 IS、TS 和 FS 构型

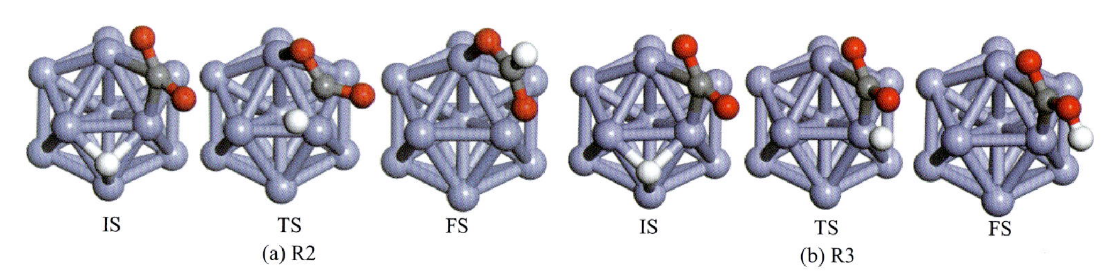

图 3-3　CO_2^* 加氢的 IS、TS 和 FS 构型

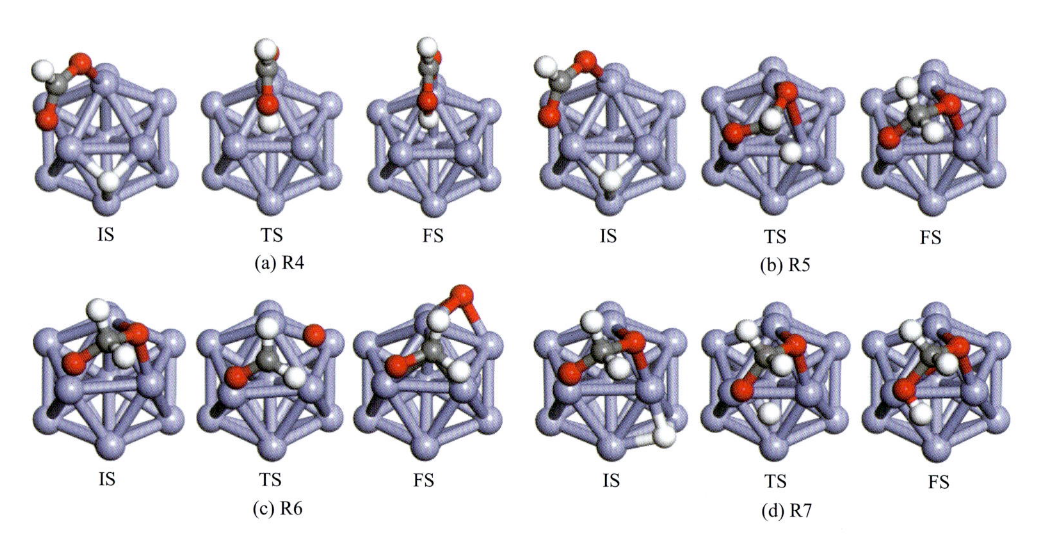

图 3-4　$HCOO^*$ 加氢的 IS、TS 和 FS 构型

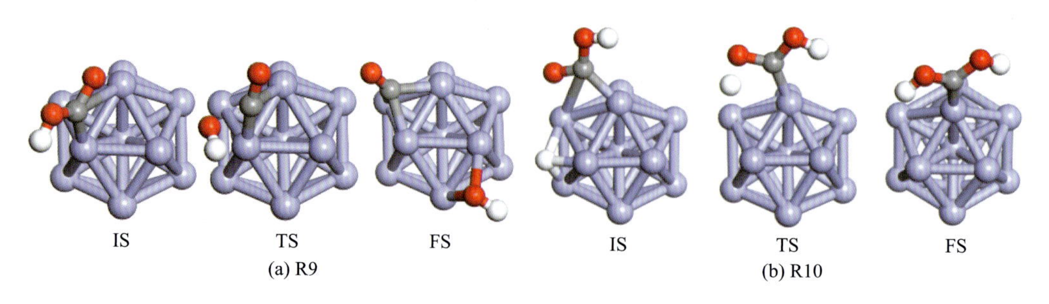

图 3-5　$COOH^*$ 分解或加氢的 IS、TS 和 FS 构型

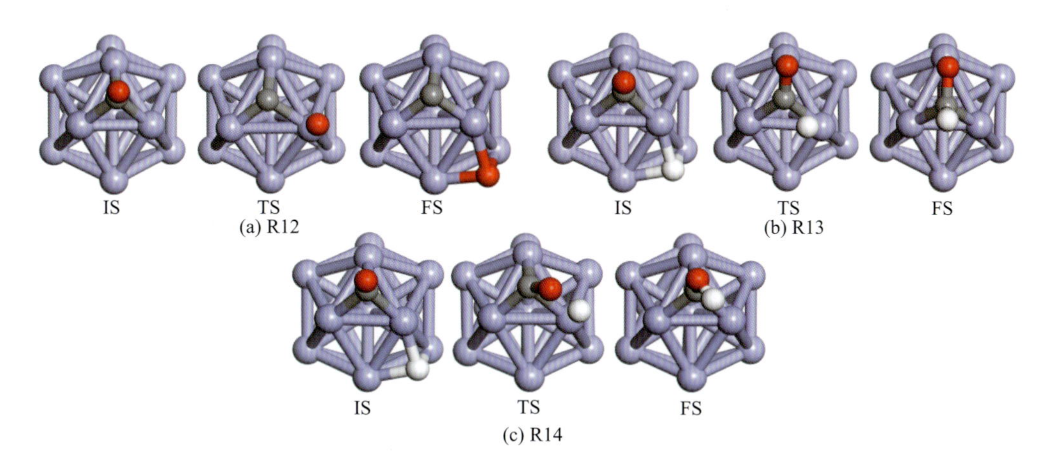

图 3-6　CO^* 分解或加氢的 IS、TS 和 FS 构型

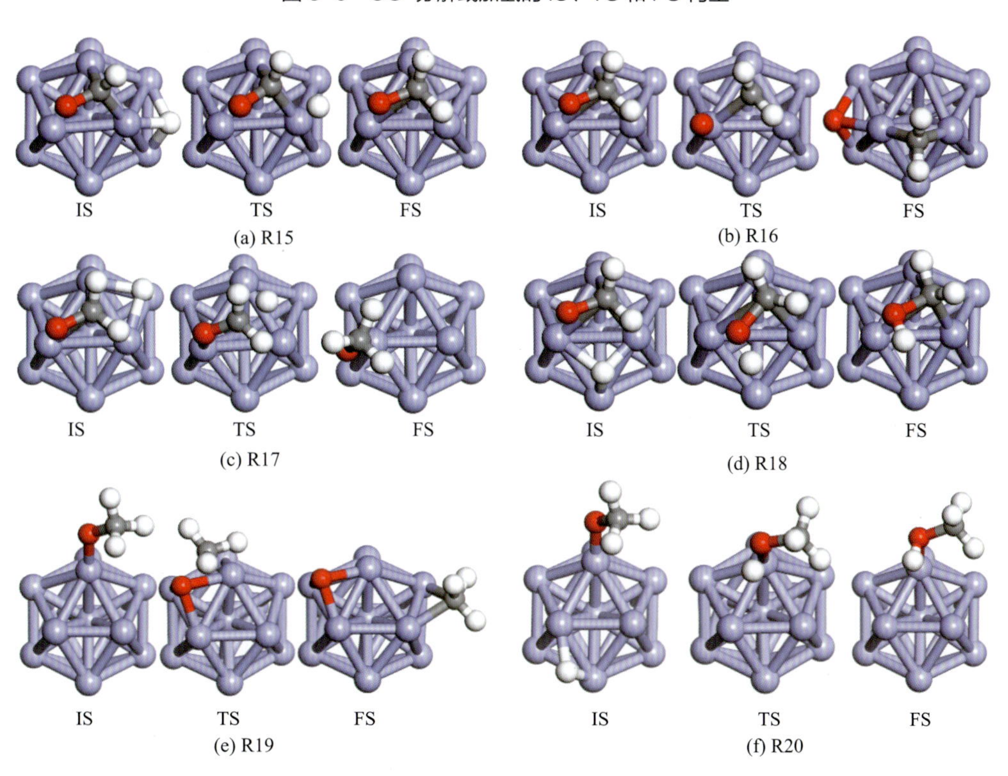

图 3-7　HCO^* 加氢的 IS、TS 和 FS 构型

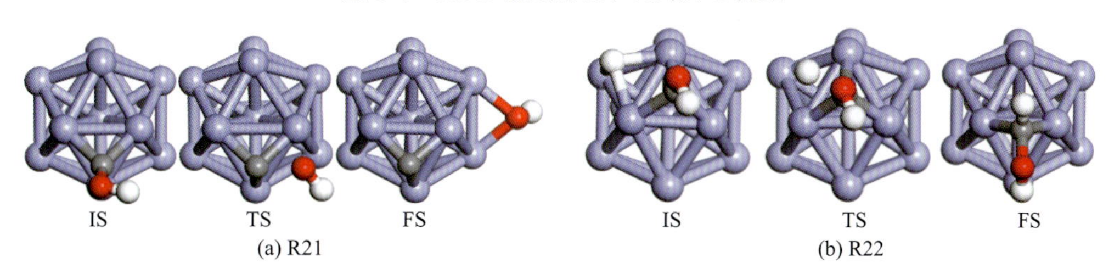

图 3-8

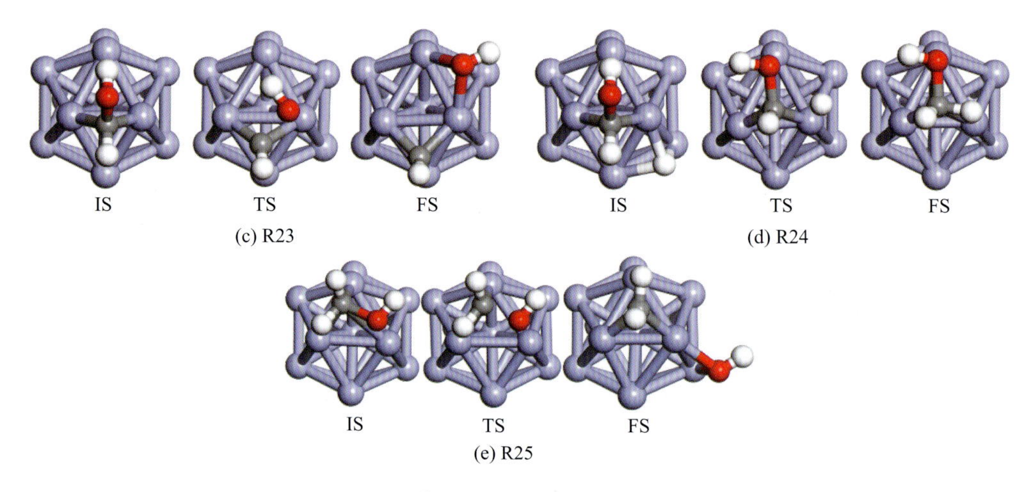

图 3-8　COH* 分解或加氢的 IS、TS 和 FS 构型

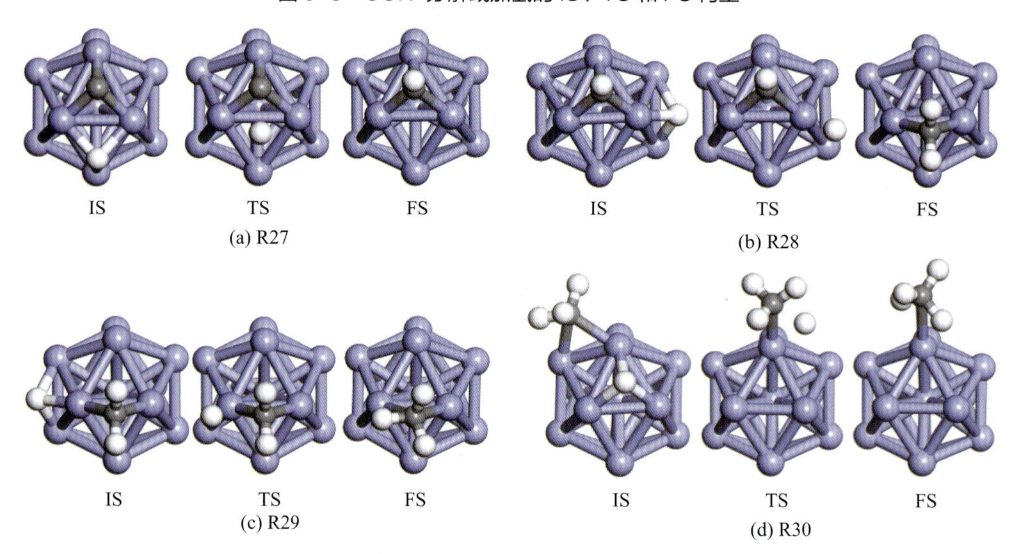

图 3-9　CH_x^*（x=0 ~ 3）加氢的 IS、TS 和 FS 构型

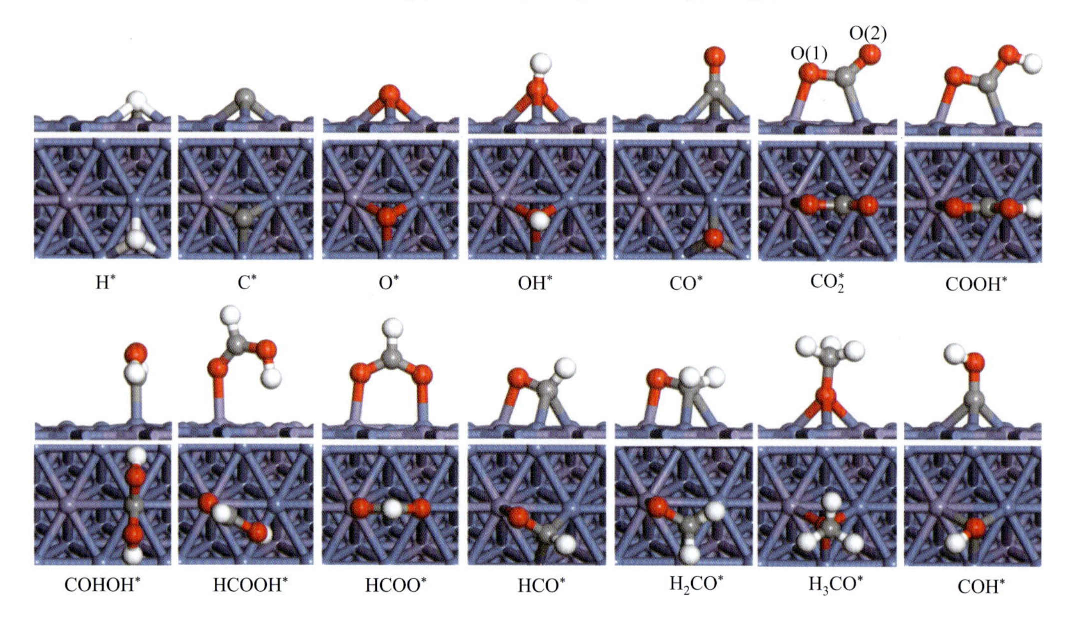

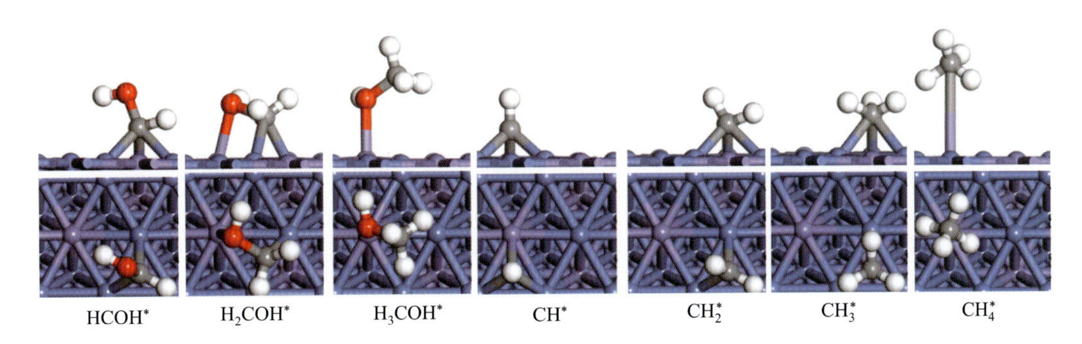

图 3-10 Ni$_3$Fe（111）表面上 CO_2 甲烷化所涉及物种的最佳吸附构型

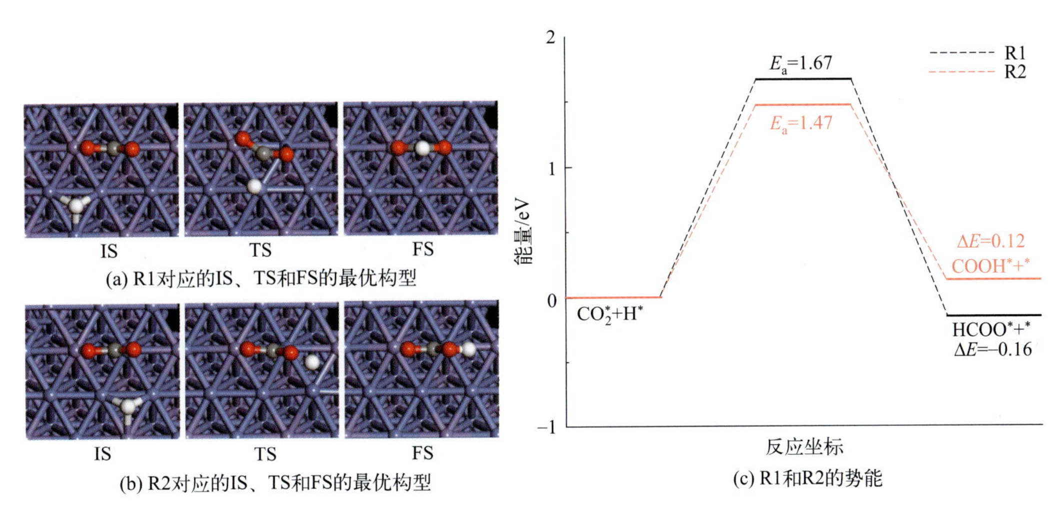

图 3-12　R1 和 R2 对应的 IS、TS 和 FS 的最优构型以及 R1 和 R2 的势能

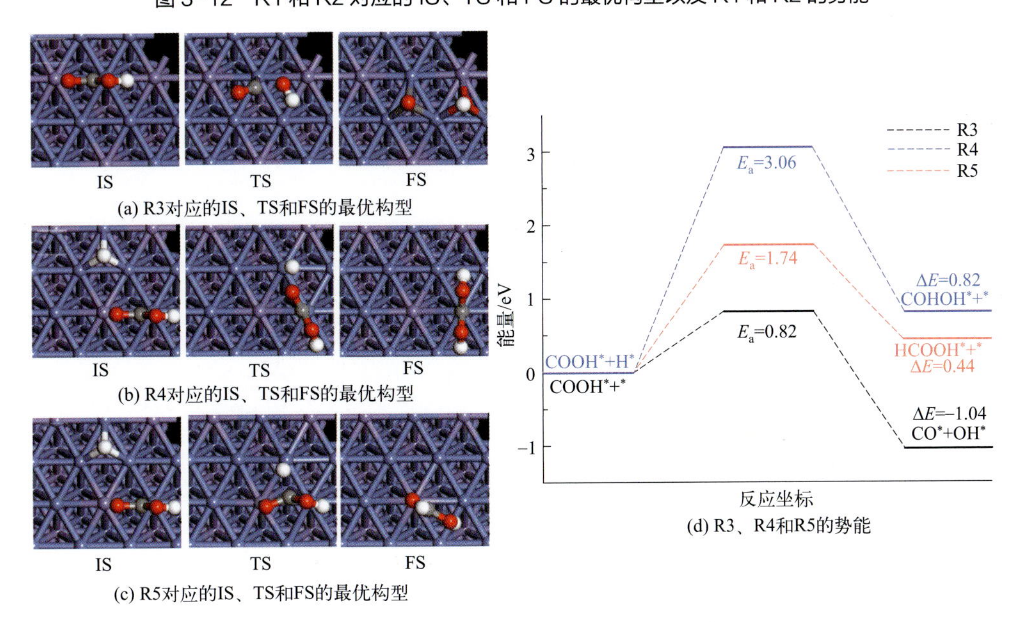

图 3-13　R3、R4 和 R5 对应的 IS、TS 和 FS 的最优构型以及 R3、R4 和 R5 的势能

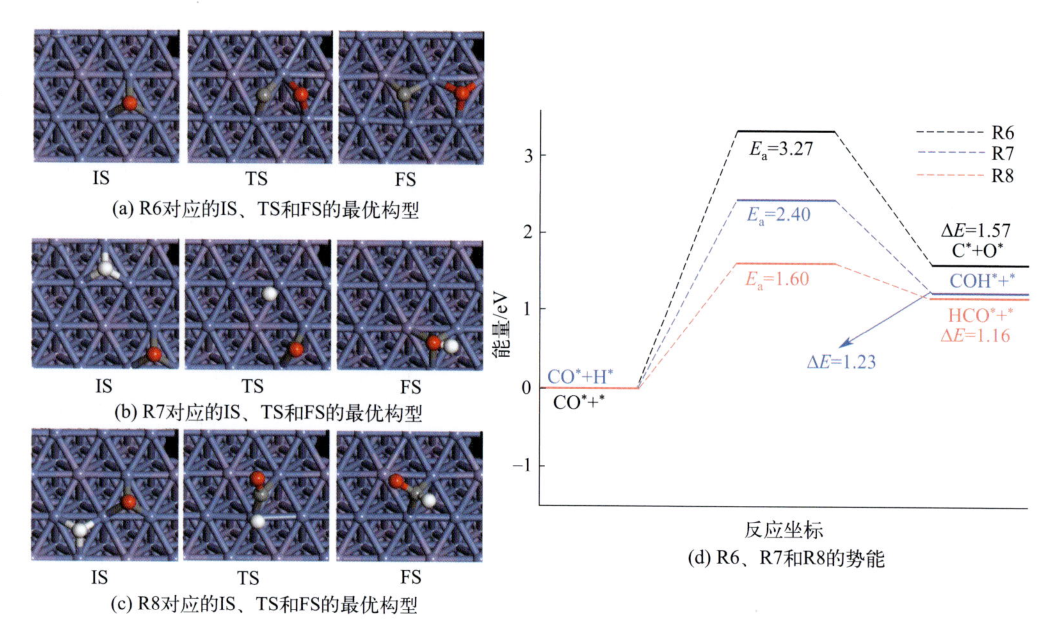

图 3-14　R6、R7 和 R8 对应的 IS、TS 和 FS 的最优构型以及 R6、R7 和 R8 的势能

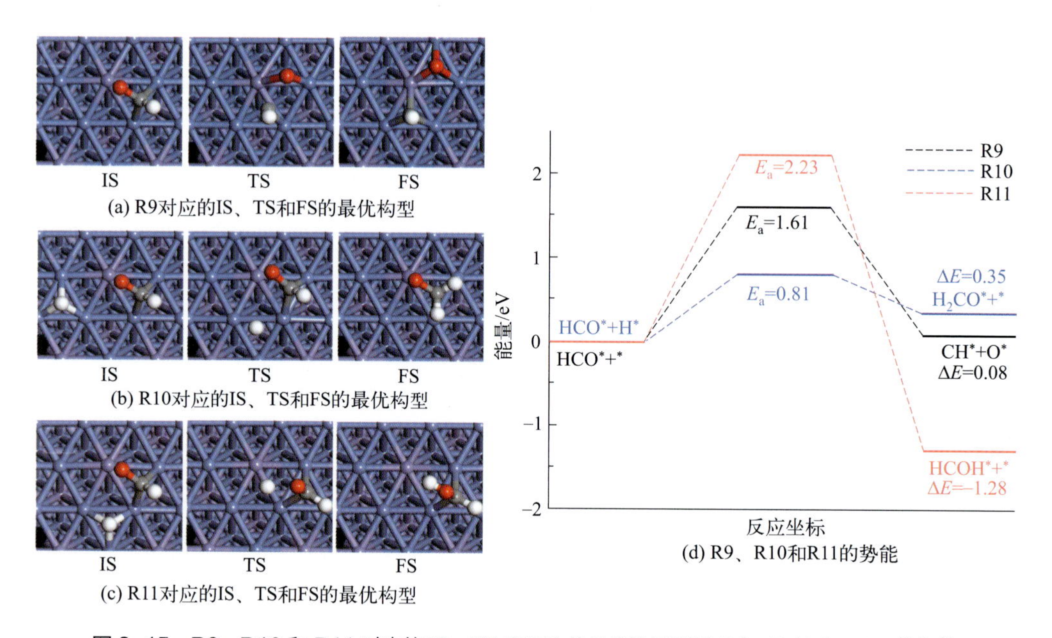

图 3-15　R9、R10 和 R11 对应的 IS、TS 和 FS 的最优构型以及 R9、R10 和 R11 的势能

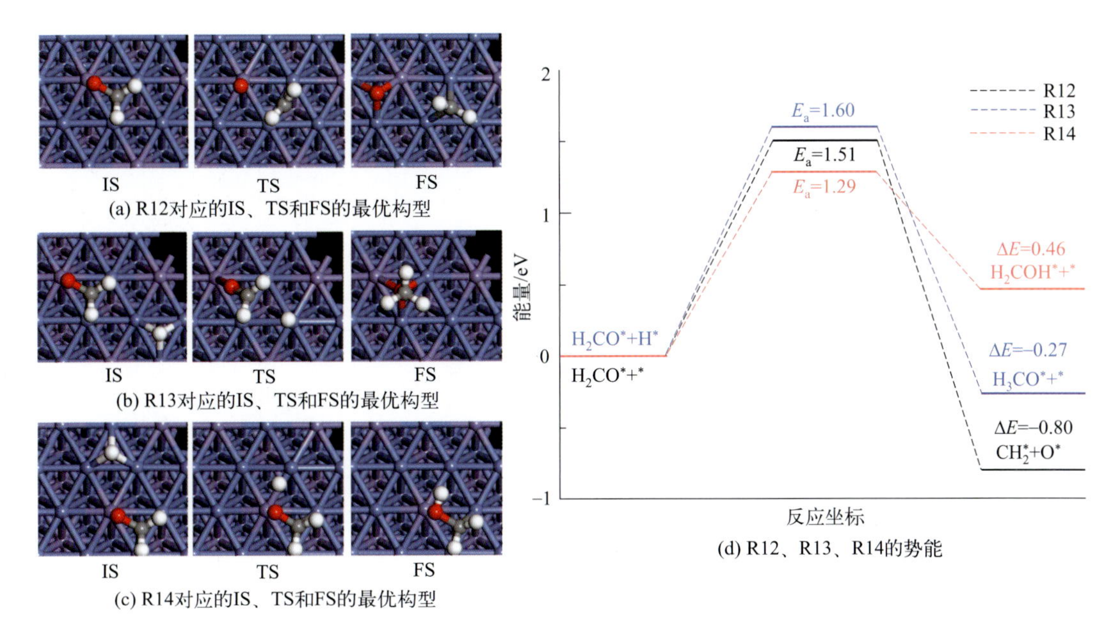

图 3-16　R12、R13 和 R14 对应的 IS、TS 和 FS 的最优构型以及 R12、R13 和 R14 的势能

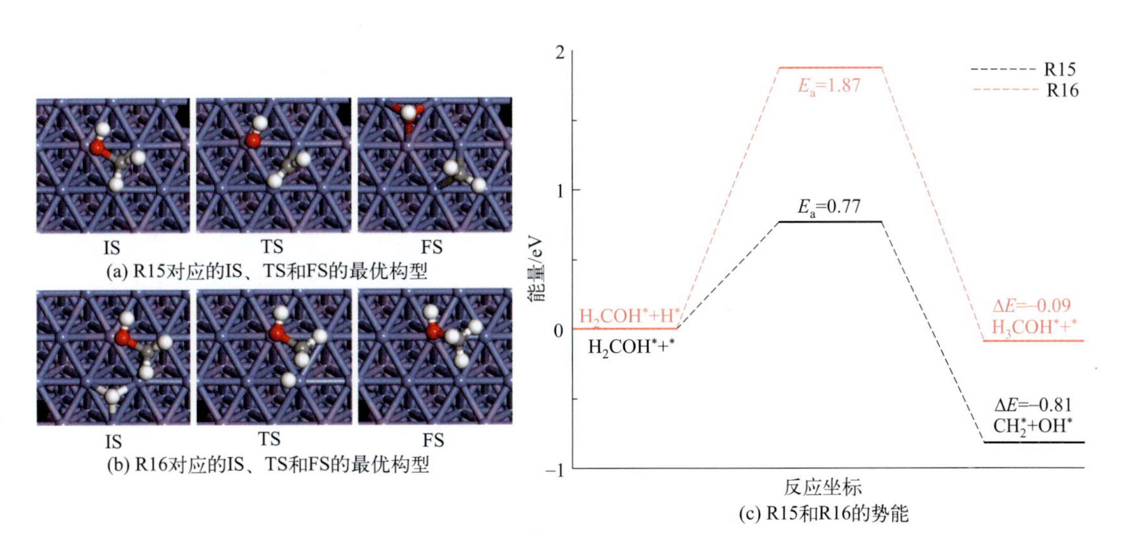

图 3-17　R15 和 R16 对应的 IS、TS 和 FS 的最优构型以及 R15 和 R16 的势能

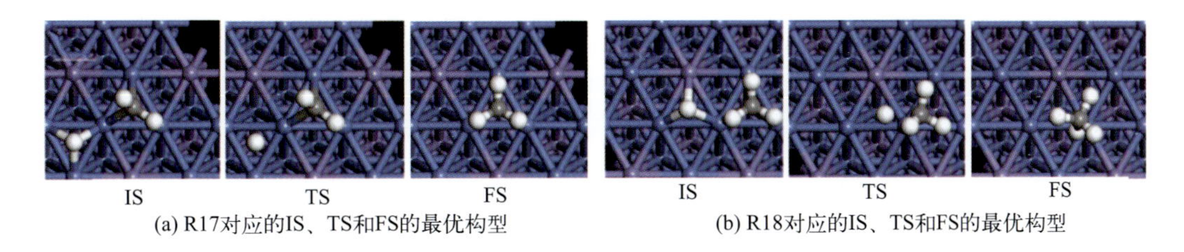

图 3-18　R17 和 R18 对应的 IS、TS 和 FS 的最优构型

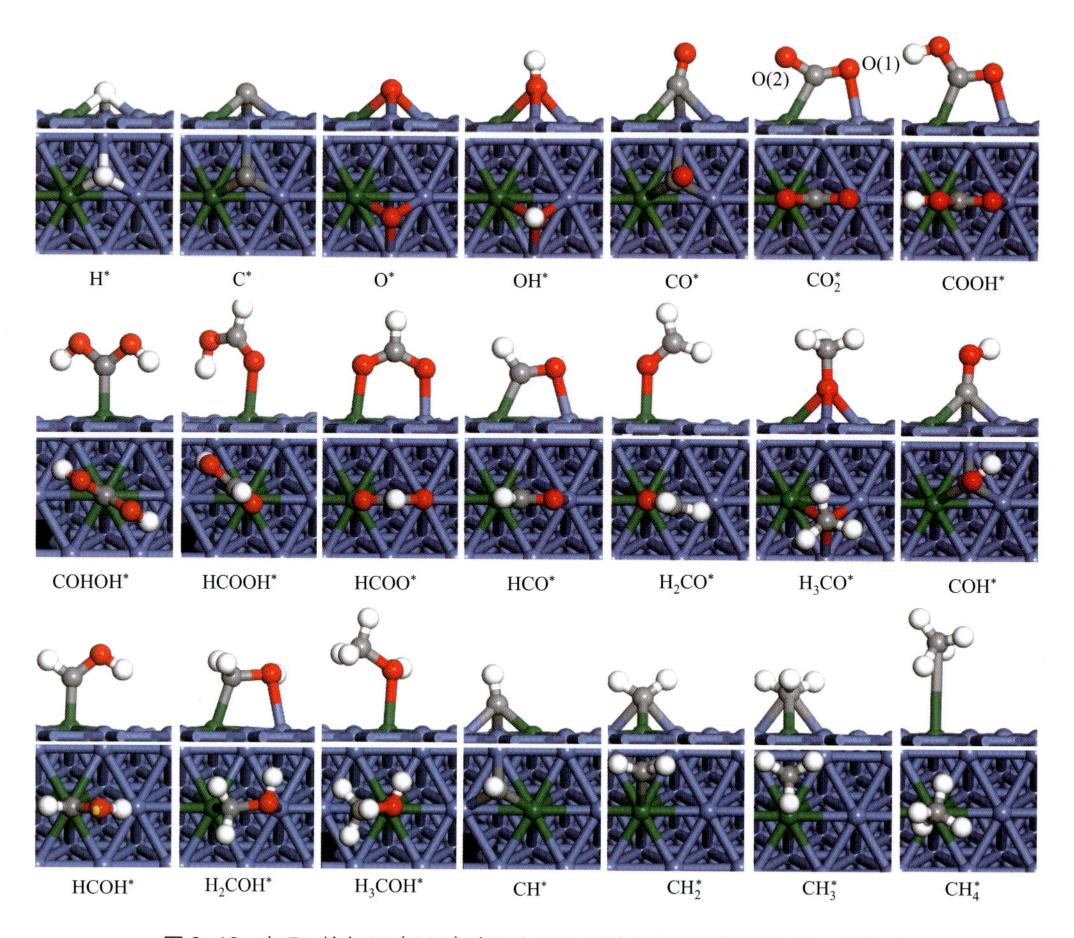

图 3-19　在 Ru 掺杂 Ni（111）表面上 CO_2 甲烷化所涉及物种的最优吸附构型

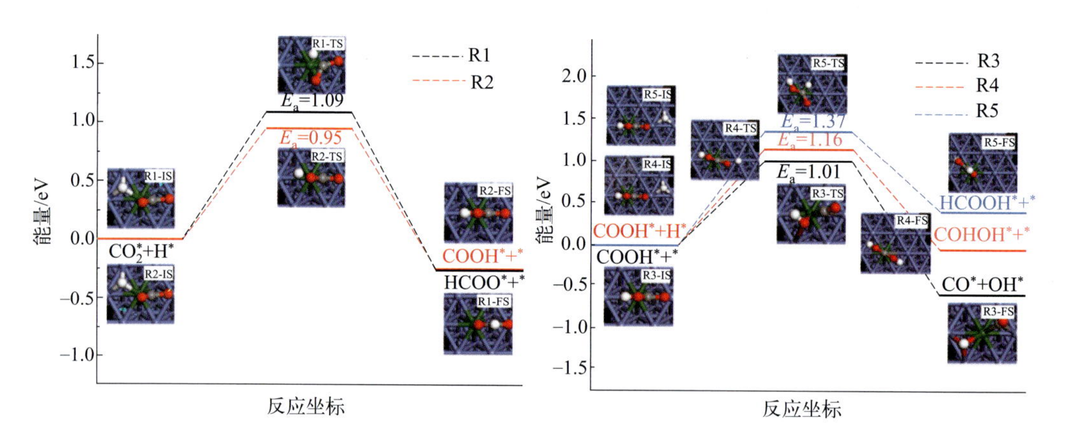

图 3-21　Ru 掺杂 Ni（111）表面上 CO_2^* 加氢的势能以及相应反应的 IS、TS 和 FS 的最优构型

图 3-22　Ru 掺杂 Ni（111）表面上 COOH* 加氢和解离的势能以及相应反应的 IS、TS 和 FS 的最优构型

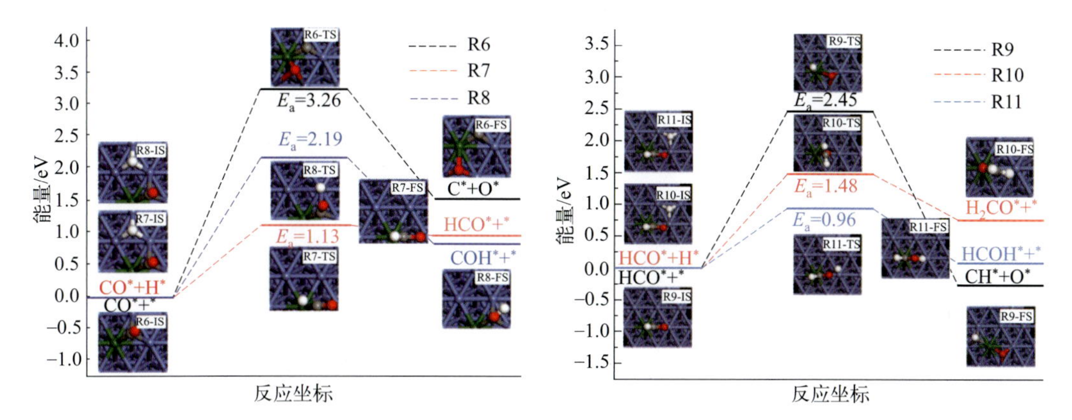

图 3-23　Ru 掺杂 Ni（111）表面上 CO^* 加氢和解离的势能以及相应反应的 IS、TS 和 FS 的最优构型

图 3-24　Ru 掺杂 Ni（111）表面上 HCO^* 加氢和解离的势能以及相应反应的 IS、TS 和 FS 的最优构型

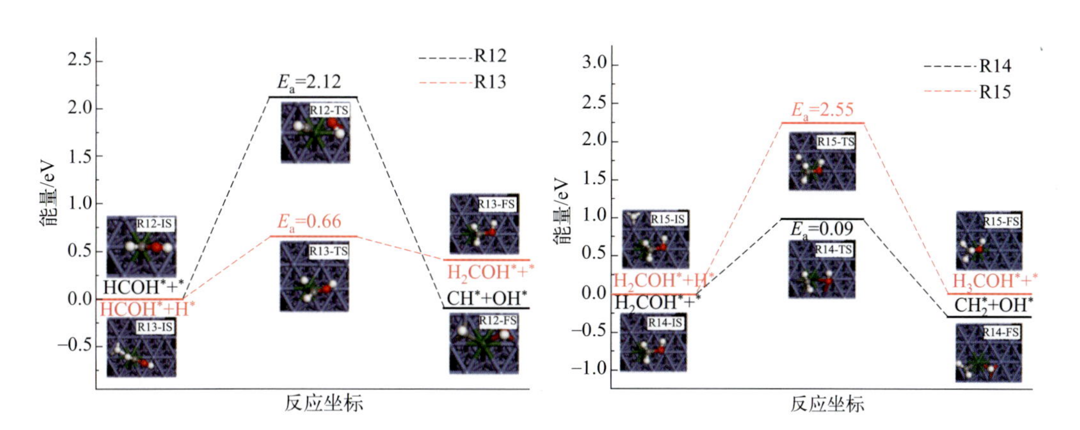

图 3-25　Ru 掺杂 Ni（111）表面上 $HCOH^*$ 加氢和解离的势能以及相应反应的 IS、TS 和 FS 的最优构型

图 3-26　Ru 掺杂 Ni（111）表面上 H_2COH^* 加氢和解离的势能以及相应反应的 IS、TS 和 FS 的最优构型

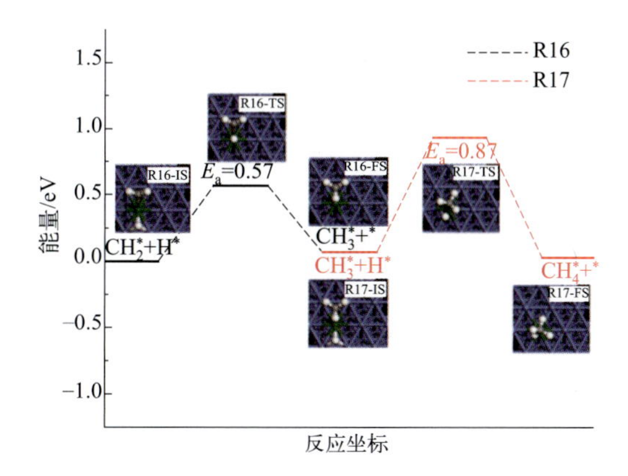

图 3-27　Ru 掺杂 Ni（111）表面上 CH_2^* 连续加氢的势能以及相应反应的 IS、TS 和 FS 的最优构型

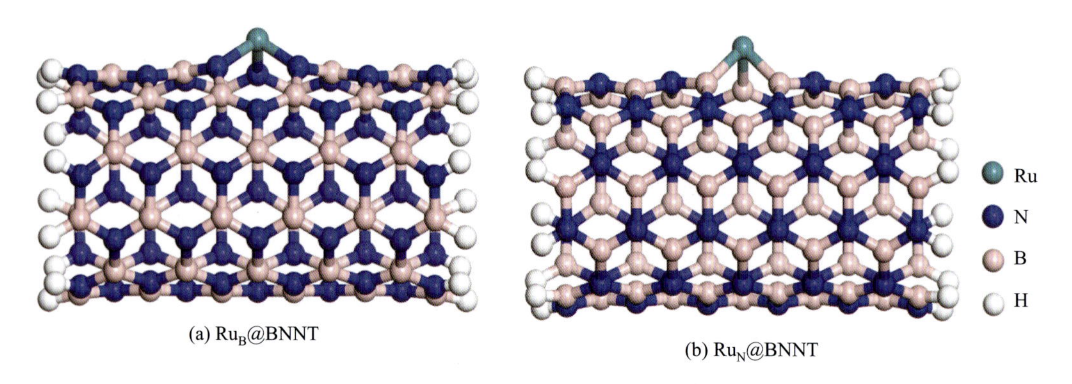

(a) Ru_B@BNNT　(b) Ru_N@BNNT

图 3-28　优化后的 Ru_B@BNNT 和 Ru_N@BNNT 结构

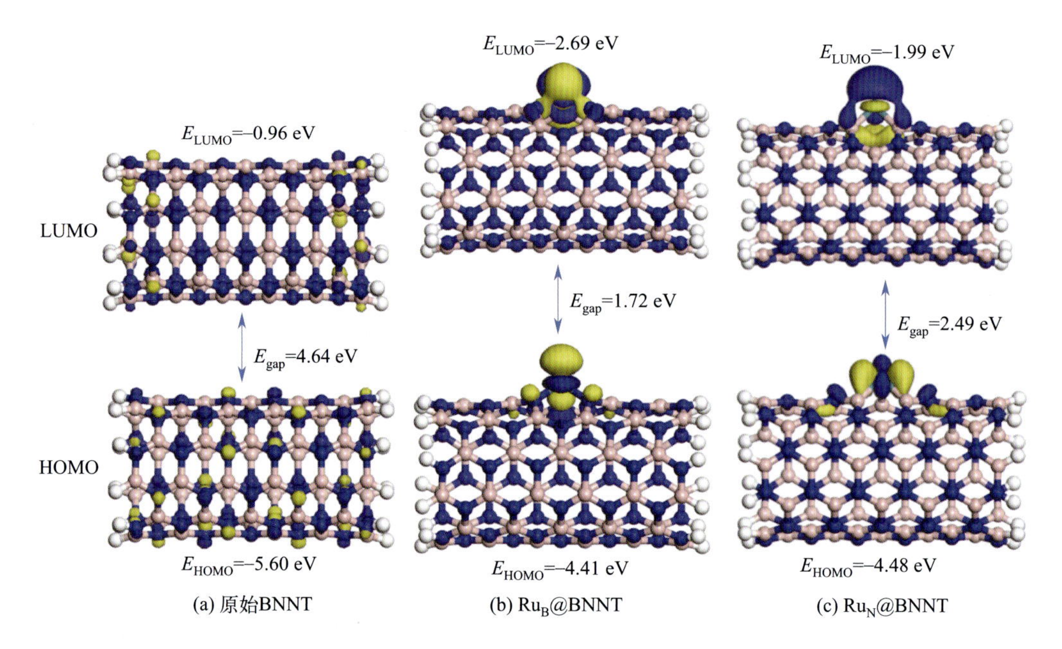

(a) 原始BNNT　(b) Ru_B@BNNT　(c) Ru_N@BNNT

图 3-30　原始 BNNT、Ru_B@BNNT 和 Ru_N@BNNT 的 LUMO、HOMO 和 E_{gap}

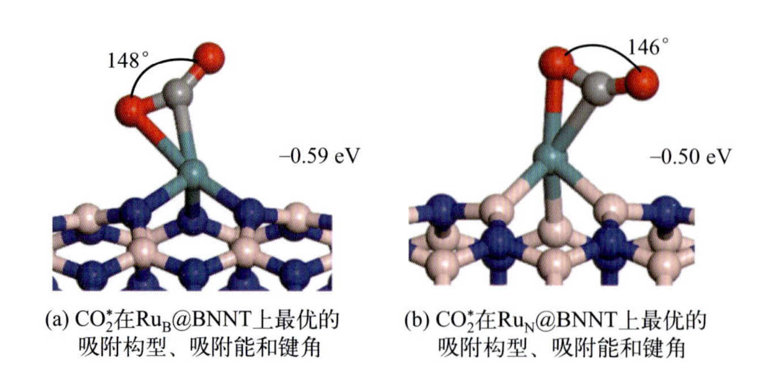

(a) CO_2^*在Ru_B@BNNT上最优的吸附构型、吸附能和键角　(b) CO_2^*在Ru_N@BNNT上最优的吸附构型、吸附能和键角

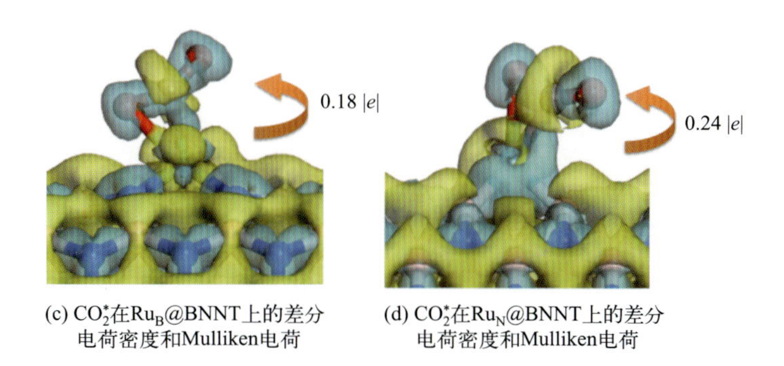

(c) CO_2^*在Ru_B@BNNT上的差分电荷密度和Mulliken电荷

(d) CO_2^*在Ru_N@BNNT上的差分电荷密度和Mulliken电荷

图 3-31　CO_2^* 在 Ru_B@BNNT 和 Ru_N@BNNT 上最优的吸附构型、吸附能和键角；CO_2^* 在 Ru_B@BNNT 和 Ru_N@BNNT 上的差分电荷密度和 Mulliken 电荷（蓝色和黄色区域分别代表电荷积聚和消耗）

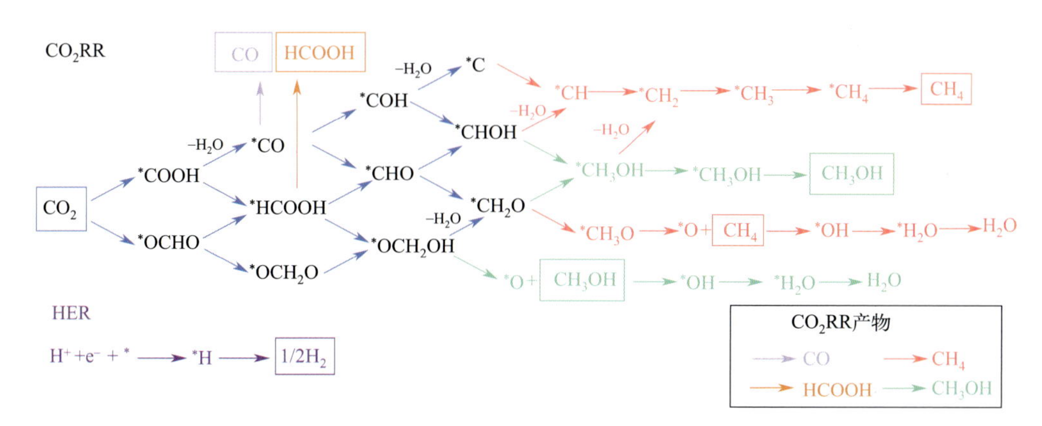

图 3-33　CO_2RR 和 HER 在 Ru@BNNT 上所有可能的反应路径

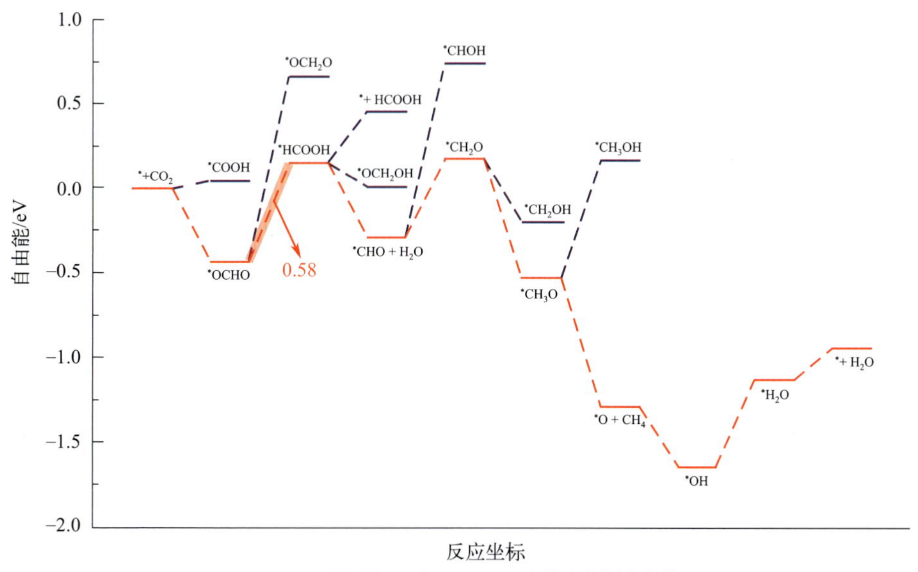

(a) CO_2RR在Ru_BBNNT上的吉布斯自由能

图 3-34

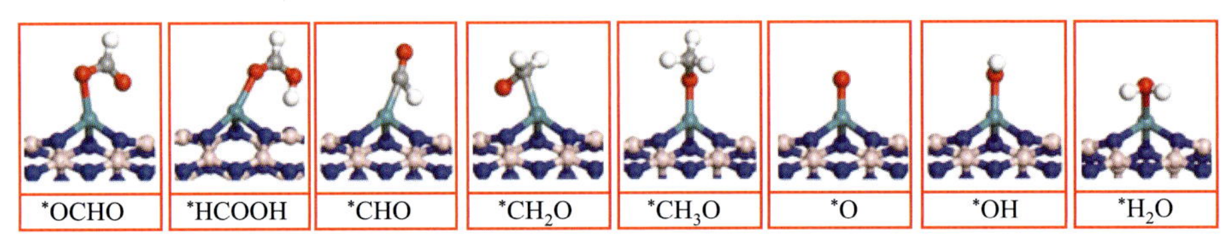

(b) Ru_B@BNNT上最有利的CO_2RR中间体的吸附构型

图 3-34　CO_2RR 在 Ru_B@BNNT 上的吉布斯自由能和 Ru_B@BNNT 上最有利的 CO_2RR 中间体的吸附构型

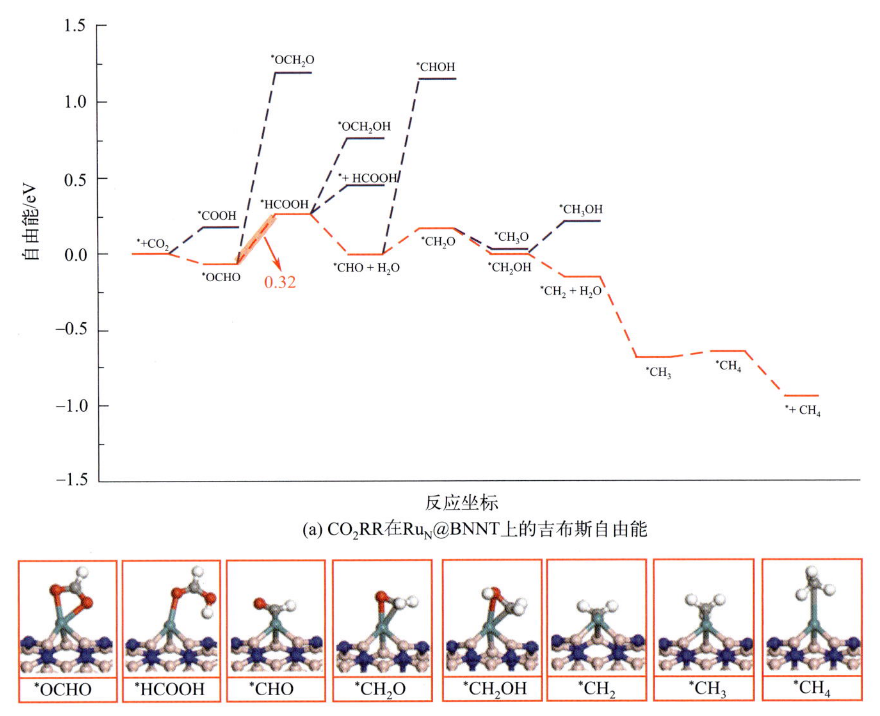

(a) CO_2RR在Ru_N@BNNT上的吉布斯自由能

(b) Ru_N@BNNT上最有利的CO_2RR中间体的吸附构型

图 3-35　CO_2RR 在 Ru_N@BNNT 上的吉布斯自由能和 Ru_N@BNNT 上最有利的 CO_2RR 中间体的吸附构型

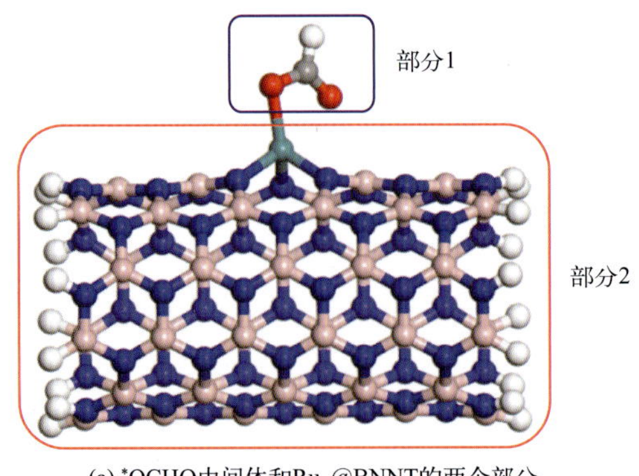

(a) *OCHO中间体和Ru_B@BNNT的两个部分

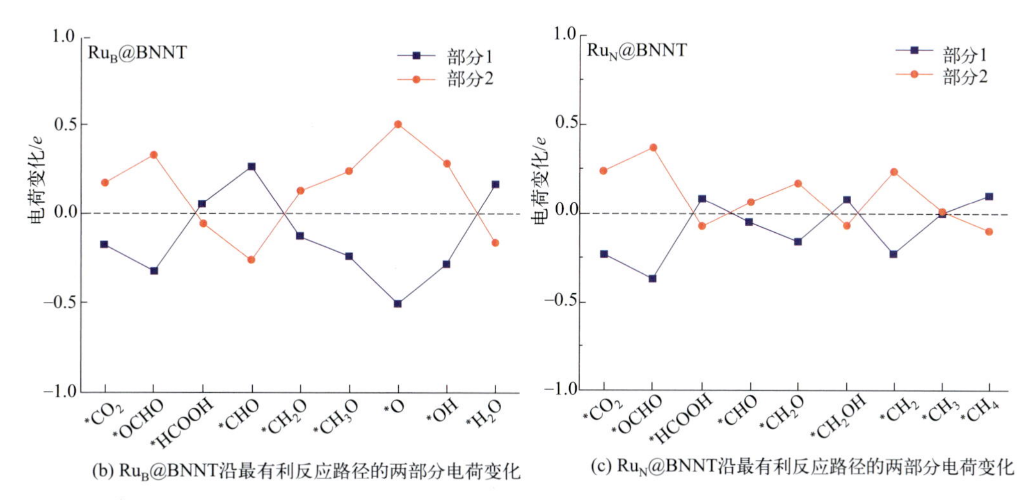

图 3-36 *OCHO 中间体和 Ru_B@BNNT 的两个部分、Ru_B@BNNT 和 Ru_N@BNNT 沿最有利反应路径的两部分电荷变化

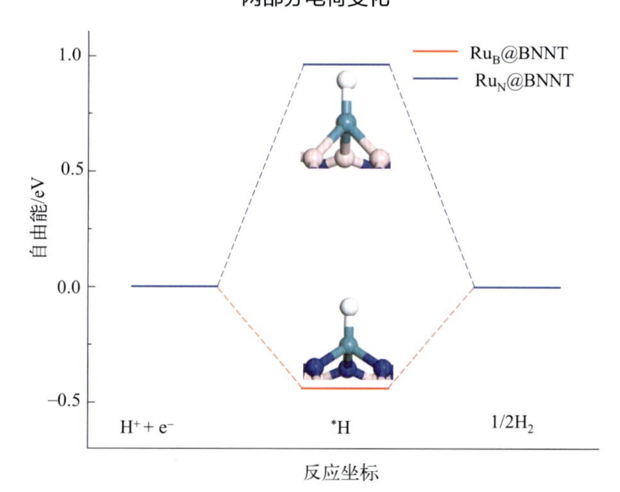

图 3-37 Ru_B@BNNT 和 Ru_N@BNNT 上的 HER 吉布斯自由能

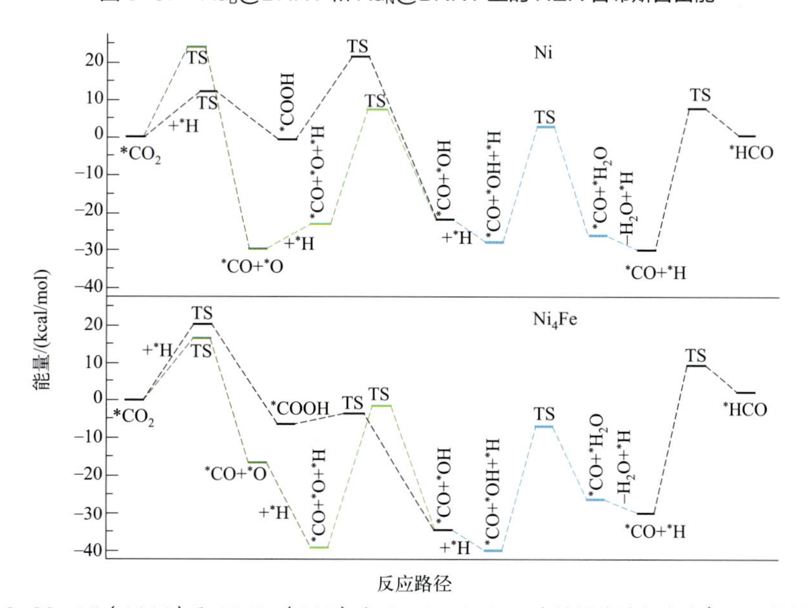

图 3-38 Ni（1111）和 Ni_4Fe（111）上 COOH 和 CO_2 直接解离途径生成 *HCO 的能量

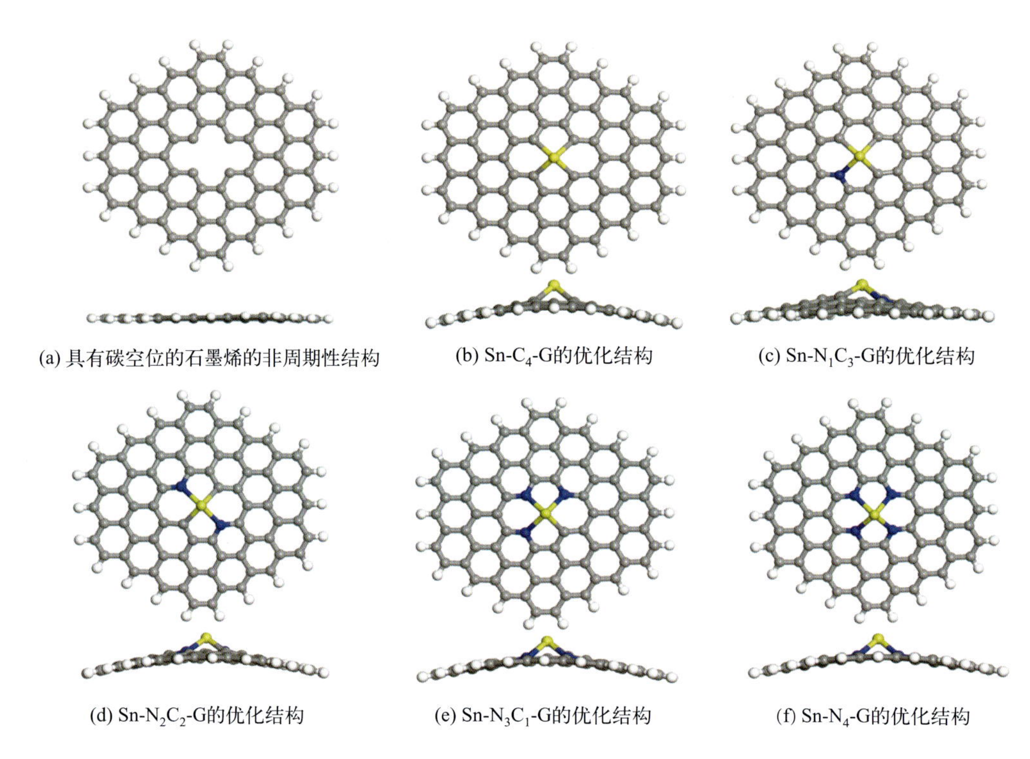

图 4-1　具有碳空位的石墨烯的非周期性结构，$Sn-C_4-G$、$Sn-N_1C_3-G$、$Sn-N_2C_2-G$、$Sn-N_3C_1-G$ 和 $Sn-N_4-G$ 的优化结构的俯视图和侧视图（黄色、蓝色、灰色和白色球体分别表示 Sn、N、C 和 H 原子）

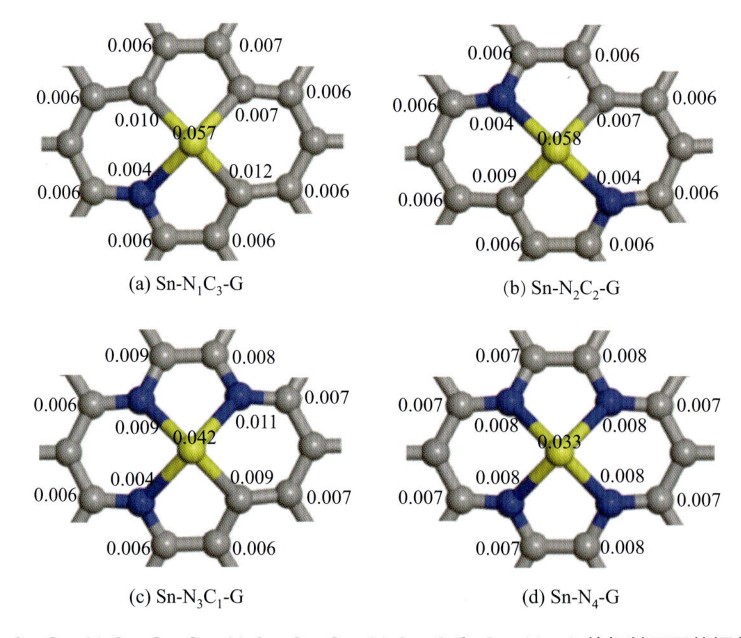

图 4-3　$Sn-N_1C_3-G$、$Sn-N_2C_2-G$、$Sn-N_3C_1-G$ 和 $Sn-N_4-G$ 的相关原子的福井指数

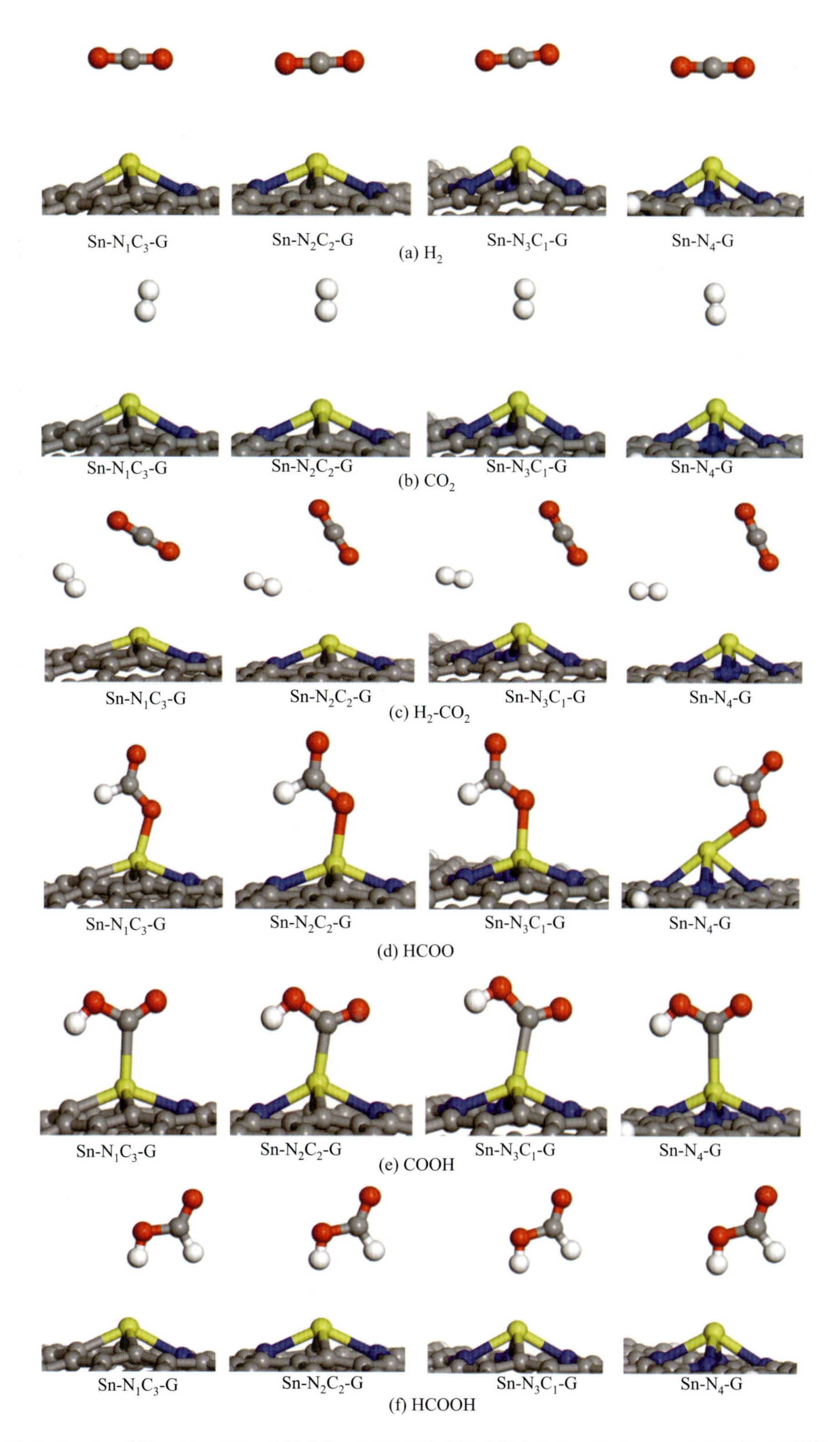

图 4-4 H_2、CO_2、H_2-CO_2、HCOO、COOH 和 HCOOH 在 Sn-N_xC_{4-x}-G 上的最优吸附结构

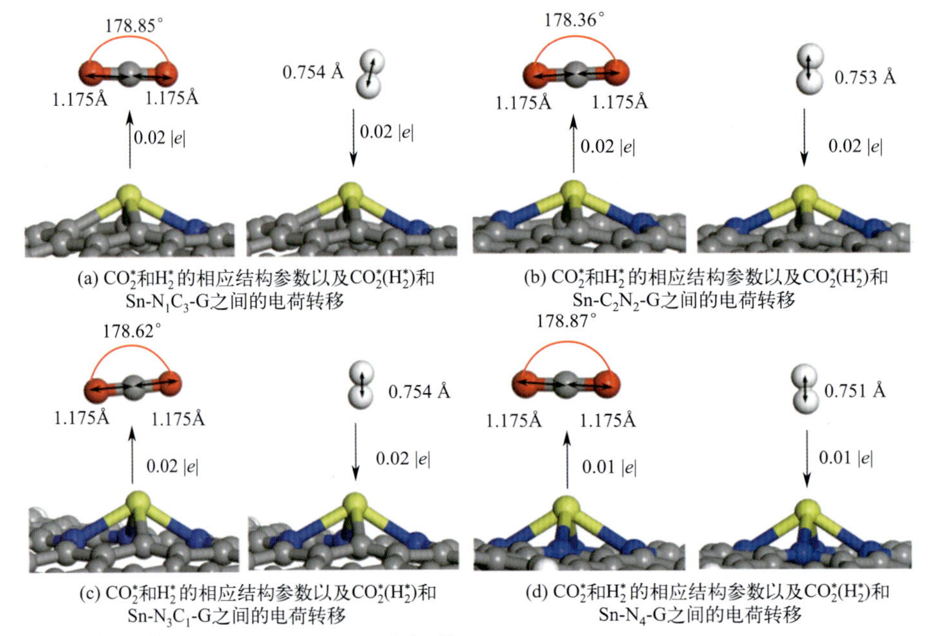

图 4-6　CO_2^* 和 H_2^* 的相应结构参数以及 CO_2^*（H_2^*）和 Sn-N_1C_3-G、Sn-N_2C_2-G、Sn-N_3C_1-G、Sn-N_4-G 之间的电荷转移

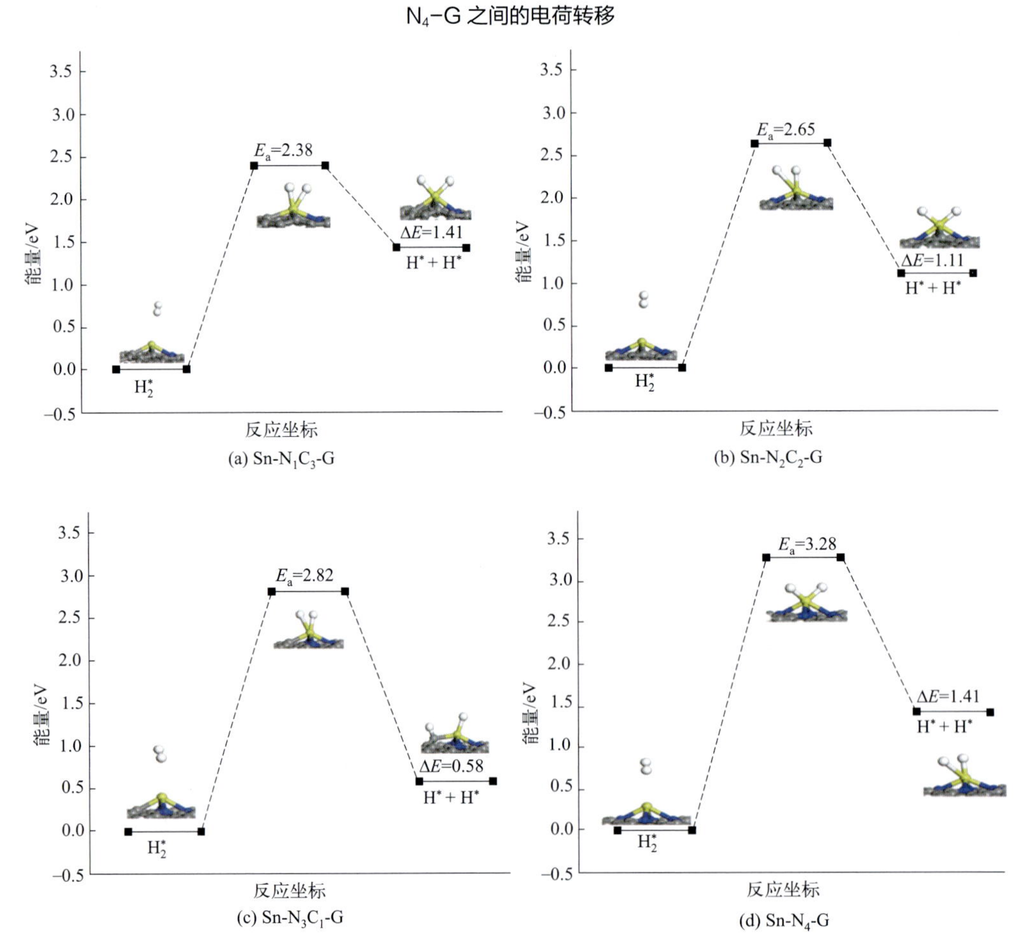

图 4-8　H_2^* 解离的势能以及 IS、TS 和 FS 在 Sn-N_1C_3-G、Sn-N_2C_2-G、Sn-N_3C_1-G 和 Sn-N_4-G 上的最优构型

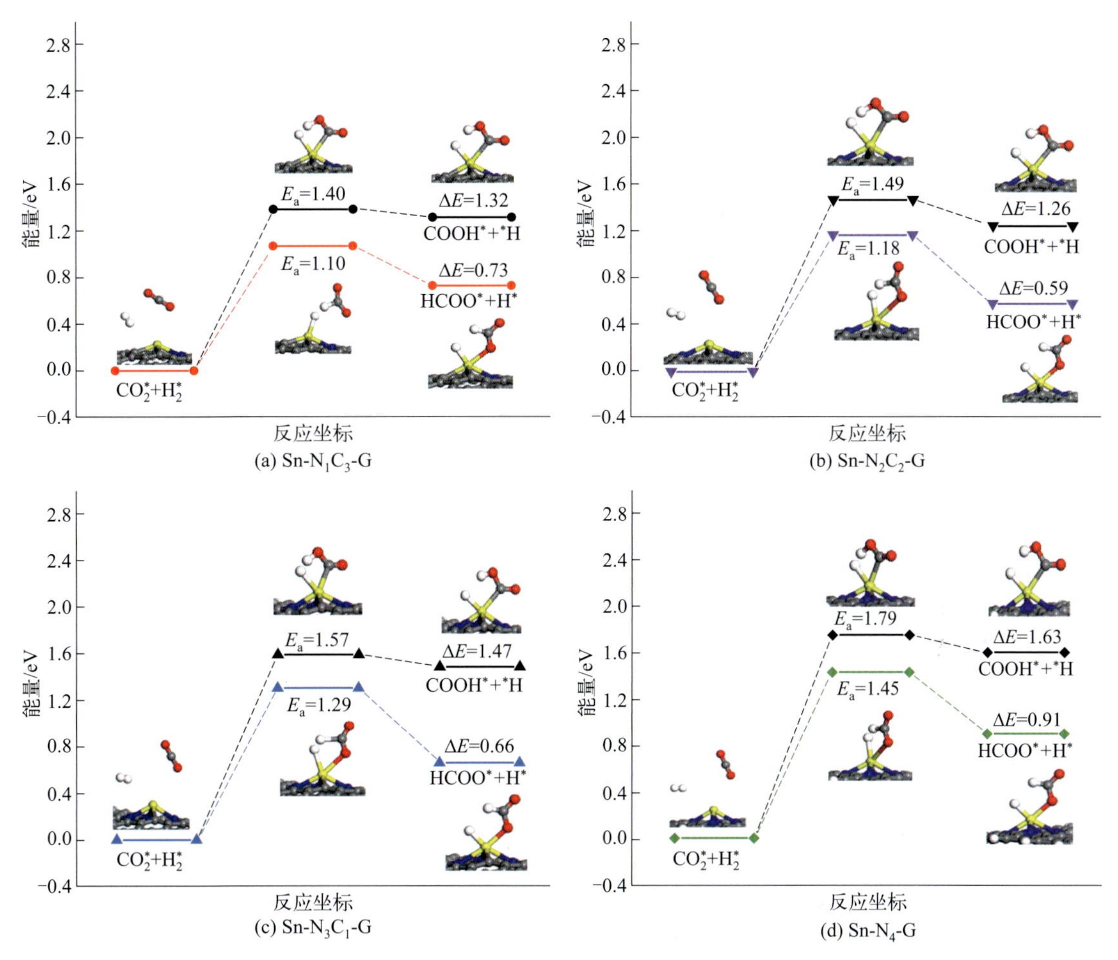

图 4-9　CO_2^* 加氢的势能以及 IS、TS 和 FS 在 Sn-N1C3-G、Sn-N2C2-G、Sn-N3C1-G 和 Sn-N4-G 上的最优构型

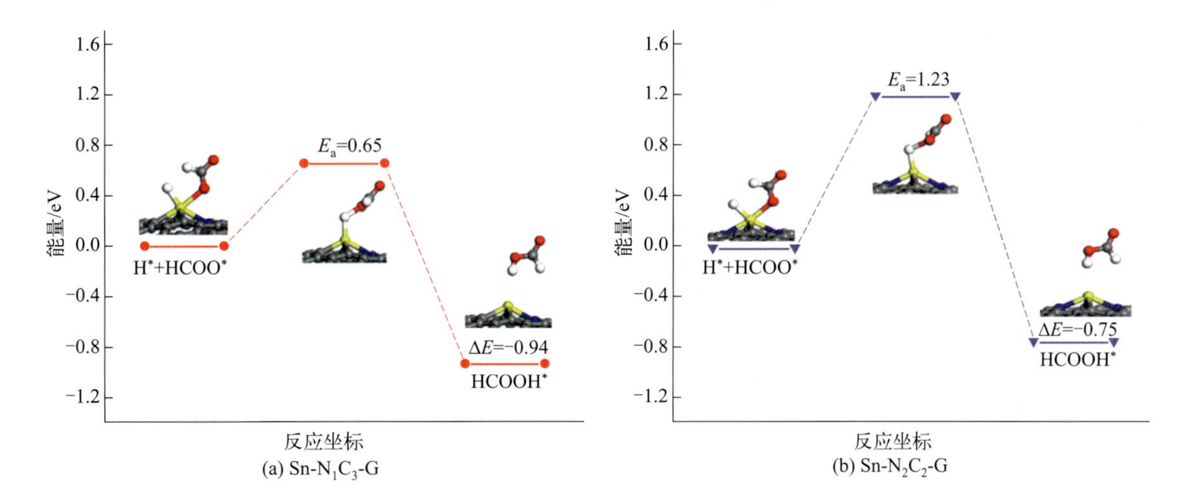

图 4-10

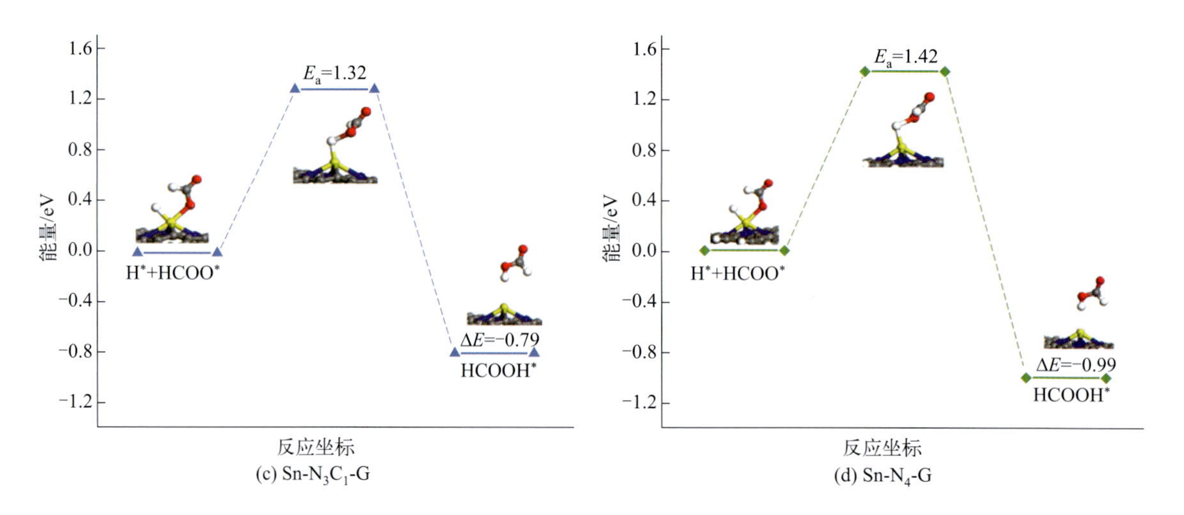

图 4-10　HCOO* 加氢的势能以及 IS、TS 和 FS 在 $Sn-N_1C_3-G$、$Sn-N_2C_2-G$、$Sn-N_3C_1-G$ 和 $Sn-N_4-G$ 上的最优构型

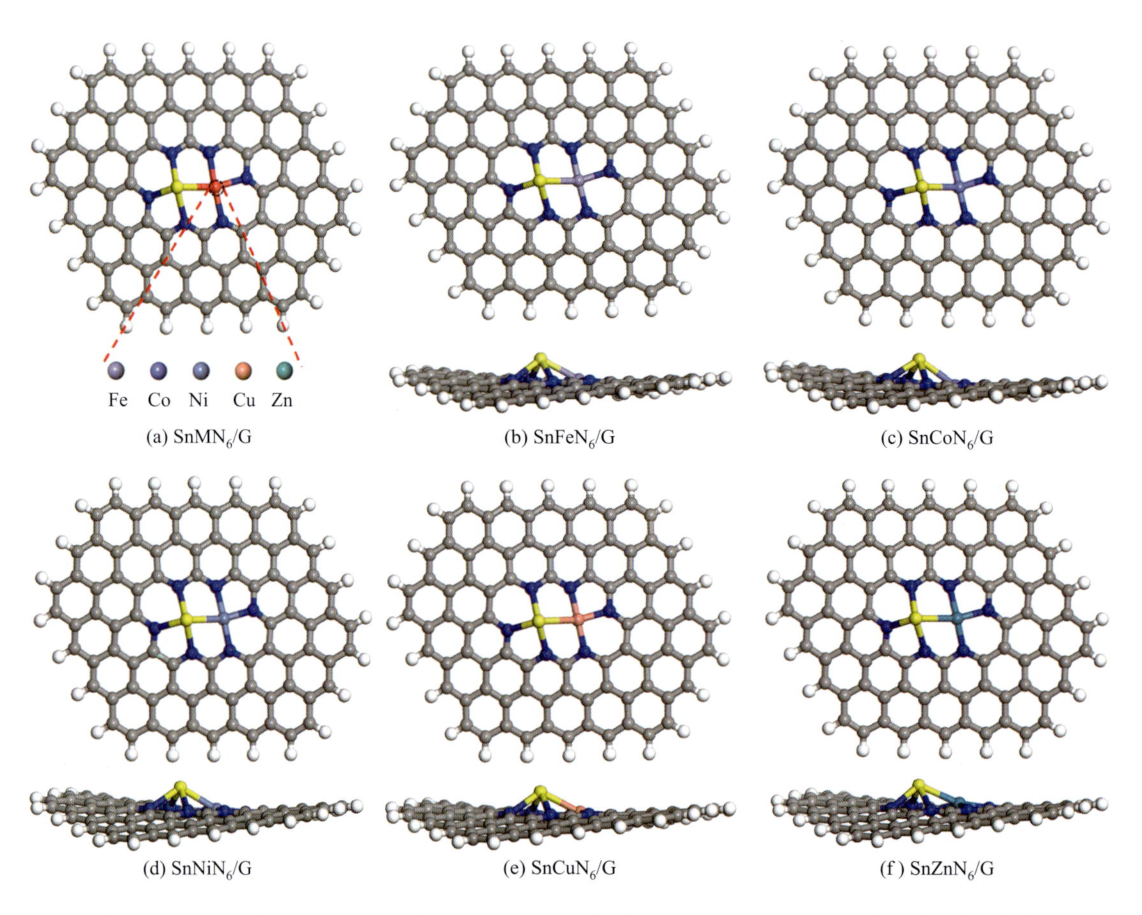

图 4-13　$SnMN_6/G$、$SnFeN_6/G$、$SnCoN_6/G$、$SnNiN_6/G$、$SnCuN_6/G$、$SnZnN_6/G$ 优化结构的俯视图和侧视图（Sn、N、C 和 H 原子分别为图中的黄、蓝、灰和白色球体）

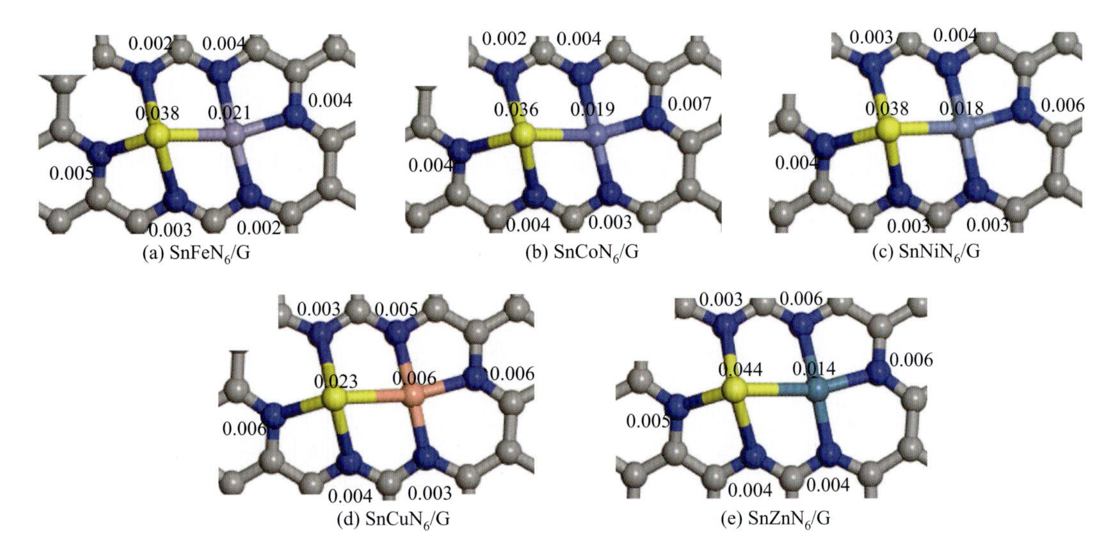

图 4-16　$SnFeN_6/G$、$SnCoN_6/G$、$SnNiN_6/G$、$SnCuN_6/G$ 和 $SnZnN_6/G$ 相关原子的 Fukui（-）指数

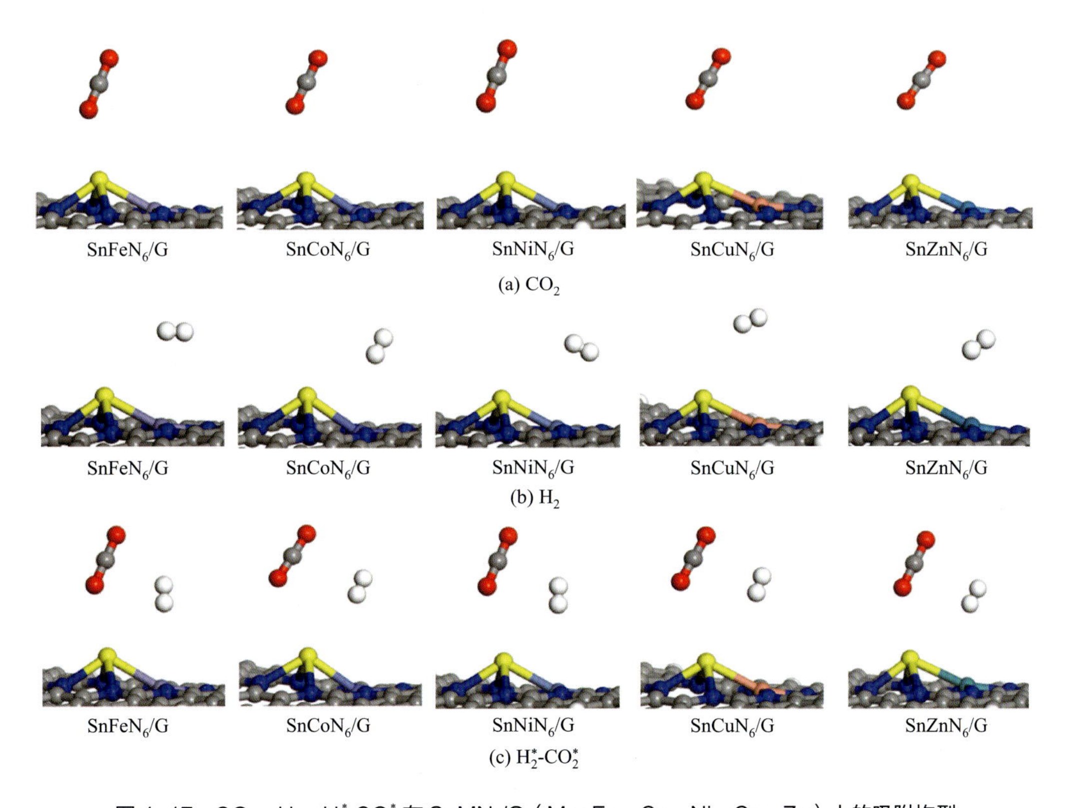

图 4-17　CO_2、H_2、H_2^*-CO_2^* 在 $SnMN_6/G$（M = Fe、Co、Ni、Cu、Zn）上的吸附构型

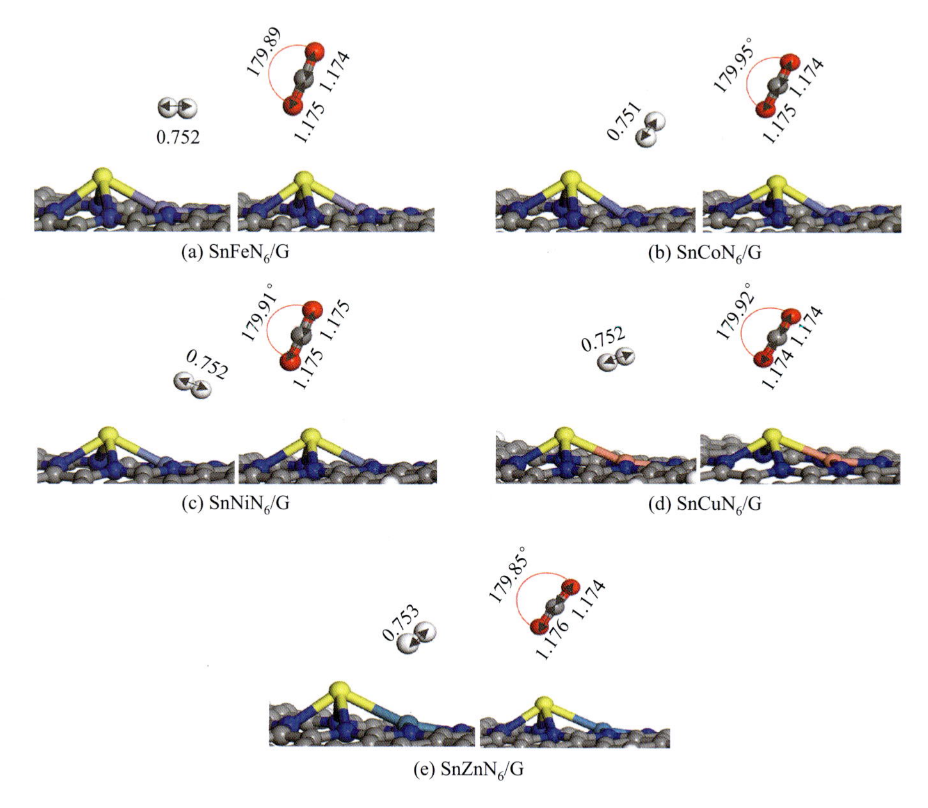

图 4-19 CO_2^* 和 H_2^* 吸附在 $SnFeN_6/G$、$SnCoN_6/G$、$SnNiN_6/G$、$SnCuN_6/G$ 和 $SnZnN_6/G$ 最优构型以及其相应的结构参数

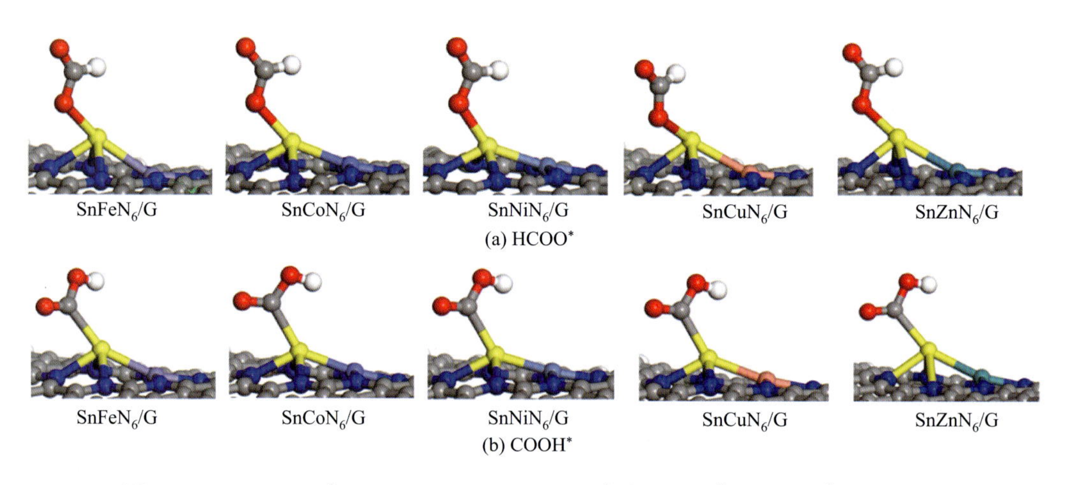

图 4-20 $SnMN_6/G$（M = Fe、Co、Ni、Cu、Zn）上 $HCOO^*$ 和 $COOH^*$ 的吸附构型

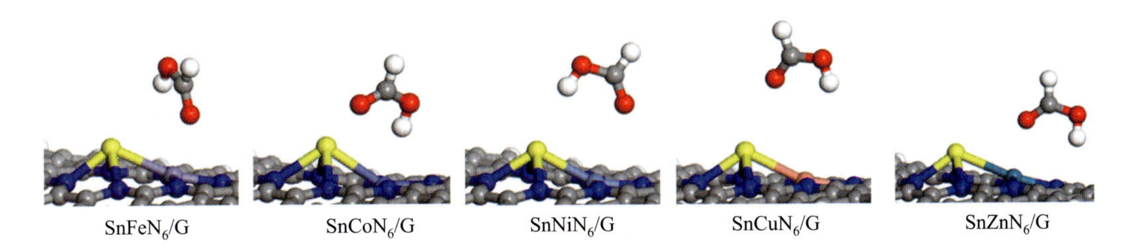

图 4-21　$HCOOH^*$ 在 $SnMN_6/G$（M = Fe、Co、Ni、Cu、Zn）上的吸附构型

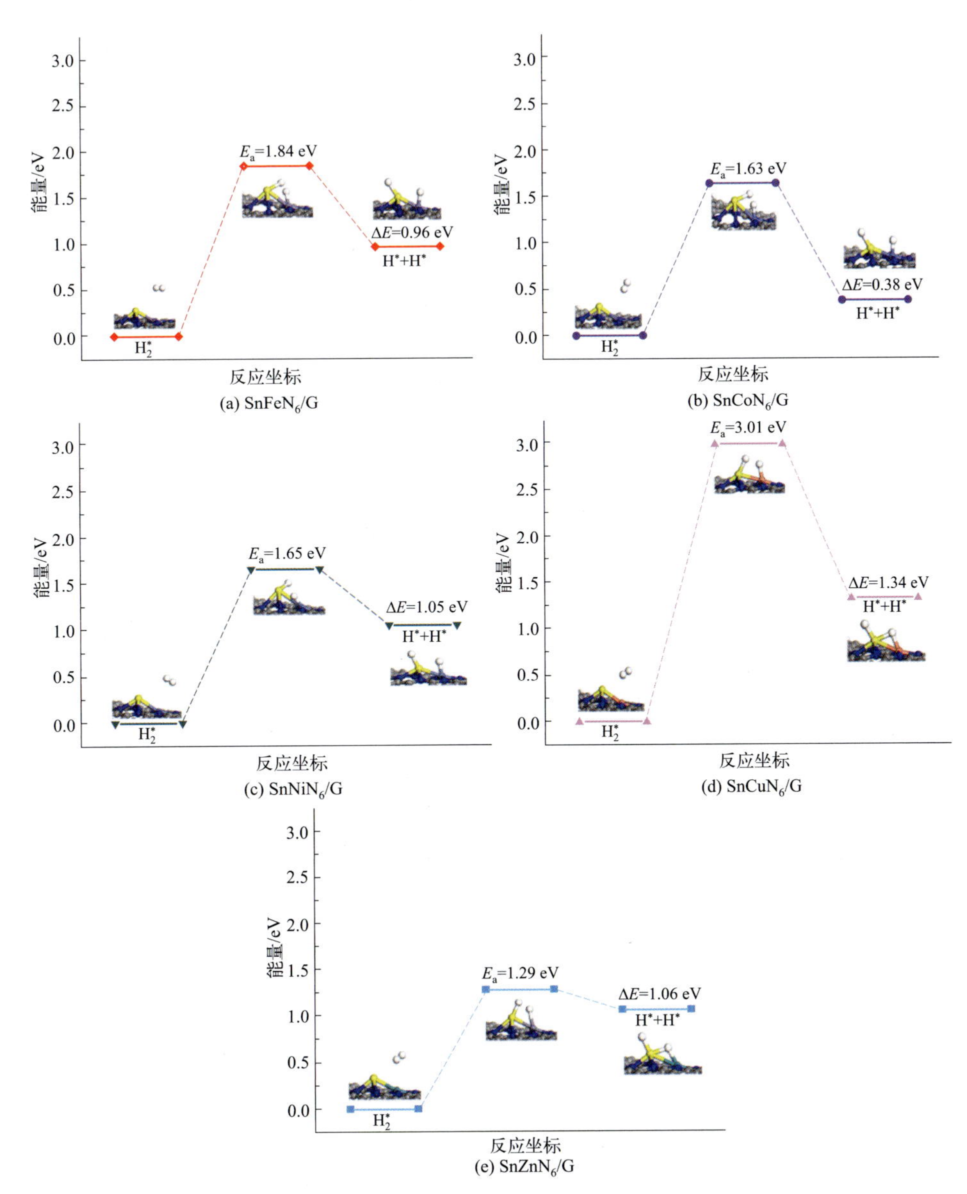

图 4-23　H_2^* 解离的 IS、TS 和 FS 在 $SnFeN_6/G$、$SnCoN_6/G$、$SnNiN_6/G$、$SnCuN_6/G$、$SnZnN_6/G$ 上对应的最优结构以及其势能分布

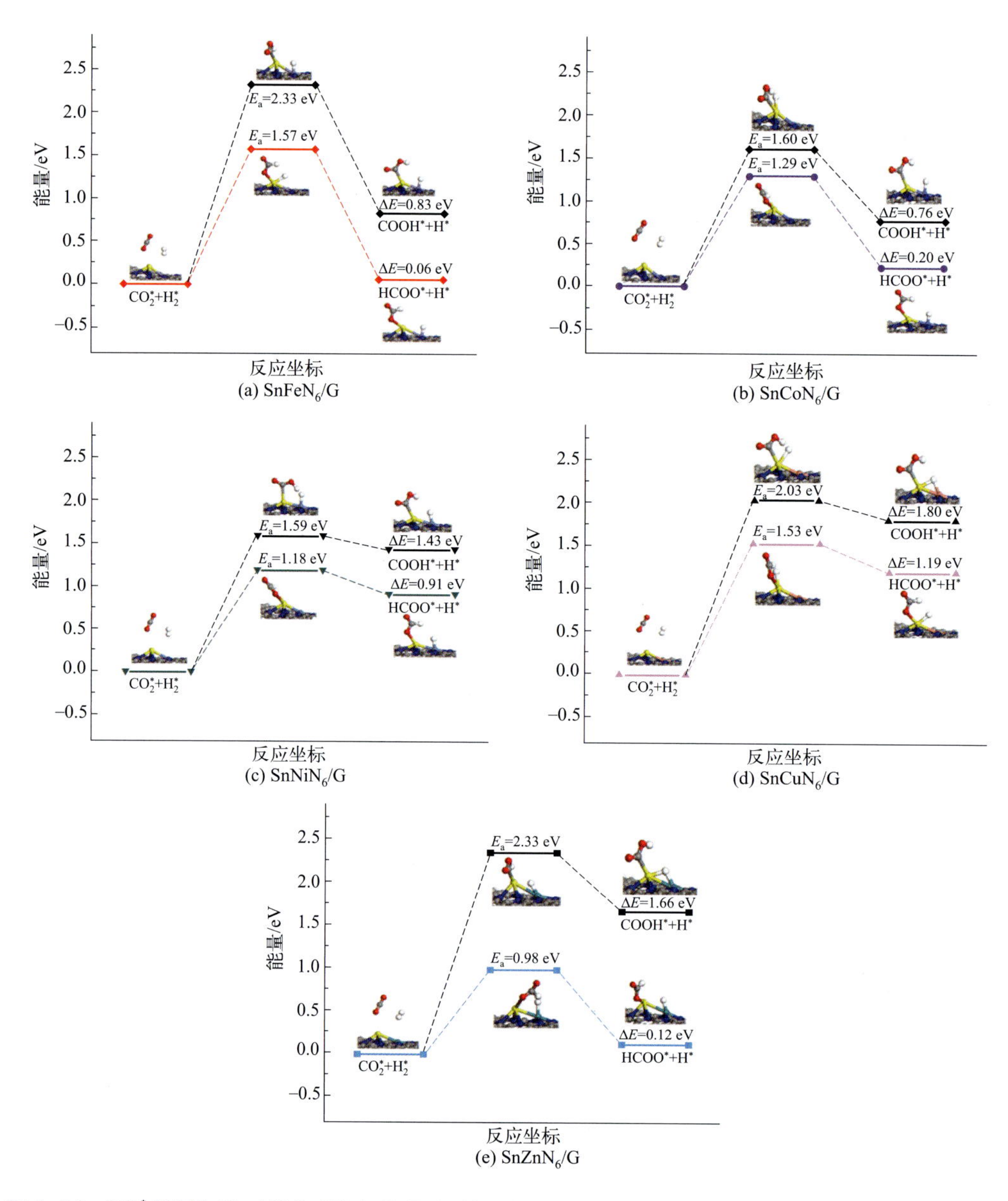

图 4-24　CO_2^* 加氢的 IS、TS 和 FS 在 $SnFeN_6/G$、$SnCoN_6/G$、$SnNiN_6/G$、$SnCuN_6/G$、$SnZnN_6/G$ 上对应的最优结构以及势能分布

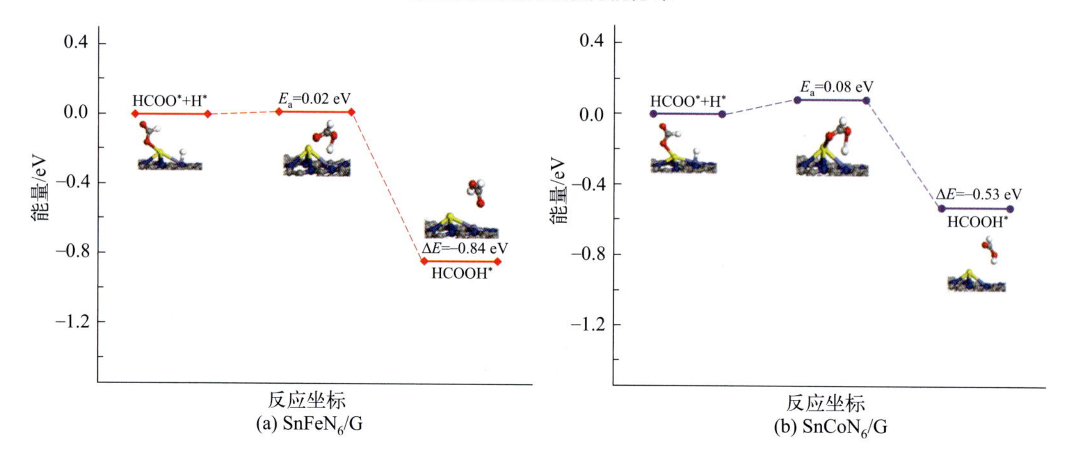

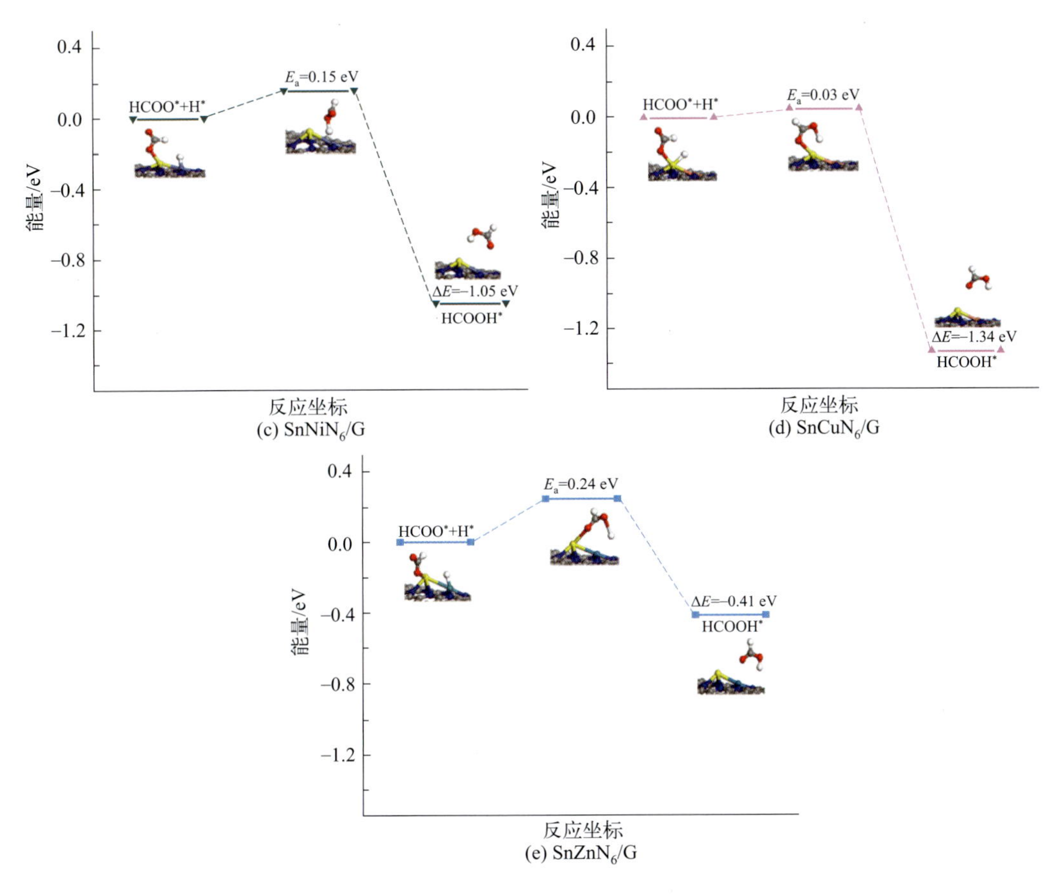

图 4-25　$HCOO^*$ 加氢制 $HCOOH^*$ 的 IS、TS 和 FS 在 $SnFeN_6/G$、$SnCoN_6/G$、$SnNiN_6/G$、$SnCuN_6/G$、$SnZnN_6/G$ 上最优结构以及势能分布

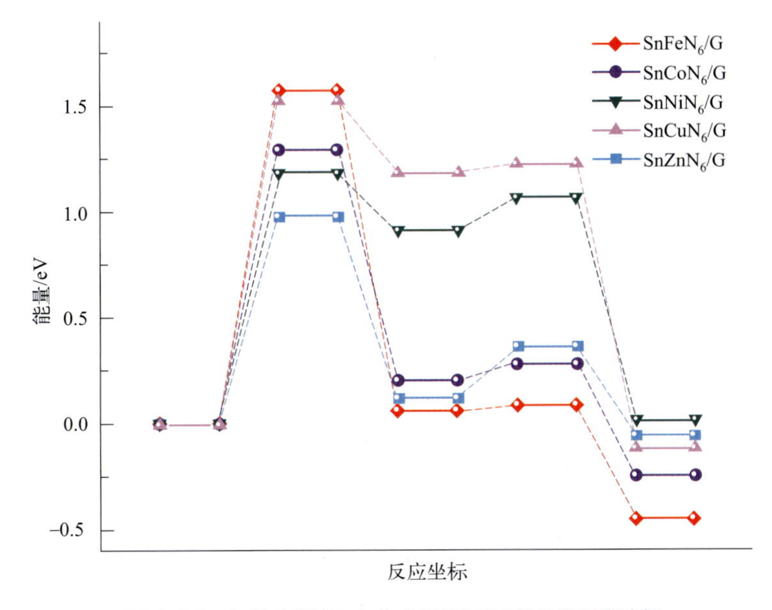

图 4-26　在 $SnMN_6/G$ 上合成 HCOOH 的最优反应途径

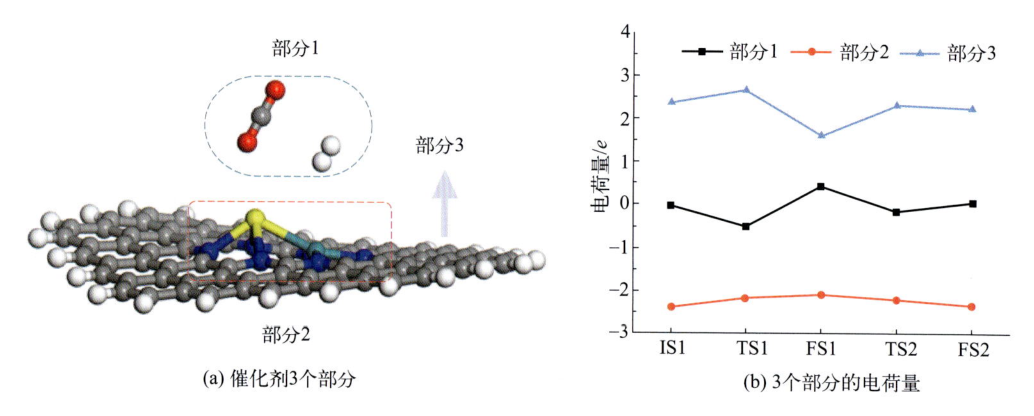

(a) 催化剂3个部分　　(b) 3个部分的电荷量

图 4-27　将 $SnZnN_6/G$ 上吸附 CO_2^* 和 H_2^* 的结构分为 3 个部分和通过对 $SnZnN_6/G$ 进行 Mulliken 电荷分析获得 HCOOH 合成过程的 3 个部分的电荷量

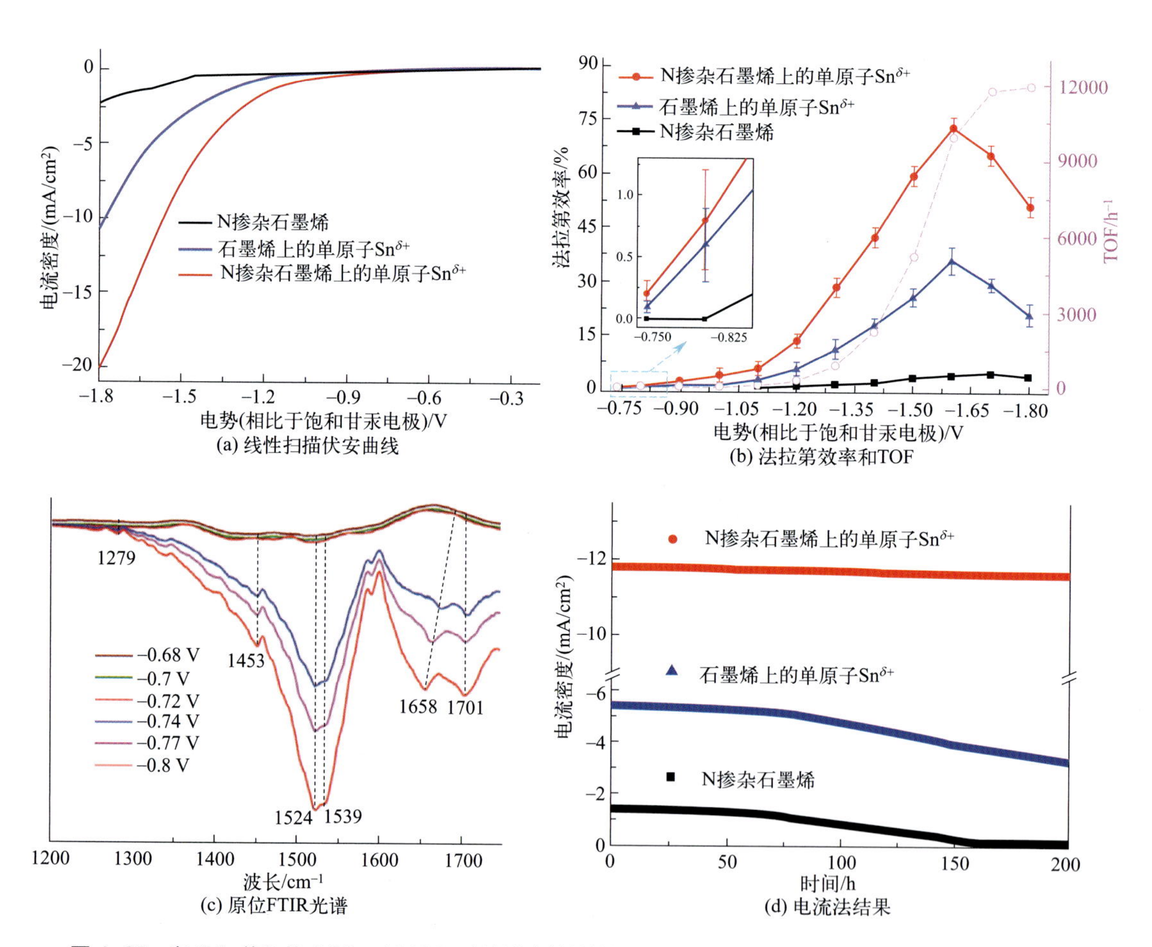

(a) 线性扫描伏安曲线　　(b) 法拉第效率和TOF

(c) 原位FTIR光谱　　(d) 电流法结果

图 4-29　在 CO_2 饱和的 0.25 m $KHCO_3$ 水溶液中的线性扫描伏安曲线；甲酸盐在每次施加电势 4 h 下的法拉第效率和 TOF；单原子 $Sn^{\delta+}$ 在 N 掺杂石墨烯上不同电位下的电化学原位 FTIR 光谱；−1.6 V 电位下的计时电流法结果

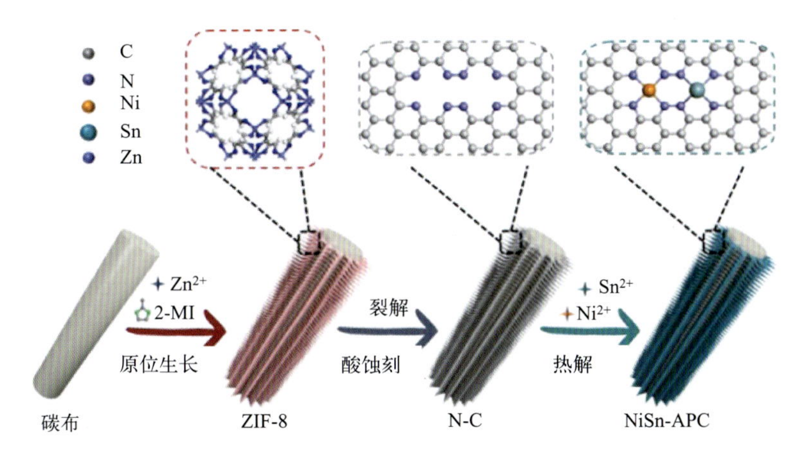

图 4-30　NiSn-APC 合成示意

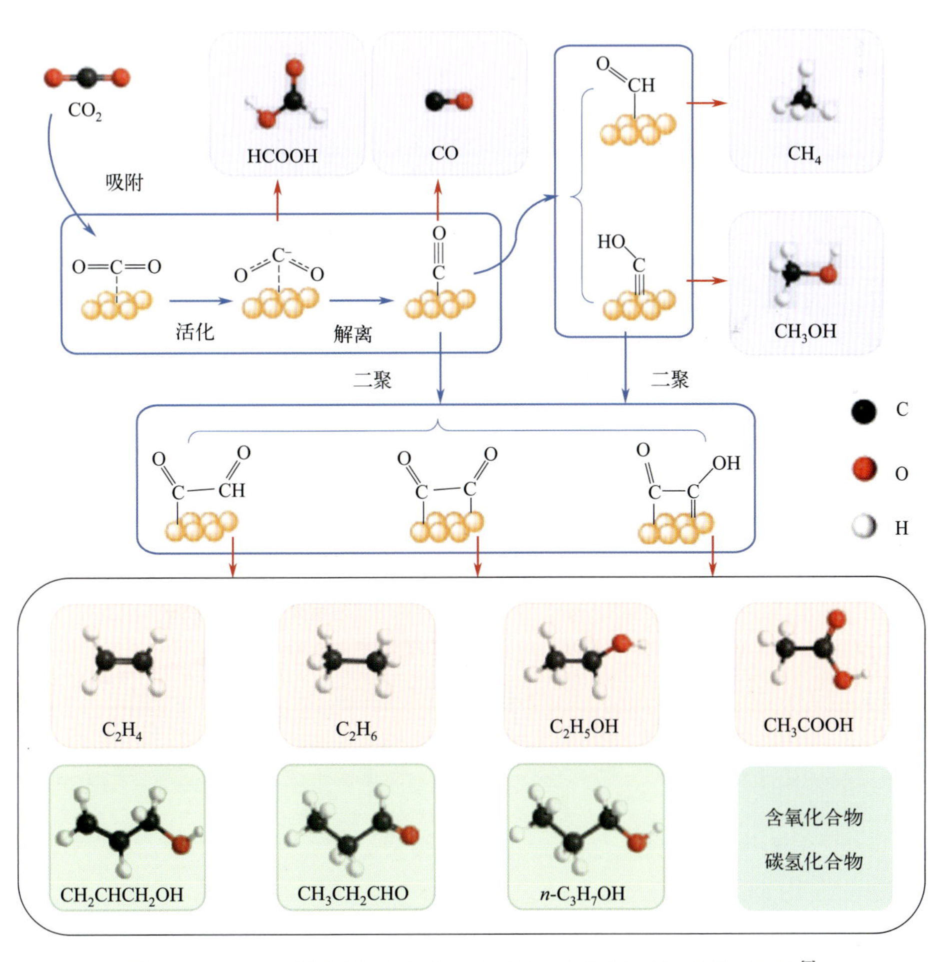

图 5-1　在 Cu 基催化剂上从气态 CO_2 到 C_{2+} 产物的可能反应路径示意[7]

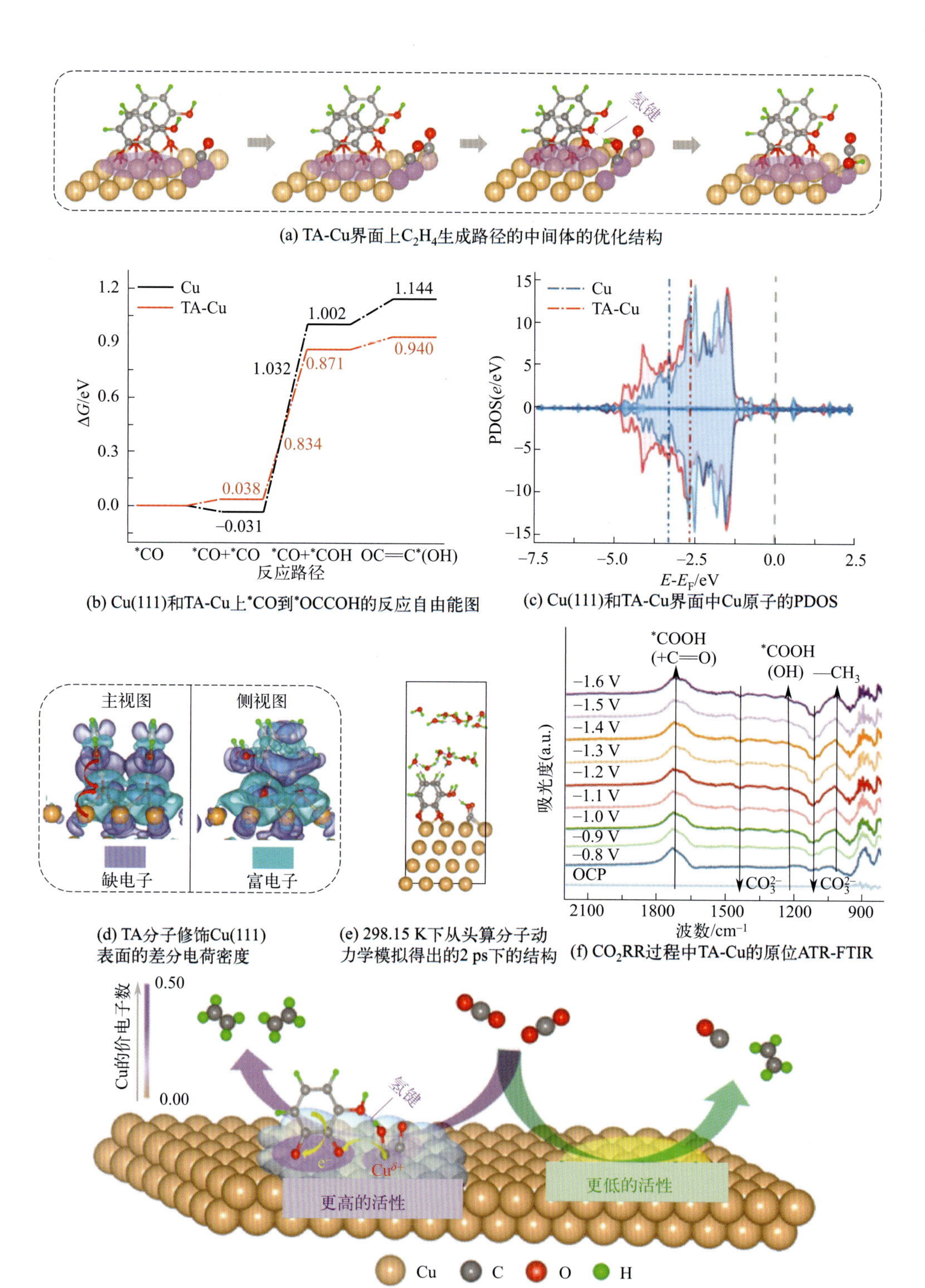

(a) TA-Cu界面上C_2H_4生成路径的中间体的优化结构

(b) Cu(111)和TA-Cu上*CO到*OCCOH的反应自由能图

(c) Cu(111)和TA-Cu界面中Cu原子的PDOS

(d) TA分子修饰Cu(111)表面的差分电荷密度

(e) 298.15 K下从头算分子动力学模拟得出的2 ps下的结构

(f) CO_2RR过程中TA-Cu的原位ATR-FTIR

(g) 提出的CO_2转化为C_2H_4途径示意

图 5-3 CO_2RR 途径分析

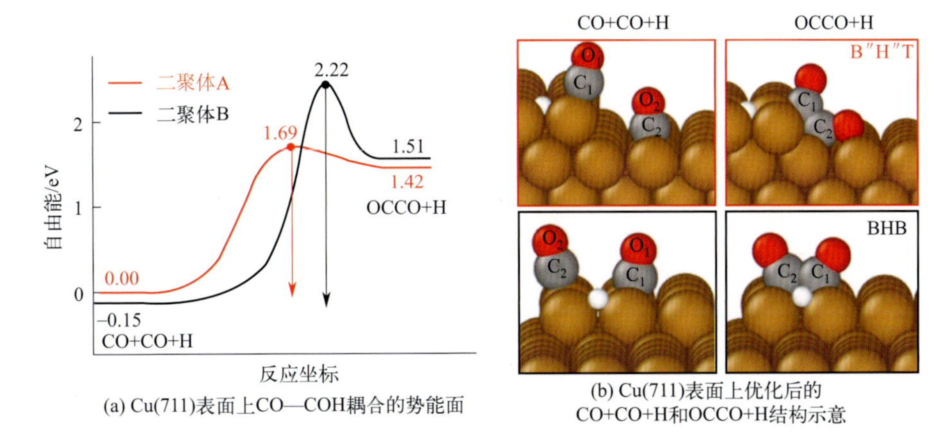

(a) Cu(711)表面上CO—COH耦合的势能面

(b) Cu(711)表面上优化后的CO+CO+H和OCCO+H结构示意

图 5-5　Cu(711)表面上 CO—COH 耦合的势能面；Cu(711)表面上优化后的 CO+CO+H 和 OCCO+H 结构示意

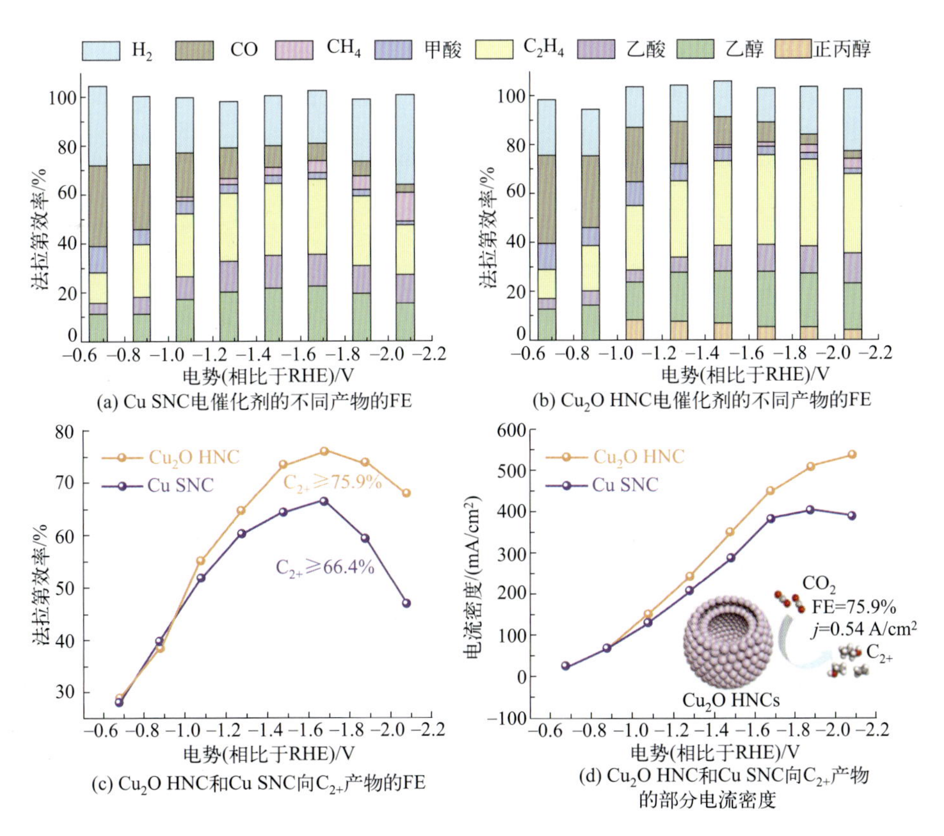

(a) Cu SNC电催化剂的不同产物的FE

(b) Cu_2O HNC电催化剂的不同产物的FE

(c) Cu_2O HNC和Cu SNC向C_{2+}产物的FE

(d) Cu_2O HNC和Cu SNC向C_{2+}产物的部分电流密度

图 5-8　在 3 mol/L KOH 电解液中的电催化 CO_2RR 性能，比较 Cu SNC 和 Cu_2O HNC 电催化剂的不同产物的 FE；在 −0.68 ~ −2.08 V_{RHE} 的施加电压下，Cu_2O HNC 和 Cu SNC 向 C_{2+} 产物的 FE 和部分电流密度

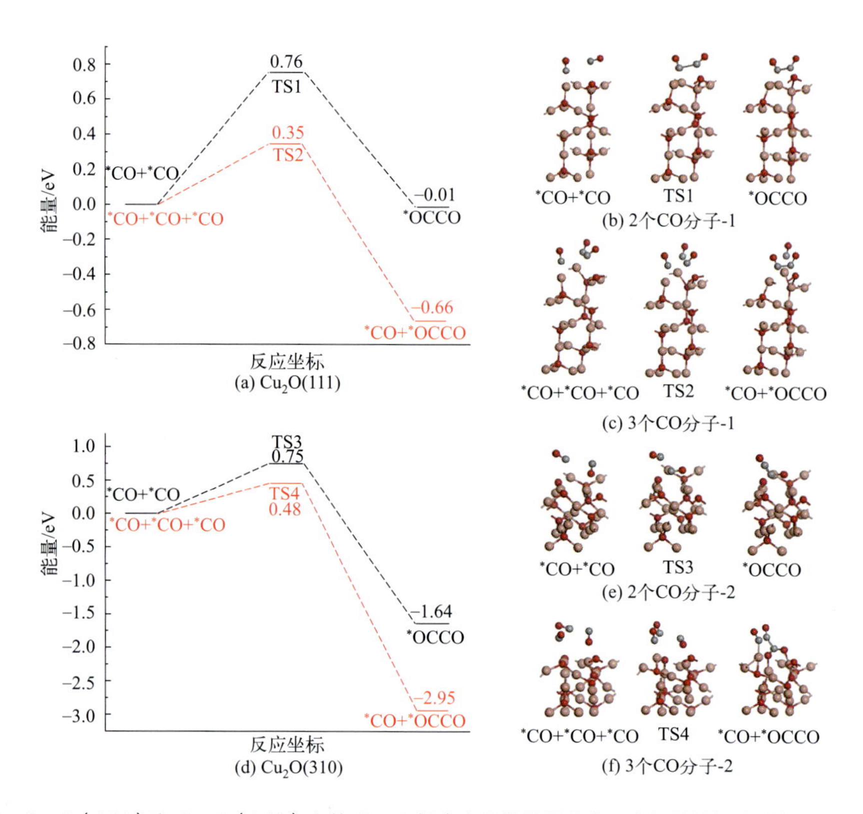

图 5-9 Cu_2O(111)和 Cu_2O(310)上的 C—C 耦合步骤的能量分布；中间体的相应结构 2 个 CO 分子和 3 个 CO 分子的过渡态（TS）（灰色表示 C，红色表示 O，浅红色表示 Cu，“*”表示吸附质）

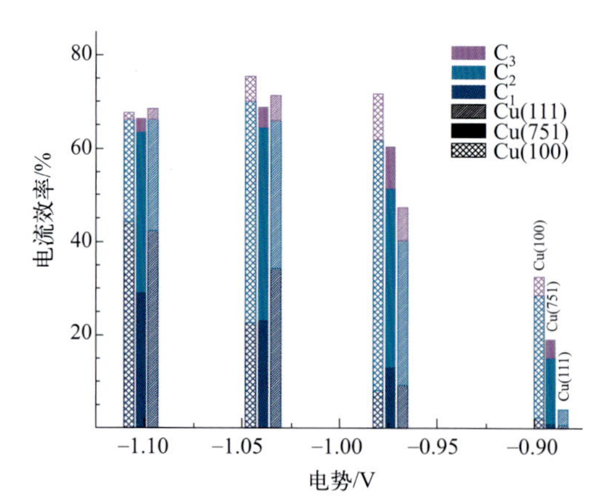

图 5-11 C_1、C_2 和 C_3 产物的电流效率作为 Cu（111）、Cu（751）和 Cu（100）电势的函数